Hanus
Der leichte Einstieg in die Elektronik

Bo Hanus

Der leichte Einstieg
in die
Elektronik

Ein leicht verständlicher Grundkurs mit vielen
praktischen Bauanleitungen

Mit 280 Abbildungen
2., verbesserte Auflage

Die Deutsche Bibliothek – CIP-Einheitsaufnahme

Hanus, Bo:
Der leichte Einstieg in die Elektronik: ein leicht verständlicher
Grundkurs mit vielen praktischen Bauanleitungen / Bo Hanus. –
2., verb. Aufl. – Poing: Franzis, 1999
    ISBN 3-7723-5544-7

© 1999 Franzis´ Verlag GmbH, 85586 Poing

Die meisten Produktbezeichnungen von Hard- und Software sowie Firmennamen und
Firmenlogos, die in diesem Werk genannt werden, sind in der Regel gleichzeitig auch
eingetragene Warenzeichen und sollten als solche betrachtet werden. Der Verlag folgt
bei den Produktbezeichnungen im wesentlichen den Schreibweisen der Hersteller.

Satz: Journalsatz GmbH, 85586 Poing
Druck: Freiburger Graphische Betriebe, 79108 Freiburg
Printed in Germany - Imprimé en Allemagne.

ISBN 3-7723-5544-7

Vorwort

Die moderne Elektronik bildet ein enorm breites Fachgebiet. Um das Ganze in einer komprimierten und dennoch lockeren Form für den Leser zu gestalten, werden hier alle Informationen mit sehr vielen praktischen Anwendungsbeispielen und Bauanleitungen durchflochten.

Die moderne Elektronik hat den Vorteil, daß sehr viele Bausteine in der Form von perfekten und leicht anwendbaren Fertigmodulen bestehen. Wer früher beispielsweise einen größeren Verstärker bauen wollte, der brauchte mehr als hundert Bauteile. Heute kann man sich ein IC mit 5 Füßchen kaufen, vier oder fünf zusätzliche Komponente anschließen und der Verstärker ist betriebsfertig.

Aus dem Grund wurde in diesem Buch viel Raum solchen Anwendungen gewidmet, die sich dieser neuen Techniken bedienen.

Es hat einmal Zeiten gegeben, da haben sich die Elektroniker eigene Radios, elektronische Musikinstrumente oder sogar kleine bescheidene Fernsehgeräte gebaut. Heute hat sich der Schwerpunkt mehr zum Steuern, Regeln und Schalten verlegt. Man will der Elektronik sozusagen Hände und Füße geben, um sie auch mechanisch für sich arbeiten zu lassen. Dafür gibt es bereits im Handel viele interessante Fertigbausteine. An praktischen Schaltbeispielen wird es in diesem Werk nicht fehlen.

Daß hier dem Leser die Elektronik in einer leicht verständlichen Form erklärt wird, habe ich – wie bei allen meinen anderen Werken – meiner Co-Autorin und Ehefrau Hannelore zu verdanken.

Viel Freude mit diesem Buch und viel Spaß an der Elektronik
wünscht Ihnen Ihr Autor

Bo Hanus

Inhalt

1 Grundbausteine der Elektronik

Durch eine ungebremst wuchernde Fachterminologie mauserte sich die moderne Elektronik zu einer ziemlich geheimnisvollen Branche, vor der so mancher „Outsider" Gänsehaut bekommen könnte. Dabei geht es um nichts anderes, als um „fachchinesische" Namen. Jede Funktion, jede Schaltung oder jede an sich einfache Anwendung bekommt einen kompliziert klingenden Namen oder – was noch schlimmer ist – eine mysteriöse Abkürzung.

Es hat dennoch seine Ordnung, wenn die Dinge des Lebens einen Namen haben, unter dem man sich konkret etwas vorstellen kann. In der Praxis ist es einem „normalen Menschen" (worunter auch dem besten Elektroniker) kaum möglich, eine vollständige Übersicht über die Bedeutung aller der ständig neu auftauchenden Fachbegriffe beizubehalten. Das macht nichts aus! Die Anwendungsgebiete der Elektronik sind ja sehr breit (Radio und Fernsehtechnik, Steuer- und Regelelektronik, PC-Elektronik, Leistungselektronik usw.). Man ignoriert einfach alle Fachbegriffe, die man nicht benötigt – oder nicht interessant findet.

Viele von denen, die gerne in die „Geheimnisse" der Elektronik eindringen möchten, haben eine völlig unbegründete Angst vor der scheinbar so komplizierten Materie. In Wirklichkeit ist die Elektronik gar nicht so schwierig. Im Gegenteil! Viele der einfacheren Schaltungen, mit denen sich fast jede nur denkbare Aufgabe bewältigen läßt, sind mit einem ziemlich geringen Aufwand problemlos und preiswert nachzubauen.

Die eigentlichen elektronischen Grundbausteine (Komponente) sind leicht verständlich. Wir werden sie in den folgenden Kapiteln durchnehmen, ihre Funktion und Anwendungsmöglichkeit Schritt für Schritt beschreiben.

Bei der Beschreibung der einzelnen Bausteine gehen wir in diesem Buch praxisorientiert vor und verzichten auf Aufklärungen theoretischer Art. Auf diese Weise kommt man schneller zum Ziel. Was man darunter zu verstehen hat ist deutlich: man will die Elektronik in den Griff bekommen.

Das wird mit Hilfe dieses Buches spielend leicht gelingen! Somit wird für jedermann der Umgang mit der Elektronik kein „Buch mit sieben Siegeln" mehr sein. Auf dem so erworbenen Wissen läßt sich problemlos weiter aufbauen. In beliebigen Richtungen und auf einer beliebig „gehobenen" Ebene.

1.1 Ein bißchen Messen kann nicht schaden ...

Ein Schreiner benötigt für seine Arbeit das Metermaß, ein Schlosser die Schiebelehre, ein Elektroniker den Volt- und Amperemeter. Nicht unbedingt, nicht immer, aber zumindest dann, wenn es darauf ankommt, genauer im Bilde zu sein.

Daß man mit einem Voltmeter die Volt (die Spannung) und mit dem Amperemeter die Ampere (den Strom) messen kann, ist klar. Weniger klar ist dagegen vielen von uns der eigentliche Unterschied zwischen der Spannung und dem Strom.

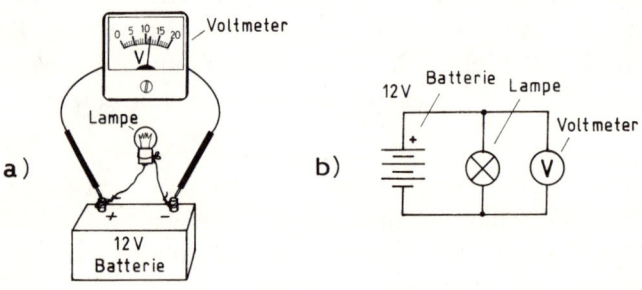

Abb. 1.1: Beim Messen der Batteriespannung mit einem Voltmeter sollte die Batterie mit einer Lampe oder mit einem anderen „Verbraucher" belastet werden. a) Praktische Anordnung; b) eine mit den gängigen Zeichensymbolen dargestellte „schematische" Anordnung

Die Sache ist aber einfacher, als es auf den ersten Blick aussieht: Wenn man eine neue Fahrrad-Glühbirne braucht, muß es eine 6-Volt-Glühbirne sein. Das Fahrrad-Dynamo erzeugt ja eine Spannung von 6 Volt. Braucht man eine neue Auto-Glühbirne, muß sie für 12 Volt ausgelegt sein, weil die Autobatterie eine Spannung von 12 Volt hat – vorausgesetzt, sie ist in Ordnung (aufgeladen).

Und wenn nicht? Kein Problem! Nun kommt der Voltmeter zum Einsatz. Man hält einfach dessen zwei Meßleitungen nach *Abb. 1.1a* an die zwei Pole der Batterie und der Voltmeter zeigt an, wie groß die Batteriespannung ist.

In dieser Abb. ist an der Batterie „ordnungshalber" eine kleine Glühlampe angeschlossen. Der Grund: Man soll die Spannung nicht an einer „unbelasteten" Batterie messen, weil auch eine ziemlich leere Batterie eine wesentlich höhere „Scheinspannung" aufweist, als sie liefern kann (das trifft auf alle Batterien zu). *Abb. 1.1b* zeigt die „schematische" Darstellung dieser Messung.

Es dürfte der Sache dienlich sein, gleich an dieser Stelle auf folgendes hinzuweisen: Für die eigentlichen elektronischen Bauteile gibt es zwar „genormte" Zeichensymbole, aber dem Zeichner bleibt die künstlerische Freiheit offen, wie er die Zeichensymbole und die eigentlichen Verbindungen anordnet. Wer nach so einem Schaltbeispiel etwas bauen will, kann selber bestimmen, wie und wo er die einzelnen Bausteine unterbringt (darauf kommen wir noch später zurück).

Eines ist jedoch wichtig zu wissen: Wenn sich zwei Striche in einem Schaltbeispiel nach *Abb. 1.2a* kreuzen und nicht mit einem Punkt – wie in *Abb. 1.2b* – versehen sind, handelt es sich um zwei Leitungen, die miteinander NICHT verbunden sind. Der Zeichner muß oft notgedrungen so eine Kreuzung in Kauf nehmen, weil es keine andere Wahl gibt, oder weil es einer besseren Anordnung dient.

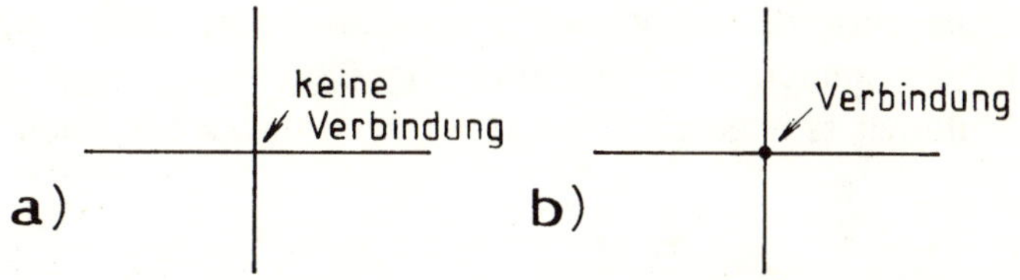

Abb. 1.2: In elektronischen Zeichnungen kreuzen sich oft zwei Striche. a) wenn an der Schnittstelle kein Punkt ist, gibt es zwischen den zwei „Strichen" keine elektrische Verbindung;
b) eine Verbindung wird mit einem Punkt eingezeichnet

Bei manchen elektronischen Schaltungen interessiert uns neben der Spannung auch der Strom, der durch eine Leitung oder einen Baustein fließt. Aus der *Abb. 1.3* geht hervor, wie der Amperemeter angeschlossen wird. In diesem Beispiel zeigt der Amperemeter an, wie groß der Strom ist, der durch die angeschlossene Glühlampe (wie auch durch ihn selbst) fließt.

Es spricht nichts dagegen, daß in so einem „Schaltkreis" gleichzeitig sowohl die Spannung, wie auch der Strom nach *Abb. 1.4* gemessen werden. In dem Fall würde man jedoch zwei Meßinstrumente benötigen: einen Voltmeter

Amperemeter

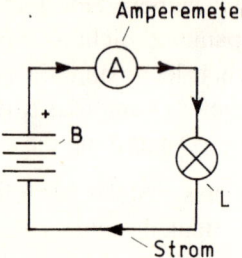

Abb. 1.3: Wenn Strom gemessen wird, muß er immer auch durch den Amperemeter durchfließen (es ist dasselbe, wie bei einem Wasserzähler).

(Abb. 1.5) und einen Amperemeter *(Abb. 1.6)*. In einem Laboratorium oder in einer kompakten Anlage ist so eine Lösung üblich. In der täglichen Praxis wird für solche Messungen ein Multimeter *(Abb. 1.7 und 1.8)* verwendet.

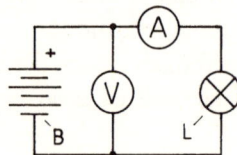

Abb. 1.4: Gleichzeitiges Messen von Spannung und Strom setzt zwei Meßgeräte (einen Voltmeter und einen Amperemeter) voraus

Wie schon der Name andeutet, kann ein Multimeter (als „Multitalent") wahlweise entweder als Voltmeter oder als Amperemeter genutzt werden (durch Umschalten eines Drehschalters, der üblicherweise auf der unteren Hälfte des Multimeters angebracht ist). Nebenbei: mit den meisten Multimetern können

Abb. 1.5: Kleine Voltmeter sind überwiegend als „Einbau-Paneelmeter" erhältlich; soweit es sich um Analog-Meßgeräte (mit Zeiger – wie abgebildet) handelt, sind sie in der Regel für den senkrechten Einbau in Gerätefronten bzw. Paneelwände ausgelegt. Bei einem Digitalvoltmeter (mit numerischer Anzeige) spielt es dagegen keine Rolle, ob sie senkrecht, waagrecht oder auch nur beliebig schräg eingebaut sind, weil die Meßwerte an einem Display angezeigt werden, daß positionsunabhängig arbeitet. Beim Kauf eines solchen Voltmeters ist darauf zu achten, daß er für die vorgesehene Spannungsart (Gleichspannung oder Wechselspannung) ausgelegt ist und daß sein Spannungsbereich dem Vorhaben möglichst optimal entspricht. Wenn z.B. ein Voltmeter ausschließlich für die Kontrolle einer 12 Volt-Autobatterie bestimmt ist, sollte sein Meßbereich ca. 20 V oder höchstens 25 V aufweisen. Man will ja nicht mit einer Lupe nachsehen müssen, wie hoch gerade die jeweilige Batteriespannung ist – was z.B. bei einem Voltmeter, dessen Meßbereich stolze 50 Volt umfaßt, beinahe erforderlich wäre (Conrad Electronic).

Abb. 1.6: Ähnlich wie der vorhergehende Ein-
bau-Voltmeter ist auch der Einbau-Ampereme-
ter konzipiert. In beiden Fällen bleibt es nur eine
Ermessens- oder Preisfrage, ob für ein Vorhaben lieber ein Analog- oder ein Digital-Meßgerät
angewendet wird. Praktische Erfahrungen zeigen, daß eine Analog-Anzeige mit einem Zeiger
besonders dort von Vorteil ist, wo nur ein einziger Meßbereich gemessen wird – wie z.B. bei
der Spannung einer Autobatterie. Man kann
sich hier an der Position des Zeigers ziemlich

schnell (bzw. auch auf eine gewisse Entfernung) orientieren, ohne den Meßwert
genauer „studieren" zu müssen – was besonders dann leicht geht, wenn das Feld
unter dem Zeiger in farbige Sektionen eingeteilt ist (ähnlich, wie es z.B. in den meisten Autos bei der Anzeige der Kühlwassertemperatur üblich ist). Auch hier muß bei
der Anschaffung darauf geachtet werden, daß der Amperemeter wahlweise für einen
Gleichstrom oder für Wechselstrom erhältlich ist – obwohl bei vielen Digitalgeräten
durch Umschalten beide Stromarten gemessen werden können (Conrad Electronic).

auch noch Widerstände, mit einigen teureren Geräten auch Kapazitäten, Frequenzen u.v.a. gemessen werden. Das braucht uns jedoch momentan noch nicht
zu interessieren.

Ähnlich, wie z.B. bei Uhren, hat man auch bei den Multimetern (bzw. Voltme-
tern, Amperemetern und anderen ähnlichen Meßgeräten) die Wahl zwischen
einem Digital- und einem Analog-Meßgerät.
Ein Digital-Multimeter (Abb. 1.7) zeigt die Meßwerte gleich in Ziffern an.
Man kann an seinem Display direkt ablesen, daß z.B. die gemessene Spannung
11,8 V beträgt (das „V" steht für „Volt").

An einem Analog-Multimeter (Abb. 1.8) zeigt ein drehender Zeiger – ähnlich,
wie z.B. bei einem Fahrzeugtachometer – den jeweiligen Meßwert an.

Abb. 1.7: Ein Digital-Multimeter ermöglicht üblicherweise
zumindest die Messung von Gleichspannung, Wechselspannung, Gleichstrom, Wechselstrom, wie auch vom Widerstand. Zu diesem Zweck läßt sich das Meßgerät auf die
erwünschten Meßbereiche umschalten (wie z.B. auf einen
Meßbereich von 0 bis 200 V oder von 0 bis 1 V usw.). Einige
der teureren Multimeter ermöglichen noch das Messen von
Frequenzen, von Dioden, Transistoren und bieten noch
diverse andere Features (Foto Conrad Electronic).

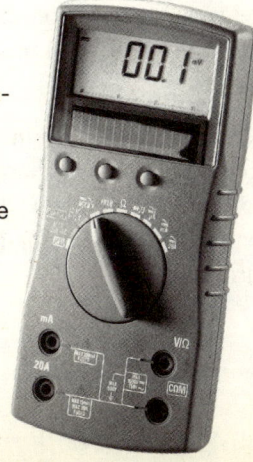

Abb. 1.8: Analog-Multimeter bieten in Hinsicht auf die Meßbereiche und Meßmöglichkeiten praktisch dasselbe, wie die Digital-Multimeter. Gegenüber den Digital-Meßgeräten haben sie im allgemeinen den Vorteil, daß der gemessene Wert „blitzschnell" angezeigt wird. Die meisten Digital-Meßgeräte zählen dagegen nach Berührung der Meßstelle oft zu lange herum, bevor sie sich für einen endgültigen Meßwert entscheiden. Dagegen erhält man bei ihnen das Meßergebnis evtl. mit mehreren Stellen hinter dem Komma (was jedoch wiederum oft nur annähernd stimmt, denn so hoch ist die Meßgenauigkeit bei normalen Multimetern nicht). Foto: Conrad Electronic.

Ein gewöhnlicher Multimeter kann jeweils nur einen der Werte (Spannung, Strom, Widerstand und evtl. andere Werte) messen und anzeigen. Man mißt also bei dem Schaltbeispiel in Abb. 1.4 erst die Spannung, danach den Strom.

Falls man die Stromabnahme mehrerer unterschiedlicher Glühbirnen durch Messen vergleichen will, muß während solcher „Experimente" die Spannung der Batterie nicht wiederholend kontrolliert werden. Sie bleibt ja normalerweise konstant (zumindest eine Zeitlang). Abgesehen davon wird bei den meisten elektronischen Experimenten in der Praxis nicht eine Batterie, sondern die Gleichspannung einer selbstgebauten Stromquelle mit Netzanschluß verwendet, die automatisch konstant bleibt (darauf kommen wir im Kap. 3.3 und 4.1 zurück).

Was darf man sich unter den Begriffen „elektrische Spannung" und „elektrischer Strom" konkret vorstellen? Die ganze Sache hat ja den Haken, daß weder der Strom, noch die Spannung sichtbar sind. Es dürfte sich erübrigen, darauf hinzuweisen, daß derjenige, der bereits einmal einen Schlag von der 230-Volt-Netzspannung bekommen hat, inzwischen auch Bescheid weiß, daß so eine Spannung – obwohl unsichtbar – dennoch mit natürlichen Sinnen wahrnehmbar ist.

Beruhigend dürfte sein, daß in der modernen Elektronik überwiegend nur mit sehr niedrigen Spannungen gearbeitet wird. In den meisten Fällen handelt es sich um Spannungen, die unterhalb von 24 Volt liegen (eine 24-Volt Gleichspannung ist sogar für Kinderspielzeug zugelassen und daher als solche ganz harmlos).

Bildröhren – die ja auch zu den Elektronik-Bausteinen gehören – benötigen allerdings immer noch eine sehr hohe Spannung (von mehr als 10.000 Volt) und diverse Leistungs-Endverstärker arbeiten auch mit einer höheren Spannung als 24 Volt. Zudem sind die meisten netzbetriebenen elektronischen Geräte an die 230-Volt-Wechselspannung angeschlossen, wodurch immer noch „irgendwo" im Geräte-Inneren diese Spannung lauert – zumindest an den Netzzuleitungen und Geräte-Hauptschaltern.

Es gibt zwei Grundtypen von Spannungen: Gleichspannung und Wechselspannung. Gleichspannung fließt ruhig, wie das Wasser in einem Flußbett. Immer in einer Richtung und ihr Niveau bleibt konstant. Als Spannungsquellen werden hier in den meisten Fällen entweder Batterien verwendet oder man wandelt mit Hilfe von Gleichrichtern die gängige Netz-Wechselspannung in Gleichspannung (meistens in niedrigere Gleichspannung) um.

Wenn an eine Gleichspannung ein Lämpchen angeschlossen wird (wie wir es bereits in der Abb. 1.4 darstellten), durchfließt es ein Gleichstrom. Wird dasselbe Lämpchen an eine Wechselspannung angeschlossen, fließt durch ihn ein Wechselstrom.

Wechselspannung wie auch der Wechselstrom wechseln ihre Richtung und ihre „Größe" in periodisch nacheinander folgenden Wellen.

Etwas greifbarer ließe sich der Vergleich zwischen diesen zwei Spannungs- und Stromarten mit Hilfe des guten alten Mühlrades erklären. In *Abb. 1.9* wird ein Mühlrad mit einem ruhigen gleichmäßigen Wasserstrom versorgt. Das kommt überein mit dem Gleichstrom.

In *Abb. 1.10* wird ein Mühlrad mit Hilfe von zwei abwechselnd zugeführten „Wasserstößen" hin und her geschaukelt. Ein Pendel P deutet in dieser Zeichnung eine abwechselnde Bewegung eines Mechanismus an, der entweder das Ventil V1 oder das Ventil V2 öffnet und schließt. Dadurch wechselt ständig die Richtung des Wasserstromes und das Mühlrad bekommt entweder von links (über die Zuleitung Z1) oder von rechts (über die Zuleitung Z2) einen „Wasserstoß".

Hier arbeitet so ein „Wippschaukel-Mechanismus" im wahrsten Sinne des Wortes mit einem Wechselstrom – allerdings mit Wasserstrom. Bei elektrischem Wechselstrom handelt es sich um genau dieselbe

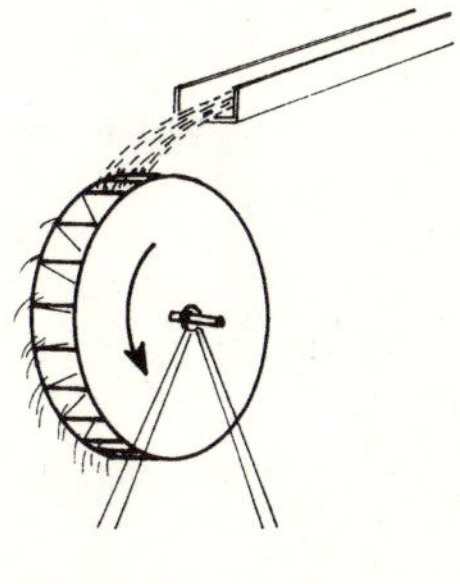

Abb. 1.9:
Ein Mühlrad wird von einem „Gleichstrom" angetrieben.

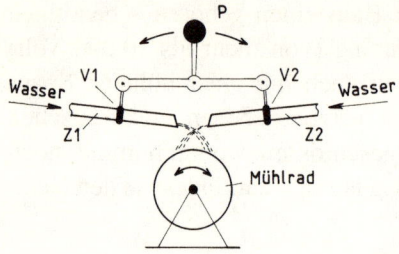

Abb. 1.10: Ein Mühlrad wird abwechselnd von zwei Seiten aus mit Wasserstößen hin und her bewegt. Ein Pendel P öffnet und schließt in einem vorgegebenen Takt abwechselnd die Ventile V1 und V2, wodurch die Wasserzufuhr in den Zuleitungen Z1 und Z2 ebenfalls abwechselnd geöffnet oder gesperrt wird. Dieses Phantasie-Beispiel demonstriert die Wechselwirkung des elektrischen Wechselstromes.

Art der wechselnden Stromrichtung – auch wenn sie auf eine völlig andere Weise erzielt wird.

Die grafische Darstellung des elektrischen Wechselstromes zeigt *Abb. 1.11*. Die waagrechte Achse der Grafik kommt überein mit der Null (Nullspannung). Was oberhalb von dieser Achse liegt, bedeutet positive Spannung (Plus-Spannung), was unterhalb liegt, bedeutet negative Spannung (Minus-Spannung).

Wir verzichten auf weitere theoretische Aufklärungen und begnügen uns mit dem Hinweis auf den wichtigsten Vorteil der Wechselspannung: sie läßt sich transformieren.

Dies beinhaltet, daß mit Hilfe eines Transformators eine beliebige Wechselspannung in eine beliebig höhere oder niedrigere Wechselspannung umgewandelt werden kann. Bei einer Gleichspannung geht so etwas nicht (zumindest nicht mit einem einfachen Transformator).

Anwendungsbezogen ist es wichtig zu wissen, ob ein elektrisches oder elektronisches Gerät bzw. Bauteil mit Wechselspannung oder mit Gleichspannung betrieben werden muß (bzw. darf).

Einfache Glühlampen oder Heizspiralen können sowohl mit Wechselspannung, als auch mit Gleichspannung betrieben werden. Elektromotoren beispielsweise sind dagegen bereits entweder als Gleichstrom- oder als Wechselstrommotoren

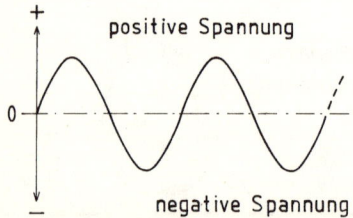

Abb. 1.11: Grafische Darstellung des elektrischen Wechselstromes: so einen Verlauf hat auch die Wechselspannung des elektrischen Netzes (die wir aus der Steckdose beziehen).

ausgelegt und dürfen nur mit der vorgesehenen Stromart betrieben werden (andernfalls gehen sie kaputt). Transistoren oder integrierte Schaltungen (ICs) dürfen – bis auf ganz spezielle Ausnahmen – grundsätzlich nur mit Gleichstrom betrieben werden.

Auch die meisten Elektro-Meßgeräte – worunter Voltmeter und Amperemeter – können normalerweise nur eine der Spannungs- oder Stromarten messen. So muß beispielsweise vor dem Messen mit einem preiswerteren Multimeter erst mit seinem Drehschalter *(Abb. 1.12)* die entsprechende Spannungs- oder Stromart, wie auch der vorgesehene Meßbereich ausgewählt werden.

Aus der Abbildung geht auch hervor, daß so ein Multimeter z.B. für die Gleichspannung mehrere Meßbereiche hat.

Auch für den Gleichstrom, für die Wechselspannung und den Wechselstrom stehen hier mehrere Meßbereiche zur Verfügung.

Der Sinn dieser Lösung läßt sich am einfachsten an einem Analog-Multimeter erklären: wenn die ganze Skala z.B. einen Spannungsbereich von 20 Volt umfaßt (wie es bei dem Voltmeter in Abb. 1.1a der Fall ist), kann man hier nicht eine kleine Spannung von z.B. 0,2 V vom Zeiger ablesen (er würde sich da kaum bewegen). Deshalb wird bei solchen Messungen auf einen niedrigeren Spannungsbereich (von z.B. „max 1 V") heruntergeschaltet.

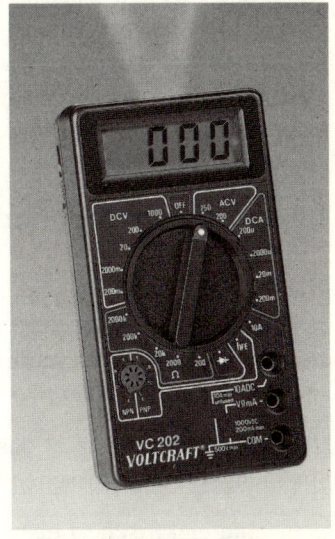

Bei preiswerteren Analog-Multimetern (Preisklasse ca. 20 bis 35 DM) muß strikt darauf geachtet werden, daß der eingeschaltete Meßbereich nicht versehentlich niedriger gewählt wird, als die gemessenen Spannungswerte oder die gemessenen Stromwerte benötigen. Andernfalls wird der fehlerhaft eingestellte Meßbereich vernichtet oder sogar der ganze Multimeter schwer beschädigt.

Abb. 1.12: Bevor man mit einem Multimeter zu messen anfängt, muß mit seinem Drehschalter die entsprechende Spannungs- oder Stromart, und der vorgesehene Meßbereich ausgewählt werden.

Soweit an einem Billiggerät nur einer (bzw. einige) der Meßbereiche vernichtet werden, kann man es dennoch für die restlichen Meßarten verwenden – allerdings nur noch als Zweitgerät. Vorausgesetzt, der Analogzeiger wurde bei dieser Fehlschaltung durch einen zu großen Stromstoß nicht krumm.

Bei Digital-Multimetern besteht logischerweise nicht die Gefahr, daß ein Zeiger krumm wird. Allerdings muß auch hier bei den preiswerteren Geräten darauf geachtet werden, daß der Meßbereich niemals zu niedrig eingestellt wird (höherer Meßbereich hat natürlich bei keinem Multimeter eine Beschädigung zufolge).

Einige der modernen Multimeter mittlerer Preisklasse (um die 100,- DM) weisen in Hinsicht auf das Einstellen der Meßbereiche etwas mehr Bedienungsfreundlichkeit auf und suchen sich teilweise selber den optimalen Meßbereich aus. Andere haben bei allen Meßbereichen einen Überlastungsschutz und können nicht durch versehentliche Fehleinstellung beschädigt werden.

Wann und was gemessen werden soll, wird in diesem Buch noch an der Hand von praktischen Schaltbeispielen erklärt. In vielen Fällen erübrigt sich das Messen, wenn man sich von vornherein ausrechnen kann, welcher Strom oder welche Spanung an diversen Stellen in einem Schaltkreis vorkommen wird.

1.2 Ein wenig Rechnen erleichtert vieles...

Während des Experimentierens mit der Elektronik muß man nur relativ selten zu einem Taschenrechner greifen. Es gibt dennoch einige „Grundermittlungen" die rein rechnerisch wesentlich leichter festzustellen sind, als durch aufwendiges Messen und Probieren.

Nehmen wir als Beispiel das „Dreiecksverhältnis" zwischen der elektrischen Spannung, dem elektrischen Strom und der elektrischen Leistung.

Über eine elektrische Leistung war in diesem Buch zwar bisher keine Rede, aber hier handet es sich um die „Watt", die wir bereits beim Kauf einer Glühbirne oder eines Staubsaugers mitberücksichtigen müssen.

Rein rechnerisch ist das Ganze sehr einfach:

Spannung (in Volt) x Strom (in Ampere) = Leistung (in Watt)

Es ist eigentlich dasselbe, wie z.B. bei der Formel

Länge (in m) x Breite (in m) = Fläche (in m^2).

In der Elektronik (und Elektrotechnik) haben sich international für diese drei Parameter folgende Formelzeichen etabliert:

U für die Spannung (in Volt)

I für den Strom   (in Ampere)

P für die Leistung (in Watt)

Unsere Grundformel lautet dann P = U x I. Sie hat mathematisch bedingt auch noch zwei weitere Konfigurationen, die uns ermöglichen, daß wir jeweils die „dritte Unbekannte" finden: I = P : U und U = P : I

Beispiel: bei einem kleinen Glühlämpchen steht im Katalog „6 V/0,5 A".
Wieviel Watt sind es?
Die Antwort lautet   6 V (U) x 0,5 A (I) = 3 W (P)

Die Formeln muß man sich keinesfalls merken. Sie laufen ja hier nicht weg. Es ist aber gut zu wissen, wo sie zu finden sind, wenn man sie braucht. In diversen weiteren Kapiteln werden wir noch ab und zu etwas berechnen müssen. Es wird sich jedoch um ähnlich einfache Rechenaufgaben handeln, wie bei dem vorhergehenden Beispiel (also keine komplizierten Formeln).

1.3 Widerstände

Widerstände gehören zu den bekanntesten Bausteinen der Elektronik.

Bevor wir uns den Widerstand näher vornehmen, dürfte es der Sache dienlich sein, seine Funktion zu erklären: In einer Wasserrohrleitung kann sich z.B. als Widerstand eine schwere Verschmutzung, ein teils zugedrehtes Ventil oder eine Verengung des Durchmessers auswirken.

Auch ein jeder elektrische Leiter (Draht bzw. Kabel) hat einen gewissen Widerstand. Dieser wird in Ohm (Ω) angegeben. Bei Kabeln oder Leitern pro Meter Länge, bei Bausteinen nur als der Ohmsche Wert. Im technischen Sprachgebrauch heißt es dann bei Kabeln und Leitern z.B. „0,017 Ω/m", bei Widerständen als Bauteilen wird nur der Ohmsche Widerstand – z.B. 33 Ω –, oft aber auch nur als Zahl ohne einen zusätzlichen Buchstaben (also bloß z.B. als 33) angegeben. Das genügt, weil andernfalls hinter der Zahl ein k für „Kiloohm" oder ein M für Megaohm steht.

Bei einem Leiter oder bei einer Leitung kann der Widerstand nicht als ein „elektronischer Baustein" bezeichnet werden, obwohl man so eine Leitung mit einem Widerstand rechnerisch gleich setzt. Genau genommen könnte man in eine Schaltung notfalls eine kilometerlange Leitung statt einen Widerstand einsetzen. Das wäre allerdings vom Format her etwas unpraktisch.

In Leitungen bildet der elektrische Widerstand ein unerwünschtes Handicap, weil dadurch Verluste an elektrischer Energie entstehen. Bei einem Widerstand als Elektronik-Baustein sind dagegen derartige elektrische Verluste üblicherweise wünschenswert – um z.B. eine zu hohe Spannung etwas zu reduzieren oder um irgendwo in der Schaltung etwas abzuwürgen usw.

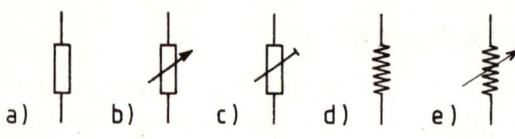

Abb. 1.13: Schaltzeichen der Widerstände: a) fester Widerstand; b) Dreh- oder Schiebepotentiometer; c) Einstellpotentiometer (meist kleinformatig, einstellbar oft nur mit einem kleinen Schraubendreher); d) und e): USA-Schaltzeichen für Widerstände und Potentiometer.

Es gibt kleine, große, dicke und dünne Widerstände, die als Kohleschicht-Widerstände, als Drahtwiderstände, als Metallfilm-Widerstände, als spezielle Keramikwiderstände usw. erhältlich sind. Das Schaltzeichen ist für alle Widerstände – ungeachtet der eigentlichen Ausführung – einheitlich. Viele Schaltpläne werden gegenwärtig aus Quellen übernommen, die das „amerikanische" Schaltzeichen verwenden. Es ist also gut zu wissen, daß es bei einem Schaltzeichen nach Abb. 1.13d) oder e) um einen Widerstand bzw. Potentiometer handelt.

Für die gängigen Anwendungen in der Elektronik kommen – bis auf Ausnahmen – die preiswerten Kohleschicht-Widerstände und Potentiometer in Frage (der Ladenpreis der Widerstände liegt zwischen ca. 5 und 10 Pfennig pro Stück). Geringfügig teurer sind Metallschicht-Widerstände (der Aufpreis liegt bei ca. 20%).

Metallschicht-Widerstände sind im Vergleich zu den Kohleschicht-Widerständen wesentlich rauschärmer und werden daher z.B. in empfindlicheren Audio-Schaltungen den Kohleschicht-Widerständen vorgezogen. Abgesehen davon sind Metallschicht-Widerstände mit Toleranzen von ca. 1% erhältlich und Kohleschicht-Widerstände dagegen nur in Toleranzen von 5%.

In den meisten Schaltungen reichen Toleranzen von 5% völlig aus. Soweit in einem Schaltplan nicht speziell darauf hingewiesen wird, daß eine Toleranz von 1% bzw. ein Metallschicht-Widerstand erwünscht ist, können da bedenkenlos Kohleschicht-Widerstände eingesetzt werden.

Zwei Parameter sind bei jedem Widerstand sehr wichtig: der Ohmsche Wert (in Ohm) und die Belastbarkeit (in Watt).

In Katalogen und Preislisten sind Widerstände nach ihrer Belastbarkeit eingeteilt. Es fängt z.B. mit der Rubrik „1/4 Watt Kohleschicht-Widerstände" an. Die Ohmschen Werte dieser Widerstände beginnen meistens bei 1 Ohm und setzen sich bis zu 10 oder 22 Megaohm fort (1 Megaohm = 1,000.000 Ohm).

Die gängigen (handelsüblichen) Werte der Kohlewiderstände haben fest vorgegebene Abstufungen, die sich in der ganzen Reihe folgendermaßen wiederholen: 1 – 1,2 – 1,5 – 1,8 – 2,2 – 2,7 – 3,3 – 3,9 – 4,7 – 5,6 – 6,8 -8,2 – 10 – 12 – 15 – 18 – 22 usw.

Es bleibt immer bei dem Verhältnis, daß zwischen 1 Ω und 10 Ω liegt. So gibt es z.B. unter anderem auch Werte von 27 kΩ (= 27.000 Ohm) oder 470 kΩ (= 470.000 Ohm) usw.

Bei Metallschichtwiderständen sind die Abstufungen feiner: 1 – 1,1 – 1,2 – 1,3 – 1,5 – 1,6 – 1,8 – 2 – 2,2 – 2,4 – 2,7 – 3 – 3,3 – 3,6 – 3,9 – 4,3 – 4,7 – 5,1 – 5,6 – 6,2 – 6,8 – 7,5 – 8,2 – 9,1 – 10 usw. Auch hier setzen sich diese Stufen bis zu etwa 10 Megaohm (10 M) fort.

Normale Schaltungen geben sich mit den zur Verfügung stehenden Festwerten der Widerstände zufrieden. Nur in speziellen Fällen wird ein Widerstand benötigt, der standardmäßig nicht erhältlich ist. Man kann sich jedoch z.B. damit behelfen, daß man zwei oder mehrere Widerstände in Reihe (seriell) oder nebeneinander (parallel) schaltet, um den erwünschten Wert zu erhalten.

Beim Schalten von mehreren Widerständen in Reihe (in Serie) ist es einfach: hier addieren sich alle Einzelwerte nach den Beispielen in *Abb. 1.14* links.

Beim Schalten von zwei gleichen Widerständen nebeneinander (parallel) halbiert sich der Endwert. Beispiel: zwei Widerstände von je 22 Ω ergeben in einer Parallelschaltung einen Wert von 11 Ω (der Widerstand halbiert sich hier). Wenn drei gleiche Widerstände parallel geschaltet werden, sinkt der Endwiderstand auf 1/3 (siehe auch Abb. 1.16a). Wenn zwei ungleiche Widerstände parallel geschaltet werden, errechnet sich der Endwert nach der Formel in *Abb. 1.14* rechts.

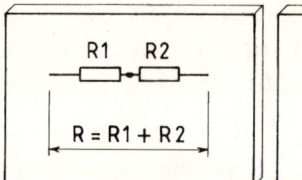 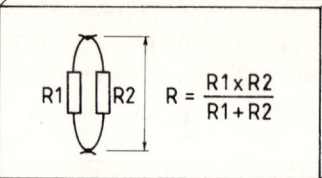

Abb. 1.14: Wenn mehrere Widerstände in Reihe (in Serie) aneinander geschaltet werden, ergibt es einen Endwiderstand, dessen Ohmscher Wert einfach der Summe aller einzelnen Werte entspricht (Kästchen links). Wenn zwei unterschiedliche Widerstände parallel aneinander angeschlossen werden, ergibt es einen Endwiderstand nach der Formel im Kästchen rechts.

Beim Nachbau der meisten Schaltpläne braucht man normalerweise die Werte der Widerstände nicht zu berechnen, weil sie angegeben sind. Dasselbe gilt auch für die „Leistungskategorie" der Widerstände. In normalen Schaltplänen wird jedoch auf die Leistung der Widerstände nur dann hingewiesen, wenn sie für eine höhere Leistung als ca. 1/4 Watt dimensioniert werden müssen. Soweit also in einer Schaltung bei den Widerständen nur die Ohmschen Werte stehen (ohne einen Hinweis auf die „Watt"), werden da normalerweise 1/4-Watt-Widerstände verwendet.

Nun wird ein praktisches Beispiel fällig: *Abb. 1.15* zeigt ein Schaltbeispiel mit drei unterschiedlichen Glühlämpchen, die jeweils über einen „eigenen" Widerstand an eine 12-V-Batterie angeschlossen sind.

Jeder der „Vorwiderstände" (R1, R2 und R3), hat dafür zu sorgen, daß das an ihn angeschlossene Glühlämpchen nur die „Nennspannung" bekommt, für die es ausgelegt wurde. Bei L1 sind es 7 V, bei L2 sind es 9 V, bei L3 8 V. Der Strom (0,03 A bei L1 usw.) ist üblicherweise ebenfalls an so einem Lämpchen

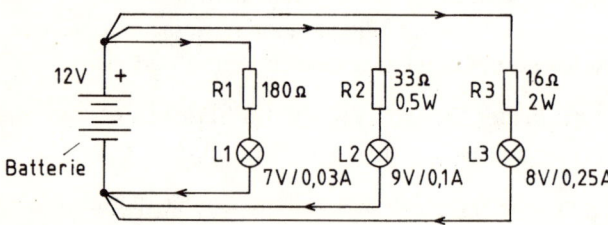

Abb. 1.15: Wenn Glühlämpchen, LEDs oder andere ähnliche „Verbraucher" an eine Spannung angeschlossen werden sollen, die höher ist, als ihre vom Hersteller angegebene Betriebsspannung, muß diese „zu hohe" Spannung mit Hilfe von Vorwiderständen (R1, R2, R3) erst reduziert werden (siehe Text).

angegeben. Diesen Strom benötigt das Lämpchen, um optimal leuchten zu können. Es nimmt ihn sich automatisch ab, wenn es an die vom Hersteller angegebene Spannung angeschlossen wird – vorausgesetzt, die Stromquelle ist kräftig genug, um diesen Strom aufbringen zu können.

In unserem Beispiel muß an jedem der Widerstände (R1, R2, R3) ein „Spannungsverlust" entstehen, der die überflüssige Spannung (und Leistung) in Wärme umwandelt und als solche in die Umgebung ausstrahlt.

Unter Umständen wird so ein Widerstand zu einem kleinen Heizkörper. Das ist in Ordnung. Er muß allerdings für die vorgesehene „Wärmeverarbeitung" dimensioniert sein. Ansonsten verbrennt er. Im Beispiel nach Abb. 1.15 kommen wir mit Widerständen von 1/4 Watt (R1), 1/2 Watt (R2) und 2 Watt (R3) aus.

Weshalb dieser Leistungsunterschied? Jetzt wäre eine kleine Erklärungsschleife angebracht:

Es ist inzwischen fast zweihundert Jahre her, da hat es den weltbekannten Georg Simon Ohm gegeben. 1787 im fränkischen Erlangen geboren, 1854 im bayerischen München gestorben. Ihm verdankt die Welt das sogenannte Ohmsche Gesetz, laut dem es zwischen der Spannung, dem Strom und dem Widerstand ein ähnliches „Dreiecksverhältnis" wie bei Spannung, Strom und Leistung gibt. Somit kam eine der wichtigsten elektrotechnischen Formeln zustande. Sie lautet:

Spannung (in Volt) = Strom (in Ampere) x Widerstand (in Ohm)

In der Form von internationalen technischen Abkürzungen heißt es: $U = I \times R$ Daraus ergeben sich rechnerisch auch hier noch zwei andere nützliche Variationen:

$I = U : R$ oder $R = U : I$

U und I kennen wir bereits, das „R" steht für den Widerstand. Wenn also in einer Beschreibung „$R = 180\ \Omega$" steht, dann bedeutet es, daß der Widerstand 180 Ohm beträgt. Das Symbol Ω bedeutet international „Ohm".

Im Gegensatz zu den meisten anderen Gesetzen kennt das Ohmsche Gesetz keine Schlupflöcher. Übertretungen oder Unkenntnis rächen sich einfach damit, daß sich ein Vorhaben nicht befriedigend zu Ende bringen läßt – vorausgesetzt, die benötigten Widerstandswerte gehen nicht bereits aus einem vorgegebenen Schaltplan hervor.

Man hat in der Praxis jedoch nicht immer dieselben Bauteile, wie in dem einen oder anderen Schaltplan angegeben ist und zudem fällt einem gelegentlich auch eine einfache „eigene" Problemlösung ein. Ohne ein wenig Rechnen wird so etwas unnötig schwierig. Das Sprichwort „Probieren geht über Studieren" ist zwar auch in der Elektronik gut anwendbar, aber nicht immer.

Die praktische Anwendung des Ohmschen Gesetzes läßt sich an dem Schaltplan in Abb. 1.15 erklären. Wir fangen mit dem ersten Lämpchen L1 an: Aus den „technischen Daten" dieses Lämpchens geht hervor, daß es für eine Spannung von 7 V und einen Strom von 0,03 A ausgelegt ist.

Nebenbei: ein Strom, der wesentlich niedriger als 1 Ampere ist, wird sehr oft in Milliampere (mA) angegeben. Statt 0,03 A werden in dem Fall oft „30 mA" angegeben. Es ist dasselbe, wie z.B. mit Millimetern (1 Meter = 1000 mm; 1 A = 1000 mA). In die Formeln muß jedoch immer der Strom in Ampere (und nicht in Milliampere), die Spannung dann ebenfalls in Volt und der Widerstand in Ohm (nicht „Kiloohm") eingesetzt werden. Nun zurück zum Lämpchen L1: In unserem Fall soll es an eine 12 V-Batterie angeschlossen werden (weil beispielsweise keine andere Versorgungsspannung zur Verfügung steht). Ohne einen Vorwiderstand würde es verbrennen. Dieser muß in unserem Fall einen Spannungsverlust von 5 Volt „in sich hineinfressen". 12 V (Batteriespannung) – 5 V (die am R1 verbraucht werden müssen) ergibt die benötigten 7 V (für L1).

Eine klare Sache und eine einfache Lösung: Der Strom von 0,03 A, der durch das Lämpchen L1 fließen soll (was ja der Sinn der Sache ist), fließt naturbedingt auch automatisch durch R1. Genau genommen fließt er vom Plus-Pol der Batterie zu ihrem Minus-Pol durch die ganze Sektion R1/L1 (er kann ja nicht wie eine Katze durch die Luft springen). Das erleichtert die Sache.

Es steht also fest, daß am R1 eine Spannung von 5 V verschwinden muß und daß durch R1 ein Strom von 0,03 A fließen soll. Der Rest ist nun kinderleicht: Laut der Ohmschen Formel heißt es $R = U : I \ (= 5 : 0,03)$

R ist der gesuchte Wert des Vorwiderstandes R1, U ist die Spannung von 5 V, die im Vorwiderstand R1 verschwinden muß und I ist der Strom von 0,03 A, der durch den R1 fließt.

Wenn wir nun in den Taschenrechner 5 : 0,03 eintippen, erscheint auf seinem Display 166,6666. Das ist der gesuchte Ohmsche Wert von R1 (in Ohm).

Da es unter den handelsüblichen Kohlewiderständen nur Widerstände von entweder 150 Ohm oder 180 Ohm gibt, nehmen wir einfachheitshalber den 180 Ohm-Widerstand. Der kleine Unterschied spielt hier keine Rolle.

Wie ist es jetzt mit der Leistung, die am Widerstand in Wärme umgewandelt werden soll? Wir haben am Widerstand R1 einen Spannungsverlust von 5 V bei einem Strom von 0,03 A. Laut der Leistungsformel (P = U x I) ergibt sich daraus P (in Watt) = 5 (V) x 0,03 (A); das sind also 0,15 Watt.

Fazit: ein 1/4 Watt-Widerstand (= 0,25 Watt-Widerstand) reicht völlig aus.

Nun zum Lämpchen L2: Am Widerstand R2 brauchen wir einen Spannungsverlust von 3 V; bei einem Strom von 0,1 A. Seinen Ohmschen Wert rechnen wir ähnlich aus, wie beim R1 wieder mit Hilfe der Formel R = U:I. Kein Problem:

3 V : 0,1 A = 30 Ohm (der am nähesten liegende handelsübliche Widerstand hat 33 Ohm. Paßt auch).

Jetzt noch zur Kontrolle der Leistung: 3 V x 0,1A = 0,3 Watt. Hier ist ein 1/2-Watt-Widerstand fällig (ein 1/4-Watt-Widerstand würde sich zu sehr aufheizen und früher oder später möglicherweise verbrennen).

Beim Lämpchen L3 gehen wir auf dieselbe Weise vor: Der Widerstand R3 muß hier einen Spannungsverlust von 4 V bei einem Strom von 0,25 A zustandebringen. Seinen Ohmschen Wert rechnen wir wieder mit Hilfe der Formel R = U : I aus (= 4 V : 0,25 A; ergibt 16 Ohm).

Der Leistungsverlust am R3 beträgt: 4 V x 0,25 A = 1 Watt.

In Abb. 1.15 wurde sicherheitshalber ein 2-Watt-Widerstand eingezeichnet. Ein 1-Watt-Widerstand wäre hier etwas zu kritisch dimensioniert und würde sich zu sehr aufheizen.

Interessehalber: statt einem einzigen 16 Ohm / 2-Watt-Widerstand können hier beispielsweise 3 parallel zusammengelötete 47 Ohm / 0,5 Watt-Widerstände *(Abb. 1.16a)* eingesetzt werden. Das ergibt einen Wert von 15,666 Ω (47 : 3 = 15,666). Die Einzelleistungen teilen sich hier in 3 x 0,5 W und ergeben 1,5 W (das genügt).

Zu beachten: bei Widerständen in einer Reihenschaltung (nach *Abb. 1.16b*) addieren sich die Ohmschen Werte. Wie im vorhergehenden Beispiel muß auch hier die errechnete Leistung von insgesamt 1 Watt von den 3 Widerständen in Wärme umgewandelt werden. Da alle drei denselben Ohmschen Wert haben, muß jeder von ihnen nur eine Leistung von 0,333 W in Wärme umwandeln (daher reichen hier ebenfalls drei 0,5 Watt-Widerstände aus).

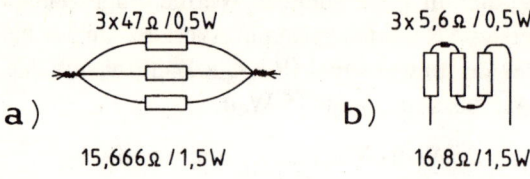

a) 3x47 Ω /0,5W
    15,666 Ω / 1,5W

b) 3x5,6 Ω / 0,5W
    16,8 Ω / 1,5W

Abb. 1.16: Der Widerstand R3 aus vorhergehendem Schaltbeispiel kann z.B. auch aus drei 0,5 W-Widerständen zusammengesetzt werden, die entweder parallel – nach Beispiel a) – oder seriell – nach Beispiel b) angeordnet sind.

Für Kontrollzwecke eignen sich bei derartigen Schaltungen zwei Meßgeräte: der Multimeter und ein Finger. Mit dem Multimeter kann man nachkontrollieren, ob jedes der Glühlämpchen auch tatsächlich die vorgegebene Spannung hat, mit dem Finger läßt sich testen, ob sich einer der Schutzwiderstände nicht zu sehr aufheizt.

In der Praxis wird es mit der vorgegebenen Spannung an dem einen oder anderen Lämpchen oft nicht optimal stimmen. Das liegt an den Herstellungs-Abweichungen, die bei diversen Glühlämpchen ziemlich groß sind. Der Lebensdauer einer Glühlampe ist es dabei sehr dienlich, wenn sie eher eine Unterspannung als ein Überspannung bekommt – soweit nicht auf eine optimale Lichtintensität Wert gelegt wird (davon hängt dann ab, ob die errechneten theoretischen Werte eher etwas nach unten oder im Gegenteil etwas nach oben abgerundet werden).

Wenn bei der Kontrollmessung festgestellt wird, daß die Spannung an einem der Lämpchen zu hoch ist, muß der bestehende Vorwiderstand (R1, R2 oder R3) durch einen etwas „größeren" Widerstand ersetzt werden – und umgekehrt. Falls es sich bei so einem Lämpchen nur um ein Kontrollämpchen handelt, daß allein als optische Anzeige dienen soll, kann seine Versorgungsspannung wesentlich niedriger liegen, als der Hersteller angibt (die erwünschte Lichtintensität wird probeweise ermittelt).

Jetzt haben wir anhand von einigen einfachen Beispielen den Umgang mit den wichtigsten elektrotechnischen Grundformeln in den Griff bekommen.

Sehr beruhigend ist die Tatsache, daß sich etwa 99% der Widerstände in elektronischen Schaltungen gar nicht erwärmen, weil der „Leistungsabfall" sehr winzig ist. Es kommt auch nicht allzuoft vor, daß man die Spannungsversorgung eines Glühlämpchens mit einem Vorwiderstand reduziert (in der Praxis setzt man bevorzugt entweder gleich 12 V-Glühlämpchen ein oder es werden Leuchtdioden verwendet). Für Aufklärungszwecke eignen sich jedoch unsere Beispiele sehr gut, weil da alles ziemlich „greifbar" dargestellt wird.

Abb. 1.13 zeigte die Schaltzeichen von festen, wie auch von regelbaren Widerständen (Potentiometern). Wichtig: wenn ein Widerstand durch einen Einstellpotentiometer ersetzt wird, sollte dieser in kritischen Schaltungsteilen sicherheitshalber noch einen Serienwiderstand nach *Abb. 1.17* erhalten.

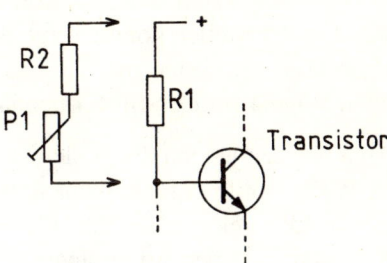

Abb. 1.17: Wenn anstelle eines festen Widerstandes (z.B. des eingezeichneten R1) ein Einstellpotentiometer (P) kommen soll, ist damit zu rechnen, daß dieser versehentlich bis auf den Minimumwert (auf „Null-Ohm") verstellt werden kann. Wo dadurch ein Schaden entstehen würde (wie in diesem Beispiel), dort sollte immer ein zusätzlicher Schutzwiderstand (R2) in Serie zu dem Einstellpotentiometer angeschlossen werden (in diesem Beispiel vernichtet man den Transistor, wenn seine Basis direkt die volle „Plus-Spannung" abbekommt).

Widerstandsfarbkode

Abb. 1.18: Farbkoden der Metallschicht- und Kohlewiderstände. Bemerkung: Bei Kondensatoren wird die Kapazität und Spannung herstellerbezogen meistens mit normalen Buchstaben und Ziffern auf die Komponente aufgedruckt, gelegentlich aber auch mit Farbkode, angegeben. Der Farbkode ist in dem Fall bei einem „stehenden" Kondensator von oben nach unten angeordnet und identisch mit der Reihenfolge der Ringe des Kohlewiderstandes.

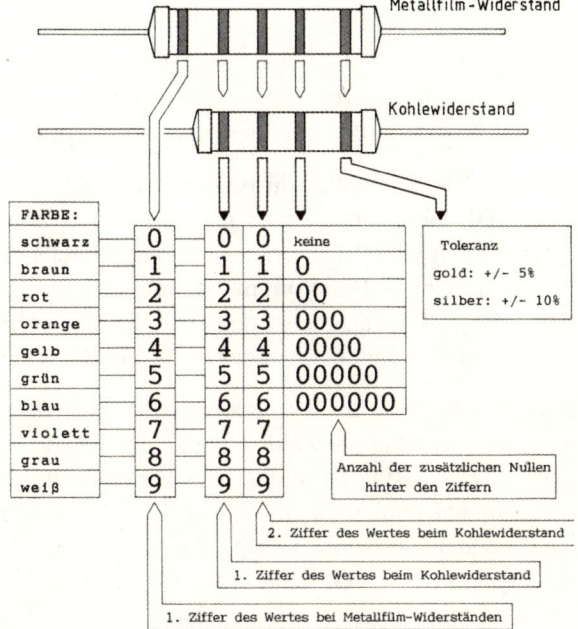

FARBE:				
schwarz	0	0	0	keine
braun	1	1	1	0
rot	2	2	2	00
orange	3	3	3	000
gelb	4	4	4	0000
grün	5	5	5	00000
blau	6	6	6	000000
violett	7	7	7	
grau	8	8	8	
weiß	9	9	9	

Toleranz
gold: +/- 5%
silber: +/- 10%

Anzahl der zusätzlichen Nullen hinter den Ziffern

2. Ziffer des Wertes beim Kohlewiderstand

1. Ziffer des Wertes beim Kohlewiderstand

1. Ziffer des Wertes bei Metallfilm-Widerständen

Dreh- und Schiebepotentiometer kennen wir als Bedienungselemente an diversen elektronischen Geräten. Einstellpotentiometer werden für einmaliges Einstellen eines Wertes auf der Platine (im Geräteinneren) genutzt.

Es hat einmal Zeiten gegeben, da waren die meisten Widerstände noch relativ groß, weil die Elektronik mit Röhren und daher mit höheren Leistungen arbeitete. Die Hersteller konnten auf den Körper des Widerstandes seinen Ohmschen Wert und seine max. Leistung ähnlich aufdrucken, wie heutzutage auf einen Kugelschreiber ein Firmenname aufgedruckt wird.

Dann wurden jedoch die Widerstände immer kleiner und mit dem Aufdrucken der Werte wollte es nicht mehr so richtig funktionieren. Da ist man irgendwann auf die Idee gekommen, die Werte der Widerstände als farbige Ringe um den Widerstandskörper aufzutragen. So ist der sogenannte „Komponenten-Farbkode" nach *Abb. 1.18* entstanden. An sich eine feine Sache, aber für Einsteiger etwas gewöhnungsbedürftig.

Unser Tip: Farbkoden braucht man nicht gezielt zu lernen. Wer nur ab und zu mit der Elektronik experimentiert, kann sich einfach mit der Abb. 1.18 behelfen. Erfahrungsgemäß erkennt man jedoch nach kurzer Zeit den Wert eines Widerstandes (oder auch einiger farbiger Kondensatoren) an der Farbkode ganz automatisch.

Wie aus der Abb. 1.18 hervorgeht, fungieren an einem Kohlewiderstand die ersten zwei Ringe als Ziffern. Der dritte Ring steht für die Anzahl Nullen, die zu der vorhergehenden Zahl noch dazukommen. Der 4. und letzte Ring zeigt, für welche Toleranz der Widerstand ausgelegt ist.

Als ein echter Lichtblick dürfte hier der Aspekt bezeichnet werden, daß die meisten Kohlewiderstände eine Toleranz von 5 % aufweisen (ausnahmsweise eine Toleranz von 10 %). Das erleichtert eine schnelle Orientierung: Wenn man einen Widerstand in die Hand nimmt, sucht man erst nach einem goldenen (oder notfalls silbernen) Ring. Das ist dann beim „Kodelesen" die rechte Seite eines jeden Widerstandes. Dann bleiben nur noch drei Ringe. Das ist zu ertragen.

Danach geht man nach folgendem Beispiel vor: Der 1. Ring (von links) ist gelb; das bedeutet die Zahl 4. Der 2. Ring (von links) ist violett; das bedeutet eine 7. Der 3. Ring ist orange; das bedeutet drei Nullen, die noch zu den vorhergehenden Zahlen dazukommen. Das ergibt 47000. Es handelt sich also um einen Widerstand von 47000 Ohm. Wichtig: in einem Schaltplan wird ein Widerstand von 47000 Ohm in der Regel abgekürzt als 47 k eingezeichnet. Das „k" steht hier für „kilo" (Tausend).

Ein anderes Beispiel: Der 1. Ring (von links) ist rot; das bedeutet die Zahl 2. Der 2. Ring (von links) ist ebenfalls rot; das bedeutet nochmals eine 2. Der 3. Ring ist auch rot; das bedeutet zwei Nullen, die noch zu den vorhergehenden Zahlen dazukommen. Das ergibt 2200. Es handelt sich also um einen Widerstand von 2200 Ohm.

Wichtig: in einem Schaltplan wird ein Widerstand von 2200 Ohm in der Regel als 2,2 k oder als 2k2 eingezeichnet. Das „k" steht hier ebenfalls für „kilo" (Tausend), aber in der Interpretatien von „2k2" hat es hier gleichzeitig die Funktion eines Kommas. Der Vorteil: Ein kleines Komma kann man leichter übersehen oder es kann beim kleinsten Druckfehler unlesbar werden; ein „k" fällt hier besser auf und verringert mögliche Lesefehler.

Was man mit diesen Bauteilen alles machen kann, wird aus verschiedenen noch folgenden Schaltbeispielen bzw. Bauanleitungen ersichtlich.

1.4 Kondensatoren

Die Vielfalt der handelsüblichen Kondensatoren ist enorm. Bei den Widerständen hat man es meistens noch mit einer einigermaßen einheitlichen Form zu tun (auch wenn sie klein, groß, dick oder dünn sind).

Bei Kondensatoren ist die Sache dadurch komplizierter, daß hier auch die Formen sehr unterschiedlich sind. Zudem differenzieren sich Kondensatoren auch noch in solche, bei denen es – ähnlich wie bei den Widerständen – auf die Polarität nicht ankommt und in solche, bei denen auf die richtige Polarität wiederum strikt geachtet werden muß.

Beruhigend ist jedoch, daß sowohl in elektronischen Schaltplänen, als auch auf den meisten gängigen Kondensatoren die Polarität angegeben ist. *Abb. 1.20* zeigt Schaltsymbole von zwei Kondensatoren, von denen der eine (links) nicht

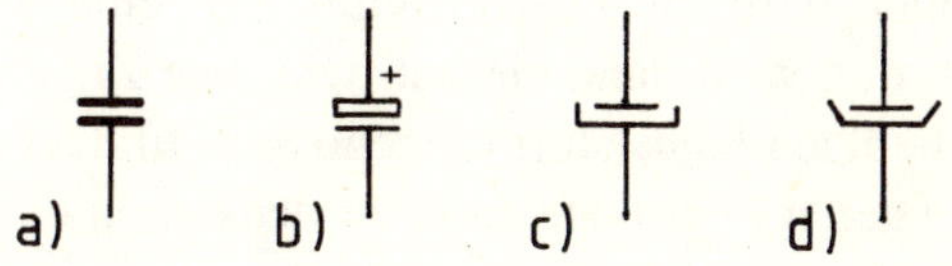

Abb. 1.19: Schaltzeichen von Kondensatoren (a) und b) sind die bei uns gebräuchlichsten Zeichensymbole; c) und d) werden in älteren bzw. ausländischen Schaltplänen angewendet.

a)   b)   c)   d)

polaritätsabhängig ist und der andere (rechts) als ein sogenannter „Elektrolyt-Kondensator" (oder auch „Tantal-Kondensator") unbedingt polaritätsgerecht angeschlossen (eingelötet) werden muß: Mit seiner PLUS-Seite immer in die Richtung der PLUS-Spannung. Ansonsten platzt bzw. explodiert er. Wenn er groß ist, erzeugt er dabei Gestank und Rauch.

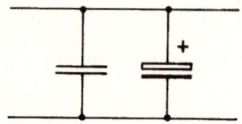

Abb. 1.20: Kondensatoren DIN-Schaltsymbole: links ein Kondensator, der polaritäts-UNABHÄNGIG angeschlossen werden kann; rechts ein Elektrolyt-Kondensator (bzw. ein Tantal-Kondensator), bei dem die Polarität beim Einlöten nicht verwechselt werden darf.

In den Schulbüchern steht, daß ein Kondensator prinzipiell aus zwei elektrisch leitenden Flächen nach *Abb 1.21* besteht, zwischen denen sich ein sogenanntes Dielektrikum befindet (das sie voneinander isoliert). Im einfachsten Fall kann hier als Dielektrikum nur die Luft dienen. Dieses Prinzip wird gelegentlich bei manchen Kondensatoren angewendet, die in der Elektronik z.B. als Abstimmkondensatoren nach *Abb 1.22* ausgeführt sind. Sie haben meistens mehrere miteinander verbundene Elektroden, die als Segmente einstellbar tief ineinander greifen. Dadurch verändert sich die Kapazität des Kondensators und man kann mit ihm z.B. eine Frequenz abstimmen .

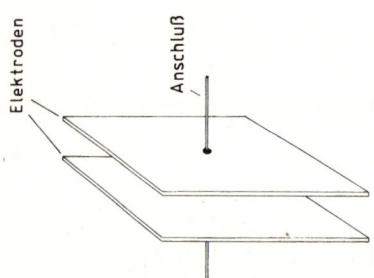

Abb. 1.21: Prinzip eines Kondensators: je größer die Fläche seiner zwei Elektroden und je kleiner der Abstand zwischen ihnen ist, desto höher ist seine Kapazität.

Die meisten handelsüblichen „nicht polaritätsabhängigen" Kondensatoren basieren auf einem Herstellungsprinzip nach *Abb 1.23*: Zwischen zwei Alu-Folien wird als Dielektrikum z.B. eine Kunststoffolie eingelegt, der ganze Streifen wird dann einfach wie eine Zigarre zusammengerollt und danach in beliebigen Kunststoff eingegossen. Im Gegensatz zu der Zigarre muß hier der Hersteller allerdings an jeder der Folien ein Drähtchen anbringen, denn so ein Kondensator benötigt – ähnlich wie ein jeder intakte Widerstand – auch zwei Füße – bzw. zwei Anschlüsse, die aus ihm irgendwo herausragen.

Früher hatten fast alle Kondensatoren tatsächlich überwiegend die Form einer Zigarre bzw. ähnelten einem Widerstand „mit Übergewicht". Moderne Kondensatoren haben oft einen flachen Körper, aber werden – soweit es sich um Folienkondensatoren handelt – auf eine ähnliche Weise hergestellt, wie die runden Kondensatoren nach Abb 1.23 (sie werden nur etwas flacher gewickelt).

Rund sind immer noch die meisten elektrolytischen Kondensatoren geblieben. Sie werden ähnlich hergestellt, wie die Folienkondensatoren nach Abb 1.23, aber haben als Dielektrikum kein festes Material, sondern nur einen Elektrolyt. Er muß die zwei Alu-Folien (also die zwei Pole des Kondensators) isoliert voneinander halten. Das gelingt ihm nur dann, wenn

Abb. 1.22: Ausführungs-beispiele einiger Einstell-Kondensatoren

er auch ordnungsgemäß mit seinem Plus-Pol auf die Plus-Spannung und mit seinem Minus-Pol auf die Minus-Spannung (oder im Gerät auf die „Masse" bzw. „Erde") angeschlossen wird. So ein elektrolytischer Kondensator darf auf keinen Fall an eine Wechselspannung angeschlossen werden. Da knallt sein Dielektrikum sofort durch und er ist nicht mehr brauchbar.

Nur ordnungshalber ist an dieser Stelle darauf hinzuweisen, daß es dennoch spezielle elektrolytische „bipolare Kondensatoren" gibt, die polaritäts-UNAB-HÄNGIG sind und auch auf Wechselspannung angeschlossen werden dürfen. Genaugenommen sind sie für Wechselspannung bestimmt. Sie werden in der Elektronik vor allem als Tonfrequenz Kondensatoren für Frequenzweichen und in der Elektrotechnik als Motoren-Kondensatoren angewendet. Diese Konden-

Abb. 1.23: Ein „normaler" Kondensator besteht aus zwei Alufolien mit einem elektrisch isolierenden Material (Dielektrikum) dazwischen.

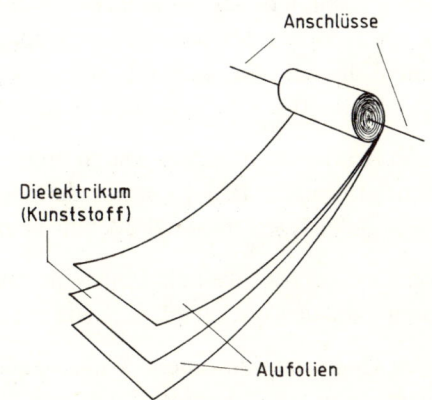

Anschlüsse

Dielektrikum (Kunststoff)

Alufolien

satoren sind wesentlich teurer als normale elektrolytische Kondensatoren und in gängigen elektronischen Schaltungen werden sie nicht verwendet.

Neben den Folienkondensatoren gibt es auch noch sogenannte „keramische Kondensatoren". Sie werden mit Vorliebe dann eingesetzt, wenn platzsparend gearbeitet werden soll, bzw. wenn sie laut Schaltplan erwünscht sind.

Neben den Elektrolyt-Kondensatoren verdienen noch die „Tantal-Kondensatoren" Aufmerksamkeit. Sie haben kleine Abmessungen, sind polaritätsabhängig, eignen sich nur für relativ niedrige Spannungen und sind etwa doppelt bis zehnmal so teuer als Elektrolyt-Kondensatoren (aus Herstellerangaben gehen die jeweiligen max. Arbeitsspannungen hervor).

Jetzt machen wir aber hinter der Auflistung einen Punkt und sehen uns an, welche Parameter bei einem Kondensator wichtig sind:

Als erstes ist es die Kapazität. Sie wird bei kleinsten Kondensatoren in Pikofarad (pF) bei mittleren in Nanofarad (nF) und bei großen in Mikrofarad (μF) angegeben.

1000 pF = 1 nF und 1000 nF = 1 μF. Mehr braucht man hier nicht zu wissen.

Neben der Kapazität interessiert uns bei einem Kondensator die maximale Spannung, an die er angeschlossen werden darf – und evtl. auch die Toleranz.

Bei den meisten Kondensatoren wird als „maximale Spannung" nur die Gleichspannung angegeben. Ausnahmsweise – wie u.a. bei einigen speziellen „Styroflex-Kondensatoren" gibt der Hersteller beide Spannungsarten an – z.B.: Nenngleichspannung 63 V, Wechselspannung 25 V.

Die Toleranz der meisten Kondensatoren liegt bei 10 bis 20%, kann aber u.a. auch – besonders bei keramischen Scheibenkondensatoren – kapazitätsabhängig z.B zwischen 5% (bei kleinen Kapazitäten) und ca. 50% (bei großen Kapazitäten) liegen. Elektrolyt-Kondensatoren weisen oft Toleranzen von etwa -20% bis + 50% auf (soweit im Katalog nicht anders angegeben wird).

Wenn bei den technischen Daten eines Kondensators (z.B. im Katalog) „Rastermaß 15 mm", „RM 15 mm" oder auch nur „RM 15" steht, heißt es, daß der Abstand der Kondensator-Füßchen 15 mm beträgt (für die Printmontage).

Kondensatoren weisen als Bausteine zwei wichtige Eigenschaften aus, von denen man sich oft jeweils nur eine zu Nutzen macht:

a) Im Gegensatz zu einem Widerstand verhält sich ein Kondensator für den Gleichstrom als „undurchlässig" und für den Wechselstrom als „leitend".

Abb 1.24 zeigt, was man sich unter dieser Eigenschaft in etwa vorstellen dürfte. Je größer die Kapazität des Kondensators und je höher die Frequenz der ihm zugeführten Wechselspannung ist, desto besser läßt er den ihm zugeführten Strom durch.

b) Größere Elektrolyt-Kondensatoren können eine gewisse Portion elektrischer Energie speichern. Man kann sie nach *Abb 1.25* – ähnlich wie Akkus – aufladen.

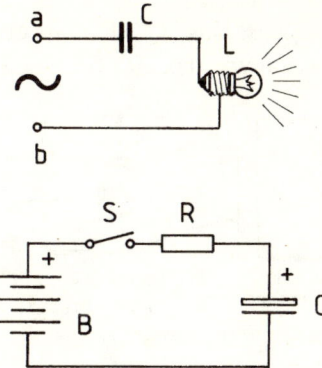

Abb. 1.24: Ein Kondensator läßt Wechselspannung und Wechselstrom um so besser durch, je größer seine Kapazität und je höher die Frequenz der Wechselspannung ist.

Abb. 1.25: Größere Elektrolyt-Kondensatoren können eine gewisse Portion elektrischer Energie speichern. Man kann sie – ähnlich wie Akkus – aufladen. Ihre Speicher-Kapazität ist jedoch im Vergleich zu den Akkus sehr bescheiden – was jedoch bei vielen elektronischen Schaltungen genügt.

Das Schaltbeispiel nach Abb. 1.24 dient hier nur einer leicht verständlichen Aufklärung. In der Elektronik-Praxis wird der Kondensator in Hinsicht auf diese Eigenschaft meistens als Bauteil einer Schaltung verwendet, die Tonfrequenzen (von ca. 16 Hz bis 20.000 Hz) oder wesentlich höhere „unhörbare" Frequenzen (von bis zu hunderten Millionen Hz) verarbeitet.

Nebenbei: unsere Netzspannung hat eine Frequenz von 50 Hz (Hertz); das sind 50 „Schwingungen" pro Sekunde.

Die „Frequenzabhängigkeit" des Kondensators wird unter anderen beim Bau von Lautsprecher-Frequenzweichen benutzt. Am einfachsten geht es nach *Abb. 1.26*. Wenn man z.B. die meist lausige Klangqualität eines Fernsehers durch eine externe Lautsprecherbox verbessern möchte, kann so ein Lautsprecher-Duo (Breitband & Hochton-Lautsprecher) wahre Klangwunder bewirken.

Die Kapazität des Kondensators C ist dafür bestimmend, wie gravierend sich der Hochtonlautsprecher durchsetzt (markenabhängig). Ein „bipolarer Kondensator" mit einer Kapazität von ca. 2,2 bis 4,7 μF / 35 V-Wechselspannung dürfte hier in den meisten Fällen ausreichen.

Seine Aufgabe besteht darin, daß er nur die höheren Tonfrequenzen an den Hochtöner durchläßt; für niedrigere Tonfrequenzen bildet er eine Sperre. Je höher seine Kapazität, desto lauter werden die hohen Frequenzen (scharfen Töne) hörbar. Das Klangspektrum des angewendeten Breitband-Lautsprechers ist natürlich für die Ausgewogenheit der Klangwiedergabe bestimmend. Je besser der Breitband-Lautsprecher selber auch einen Teil der höheren Töne wiedergeben kann, um so leiser darf (und muß) der Hochtöner mitwirken (um so niedriger muß die Kapazität des Kondensators C sein).

Übrigens: Das „C" steht als ein internationales Symbol für einen Kondensator. Ähnlich wie das „R" für einen Widerstand.

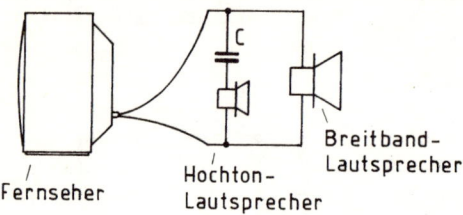

Abb. 1.26: Ein Kondensator kann u.a. als eine einfache, aber sehr wirkungsvolle „Frequenzweiche" in Eigenbau-Lautsprecherboxen angewendet werden. Zwei solche Boxen können die meist miserable Klangqualität eines Stereo-Fernsehers enorm beheben.

Ein anderes Beispiel für die Anwendung eines Kondensators: Das Mikrofon nach *Abb. 1.27* hat einen „zu scharfen" Klang. Wenn man mit einem kleinen Kondensator (von z.B. 270 pF) die höchsten Frequenzen „kurzschließt" („wegfiltriert"), wird der Klang runder und wärmer.

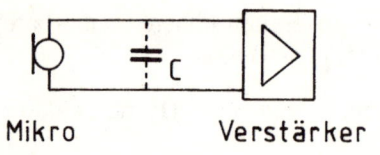

Abb. 1.27: Wenn ein Mikrofon zu scharf klingt, kann ein zusätzlicher kleiner Kondensator (C) die höchsten Frequenzen „kurzschließen", wodurch der Klang an „Wärme" gewinnt. Auch eine zu krächzende Stimme eines Sängers läßt sich auf diese Weise ausbessern.

Eine ähnliche Art der Klangregelung wird z.B. nach *Abb. 1.28* bei den Tonabnehmern von E-Gitarren praktiziert. Mit Hilfe des Potentiometers kann hier die Klangfarbe geregelt werden. Nebenbei: Da es sich hier um eine Klangregelung handelt, die „physiologisch" der Unlinearität des menschlichen Ohres angepaßt werden soll, ist in solchen Schaltungen ein „logarithmischer" „Potentiometer einem „linearen" Potentiometer vorzuziehen (alle Potentiometer werden normalerweise in diesen zwei Ausführungen ausgelegt).

Abb. 1.28: Einfache Klangregelung einer
E-Gitarre: der (logarithmische) Potentiometer 100 k, wie auch der Kondensator
werden üblicherweise direkt in den
Gitarrenkorpus eingebaut.

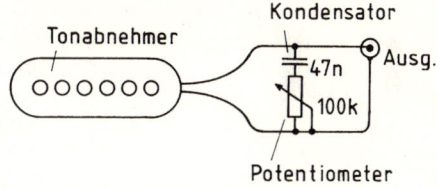

Ein etwas aufwendigeres Beispiel der Klangregelung (z.B. in einem Verstärker) ist in *Abb. 1.29* aufgeführt.

Die sogenannten „Enstörkondensatoren" bilden eine separate Gruppe in der
Kondensatoren-Familie. Sie werden u.a. dazu benutzt, daß sie z.B. einen Netzschalter nach *Abb. 1.30* entstören. Die Entstörung findet – populär interpretiert
– dadurch statt, daß der Entstörkondensator den Funken dämpft (schluckt), der
beim Schließen oder Öffnen der Kontakte entsteht. Nicht entstörte Netzschalter verursachen den bekannten störenden „Klick" im laufenden Radio oder
Fernseher.

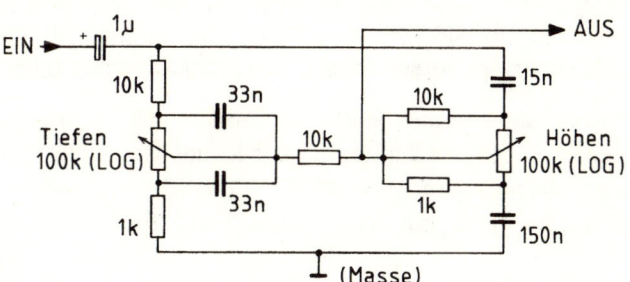

Abb. 1.29: Schaltbei-
spiel einer wesentlich
aufwendigeren her-
kömmlichen Verstärker-
Klangregelung (Natio-
nal Semiconductors).

Abb. 1.30: Einfaches aber wirkungsvolles
Entstören eines Geräte-Netzschalters.

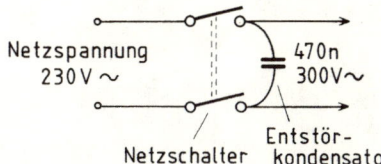

1.5 Spulen/Induktivitäten

Den Dritten im Bunde der elektronischen Basis-Grundbausteine bildet die
Spule (Induktivität) – obwohl man ihr in den gängigen elektronischen Schaltungen wesentlich seltener als Widerständen und Kondensatoren begegnet.
Abb. 1.31 zeigt die am meisten verwendeten Spulen-Zeichensymbole (Schaltzeichen). Die ersten zwei Zeichensymbole a) und b) – die nach „verkohlten

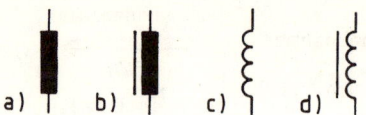

Abb. 1.31: Auf diese Weise werden Spulen in Schaltplänen (als „Schaltzeichen") gezeichnet; a) und c) sind Spulen ohne magnetischen Kern, b) und d) Spulen mit magnetisch leitendem Ferrit- oder Eisenkern.

Widerständen" aussehen, waren eigentlich für die „modernen deutschen Schaltpläne" gedacht. In der Praxis haben sie sich jedoch nur teilweise durchgesetzt.

In sehr vielen Schaltplänen „made in Germany" werden immer noch mit Vorliebe die älteren Zeichensymbole c) und d) verwendet (nicht nur bei Spulen bzw. Induktivitäten, sondern auch bei Transformatoren). Es ist wichtig zu wissen, daß es sich hier um ein und denselben Bauteil und nicht um etwas Spezielles handelt.

Wir haben interessehalber in Abb. 1.34 das „neuere" Symbol der Spule eingezeichnet, werden aber bei allen weiteren Zeichnungen in diesem Buch der anderen Variante Vorrang geben – weil sie sich im Schaltplan von allen anderen Symbolen besser abhebt und zudem allgemein üblicher ist.

Interessant an einer Spule ist, daß sie sich in einer elektronischen Schaltung genau umgekehrt verhält, als der Kondensator: für den Gleichstrom verhält sie sich als normaler „Leiter", für den Wechselstrom bildet sie dagegen einen Widerstand, der mit der Frequenz und Impedanz wächst.

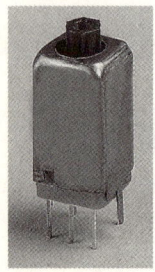 

Abb. 1.32 zeigt zwei Ausführungen der Spulen, die u.a. als Entstördrossel, Filterspulen, Festinduktivitäten – je nach Ausführung oder Anwendungszweck – bezeichnet werden. Das internationale Symbol für eine Spule (Induktivität) ist „L". Die Induktivität einer Spule wird in „H" (Henry), „mH" (Millihenry) oder bei sehr winzigen Spulen „μH" (Mikrohenry) angegeben

Abb. 1.32: Elektronik-Spulen

Die Induktivität einer Spule steigt mit der Anzahl ihrer Windungen, aber steigt zudem enorm, wenn die Wicklung auf einem mangnetisch leitenden Kern oder Körper sitzt *(Abb. 1.33)*.

Als leicht verständlich dürfte hier die Anwendung der Spule in einer einfachen konventionellen Frequenzweiche nach *Abb. 1.34* sein. Hier spielen sich die

Eigenschaften der Kondensatoren und
der Spule in die Hand und „stellen die
Weichen" für ausgewählte Frequenzbereiche.

Die Funktion des Kondensators C2 ist
uns bereits aus der Abb. 1.26 bekannt.
Daß hier der Tieftöner ohne eine „Fre-

Abb. 1.33: Ferrit-Kerne für Elektronik-
Spulen.

quenzweiche" direkt an den Verstärkerausgang angeschlossen ist, hat auch
seine Berechtigung: Er kann konstruktionsbedingt höhere Frequenzen nicht
wiedergeben und gibt es automatisch bereits bei den mittleren Frequenzen auf.

Abb. 1.34: Schaltbeispiel einer
einfacheren „LC-Frequenzwei-
che" für drei Lautsprecher.

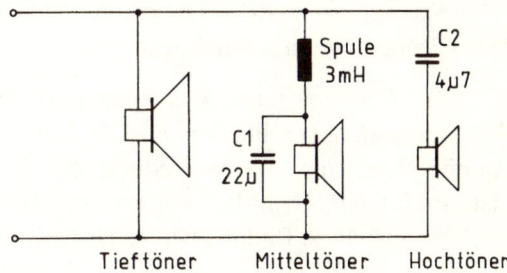

Daß hier der Mitteltöner für die mittleren Töne (mittleren Frequenzen) zuständig ist, dürfte man ja annehmen (weshalb sollte er sonst „Mitteltöner" heißen?).
Es ist jedoch erwünscht, daß er die mittleren Töne weder zu schwach, noch zu
stark wiedergibt. Das ganze Wiedergabe-Klangspektrum soll ja gut ausgewogen sein. Dazu werden hier gleich zwei Komponente eingesetzt: Die Spule fungiert hier als eine Sperre für „zu hohe" Frequenzen. Der Kondensator C2 fungiert zudem als eine „Umleitung" von dem Teil der hohen Frequenzen, die
zumindest noch teilweise durch die Spule an den Mitteltöner durchdringen.

Abb. 1.35: Frequenzwei-
chen sind auch als Fertigbausteine erhältlich
(Foto Conrad Electronic).

Auf einige weitere Anwendungsmöglichkeiten der Spulen kommen wir noch in den folgenden Kapiteln zurück. Vorläufig reichen die aufgeführten Beispiele zumindest dazu aus, sich eine Vorstellung davon zu machen, welche besondere Eigenschaften so ein Bauteil überhaupt hat.

1.6 Transformatoren

Transformatoren sind im Grunde genommen nichts anderes, als zwei oder mehrere Spulen an einem gemeinsamen magnetisch leitenden Kern nach *Abb. 1.36*. Das kann ein Kern aus gebündelten (zusammengeschraubten) dünnen Trafoblechen oder aus Ferrit sein.

Ein Transformator (kurz Trafo genannt) funktioniert nur dann, wenn er an Wechselstrom angeschlossen wird. In den meisten Fällen handelt es sich dabei um den Netzstrom, dessen Frequenz 50 Hz (Hertz) beträgt. Solche Transformatoren finden wir in den meisten „netzbetriebenen" elektronischen Apparaten, worunter PCs, Radios, Fernseher usw.

Der Transformator hat in der Regel nur eine einzige Eingangswicklung (Primärwicklung), die an die Netzspannung (230 V-Wechselspannung) angeschlossen wird, und beliebig viele Ausgangswicklungen (Sekundärwicklungen) an denen dann die gewünschten Ausgangs-Wechselspannungen zur Verfügung stehen.

Im einfachsten Fall hat so ein Trafo nur eine Primär- und eine Sekundärwicklung nach Abb. 1.36 und 1.37. Die Spannung am Sekundär des Trafos steht zu der Spannung am Primär im selben Verhältnis, wie die Zahl der Windungen. Theoretisch. Bei einem preiswerten „Eisenkern-Trafo" bleiben jedoch etwa 10% der Energie als innere Verluste auf der Strecke. Um diese Verluste zu decken, bekommt die Sekundärwicklung des Trafos 10% Windungen mehr, als dem reinen Spannungsverhältnis gerecht wäre.

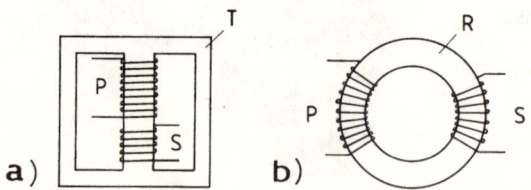

Abb. 1.36: Prinzip eines Transformators: a) eine herkömmliche Rechteckform; b) ein Ringkerntrafo; P = Primärwicklung, S = Sekundärwicklung, T = Trafoblech, R = Ringkern.

Die Größe des Transformators (der magnetisch leitende Durchmesser seines Kernes
und der Durchmesser des Kupferdrahtes der
Windungen) sind für seine elektrische Leistung bestimmend.

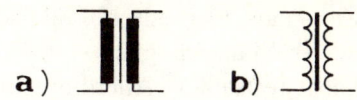

Abb. 1.37: Schaltzeichen eines
Transformators; gegenwärtig sind
beide Zeichensymbole geläufig.

Uns interessieren bei der Anschaffung eines
Trafos (neben seinen Abmessungen)
hauptsächlich die Katalog-Angaben über seine Sekundärspannung(en) und den
Sekundärstrom bzw. Sekundärströme (die bei mehreren Sekundärwicklungen
unterschiedlich sein können).

So kann z.B. aus den technischen Daten eines Trafos hervorgehen, daß er an
seinem Sekundär zwei folgende Spannungen hat: 12 V/3 A und 24 V/0,5 A. So
mancher preisgünstige Restposten-Trafo kann auch eine Vielzahl von Spannungen haben, von denen wir vielleicht nur einige benötigen. Die restlichen
Sekundär-Ausgänge werden einfach nicht benutzt (sie bleiben „offen").

Manchmal kommt es vor, daß so ein Trafo an seiner Sekundärwicklung eine
höhere Spannung hat, als wir brauchen können bzw. haben möchten. Oft kann
man sich dabei damit behelfen, daß von der Sekundärwicklung einige Windungen abgewickelt werden. Es stellt sich die Frage, wieviele Windungen es sein
müssen.

Kein Problem! Die Zahl der Windungen eines Eisenkern-Trafos beruht auf
einer einfachen Formel:

wenn die „magische Zahl 45" durch die Fläche des mittleren Kern-Quer-
schnittes in cm² geteilt wird, ergibt es die Zahl der Windungen pro Volt.

Beispiel: der Eisenkern eines Trafos nach *Abb. 1.38* ist 2,2 cm dick (a) und
seine mittlere Eisensäule (b) ist 2,8 cm breit (die zwei äußeren Säulen sind
jeweils nur ca. 1,4 cm breit, aber die werden negiert).

Der Kern-Querschnitt des Trafos beträgt hier (als a x b) demnach:

2,2 cm x 2,8 cm = 6,16 cm².

Daraus ergibt sich: „45" : 6,16 = 7,3 Windungen pro Volt

Angenommen, der Trafo hat am Sekundär 15 Volt und man braucht nur 12 Volt:
Wieviele Windungen müssen abgewickelt werden? Jedenfalls 3 Volt. Daraus
ergibt sich:

3 (Volt) x 7,3 (Windungen) = ca. 22 Windungen

Zumindest theoretisch. Praktisch kommt es natürlich darauf an, wie genau so ein Trafo ursprünglich vom Hersteller ausgelegt wurde. Das läßt sich jedoch leicht feststellen. Allerdings nicht an einem unbelasteten, sondern an einem belasteten Trafo (an dem eine Auto-Glühbirne oder ein anderer Verbraucher provisorisch angeschlossen wird).

Es ist zu empfehlen, daß während des Abwickelns die Sekundärspannung ab und zu (unter etwas Belastung) nachgemessen wird. Es schließt Denk- und Rechenfehler aus.

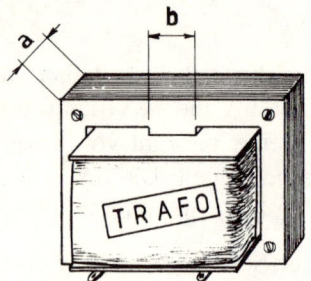

Abb. 1.38: Die Maximumleistung eines Transformators, wie auch die Anzahl der benötigten „Wicklungen pro Volt", hängen von dem Durchschnitt der magnetisch leitenden Fläche seiner mittleren Säule (Abmessungen „a" und „b") ab, an der die Wicklungen angebracht sind.

1.7 Dioden und Gleichrichter

Zu den am meisten angewendeten Dioden gehören gegenwärtig die Universal-Silizium-Dioden nach *Abb. 1.39* links. Sie sind für einen Strom von max. 100 mA, eine Betriebsspannung von max. 100 V und eine Leistung (Spannung x Strom) von max. 500 mW (0,5 W) ausgelegt.

Die in Abb. 1.39 rechts eingezeichneten 1 A-Silizium-Dioden werden vor allem als Gleichrichterdioden angewendet. Die maximal zugelassene Betriebsspannung ist hier typenabhängig: Die Type 1 N 4001 ist für 50 V, die Type 1 N 4002 für 100 V ausgelegt usw. bis zu der 1000-Volt-Type 1 N 4007.

Diese Angaben bilden die einzigen Parameter, auf die bei einer „gängigen" Anwendung zu achten ist (soweit laut Schaltplan nicht eine ganz spezielle Diode verlangt wird).

Die am häufigsten verwendeten Zeichensymbole (Schaltzeichen) sind bei allen „normalen" Dioden einheitlich (siehe auch *Abb. 1.40*). Man braucht sich nicht zu merken, wo die Diode ihre Anode und Kathode hat (obwohl es alphabetisch mit der Pfeilrichtung übereinkommt, die das Dioden-Schaltzeichen eindeutig darstellt). Wichtiger ist zu wissen, daß der Strom durch eine solche Diode immer nur in der Pfeilrichtung (Richtung „Strich") fließen kann. Beim Schaltzeichen, wie auch bei einer gängigen Diode nach Abb. 1.39.

Abb. 1.39: Die gängigsten Elektronik-Silizium-Dioden.

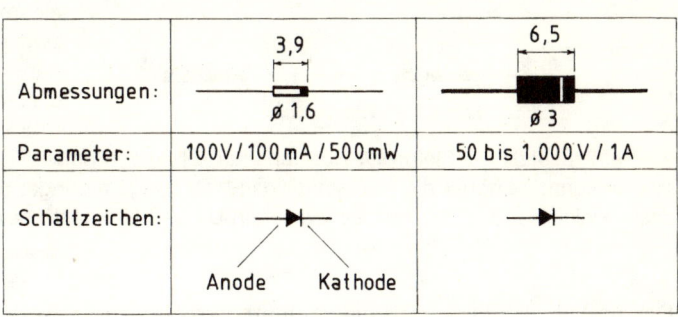

Abmessungen:	3,9 ⌀ 1,6	6,5 ⌀ 3
Parameter:	100 V / 100 mA / 500 mW	50 bis 1.000 V / 1A
Schaltzeichen:	Anode Kathode	

Eine Diode gehört zu den sogenannten Halbleitern und ihre besonders geschätzte Eigenschaft besteht darin, daß sie den Strom nur in einer Richtung leitet. In der Gegenrichtung verhält sie sich als eine Sperre. Am Beispiel in *Abb. 1.41* wird gezeigt, wie sich diese Eigenschaft der Diode – unter anderem – konkret anwenden läßt.

Abb. 1.40: Dioden-Zeichensymbole:
a) „normale" Dioden aller Art, b) Zener-Dioden (beide Zeichenarten werden verwendet).

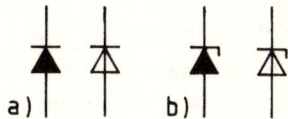

Abb. 1.41: Eine „Zweidraht-Leitung" kann hier mit Hilfe von Dioden D1 und D2 wahlweise zwei Lämpchen schalten. Es geschieht durch das Umdrehen der Batterie-Polarität mit Hilfe des

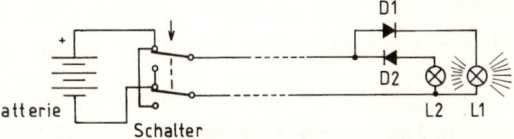

Schalters. Solange die Kontakte des Schalters in der eingezeichneten Position stehen, bezieht das Lämpchen L1 über die Diode D1 Strom und leuchtet. Lämpchen L2 kann nicht leuchten, weil „seine" Diode D2 in der Gegenrichtung steht und damit als Sperre wirkt. Sobald der Schalter umgeschaltet wird, bekommt sein oberer Kontakt die Minusspannung und sein unterer Kontakt die Plusspannung. Der Strom wird dann in der Gegenrichtung durch die Sektion L2/D2 fließen, Lämpchen L2 wird somit leuchten, aber L1 ist nun durch D1 gesperrt.

Für höhere Ströme (von z.B. 3 A, 5 A, 6 A usw.) gibt es entsprechend größere Dioden. Sie werden vor allem als Gleichrichterdioden nach *Abb. 1.42* gebraucht (falls eine höhere Stromabnahme erwünscht ist, als die 1-Ampere-Dioden verkraften würden).

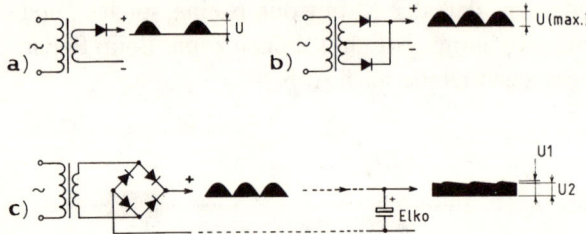

Abb. 1.42: Siliziumdioden als Gleichrichter: a) einfache Lösung mit nur 1 Siliziumdiode; b) Lösung mit einem Transformator, der zwei symetrische Sekundärwicklungen hat; c) Anwendung eines Brückengleichrichters, bei dem ein zusätzlicher Elektrolyt-Kondensator (Elko) den pulsierenden Gleichstrom glätten kann. Je höher die Kapazität des Elkos und je niedriger die Stromabnahme, desto kleiner ist der Unterschied zwischen U1 und U2 (desto seichter sind die Rillen).

Das in Abb. 1.42a aufgeführte Schaltbeispiel wird nur selten angewendet, weil eine einzige Diode nur die positiven Wellen der Wechselspannung in „pulsierende" Gleichspannung umwandeln kann. Wie aus der grafischen Darstellung neben dem „Diodenausgang" hervorgeht, besteht hier die Spannung U nur aus einzelnen Spannungsimpulsen (50 Impulse pro Sekunde) als „Tropfen" mit Unterbrechungen.

Wesentlich besser arbeitet die Gleichrichterschaltung nach Abb. 1.42b: Die Sekundärwicklung des Transformators hat hier zwei Zweige und die untere Diode kann somit die unteren Hälften der Wechselspannungs-Sinushalbwelle „nach oben umdrehen". Was man sich darunter vorstellen dürfte, geht auch hier aus dem eingezeichneten Spannungsverlauf hervor. Die Gleichspannung U pulsiert hier zwar ebenfalls, jedoch 100mal pro Sekunde und hat im Gegensatz zu dem vorhergehenden Spannungsverlauf keine ausgesprochenen Lücken.

Dasselbe Ergebnis wird mit Hilfe einer „Brückenschaltung" nach Abb. 1.42c erzielt. Der einzige Unterschied: Der Transformator braucht hier – im Gegensatz zu der Lösung nach Abb. 1.42b nur eine Sekundärwicklung, dagegen werden aber 4 Gleichrichterdioden benötigt. Das ist meistens einfacher und preiswerter, denn so eine Dioden-Brückenschaltung ist auch in der Form eines kompakten Bausteines (Silizium-Brückengleichrichters) nach *Abb. 1.43* sehr preiswert erhältlich.

Solch eine pulsierende Gleichspannung ist für die meisten elektronischen Schaltungen unbrauchbar. Zum Glück kann man sie leicht mit Hilfe eines zusätzlich angebrachten Elektrolyt-Kondensators (Abb. 1.42c rechts) glätten. Je höher die Kapazität des Kondensators und je kleiner die Stromabnahme ist, desto glatter wird der erzielte Gleichspannungsverlauf (desto kleiner wird hier der Unterschied zwischen U1 und U2 sein).

In modernen Schaltungen verwendet man zusätzlich zu dem Elko auch noch spezielle Spannungsregler, die die restlichen Unebenheiten – also die Unterschiede zwischen U1 und U2 – exzellent glätten (siehe Kap. 3.3).

Abb. 1.43: Ein Brückengleichrichter: a) in der Form von 4 Gleichrichterdioden – wie er oft

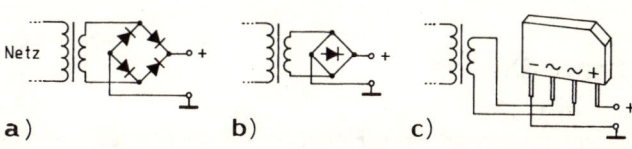

in Schaltplänen gezeichnet wird; b) als vereinfachtes Schaltsymbol – wie er alternativ auch in Schaltplänen gezeichnet wird; c) konkretes Ausführungsbeispiel eines kompakten Brückengleichrichters (als handelsüblicher Baustein). Zu beachten: die Anordnung der Anschlüsse an den Gleichrichter-Füßchen ist nicht bei allen Gleichrichtern einheitlich (allerdings auch nicht die Form).

An einer jeden „normalen" Siliziumdiode entsteht in der leitenden Richtung ein Spannungsverlust von etwa 0,5 bis 0,8 V (leicht steigend mit der Strombelastung, aber nur bis zu ca. 0,7 oder 0,8 V). Dieses „Handicap" wird manchmal dazu benutzt, daß zusätzliche Spannungen nach *Abb. 1.44* erzeugt werden (hier wurde ein einheitlicher Spannungsverlust von 0,6 V pro Diode eingezeichnet, kann jedoch „in natura" etwas abweichen).

Abb. 1.44: Oft wird in einer elektronischen Schaltung eine zusätzliche niedrigere Spannung benötigt. In unserem Beispiel kann an den zwei Dioden D1 und D2 eine „Hilfsspannung" von ca. 1,2 bis 1,5 V erzeugt werden. Das entspricht dem Spannungsverlust, der an den zwei Dioden „automatisch" entsteht. Der Widerstand R kann einen

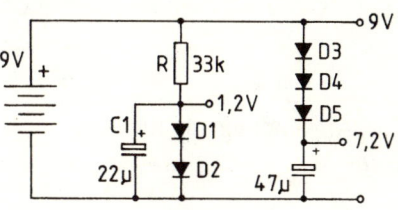

ziemlich hohen Ohmschen Wert haben, wenn die Stromabnahme nur gering ist. Der eingezeichnete Kondensator C dient zur „Glättung" der 1,2 V-Spannung. An den Dioden D3, D4 und D5 entsteht ein Spannungsverlust von etwa 3 x 0,6 V (= 1,8 V). Die Restspannung beträgt somit ca. 7,2 V. Hier ist kein Serienwiderstand notwendig und die max. Stromabnahme kann daher beliebig hoch sein – soweit es die Siliziumdioden und die Batterien verkraften.

Es gibt aber auch Situationen, bei denen man einen großen Wert darauf legt, daß der Spannungsverlust auf der Diode möglichst minimal ist. Diesen Anspruch erfüllen die sogenannten Schottky-Dioden. Sie sind zudem äußerst rauscharm und eignen sich u.a. auch für den Einsatz bei sehr hohen Frequenzen.

Es gibt jedoch auch Dioden, die wiederum gezielt so konstruiert sind, daß an ihnen ein besonders großer Spannungsabfall entsteht: Das sind die sogenannten Zener-Dioden.

1.8 Zener-Dioden

Zener-Dioden werden vom Hersteller für fest vorgegebene Zener-Spannungen ausgelegt: 1 V, 2,7 V, 3 V usw. bis zu etwa 160 V oder auch mehr. Den zwei ten wichtigen Parameter bildet bei einer Zener-Diode ihre Maximumleistung (am preiswertesten sind die 500 mW- und 1 W-Zener-Dioden).

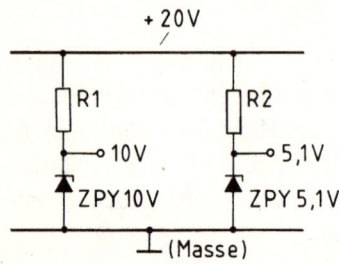

Abb. 1.45: Das Sympathische an einer Zener-Diode ist, daß direkt aus ihrer Typenbezeichnung hervorgeht, für welche Spannung sie ausgelegt ist. Die Werte der Vorwiderstände R1 und R2 müssen die vorgesehene Stromabnahme berücksichtigen. Der (mit Hilfe der Ohmschen Formel errechnete) Spannungsabfall an R1 oder R2 muß jedoch in diesem Fall IMMER etwas kleiner sein, als dem „überflüssigen" Spannungsunterschied rechnerisch entspricht. Sonst würde durch die Zener-Diode kein Strom fließen und sie wäre damit „außer Betrieb".

Die Anwendungsmöglichkeit der Zener-Dioden verdeutlichen *Abb. 1.45* und *1.46*

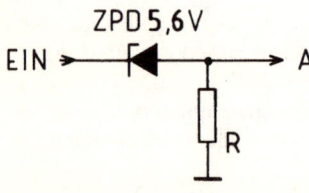

Abb. 1.46: Eine Zener-Diode als „Spannungs-Wehr". Soweit die dem Eingang „Ein" zugeführte Spannung unterhalb von der Zener-Spannung (in unserem Fall 5,6 V) liegt, ist am Ausgang „Aus" keine Spannung. Erst wenn die Eingangsspannung den Wert von 5,6 V überschreitet, läßt die Zener-Diode – ähnlich wie ein Wehr im Fluß – die „restliche" Spannung durch. So eine Schaltung kann z.B. als Überspannungsschutz oder als Überwachung von verschiedensten veränderlichen Situationen dienen, die sich mit Hilfe von Spannungsschwankungen elektronisch erfassen lassen. Der Ausgang „Aus" kann dann z.B. mit einem Schalt-Baustein verbunden werden, der eine Sirene einschaltet, wenn der vorgegebene Wert überschritten (oder auch unterschritten) wird – je nachdem, was man braucht. Der eingezeichnete Widerstand R stellt nur eine Belastung dar, die auch erst in dem darauffolgenden Baustein vorhanden sein kann.

1.9 Leuchtdioden

Eine Leuchtdiode (kurz LED – als Abkürzung für „light-emitting-diode") hat zwar in technischer Hinsicht mit einer normalen Siliziumdiode vieles gemeinsam, aber unterscheidet sich von ihr in der Funktion, wie auch in der Form. In der Funktion ist sie ein Kaltlicht-Lämpchen; in der Form meistens rund (*Abb. 1.47*), bedarfsbezogen aber auch rechteckig oder dreieckig.

Im Gegensatz zu einem Glühlämpchen hat sie zwar (immer noch) eine relativ bescheidene Lichtintensität, aber dagegen einen sehr niedrigen Leistungsverbrauch und eine sehr hohe Lebensdauer.

Die kleinsten runden LEDs haben einen Durchmesser von etwa 1 mm, die preiswertesten einen Durchmesser von 3 mm, die größten von etwa 16 mm.

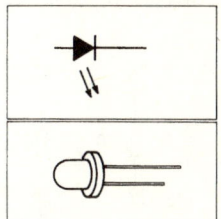

Die wichtigsten elektrischen Parameter einer Leuchtdiode sind:

a) Betriebsspannung (Durchlaßspannung) in Volt (ist meistens „pro Farbe" unterschiedlich)

Abb. 1.47: Schaltsymbol einer LED (oben) und das Ausführungsbeispiel (unten).

b) Betriebsstrom (ca. 20 mA bei Standard-LEDs, bzw. 2 bis 4 mA bei energiesparenden „Low-Current-LEDs")

c) Leuchtstärke in mcd (Millicandel) + Abstrahlwinkel

d) Farbe (rot, gelb, grün, blau und auch weiß), Größe, Form und evtl. andere Eigenschaften (mehrfarbig, blinkend usw.)

Die Betriebsspannung der meisten LEDs liegt zwischen ca. 1,6 und 3,2 Volt (je nach Farbe und Type). Viel wichtiger ist jedoch, daß bei den LEDs nicht der vom Hersteller angegebene Maximumstrom überschritten wird. Soweit es sich um Standard-LEDs handelt, die z.B. als Restposten erstanden werden, darf man von einem Strom von 20 mA ausgehen – falls nicht ein anderer Stromwert angegeben wird.

Eine Ausnahme bilden die teureren energiesparenden Low-Current-LEDs. Sie benötigen bei derselben Leuchtkraft (der Standard-LEDs) nur einen Strom von 2 mA (rote und gelbe) bzw. 4 mA (grüne).

LEDs werden üblicherweise an eine „beliebig hohe" Versorgungsspannung über einen Serienwiderstand (Vorwiderstand) nach Abb. 1.48 angeschlossen. Sein Ohmscher Wert sollte entweder mit Hilfe des Ohmschen Gesetzes ausgerechnet werden (soweit man sich nicht an einem bestehenden Schaltplan orientiert). Andernfalls kann anstelle des Widerstandes experimentell ein Einstellpotentiometer eingelötet werden – wie in Abb. 1.48 rechts. Der Ohmsche Wert des eingestellten Potentiometers kann danach mit einem Multimeter ermittelt werden und der Potentiometer kann anschließend durch einen entsprechenden Kohlewiderstand ersetzt werden.

Den tatsächlichen Betriebsstrom nachzumessen und einzustellen, ist besonders dann sehr wichtig, wenn man die maximale Leuchtkraft der LED nutzen will. Bei einem Kontrollämpchen ist dies nicht unbedingt notwendig (hier reicht oft eine bescheidene Leuchtkraft aus), aber bei vielen anderen Anwendungen möchte man oft aus der LED ihre volle Leistung herausholen.

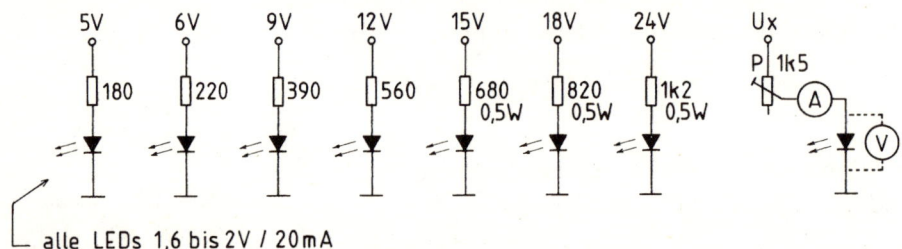

alle LEDs 1,6 bis 2V / 20mA

Abb. 1.48: Einige Werte von Vorwiderständen für Standard-LEDs bezogen auf verschiedene Versorgungsspannungen. Für experimentelle Zwecke und für rote LEDs werden die angegebenen Vorwiderstände meistens optimal sein; andernfalls kann der erforderliche LED-Strom (laut Herstellerangaben) mit einem Einstellpotentiometer P (Schaltbeispiel rechts) genau eingestellt werden. Bei jeder neuen LED-Anschaffung sollte auf diese Weise ermittelt (nachgemessen) werden, welche Spannung die eine oder die andere LED-Type (auch farbenbezogen) tatsächlich in Wirklichkeit braucht, um die vom Anbieter angegebene Stromabnahme (und damit die optimale Lichtstärke) zu erreichen. Manchmal benötigen die „erstandenen" LEDs eine etwas höhere Versorgungsspannung, als im Katalog des Lieferanten angegeben wird (z.B. 2,2 V anstelle von 1,6 V). Stellen Sie jeweils erst den annähernd optimalen Strom ein (z.B. 18 mA bei einer 20 mA-LED) und messen Sie danach den Spannungsverlust (= Spannungsbedarf) an der LED nach – wie rechts abgebildet.

Wenn mehrere LEDs (nach *Abb.1.49*) in Serie geschaltet werden, sollten sie vorher auf eine annähernd gleiche Leuchtkraft vorselektiert werden. Falls es erwünscht ist, daß so eine LED-Sektion blinkt, kann z.B. eine von den LEDs durch eine „Blink-LED" ersetzt werden (andernfalls kann die Stromzufuhr über eine elektronische Blinkschaltung gesteuert werden). In unserem Fall beansprucht die Blink-LED eine Spannung von 5 V (bei einem Strombedarf von ebenfalls 20 mA – wie auch die anderen LEDs der Kette).

Abb. 1.49: Soweit es die Versorgungsspannung erlaubt, können mehrere LEDs in Serie geschaltet werden (eine Vorselektion ist manchmal erwünscht, wenn Wert auf eine ausge-glichene Lichtintensität

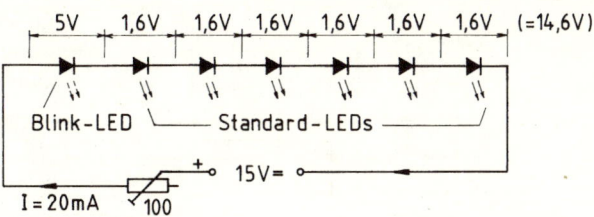

gelegt wird). Mit Hilfe eines zusätzlichen Einstellpotentiometers (in diesem Fall 100 Ohm) kann die erwünschte Lichtintensität der ganze LED-Kette eingestellt werden.

Die meisten moderneren LEDs sind elektrisch ziemlich ausgeglichen und lassen sich ohne aufwendiges Vorselektieren auch seriell-parallel nach *Abb. 1.50* verschalten (zumindest bis zu einer bescheidenen „Kettenlänge"). Dies ist immer dann notwendig, wenn aus vielen LEDs ein Blickfänger, eine Haus-nummer oder ein Ornament zusammengestellt werden sollen. Anstelle eines Vorwiderstandes kann auch eine Zener-Diode die überflüssige Spannung auf-fangen (schlucken). In diesem Schaltbeispiel ist es eine 4,7 V-Zener-Diode, die genau den „überflüssigen" Spannungsunterschied auffängt (18 V – 13,3 V = 4,7 V).

Zu beachten: LEDs leuchten nur, wenn sie auch polaritätsgerecht angeschlos-sen werden. Bei den meisten LEDs kommt das längere Füßchen auf „+", das kürzere auf „-" (an die Masse). Das muß jedoch herstellerabhängig nicht unbe-dingt stimmen. Zum Glück macht es einer LED nichts aus, wenn sie in bezug auf die Polarität verkehrt angeschlossen ist. Sie leuchtet bloß nicht. Da es sich

Abb. 1.50: Beispiel einer seriell-parallelen LED-Verschaltung mit energiesparenden (roten) „Low-Current-LEDs".

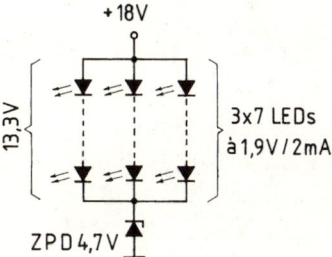

jedoch meistens nur um zwei Möglichkeiten handelt, läßt sich probeweise schnell und schmerzlos ermitteln, wo die LED die Plus-Spannung haben will.

Meistens, aber nicht immer, hat man hier nur zwei Möglichkeiten: Es gibt aber auch zwei- und dreifarbige LEDs mit drei Füßchen. Manche zweifarbigen LEDs haben nur zwei Füßchen und ihre Farbenveränderung (ROT/GRÜN)

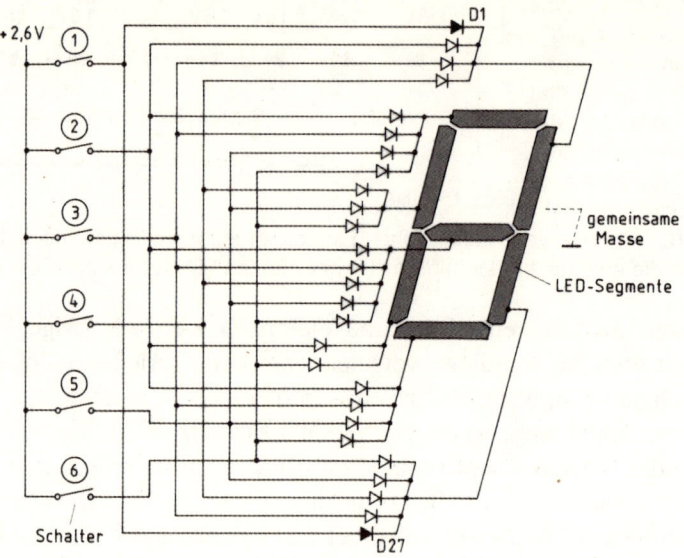

Abb. 1.51: Numerische LED-Anzeige mit Dioden-Matrix: die Anzeigensegmente benötigen laut Herstellerangaben eine Spannung von 2 V. In Hinsicht auf den Spannungsverlust von ca. 0,6 V an den einzelnen Dioden (der Matrix) wurde hier die Versorgungsspannung auf 2,6 V angehoben. Alle LED-Kathoden der Segmente sind mit einer gemeinsamen Masse verbunden – was übersichtshalber nicht eingezeichnet ist. Bei diesem Beispiel handelt es sich um eine simulierte Würfelschaltung (Zahlen 1 bis 6). Alle Dioden: Universal-Silizium-Dioden (Type 1 N 4148). Falls ein LED-Anzeigen-Baustein mit einer etwas abweichenden Betriebsspannung angewendet wird, muß die Versorgungsspannung entsprechend angepaßt werden. Nebenbei: nur zwei von den Dioden wurden hier schwarz ausgefüllt. Die restlichen können Sie interessehalber mit verschiedenen Farben nach ihrer „Segmentzugehörigkeit" selber ausfüllen.

wird durch Umpolen der Versorgungsspannung erreicht; andere zweifarbige LEDs haben 3 Füßchen (eine gemeinsame Kathode und zwei separate Anoden). Hier muß die Versorgungsspannung nicht umgepolt werden und zudem können bei Bedarf auch gleichzeitige beide „Farben" leuchten – was eine dritte Farbe (gelblich braun) ergibt.

Zu den „besonderen" LEDs gehören neben den mehrfarbigen und blinkenden Ausführungsvarianten auch noch diverse moderne „superhelle LEDs", die eine sehr hohe Leuchtstärke haben. Hier ist jedoch auch auf den Abstrahlwinkel zu achten. Je kleiner der Abstrahlwinkel so einer LED ist, desto höher ist automatisch die Lichtintensität (pro cm^2 beleuchteter Fläche) – das ist ja nur eine Frage der Optik und nicht des eigentlichen Wirkungsgrades.

Es gibt aber „Standard-LEDs, die beispielsweise bei einem Abstrahlwinkel von 30° eine Lichtintensität von bescheidenen 5 mcd (Millicandel) haben und „superhelle LEDs, die bei demselben Abstrahlwinkel und bei demselben Strom von 20 mA stolze 3000 mcd (also tatsächlich das 600-fache) aufbringen.

LEDs sind auch als Fertigbausteine wie Leuchtband-Anzeigen (die z.B. aus mehreren LEDs bestehen) oder numerische LED-Anzeigen erhältlich, bei denen die einzelnen LEDs direkt die 7 Anzeigensegmente bilden (wie wir es von den LED-Displays verschiedener Uhrenradios oder den LCD-Displays der heutigen Taschenrechner kennen).

Abb. 1.51 zeigt ein praktisches Anwendungsbeispiel einer solchen LED-Anzeige mit 7 LED-Segmenten. Die vielen Verbindungen und Dioden mögen hier vielleicht auf den ersten Blick „unheimlich kompliziert" aussehen, aber in Wirklichkeit ist das Ganze nur ein Kinderspiel.

Sehen wir uns erst einmal die eigentliche LED-Anzeige an, die in dieser Zeichnung eine 8 bildet. Das hat seine Logik: wenn alle 7 Segmente leuchten, ergibt es ja die Nummer 8. Jedes dieser Segmente bildet eine Leuchtdiode (LED). Alle „Minus-Füßchen" (Kathoden) der 7 LEDs sind hier mit einer gemeinsamen Masse verbunden. Diese Verbindungen sind wegen einer besseren Übersicht nicht voll eingezeichnet, nur mit dem Zeichensymbol „gemeinsame Masse" angedeutet.

Bemerkung: Manche LED-Anzeigen sind werkseitig mit einer gemeinsamen Anode (statt gemeinsamer Kathode) ausgelegt. Im Gegensatz zu Abb. 1.51 werden hier also „alle „Plus-Füßchen" (Anoden) der 7 Anzeigen-LED nicht an die Masse, sondern an den Plus-Pol der Versorgungsspannung angeschlossen. Die Polarität der Versorgungsspannung wird hier dann umgedreht; die einzelnen Schalter schalten dann den Minus-Pol der Versorgungsspannung an die LEDs durch. Aus diesem Grund müssen natürlich auch alle Matrixdioden (D1 bis D27) polaritätsgerecht umgekehrt angeschlossen werden – ansonsten könnte durch sie der Strom nicht fließen.

Jedes der Segmente dieser Anzeige funktioniert wie eine normale LED: Wenn es an eine Spannung von ca. 2 V angeschlossen wird, leuchtet es auf.

Normalerweise könnten wir alle die 27 Dioden (D1 bis D27) weglassen und mit den eingezeichneten Schaltern die einzelnen Segmente direkt schalten. Es müßte allerdings noch ein siebenter Schalter dazu (weil ja 7 Segmente geschaltet werden sollen). Zu jedem der Segmente würde dann nur ein einziger „Draht" führen und die Schaltung wäre fertig. Die Bedienung wäre jedoch ziemlich umständlich: Für jede Zahl müßten jeweils mehrere Schalter einge-schaltet werden, um die für jede Zahl benötigten Segmente aufleuchten zu lassen.

Mit Hilfe von zusätzlichen Dioden läßt sich das Ganze – wie abgebildet – wesentlich bedienungsfreundlicher gestalten – und einfach bewältigen. Auf den ersten Blick sieht man hier möglicherweise „vor lauter Bäumen den Wald nicht mehr". Aber nur auf den ersten Blick...

Wenn wir nun einen „zweiten Blick auf diese Schaltung werfen, wird sich herausstellen, daß die so wild aussehende Verschaltung eigentlich ganz harmlos ist. Fangen wir mit dem Schalter „1" an: er schaltet über die Diode D1 die 2,6 V-Spannung auf das hintere obere Segment der Anzeige und über Diode D27 schaltet er dieselbe Spannung auf das untere hintere Segment. Dadurch leuchten beide Segmente auf, was die Zahl „1" ergibt.

Wie geht es weiter? Am besten, Sie nehmen jetzt einen roten Filzstift und färben in der Schaltung alle die Dioden rot ein, die für die Nummer 2 zuständig sind. Das dürfte ja kein Problem sein, weil die Verbindungen vom Schalter Nr. 2 zu den fünf Segmenten führen, aus denen sich die Zahl „2" zusammensetzt.

Auf dieselbe Weise können Sie danach mit z.B. einem blauen Filzstift alle Dioden der Zahl „3" einfärben usw. Jetzt wird die Schaltung übersichtlich und leicht verständlich (nicht nur durch die Farben als solche, sondern vor allem durch das eigenhändige Einfärben, bei dem man gezwungenermaßen den Sinn einzelner Verbindungen nachvollzieht).

Einfachheitshalber haben wir uns bei diesem Schaltbeispiel mit 6 Zahlen begnügt. Unsere feine Ausrede: Es handelt sich hier um die Schaltung eines „elektronischen Würfels", der ja nur diese sechs Zahlen benötigt.

Allerdings: Wenn man nun so eine Schaltung erstellt, kann man sie herumwerfen bis sie auseinanderfällt, aber als ein echter Würfel wird sie sich nicht benehmen. Natürlich gibt es da einen einfachen Trick: Durch einen simplen zusätzlichen elektronischen Taktgeber (der später noch beschrieben wird) werden die bestehenden 6 mechanischen Schalter ersetzt. Der Taktgeber funktioniert dann ähnlich, wie die rotierende Scheibe eines Spielautomaten.

Die wichtigste Aufgabe dieser Schaltung besteht darin, daß sie auch einen weniger erfahrenen „Einsteiger" die Angst vor aufwendig aussehenden Schaltungen nimmt. Fazit: In der Elektronik gibt es keine komplizierten Schaltungen, nur schlechte Aufklärungen!

Es wäre angebracht an dieser Stelle zu erwähnen, daß es „für den Preis eines Apfels" schöne kleine ICs gibt, die als vollständige Segment-Treiber die vorhergehende Schaltung mühelos ersetzen. Anderseits ist es aber sehr nützlich, wenn man selber auch individuelle Schaltungen handhabt, die sich nicht immer mit Fertigbausteinen auslegen lassen.

1.10 IR-Dioden

„IR" steht in der Elektronik für Infrarot. Infrarotes Licht sieht der Mensch nicht und somit können Infrarot-Strahlen nur mit Hilfe von elektronischen Empfängern wahrgenommen werden. Es gibt spezielle IR-Sendedioden, wie auch IR-Empfangsdioden (aber auch IR-Fotodioden u.a.).

Mit IR-Sendedioden arbeiten gegenwärtig fast alle Zimmer-Fernbedienungen, die u.a. bei den meisten Fernsehgeräten oder Videorekordern im Preis inbegriffen sind. Solche Fernbedienungen müssen oft sehr viele „Befehle" senden können und die IR-Lichtsignale sind daher kodiert (jede Taste der kleinen Fernbedienung sendet an den Empfänger eine andere Kode).

Die Empfangsdiode ist oft mit einem Tageslichtfilter gegen den Einfluß von Tages- oder Kunstlicht versehen.

Infrarotstrahlen werden – wie wir ja aus vielen Krimis kennen – auch als Einbruchsschutz-Lichtschranken angewendet (*Abb. 1.52*). Hier ist keine Kodierung des Lichtsignals notwendig. Bedarfsbezogen kann mit Hilfe von Spiegeln oder von mehreren unabhängigen IR-Sendern und IR-Empfängern ein ganzes „Strahlengitter" erstellt werden. Wird so ein Strahl irgendwo unterbrochen, erhält die Empfangsdiode kein Licht mehr und löst Alarm aus.

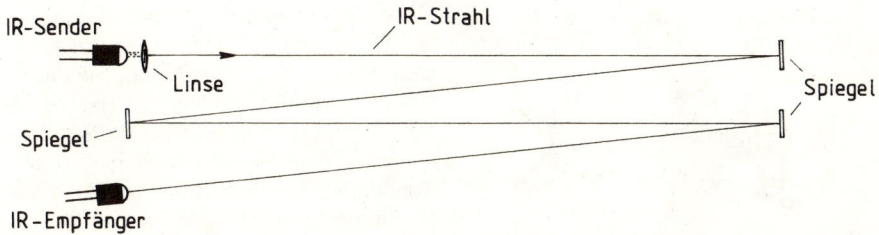

Abb. 1.52: Prinzip einer IR-Lichtschranke, sie z.B. als Einbruchsschutz angewendet wird.

Infrarotlicht wird zunehmend auch für viele andere drahtlose Verbindungen angewendet. IR-Verbindungen zwischen Verstärker, Kopfhörern, Lautsprechern oder zwischen dem PC und seiner Tastatur, Maus bzw. anderer Randapparatur, gewinnen zunehmend an Beliebtheit. Das Infrarot-Themengebiet ist sehr umfangreich, vielseitig und bildet ein spezielles Fachgebiet für sich. Wir belassen es vorläufig bei dieser allgemeinen Vorinformation, kommen aber später noch auf einige Schaltbeispiele zurück.

1.11 Transistoren

Transistoren (*Abb. 1.53*) bilden die wichtigsten „aktiven Bauteile" der Elektronik. Unter dem Begriff aktiv versteht man hier vor allem die Eigenheit, daß sie fähig sind „eine ihnen zugeführte Spannung zu verstärken oder auf veränderte Situationen aktiv zu reagieren".

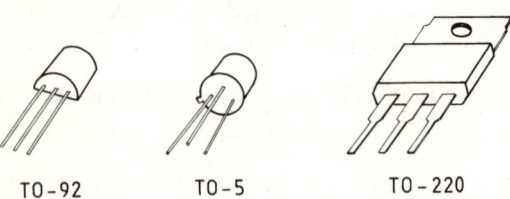

TO-92   TO-5   TO-220

Abb. 1.53: Grundausführungen diverser Transistoren; die Bezeichnungen „TO-92" u.ä. beziehen sich auf die Gehäuse-Form. Sie sind vor allem dann wichtig, wenn z.B. für einen Transistor ein passender Kühlkörper angeschafft werden soll.

Genau genommen können Transistoren aber noch vieles andere mehr – also nicht nur verstärken (was auch einige der später folgenden Schaltbeispiele noch zeigen werden).

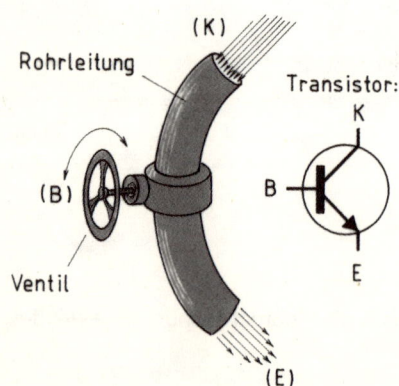

(K)
Rohrleitung
Transistor:
K
B
(B)
E
Ventil
(E)

Abb. 1.54: Funktionsprinzip eines Transistors: Der Strom fließt in einem solchen Transistor vom Kollektor K zum Emitter E (von oben nach unten) ähnlich, wie das Wasser in der Rohrleitung. Die Basis B des rechts eingezeichneten Transistors hat eine ähnliche Funktion, wie das Ventil an der Rohrleitung: Sie kann den Stromdurchfluß am Transistor regeln bzw. ganz schließen. Bemerkung: Das Schaltzeichen des Transistors wird manchmal ohne den Kreis gezeichnet.

Im Gegensatz zu den meisten vorher beschriebenen Grundbausteinen der Elektronik hat der Transistor nicht zwei, sondern drei Füßchen. Jedes der Füßchen hat einen Namen: Kollektor (K), Emitter (E) und Basis (B). Die Basis bildet nach *Abb. 1.54* das eigentliche „Regelventil", an dem eine sehr winzige elektrische Leistung den „Stromdurchlaß" vom Kollektor (K) zum Emitter (E) regeln kann.

Das Beispiel mit der abgebildeten Rohrleitung ist ziemlich eindeutig: Oben fließt in das Rohr der Wasserstrom hinein, unten fließt alles wieder heraus und das Ventil regelt die Intensität des Durchflusses – oder schließt ganz ab.

Bevor noch weitere Schaltbeispiele aufgeführt werden, ist darauf hinzuweisen, daß es polaritätsbezogen bei den gängigen Silizium-Transistoren zwei Grundtypen (nach *Abb. 1.55*) gibt: NPN- und PNP-Transistoren. Die Funktionsweise ist bei beiden der Typen völlig identisch, nur die Polarität ist entgegengesetzt – wie auch aus der Pfeilrichtung im Emitter (E) hervorgeht. Bei einem PNP-Transistor fließt auch der Strom in der Gegenrichtung (im Vergleich zu einem NPN-Transistor).

Abb. 1.55: Bei den gängigen „Silizium-Transistoren" gibt es zwei Grundtypen: NPN- und PNP. Beide Typen funktionieren völlig identisch, aber bei einem PNP-Transistor wird der Kollektor auf Minus-Spannung und der Emitter auf Plus-Spannung angeschlossen. Es handelt sich also um eine „Spezialität", von der gegenwärtig nur ab und zu (bedarfsbezogen) Gebrauch gemacht wird.

Ein einfaches Schaltbeispiel der elektrischen Funktionsweise eines Transistors zeigt *Abb. 1.56*. Die Basis des Transistors schließt oder öffnet den Stromdurchfluß vom Kollektor zum Emitter durch „Drehen am Potentiometer P". Das ist zwar eine etwas atechnische Formulierung, aber sie assoziiert sich mit dem Drehen am Ventil unserer Rohrleitung in der Abb. 1.54.

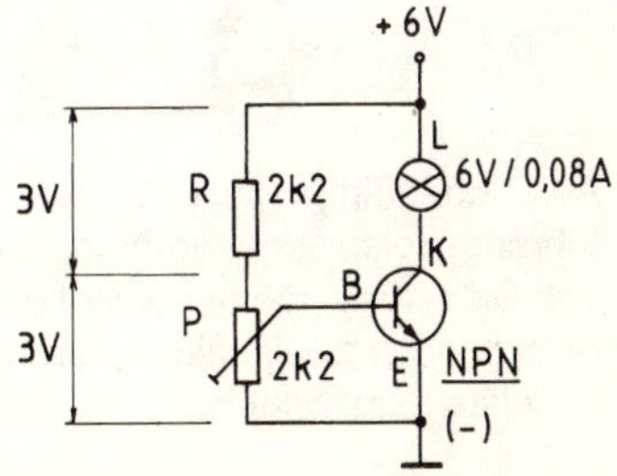

Abb. 1.56: So funktioniert ein Transistor: mit Hilfe des Einstellpotentiometers P kann die Basisspannung des Transistors und damit die Lichtintensität des Lämpchens L geregelt werden. Für diese Versuchsschaltung kann fast ein jeder beliebige NPN-Transistor verwendet werden – z.B. die Typen BC 547 C, BC 149 C, BC 172, 173 usw.

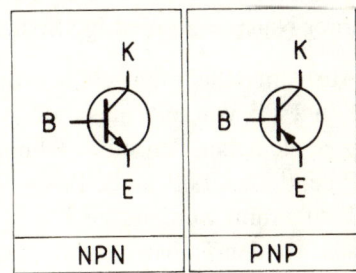

Genau genommen wird hier der mittlere „schleifende" Kontakt des Potentiometers P so eingestellt, daß das Lämpchen L bedarfsbezogen schwach oder kräftig leuchtet.

Es dürfte einer gut verständlichen Aufklärung sehr von Nutzen sein, wenn wir uns diese an sich einfache Schaltung etwas näher ansehen:

Die Versorgungsspannung beträgt hier 6 V. Das ist nur indirekt von Bedeutung. Sie könnte wesentlich höher oder auch niedriger sein. Dann müßte jedoch das Lämpchen L entweder einen zusätzlichen Vorwiderstand bekommen oder der Transistor dürfte (mit Potentiometer P) nur so weit „aufgedreht" werden, daß der „Kollektorstrom" (der ja auch durch das Lämpchen fließt) nicht höher wird, als der am Lämpchen angegebene Wert von 0,08 A. Andernfalls würden das Lämpchen bzw. auch der Transistor verbrennen.

Solange die Basis des Transistors keine Spannung (oder nur eine zu niedrige Spannnung) erhält, ist der Transistor gesperrt und das Lämpchen L kann nicht leuchten. Der mittlere Kontakt des Potentiometers (der „Schleifer") steht in dem Fall in seiner unteren Position an der Masse (= Nullspannung) oder in ihrer Nähe (= zu niedrige Spannung).

Aus dem Schaltplan geht hervor, daß sich die 6 Volt-Spannung zwischen R und P in 2 x 3 Volt teilt (das muß ja auch in diesem Fall so sein, denn beide Komponente haben denselben Ohmschen Wert von 2k2). Somit kann mit Hilfe des Potentiometers P an die Basis des Transistors eine Spannung zwischen 0 und 3 V zugeführt werden (die 3 Volt – oder sogar noch etwas weniger – reichen hier aus, um den Transistor voll zu öffnen). Mit dem Potentiometer P kann in unserem Beispiel die Lichtintensität des Lämpchens gleitend geregelt werden.

Abb. 1.57 zeigt eine praktische experimentelle Ausführung dieser Schaltung. Die einzelnen Komponente dürfen hier relativ wahllos auf eine zweireihige Lötleiste aufgelötet werden (siehe auch Kap. 2.2.). Wichtig ist nur, daß die Verbindungen mit dem Schaltplan übereinstimmen.

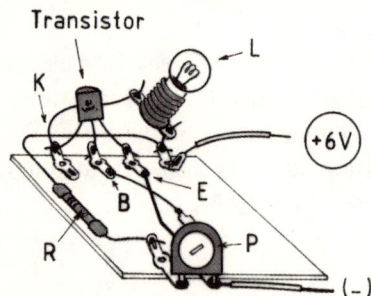

Abb. 1.57: Ein praktisches Ausführungsbeispiel der vorhergehenden Schaltung, die auf einer handelsüblichen zweireihigen Pertinax-Lötleiste aufgebaut ist.

In dieser Abbildung hat der angewendete Transistor seine Basis an dem mittleren Füßchen. Diese Anordnung trifft jedoch nicht bei allen Transistoren zu. Oft ist die

Basis an einem der äußeren Füßchen. Soweit man bei einem unbekannten Transistor nicht über die Anschlüsse Bescheid weiß, läßt sich die Basis mit Hilfe des Ohmmeters (am Multimeter) nach Abb. 1.58 ermitteln.

Wer sich bei dieser Messung den „Einstieg" erleichtern möchte, sollte sich erst mit der Ermittlung des Durchlasses einer beliebigen Diode anfreunden – wie es in Abb. 1.58 links eingezeichnet ist. Der Multimeter wird auf einen „Ohm-meter-Bereich" um-geschaltet. Mit den zwei Meßstiften werden die zwei Füßchen der Diode berührt und

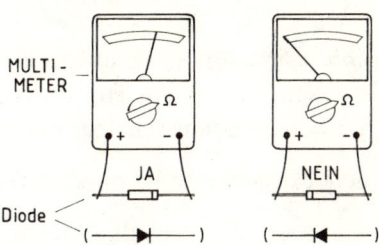

Abb. 1.58: Messen der „Durchflußrichtung" an Dioden und Transistoren (siehe Text).

wenn die Polarität stimmt, schlägt der Zeiger des Multimeters aus. Bei umgekehrter Polarität rührt sich der Zeiger gar nicht. Wir können völlig außer Acht lassen, wie weit der Zeiger des Multimeters ausschlägt (welchen „Scheinwiderstand" er anzeigt). Es geht hier nur darum, ob der Zeiger reagiert (das bedeutet bei dieser Messung „JA") oder ob er sich tot stellt – was „NEIN" bedeutet

Einen Transistor kann man sich als zwei Dioden vorstellen, die bei einem NPN-Transistor wie zwei Pfeile von der Basis nach außen schießen oder die sich bei einem PNP-Transistor in die Basis hineinbohren. Da bei beiden der Typen die Dioden somit zueinander immer in der Gegenrichtung stehen, wird ein Ohm-meter zwischen dem Kollektor und dem Emitter in keiner Richtung ein Lebenszeichen geben (es bleibt bei „NEIN", wie man die Meßstifte auch dreht).

Mit diesem Trick läßt sich bei einem unbekannten Transistor schnell und einfach feststellen, an welchem der Füßchen seine Basis liegt. Zudem zeigt die JA-Pfeilrichtung zwischen der Basis und den zwei anderen Füßchen auch an, ob es sich um einen NPN oder um einen PNP-Transistor handelt. Bleibt nur noch die Frage offen, welches der restlichen Füßchen der Kollektor und welches der Emitter ist.

Die Antwort darauf findet man am einfachsten probeweise mit Hilfe der Schaltung nach Abb. 1.56. Das Füßchen der Basis ist ja inzwischen bekannt und somit bleiben nur noch zwei Möglichkeiten übrig. Der Transistor wird nun provisorisch eingelötet; wenn die Polarität stimmt, funktioniert das Ganze auf Anhieb (vorausgesetzt die Schaltung wurde schon vorher mit einem anderen Transistor erfolgreich betrieben). Wenn es nicht funktioniert, muß der Transistor umgedreht werden. An sich eine einfache Lösung, die sich nach dem biblischen Motto richtet: „Suchet und ihr werdet finden".

Damit läßt sich leben, denn unter normalen Umständen kann es vielleicht einmal in 10 Jahren vorkommen, daß man überhaupt so eine Suche in Kauf nimmt, um irgendwelche unbekannte Restbestände noch verwerten zu können.

Die in *Abb. 1.58* aufgeführten Messungen sind auch dann sehr nützlich, wenn man feststellen will, ob ein Transistor oder eine Diode noch intakt sind (probieren Sie es bitte interessehalber mit Ihrem Multimeter aus).

Auf folgende Aspekte ist hier noch hinzuweisen:

a) So mancher Widerstands-Bereich eines Analog-Multimeters zeigt die Dioden-Polarität umgekehrt an (das liegt an seinem „Innenleben"). Dies muß man dann auch beim Messen an Transistoren berücksichtigen.

b) Digitale Multimeter reagieren bei derartigen Messungen etwas träge und ihre Form des „Lebenszeichens" bei der Durchlaßrichtung „JA" besteht darin, daß der Widerstandsbereich einen relativ hohen Ohmschen Wert (von z.B. 4 M) anzeigt. Das hat ebenfalls mit dem Innenleben des Multimeters zu tun, spielt in unserem Fall aber keine Rolle: Hauptsache es läßt sich ein Unterschied zwischen der Durchlaßrichtung und der Gegenrichtung feststellen.

c) Einige Multimeter sind auch für die Messung von Dioden ausgelegt. Sie zeigen dann in der JA-Durchlaßrichtung einen Spannungsabfall (von z.B. 0,5 bis 0,6 V) auf der Diode an und „0 V" in der NEIN-Gegenrichtung. Dies gilt dann auch für die Messung am Transistor.

Transistoren bilden die Grundbausteine von integrierten Schaltungen, die wesentlich komprimierter und preiswerter viele Aufgaben erfüllen, für die man früher eine Unmenge an einzelnen Transistoren, Dioden, Widerständen, Kondensatoren und vielen anderen Bausteinen benötigte.

Es gibt dennoch viele Aufgabenlösungen, bei denen einzelne Transistoren angewendet werden. Entweder ausschließlich oder auch nur zusätzlich zu anderen integrierten Bausteinen. Wir werden daher noch einige Schaltbeispiele mit Transistoren aufführen, die Sie – als Leser – wahlweise entweder als Bauanleitungen oder nur als Aufklärungshilfen nutzen können.

Auf der Welt (und auch in den Schaltplänen) gibt es Unmengen an Transistoren mit unterschiedlichen Typenbezeichnungen und abweichenden technischen Parametern. Viele Anwender (auch die Profis) sind sich oft nicht klar darüber, inwieweit sich der im Schaltplan angegebene Transitor durch eine andere Type ersetzen läßt. Wir geben Ihnen hier einige praktische Tips:

Wenn ein Transistor in einer sehr komplizierten Schaltung eine sehr undurchschaubare Aufgabe zu bewältigen hat, wenn er sehr hohe Frequenzen (im MHz-Bereich) perfekt verarbeiten muß, oder wenn er extrem rauscharm in einer empfindlichen Vorverstärkerschaltung arbeiten soll, kann es sich um einen „sehr speziellen" Transistor handeln. Hier sollte man nach einem optimalen Ersatz Ausschau halten (ein Transistor-Vergleichs-Handbuch hilft in dem Fall am schnellsten weiter).

Derartigen speziellen Ansprüchen muß jedoch in modernen elektronischen Schaltungen ein Transistor nur relativ selten gerecht sein. Die wichtigsten und aufwendigsten Schaltkreise sind hier integriert und der Transistor hat hier oft nur die Aufgabe eines „Hilfsarbeiters" (darauf kommen wir noch im 3. Kapitel zurück). Hier genügt es völlig, wenn der Ersatztransistor von seiner Polarität und seiner Leistung her „seinen Mann" stehen kann.

Unter dem Begriff „Polarität" verstehen wir die Zugehörigkeit zu der Gruppe der NPN- oder der PNP-Transistoren. Das ist kein Problem. Es geht ja immer eindeutig aus dem Schaltplan oder auch aus dem Katalog des Anbieters (Elektronik-Versandhauses) hervor, um welche Type es sich bei dem einen oder anderen Transistor handelt.

Der Begriff „Leistungsfähigkeit" hat bei den Transistoren – ähnlich wie bei Menschen oder Firmen – zwei Parameter: einen quantitativen und einen qualitativen.

Es leuchtet ein, daß große Transistoren auch größere Leistungen vollbringen können. Hier ist bei den technischen Daten – ähnlich wie bei den Silizium-Dioden – auf zwei Parameter zu achten: Auf den Maximumstrom (in mA oder in A), der durch den Transistor (vom Kollektor zum Emitter bzw. umgekehrt) fließen darf und auf die maximal zugelassene Kollektor/Emitterspannung (U_{CE}), was eigentlich nichts anderes ist, als die Maximum-Spannung, an die der Transistor in einer Schaltung angeschlossen werden darf.

Die meisten der kleinen Silizium-Transistoren sind für einen maximalen Strom (I_{max}) von 0,2 A (200 mA) ausgelegt. Es gibt unter ihnen aber auch Typen, die z.B. nur einen Maximumstrom von 0,03 A oder weniger verkraften.

Auf den maximalen Strom ist bei einfachen Schaltungen nur dann zu achten, wenn der zusätzliche Widerstand am Kollektor, Emitter oder an beiden „Füßchen" des Transistors weniger als ca. 2k2 beträgt und die Versorgungsspannung ca. 20 V überschreitet. Bei Zweifel hilft uns das Ohmsche Gesetz weiter – vorausgesetzt im Transistor-Stromkreis ist ein „Vorwiderstand", der den Maximumstrom automatisch drosselt.

Beispiel: In den Kollektoren der Transistoren T1 und T2 in dem Schaltplan nach *Abb. 1.62* (auf Seite 64) sind jeweils 3k3-Widerstände eingezeichnet. Die Versorgungsspannung beträgt maximal 20 V. Auch wenn einer der Transistoren ganz „offen" wäre, könnte laut Ohmschen Gesetz durch diesen „3k3-Kollektorwiderstand" (und somit auch durch den Transistor) ein Strom von höchstens 20 (Volt) : 3.300 (Ohm) = 0,006 (Ampere) fließen.

Die im Text zum Schaltplan angegebenen Transistoren (BC 547 C, BC 149 C, BC 172, BC 173) sind laut technischer Daten für einen max. Strom von 0,2 A (und für eine max. Kollektor/Emitterspannung von 20 bis 45 V (typenabhängig) ausgelegt. Da stimmt also alles. Hier können wir ohne Bedenken auch einen wesentlich schwächeren Transistor – wie z.B. den B C170 C einsetzen. Der ist für einen Strom von max. 0,1 A und eine maximale Kollektor/Emitterspannung von 20 V ausgelegt (z. Z. ist er jedoch wesentlich teurer als der BC 547 C und das macht ihn hier unattraktiv).

Etwas anders liegt es beim Schaltplan nach Abb. 1.56 (S. 53). Das eingezeichnete Lämpchen ist für einen Strom von 0,08 A ausgelegt. Ein kleiner 0,2 A-Tran-sistor wird diesen Strom also leicht bewältigen. Man muß jedoch beim Nachbau darauf achten, daß das angewendete Lämpchen auch tatsächlich nicht für einen höheren Strom, als ca. 0,15 A vorgesehen ist. Ansonsten würde sich der Transistor fühlbar aufwärmen bzw. heiß anlaufen und verbrennen.

Jetzt zu den qualitativen Parametern: Es gibt viele spezielle Transistoren, die ganz besondere Eigenschaften aufweisen: Sie können sehr hohe Frequenzen verarbeiten, sie können fast ohne innere Verluste sehr hohe Leistungen schalten usw.

Derartigen speziellen Ansprüchen müssen jedoch die Transistoren in den meisten gängigen Schaltungen nicht gerecht werden (in unserem Buch auch nicht). Somit bleiben meistens nur noch zwei „qualitative Parameter" interessant: der Verstärkungsfaktor und (anwendungsbezogen) das Rauschen.

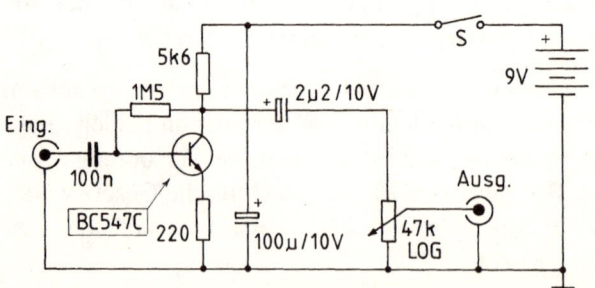

Abb. 1.59: Ein sehr einfacher und nachbausicherer Gitarren- oder Mikrofon-Vorverstärker.

Wir nehmen uns hier gleich ein konkretes Beispiel vor: in dem Schaltplan nach *Abb. 1.59* ist der Transistor BC 547 C eingezeichnet. Wer z.B. einen Elektronik-Versandhaus-Katalog besitzt, wird in Erfahrung bringen können, daß es da gleich drei Transistoren mit demselben „Familiennamen" gibt: Einen BC 547 A, einen BC 547 B und einem BC 547 C. Alle drei Typen haben dieselbe max. Spannung (45 V), denselben max. Strom (0,2 A) und sogar denselben Preis (evtl. weitere Angaben stehen da meistens nicht mehr zur Verfügung).

Der letzte (unterschiedliche) Buchstabe der Typenbezeichnung bezieht sich auf den Verstärkungsfaktor. Aber Vorsicht: die „A-Qualität" ist hier die schlechteste, die „C-Qualität" die beste. Das beinhaltet, daß die C-Type ein schwaches Eingangssignal wesentlich mehr verstärken kann, als die A-Type (vorausgesetzt, die Schaltung macht von dieser Eigenschaft Gebrauch).

Wenn so ein Transistor nur die Funktion eines „Schalters" hat – worauf wir noch später zurückkommen – spielt es meistens keine Rolle, ob man da eine B-Type durch eine C-Type bzw. A-Type ersetzt. Bei so manchem Oszillator könnte dagegen ein Transistor mit niedrigerem Verstärkungsfaktor die Wirkung haben, daß die Schwingungen gar nicht einsetzen (und die Schaltung daher nicht funktioniert).

Nun zum Rauschen: Ähnlich wie das fließende Wasser in der Rohrleitung rauscht, rauschen auch die „fließenden" Elektronen in einem Transistor. Zum Glück unvergleichbar leiser als das Wasser im Wasserrohr, aber dennoch. Wirklich kritisch ist diese Eigenheit bei den ersten Vorverstärkerstufen diverser Analoggeräte bzw. bei sehr empfindlichen Meßgeräten usw. Hier legt man einen großen Wert darauf, daß nur sehr „rauscharme" Transistoren verwendet werden – soweit nicht gleich ein rauscharmes IC den Vorrang bekommen kann (was zunehmend der Fall ist).

Auch bei unserem Mini-Vorverstärker ist es wünschenswert, daß das Rauschen nicht störend hörbar ist. Das Eingangssignal ist hier aber noch relativ stark und der „Lautstärke-Abstand" zwischen dem Eingangston (vom Gitarren-Tonabnehmer oder von einem Mikrofon) und dem Rauschen des Transistors ist daher noch ziemlich groß. Dennoch wird beim vollem Aufdrehen des Ausgangspotentiometers das Rauschen manchmal hörbar. Dafür ist oft neben dem Rauschen im Transistor auch noch das Rauschen in den Kohlewiderständen verantwortlich.

Abhilfe: Kohlewiderstände durch Metallschicht-Widerstände ersetzen (die sind rauscharm) und evtl. aus mehreren Transistoren (derselben Type) einen möglichst rauscharmen aussuchen (der Rausch kann nämlich bei Transistoren derselben Type unterschiedlich groß sein).

Einfacher Mini-Vorverstärker

Der einfache Vorverstärker nach Abb. 1.59 wird dazu benötigt, daß ein zu schwaches elektrisches „Signal" verstärkt wird. Wenn beispielsweise ein Mikrofon oder eine E-Gitarre zu schwach sind, um einen zur Verfügung stehenden Verstärker (Endverstärker) genügend auszusteuern, kann das zu schwache Ausgangssignal mit Hilfe eines solchen Vorverstärkers auf das erforderliche Niveau „gehoben" werden.

Ein einfacher LC-Oszillator

Wir haben im Kap. 1.5 in Erfahrung gebracht, daß auch „Spulen" zu den wichtigen Bausteinen der Elektronik gehören.

Ein sehr beliebtes Einsatzgebiet für Spulen (Induktivitäten) bilden die sogenannten LC-Oszillatoren. Das „L" steht hier für die Induktivität (die Spule), das „C" für die Kapazität (den Kondensator). Der Grund: Die Spule und der Kondensator bilden einen „Schwingkreis". Sie sind fähig, ähnliche Schwingungen zu erzeugen, wie z.B. ein mechanischer Schwingkörper (Gitarrensaite, Stimmgabel, Glocke usw.). Allerdings mit dem Unterschied, daß es sich bei einem elektrischen Oszillator um rein elektrische Schwingungen handelt.

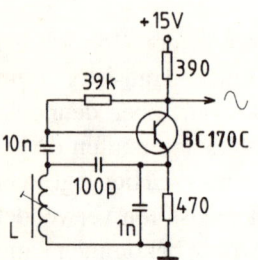

Abb. 1.60: Ein einfacher LC-Oszillator, der auf Anhieb funktioniert. Den besonderen Baustein bildet hier die Tonspule L. Sie ist auf einen Ferritkern aufgewickelt und ihre Impedanz läßt sich mit einer Ferrit-Schraube zusätzlich abstimmen. Für experimentelle Zwecke kann hier statt einer „echten" Tonspule z.B. auch nur die Trafo-Wicklung eines alten Trafos dienen.

Die Frequenz des in *Abb. 1.60* aufgeführten LC-Oszillators hängt hauptsächlich von der Induktivität der abstimmbaren Spule (mit einem Ferrit-Kern) ab. Derartige LC-Oszillatoren werden auch heute noch z.B. als „Mutteroszillatoren" in elektronischen Analog-Orgeln gehobener Preisklassen angewendet. In älteren elektronischen Orgeln wurden üblicherweise 12 solche LC-Oszillatoren für die 12 höchsten Oktaventöne eingesetzt. Zusätzliche Frequenzteiler haben dann die restlichen Oktaventöne durch eine einfache Teilung von 2:1 erzeugt. Soweit nur zu einer der konkreten Anwendungsmöglichkeiten.

Der Charme dieses LC-Oszillators besteht darin, daß man ihn auch für verschiedenste musikalische Experimente verwenden kann (elektronisches Glockenspiel oder elektronische Kirchenglocken statt der langweiligen Türklingel, liebliche Glasharfen-Melodie statt des nervtötenden Tones eines Weckers usw.).

Diese Vorschläge haben jedoch nur einen rein informativen Charakter, denn hier handelt es sich um eine ziemlich aufwendige Aufgabenbewältigung – es sei denn, man begnügt sich nur mit einigen wenigen Tönen.

Wir werden in diesem Buch – teilweise sogar gleich anschließend – noch diverse andere Oszillator-Schaltungen kennenlernen. In Hinsicht auf die Frequenzstabilität kann es jedoch keine von ihnen mit dem LC-Oszillator aufnehmen (Ausnahme bilden nur die sogenannten Kristalloszillatoren, die u.a. auch in Uhren angewendet werden; diese lassen sich jedoch nicht in einem so breiten Tonbereich abstimmen, wie der hier abgebildete LC-Oszillator).

Wer über genügend Phantasie verfügt, der wird beim Durchlesen dieses Buches noch vielen kleinen Steuer- und Regelschaltungen begegnen, die sich problemlos auch zum Schalten und Steuern von musikalischen Klängen eignen. Vielleicht kann dann einer von den unzumutbar krächzenden oder aggressiv piependen Tönen diverser Haushaltsprodukte durch etwas edlere melodische Eigenbau-Klänge ersetzt werden.

Der blinkende Multivibrator

Zu den beliebtesten „Einsteiger-Schaltungen" der Elektronik gehört der blinkende Multivibrator. Man kann ihn leicht (nach *Abb. 1.61*) zusammenlöten, einschalten und sofort einen Erfolg verbuchen: Es blinkt und man freut sich, daß die Elektronik – als Gegenleistung für den Einsatz – sichtbar und deutlich etwas Ordentliches macht.

Abb. 1.61: Ein „Multivibrator" als Blinklicht-Schaltung. Die zwei LEDs blinken hier in einer Frequenz, die etwa dem Takt der Warnlichter an einem Eisenbahnschranken-Übergang entspricht (was hier die Anwendung bei einer Modelleisenbahn-Anlage befürwortet). Als Transistoren können fast alle NPN-Typen verwendet werden (wie in Abb. 1.62).

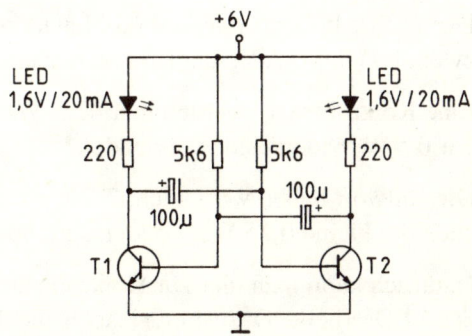

Zudem handelt es sich hier um eine praktische Schaltung, die sich ziemlich vielseitig anwenden läßt: Als Schranken-Warnlichter bei Modelleisenbahnen, als Warnblinker von verschiedenen Überwachungsschaltungen, als Partygags usw.

Die Blinkfrequenz haben wir bei dieser Schaltung dem Takt einer Warnanlage am Eisenbahnübergang angepaßt (Modellbauorientiert). Die zwei Elektrolyt-Kondensatoren à 100 μF und die zwei Basiswiderstände à 5k6 bestimmen hier die Taktfrequenz. Höhere Werte (wahlweise nur bei Kondensatoren oder nur bei Widerständen bzw. bei allen vier Komponenten) haben ein langsameres Blinken zufolge. Niedrigere Werte erhöhen die Blinkfrequenz. Bedarfsbezogen kann auch eine der LEDs weggelassen werden; der Kollektorwiderstand (220 Ohm) wird dann direkt an die + 6 V-Spannung angeschlossen.

Wichtig: wenn eine andere Versorgungsspannung als 6 V verwendet wird, müssen die Kollektorwiderstände (220 Ohm) durch andere „passende" Widerstände ersetzt werden.

Ein konkretes Beispiel ist hier besser, als komplizierte Erklärungen: Angenommen, die Versorgungsspannung soll 9 V betragen (statt der vorgegebenen 6 V). Wenn dieselben LEDs eingesetzt werden, muß jeder der zwei Kollektorwiderstände einen „Spannungsverlust" von 7,4 V bewerkstelligen (Die LED benötigt nur 1,6 V, den Rest von den 9 V – die 7,4 V – muß der Kollektorwiderstand auffangen).

Nun kommt wieder das Ohmsche Gesetz zum Zuge: Der Strom der LED darf höchstens 20 mA (0,02 A) betragen und wenn er durch den Kollektorwiderstand fließt, muß an diesem Widerstand ein „Spannungsverlust" von 7,4 V entstehen.

Die Lösung ist einfach:

7,4 V geteilt durch 0,02 A (LED-Strom) ergibt 370 Ohm

Der nächst höhere Standard-Kohlewiderstand hat 390 Ohm. Wir setzen also zwei 390 Ohm-Widerstände (statt der ursprünglichen 220 Ohm) ein.

Eine Kontrollfrage: werden hier 0,25-Watt-Widerstände genügen oder müssen wir 0,5 W-Widerstände verwenden?

Die Antwort haben wir gleich: 7,4 V x 0,02 A = 0,148 W. In Ordnung! Da hat auch der kleine 0,25 Watt-Widerstand noch genug „Leistungsreserve".

Natürlich kann man hier zur Kontrolle auch den Strom messen, der durch eine der LEDs fließt. Dazu muß jedoch die Blinkfrequenz wesentlich langsamer werden, sonst läßt sich ja am Meßgerät nichts ablesen. Kein Problem! Wir überbrücken einen der 100μF-Kondensatoren mit einem zusätzlichen „470 μF-Elko". Somit wird die Einschaltdauer der einen LED groß genug, um vom Multimeter ablesen zu können, wie hoch der Strom einer leuchtenden LED in

Wirklichkeit ist. Falls er zu niedrig ist, können die Kollektorwiderstände verkleinert werden. Mit einem Einstellpotentiometer (Trimmpotentiometer) läßt sich der optimale Ohmsche Wert schnell finden.

Wenn dieser Multivibrator für eine Schaltung mit mehreren (bzw. vielen) LEDs verwendet werden sollte, können die 220 Ohm-Kollektorwiderstände ganz wegfallen und jeweils durch eine oder mehrere LEDs ersetzt werden. Statt der einen nun eingezeichneten LED pro Transistor, können ziemlich lange LED-Ketten eingesetzt werden. Die Versorgungsspannung muß dann an die Summe der Einzelspannungen angepaßt werden.

Beispiel: wenn drei rote 1,6 V/20 mA-LEDs, drei gelbe 1,8 V/20 mA-LEDs und vier grüne 2,4 V/20 mA-LEDs in Serie betrieben werden sollen, errechnen sich die benötigten Spannungen wie folgt: Die 3 roten LEDs brauchen insgesamt 3 x 1,6 V = 4,8 V, die drei gelben 3 x 1,8 V = 5,4 V und die vier grünen 4 x 2,4 V = 9,6 V. Das sind insgesamt 4,8 + 5,4 + 9,6 = 19,8 V. Da wäre eine Versorgungsspannung von 20 V optimal (ein kleiner Spannungsverlust entsteht ja ohnehin noch im Transistor).

Wenn in der Schaltung 0,2 A-Transistoren (wie der BC 108 C oder BC 547 C) eingesetzt werden, könnte jeder von ihnen auch mehrere solcher aneinander parallel angeschlossener Ketten bis zu einer gewissen Grenze (von z.B. 8 Ketten) problemlos verkraften. Die gesamte Stromabnahme der 8 Ketten würde hier nur 8 x 0,02 A = 0,16 A betragen. Da bleibt noch eine Leistungsreserve übrig und der Transistor wäre nicht überfordert.

Wozu so etwas gut sein kann? Z.B. für blinkende LED-Ornamente oder Mosaiken, die auch aus mehreren solcher Multivibratoren mit Lichtketten zusammengestellt werden können – als Kunst, als werbewirksame Blickfänger, als Partydekoration, als attraktive LED-Decke einer Hausbar, als Weihnachtsbaumbeleuchtung usw.

Einfacher Multivibrator als Tonquelle

Der in *Abb. 1.62* aufgeführte „nachbausichere" Schaltplan ist nur eine leicht geänderte Alternative zu dem vorhergehenden Multivibrator. Die Taktfrequenz ist hier nicht sichtbar, sondern hörbar – man muß allerdings den Ausgang dieses Multivibrators an einen Verstärker anschließen.

Die Tonhöhe ist hier mit dem Potentiometer P einstellbar. Der Frequenzbereich kann – wie bei dem Multivibrator aus Abb. 1.61 – durch Änderung der Kapazität der zwei 33n-Kondensatoren nach oben oder nach unten „verschoben" werden. Wenn statt dem einen 22 k-Potentiometer eine ganze Kette von

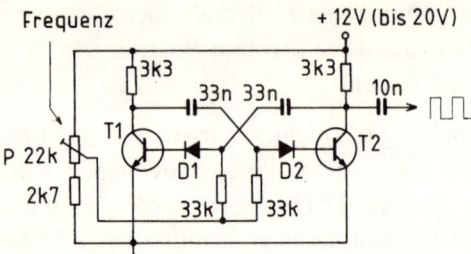

Abb. 1.62: Ein Multivibrator als Tonquelle – oder sogar als Musikinstrument, denn mit P läßt sich die Tonhöhe verändern. Transistoren T1,T2:
BC 108 C, BC 547 C, BC 170 C
oder ähnliche NPN-Transistoren;
Dioden D: Silizium-Universal-Dioden
(Type 1 N 4148).

kleinen Einstellpotentiometern aufgebaut wird, kann mit Hilfe von kleinen
Tastenkontakten dieser Tongenerator als ein Musikinstrument betrieben wer-
den. In der abgebildeten Ausführung kann man ihn als Alarm-Tongeber,
Schiffssirene, Autohupe und auch als „Taktgeber" für diverse elektronische
Schaltungen verwenden (z.B. in Verbindung mit dem IC 4017, dessen Anwen-
dungsmöglichkeiten später noch näher beschrieben werden).

Elektronisches Schlagzeug in Westentaschenformat

Bisher hatten wir es mit Oszillatoren zu tun, die nach dem Einschalten losle-
gen und „nicht mehr zu bremsen" sind – bis man sie abstellt. So würde sich
auch der „Doppel-T-Oszillator" aus der Abb. 1.63 benehmen, wenn man den
Potentiometer P2 entsprechend einstellt. Wir wollen diesmal aber keine
Schiffssirene, sondern eine Trommel bauen.

Eine normale (echte) Trommel erzeugt sogenannte „gedämpfte Schwingungen". So werden alle Schwingungen bezeichnet, die nach einem „Anstoß"
abklingen, wie es z.B. auch beim Anstoßen von zwei Weingläsern geschieht.
Unser „Doppel-T-Oszillator" wird verständlicherweise nicht mechanisch, sondern elektrisch „angestoßen". Dies geschieht dadurch, daß er über die links
oben eingezeichnete Taste einen elektrischen Impuls bekommt, der ihn für
kurze Zeit zum Schwingen bringt. Vorher muß der Ozsillator mit Potentiometer P2 genau an die Grenze eingestellt werden, an der er zum Oszillieren auf-
hört, aber bei einem Impuls wie ein Trommelfell erklingt. Mit P2 kann danach
auch noch die Länge des Ausklingens optimal (und problemlos) eingestellt
werden.

Eine gewisse Aufmerksamkeit verdient hier in dem Schaltungsteil „Impuls-
Aufbereitung" der Kondensator 33n. Im Kapitel 1.4 haben wir behauptet, daß
ein Kondensator nur Wechselstrom, aber keinen Gleichstrom durchläßt und
nun wird plötzlich die 18 V-Gleichspannung über einen Kondensator dennoch
an die Basis des Transistors T geleitet. Die Sache ist die, daß so ein Kondensator das „Einschalten" des elektrischen Stromes als einen Impuls wahrnimmt

und als solchen auch weiterleiten kann. Es spielt dabei keine Rolle, wie lange hier die Taste gedrückt bleibt. Der Kondensator reagiert nur auf das Einschalten (Antippen) als solches.

Die Lautstärke des Trommelschlages wird mit dem Einstellpotentiometer P1 eingestellt. Man kann beispielsweise zwei gleiche „Impuls-Aufbereitungs-Schaltungen" nebeneinander aufbauen (mit zwei Tasten) und diese über zwei separate Dioden D mit der Basis des Transistors T verbinden. Abhängig davon, welche der zwei Tasten dann angetippt wird, könnte der eine Trommelschlag kräftiger und der andere sanfter erklingen.

Noch interessanter ist, wenn man auf diese Weise mehrere Tom-Tom-Trommeln nebeneinander aufbaut und durch Änderung der Kondensatoren C1-C2-C3 (auf z.B. 10n-10n-22n oder 15n-15n-33n) die Tonhöhe (Klangfarbe) der einzelnen „Schlaginstrumente" abstuft. Zwei oder drei solcher Trommeln können dann mit zwei oder drei Tasten „angeschlagen" werden und melodische Rhythmusfiguren erzeugen.

Abb. 1.63: Ein elektronisches Tom-Tom in Westentaschenformat: der Doppel-T-Oszillator wird hier mit Potentiometer P2 so eingestellt, daß er nicht dauernd oszilliert, sondern nur mit gedämpften Schwingungen auf einen Impuls (von der Taste) ähnlich reagiert, wie das Trommelfell auf einen Pau-

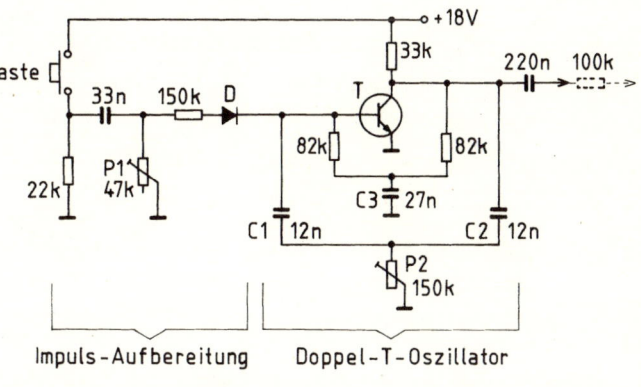

kenschlag. Durch Vergrößerung der Kondensatoren C1-C2- C3 (auf z.B. 15n – 15n – 33n) wird der Tom-Tom-Klang tiefer – und umgekehrt. Es können auf diese Weise mehrere Tom-Tom-Trommeln (oder Bongos) nebeneinander aufgebaut und mit Hilfe von mehreren Tastenkontakten als eine große Schlagzeugbatterie bespielt werden. Transistor T und Diode D wie bei der vorhergehenden Schaltung. Der gestrichelt eingezeichnete 100 k-Ausgangswiderstand ist nur dann notwendig, wenn die „Eingangsimpedanz" des verwendeten Verstärkers derartig niedrig ist, daß die Schwingungen des Tones zu schnell gedämpft werden (zu schnell abklingen). Bemerkung: in dieser Schaltung ist das Schaltsymbol der Masse gleich fünfmal separat eingezeichnet. Es handelt sich dabei jedoch um ein und dieselbe Masse. Wenn auf diese Weise der Schaltplan übersichtlicher wird, bevorzugt man diese zeichnerische Lösung vor unnötigen Durchverbindungen der Masse zu einem gemeinsamen Punkt.

Nebenbei: je kleinere Kondensatoren C1-C2-C3 (im Verhältnis 1:1:2) eingelötet werden, desto höher wird der „Trommelfell-Ton". Werte von z.B. 4n7-4n7-10n ergeben keinen Tom-Tom-Klang mehr, sondern einen Bongo-Klang (auf diese Weise kann eine ganze Bongo-Batterie aufgebaut werden).

Als ein guter Gag läßt sich so eine Schaltung u.a. auch anstelle der normalen Türklingel einsetzen. Sie kann z.B. von einem „Ringzähler-IC" elektronisch gesteuerte Impulse erhalten, die z.B. mehrere Tom-Tom-Trommeln in der Form einer „Urwald-Tom-Tom-Melodie" naturtreu erklingen lassen. Der Effekt ist verblüffend und zudem hören sich solche „natürlichen" Klänge wesentlich wohltuender an, als eine stupide Türklingel, die oft genau so stressig wirkt, wie die Explosion einer durchs Fenster eingeworfenen Handgranate.

2 Das Löten und die Montage elektronischer Komponente

Zum Löten benötigt man in der Elektronik einen kleinen elektrischen Lötkolben und Elektronik-Lötzinn.

Für das Abzwicken von Drähten, Verbindungen oder überstehenden Füßen der eingelöteten Bausteine wird eine möglichst kleine, feine Zwickzange (Seitenschneider) verwendet. Zum Halten der gelöteten Bauteile oder diverser Drahtenden eignet sich am besten eine etwa 12 bis 15 cm lange Pinzette.

Das ist – was die wichtigsten Werkzeuge betrifft – eigentlich alles. Selbstverständlich ist es von Vorteil, wenn man noch verschiedene kleine Zangen, einige Feilen, eine Laubsäge und eine Bohrmaschine hat. Von Fall zu Fall soll ja die eine oder die andere erstellte Schaltung auch irgendwo eingebaut werden. Zu diesem Zweck gibt es zwar verschiedenste Fertiggehäuse *(Abb. 2.2)*, aber diese müssen üblicherweise zusätzlich für die Zuleitungen und Bedienungselemente gebohrt werden.

Abb. 2.1: Löt-Starterset
(Conrad Electronic).

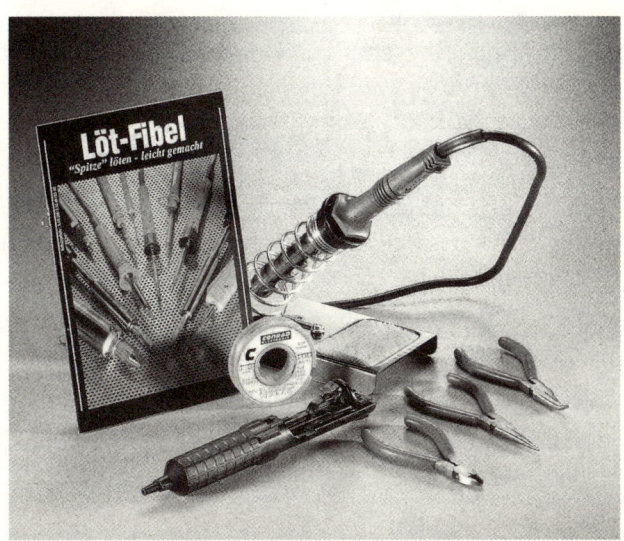

Abb. 2.2: Fertig-
gehäuse aus
Kunststoff
(Conrad Electronic).

Was den Lötkolben anbelangt: Ein Einsteiger darf sich mit einem kleinen preiswerten Lötkolben (ab ca. DM 10,–) bedenkenlos zufrieden geben. Eine bessere Lötstation (ab ca. DM 100,–) ist natürlich wesentlich komfortabler und das Löten macht dann wirklich einen Riesenspaß.

2.1 Richtig Löten lernen ist nur eine Frage von Minuten

Zum Löten wird in der Elektronik nicht der Klempner-Stangenlötzinn, sondern ein runder „Lötdraht" verwendet, der einen Durchmesser von 0,5 bis 1,5 mm und ein Zinn- Bleiverhältnis von 60:40 hat. Eine separate Zugabe von Fluß-mittel (Lötpaste) – wie es bei dem Klempner-Lötzinn notwendig ist – erübrigt sich hier, weil dieses als eine „Ader" im Lötdraht bereits vorhanden ist (obwohl kaum sichtbar).

Es gibt auch Lötdrähte, durch die sich sogar mehrere Flußmittel-Adern ziehen, wodurch sich das Flußmittel noch besser verteilen kann (was jedoch in der Pra-xis nur einen relativ gering wahrnehmbaren Vorteil darstellt).

Viel wichtiger beim Löten ist, daß die Lötspitze des Lötkolbens sauber ist und die richtige Temperatur hat. Unter dem Begriff „sauber" versteht sich eine Löt-spitze, die von alten verbrannten und verschmutzten Zinnresten befreit ist, aber an der immer noch eine dünne Schicht von sauberem, zerflossenen Zinn die Lötspitze bedeckt.

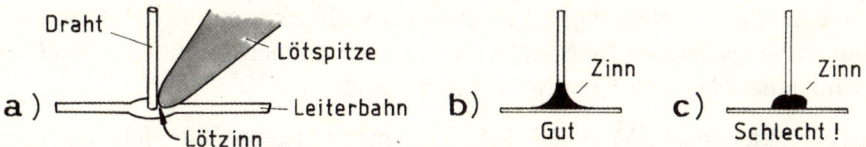

Abb. 2.3: Richtig löten ist nicht schwierig: a) Die Lötspitze des Lötkolbens muß gleichzeitig gegen den Draht, wie auch gegen die Kupfer Leiterbahn angedrückt werden, sodaß diese beiden Teile noch vor dem Anbringen des Lötzinns etwas aufgewärmt werden; b) bei einer gut ausgeführten Lötstelle verbindet sich der Zinn sehr anschmiegsam mit dem Draht, wie auch mit der Kupfer-Leiterbahn; c) bei einer schlecht durchgelöteten Verbindung kann man sehen, daß der Zinn nur „aufgetropft" um die Lötstelle liegt.

Weshalb das so sein muß, kann anhand von *Abb. 2.3a* erklärt werden: Wenn man zwei beliebige Teile zusammenlöten will, muß sie die Lötspitze des Lötkolbens etwa ein halbe Sekunde lang vorwärmen, bevor der Lötzinn aufgetragen wird. In unserer Abbildung soll ein Draht (z.B. ein Komponent-Füßchen) auf eine Leiterbahn angelötet werden.

Die Lötspitze muß erst gegen die Leiterbahn, wie auch gegen den Draht leicht angedrückt werden, um diese beiden Teile vorzuwärmen. Wenn dabei an der „Spitze der Lötspitze" etwas Zinn ist (als dünner Film oder dünne Schicht), bildet sich dadurch eine bessere wärmeleitende Verbindung zwischen der Lötspitze und den zu lötenden Stellen.

Nun kann auf die vorgesehene Verbindung das Ende des Lötdrahtes „hineingedrückt" werden (bis sich die Lötstelle mit Zinn gefüllt hat) und sobald der Zinn nach Abb. 2.3b schön und „glatt" zerflossen ist, muß sofort die Lötspitze von der Lötstelle weggenommen werden.

Die eigentliche Aufklärung mag nun etwas zu umständlich erscheinen, aber in der Praxis nimmt so ein Lötvorgang ungefähr genausowenig Zeit in Anspruch, wie wenn man schnell bis 4 zählt:

Eins – die Lötspitze wird angelegt;
zwei – der Lötzinn wird beigefügt
drei – warten, bis der Zinn um das Füßchen herum eine kompakte Verbindung mit der Leiterbahn bildet (bei Bedarf noch etwas Zinn dazugeben)
vier – das Löten ist beendet, die Lötspitze wird von der Lötstelle entfernt (und geht evtl. an eine der weiteren Lötstellen heran).

Eine gute Lötstelle erkennt man vor allem daran, daß da der Zinn nach Abb. 2.3b eine glatte Verbindung bildet, die sich vollflächig an die gelöteten Teile „kapillar" anschmiegt. Eine schlechte Lötstelle erinnert oft an einen Knödel, der mit einem Nagel auf ein Brett angeschlagen wurde.

Das charakteristische Merkmal einer schlechten Lötstelle ist der fehlende nahtlos gleitende Übergang an ihrem Rand – bzw. an beiden Rändern. Ein optischer Vergleich der Abb. 2.3b und 2.3c verdeutlicht, was mit dem angesprochenen Qualitätsunterschied der beiden Lötstellen gemeint ist.

Lötverbindungen, die so wie in *Abb. 2.3c* aussehen, können manchmal sogar ganz eindrucksvoll glänzen, aber bilden dennoch die sogenannten „kalten Lötstellen". Daß sich hier der Zinn gegen die Verbindung wehrte, geht aus seiner tropfenähnlichen Form hervor. Es ist nur ein Zufall, wenn so eine Lötstelle überhaupt leitet – falls sie leitet. Oft bildet sich zwischen dem Zinn und dem Komponent-Füßchen ein isolierender Film aus dem Kolofonium, das als Flußmittel eigentlich genau das Gegenteil hätte bewirken sollen.

Wenn eine Lötstelle nach *Abb. 2.3c* aussieht, kann es folgende Ursachen haben:

a) Die Lötspitze hat den Draht, die Leiterbahn (oder beides) nicht ausreichend vorgewärmt. Der Zinn konnte zwar an der Lötspitze schmelzen, aber „tropfte" eigentlich nur auf die Lötstelle „herunter" und hat sich nicht mit den anderen Teilen verbunden. So etwas kann passieren, wenn die Lötspitze zu sehr verschmutzt ist (oder keine feine Zinn-Schicht hat) bzw. wenn die Temperatur der Lötspitze zu niedrig ist.

b) Der „Draht" oder die Leiterbahn sind fett bzw. anderweitig verschmutzt (z.B. auch durch eine leichte Korrosion). Sauberreiben mit in Brennspiritus getauchtem Hirschleder (wegen Fusseln) ist die beste Abhilfe.

c) Die Lötspitze wurde an der Lötstelle zu lange gehalten; der Lötzinn ist verbrannt, das Flußmittel verdampfte. Abhilfe: zusätzlich Flußmittel oder säurenfreie Lötpaste auftragen und nochmals löten. Andernfalls kann auch mit der Lötspitze der alte Zinn größtenteils abgetragen werden und mit einer „sanft dosierten" Zugabe von neuem Zinn wird die Lötstelle nochmals ausgebessert.

Wenn ein neuer Lötkolben das erstemal in Betrieb genommen wird, sollte man seine Spitze so schnell wie nur möglich mit etwas Lötzinn „verschmieren". Ähnlich, wie wenn man mit einem Filzstift eine Fläche einfärben will.

Bei dem Lötkolben muß jedoch der Zeitpunkt abgewartet werden, zu dem seine Lötspitze warm genug ist, um den Zinn zu schmelzen. Wenn dieser Zeitpunkt verpaßt wird, heizt sich die Lötspitze zu sehr auf und stößt danach den auf sie aufgetragenen Zinn ab. In dem Fall muß der Lötkolben vorübergehend abgeschaltet werden (damit er geringfügig abkühlt), dann wird er (noch heiß) etwas gereinigt und danach wird ein neuer Versuch gestartet.

Die vorhergehende Aufklärung klingt etwas kompliziert; in Wirklichkeit geht alles reibungslos. Das gilt auch in Hinsicht auf die Frage der „optimalen" Temperatur einer Lötspitze. Ein kleiner preiswerter Handlötkolben heizt seine Lötspitze einfach auf eine „brauchbare" Temperatur auf und man lötet...

Ein Elektroniker benutzt für seinen Lötkolben einen speziellen Lötkolben-Ablageständer *(Abb. 2.4)*, an dem ein Reinigungsschwamm zum Putzen der Lötspitze angebracht ist (dieser Schwamm wird feucht gehalten). Man sollte sich angewöhnen, daß bei jedem Abnehmen des Lötkolbens vom Ablageständer seine Spitze an dem Reinigungsschwamm etwas gesäubert wird (an beiden Seiten).

Wenn nach einer längeren Betriebszeit die Spitze eines einfachen Lötkolbens viel zu heiß wird, fällt von ihr der Zinn ab. In dem Fall heißt es abschalten, warten bis die Spitze etwas abkühlt, danach die Spitze wieder verzinnen und weitermachen. Wer eine Lötstation mit automatischer Temperaturregelung *(Abb. 2.5)* besitzt, dem bleiben derartige Zwischenfälle erspart.

Die Lötspitzen der Lötkolben haben eine beschränkte Lebensdauer. Es gibt zwar bessere und schlechtere Lötspitzen, aber irgendwann brennen sich in die Lötspitzen Löcher hinein. Ein paarmal kann man zwar die Lötspitze mit einer Feile noch etwas nachbessern, aber bald danach ist eine neue Lötspitze fällig. Kein Problem. Ersatz-Lötspitzen gibt es in großer Auswahl.

Es ist erstaunlich, wie schwer sich auch so manche erfahrene Elektroniker mit dem Löten tun. Die Hauptursache liegt darin, daß beim Löten oft die dritte Hand fehlt. Wir wurden aber nun einmal mit nur zwei Händen geboren. Der wichtigste Trick beim Löten besteht also eigentlich darin, daß man die fehlende dritte Hand improvisierend ersetzt.

Am einfachsten geht es mit dem Löten, wenn die Bauteile in vorgefertigte Leiterplatten eingesteckt, mit einem Schaumgummi angedrückt, umgedreht und danach einfach angelötet werden. Kleinere Leiterplatten kann man dabei z.B. mit zwei Fingern (oder nur mit dem kleinen Finger) der linken Hand gegen den Schaumgummi nach Abb. 2.6 andrücken. Der Zeigefinger und der Daumen halten dabei den Lötdraht und dosieren ihn auf die Lötstellen. Die zu langen Füßchen der Bauteile werden nach dem Einlöten abgezwickt.

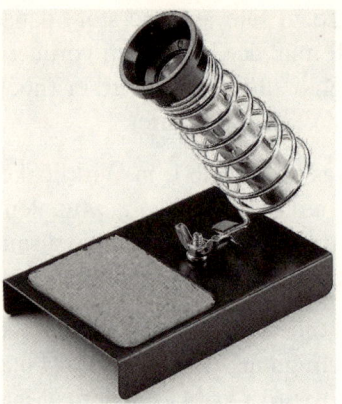

Abb. 2.4: Lötkolben-Ablageständer
(Conrad Electronic).

Abb. 2.5: Lötstation mit automatischer Temperaturregelung
(Conrad Electronic).

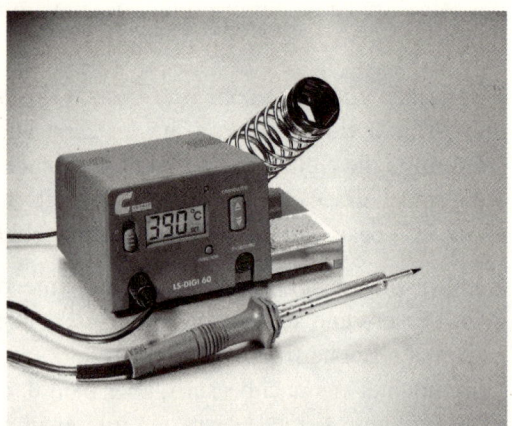

Vorgefertigte Leiterplatten gibt es jedoch nur bei Bausätzen. Bei kleineren Experiment-Schaltungen lohnt sich so etwas nicht und wird aus Zeit- und Kostengründen nicht einmal in professionellen Entwicklungsabteilungen gehandhabt. Es ist also keinesfalls ein Zeichen von Amateurismus, wenn man Versuchsschaltungen auf eine etwas einfachere Weise erstellt.

Für kleinere Schaltungen, die nur „auf die Schnelle" ausprobiert werden sollen, eignen sich am besten zweireihige Lötleisten nach *Abb. 2.7*. Sie können bei Bedarf mit einer Laubsäge (oder Blechschere) auf die gewünschte Länge gekürzt werden.

In die Lötösen lassen sich die einzelnen Komponente eines nach dem anderen einsetzen (bevorzugt etwas federnd, daß sie nicht allzuleicht herausfallen) und

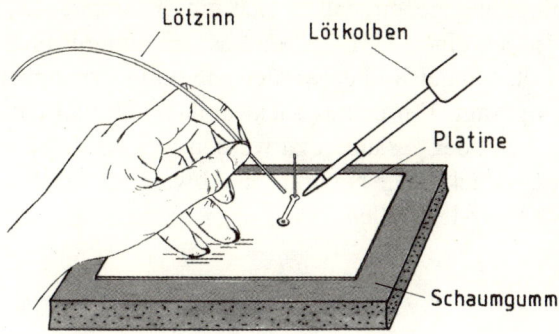

Lötzinn
Lötkolben
Platine
Schaumgummi

Abb. 2.6: Die linke Hand hat beim Löten oft zwei Aufgaben gleichzeitig zu bewältigen: Der Zeigefinger und der Daumen halten den Lötzinn (Lötdraht), der kleine Finger – bzw. auch noch sein „Nachbar" drücken die Platine gegen den Schaumgummi an (womit die in der Platine eingesteckten Komponente ihren Halt bekommen). Die rechte Hand bedient den Lötkolben.

Abb. 2.7: Zweireihige Pertinax-Lötleisten mit Lötösen (Conrad Electronic).

einlöten. Es spielt dabei keine Rolle, ob hier die einzelnen Lötösen jeweils voll mit Zinn ausgefüllt sind, oder ob das Füßchen des Bauteiles nur etwas seitlich angelötet ist. Es muß jedoch angelötet und nicht angeklebt sein!

Bei Zweifel kann übrigens eine fragliche Lötstelle einfach nochmals (oder auch mehrmals) nachgelötet werden, bis sich das Ergebnis sehen läßt. Wenn jedoch so eine unbefriedigend aussehende Lötstelle nochmals ausgebessert wird, sollte dabei immer auch neuer Lötzinn benutzt werden. Zumindest ein kleiner Tropfen. Nicht unbedingt wegen dem Zinn, sondern in der Hauptsache wegen dem Flußmittel. Strikt genommen genügt hier ein Tüpfelchen Elektronik-Lötfett (soweit bei der Hand). Die Lötstelle glänzt danach in voller Pracht.

Für das Löten in der Elektronik darf jedoch nicht das normale „Klempner-Lötfett" benutzt werden. Auf den Verpackungen (bzw. Dosen) von derartigen

Flußmitteln wird nicht unbedingt angegeben, daß es sich um „Klempner-Löt-fett" handelt. Man findet da jedoch einen Vermerk, daß es sich um ein Fluß-mittel handelt, daß nach dem Löten abgewaschen werden soll, um Korrosionen zu verhindern. Damit ist alles gesagt. Ein echtes Elektronik-Flußmittel bzw. Lötfett braucht nicht abgewaschen oder gesäubert zu werden – es sei denn, es handelt sich um ein Ausstellungsstück. Hier bewirkt ein Abwaschen der Löt-punkte mit Spiritus echte Hochglanz-Lötstellen.

Abb. 2.8: Das Zusammenlöten von zwei Drahtenden „in der Luft" setzt eine ruhige (nicht zitternde) Hand voraus, wenn man es nach Beispiel a) machen will; b) Wenn die zwei Drahtenden einigermaßen ineinander eingehakt werden, geht es mit dem Löten leichter; c) wenn drei Drahtenden „freitragend" zusammengelötet werden sol-len, kann man sie vorher mit einer dünnen Kupferlitze etwas umwickeln und danach erst – mitsamt der Litze – zusammenlöten (die heraussstehenden Enden der Litze wer-den nach dem Zusammenlöten abgezwickt). Auf dieselbe Weise können auch meh-rere Drahtenden bzw. auch nur zwei Drahtenden „streßlos" zusammengelötet werden.

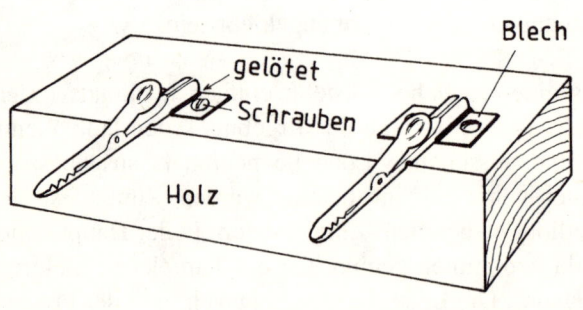

Abb. 2.9: Eine einfache „Eigenbau-Vorrichtung", in deren Kroko-Klemmen man z.B. zweireihige Expe-rimentier-Lötleisten oder auch Einzelkomponente leicht und schnell einklem-men kann; Jede der zwei Kroko-Klemmen wird erst auf ein kleines Kupfer-, Messing- oder verzinntes Blech (Konservendosen-Blech) angelötet, und dann wie abgebildet auf einen massiveren Holzblock angeschraubt.

Abb. 2.10: Es ist von Vorteil,
wenn man von den zweireihigen Lötleisten einige kurze
Stücke absägt, in diese dann
IC-Fassungen – wie abge-
bildet – einsetzt und einlötet;
derartige „vorgefertigte
Module" können dann griffbereit für Experimente wiederholend verwendet werden.

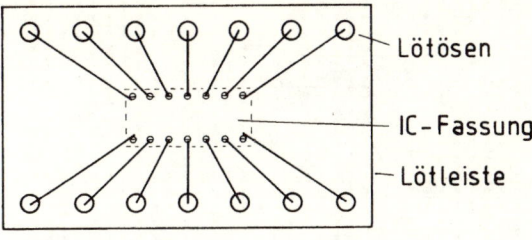

Am „elegantesten" läßt sich so eine IC-Fassung auf der Lötleiste unterbringen, wenn
für ihre Füßchen maßgerecht in der Mitte der Pertinaxfläche kleine Löcher (Durchmesser ca. 0,8 mm) gebohrt werden. Wie aus der gezeichneten Unteransicht hervorgeht, werden dann einzelne Füßchen der IC-Fassung mit den Lötösen der Lötleiste
durchverbunden (z.B. mit einem kahlen verzinnten 0,6 mm-Kupferdraht).

Statt Lötfett eignet sich als Flußmittel in Spiritus zerlassenes Kolofonium oder
Nadelbaum-Harz aus dem Wald (es quillt da von manchen Baumstämmen zwischen der Baumrinde heraus).

Wenn zwei oder drei Drahtenden bzw. Verbindungen „freitragend" zusammengelötet werden sollen, kann man nach *Abb. 2.8* vorgehen. Es ist auch hier darauf zu achten, daß sich der Zinn an alle Drahtenden gut anschmiegt. In Abb.
2.8c wurde eine Kupferlitze (aus einem Kabel) zum Umwickeln der drei
Drähte benutzt. Es ist von Vorteil, wenn man diesen Trick auch beim Zusammenlöten von nur zwei Drahtenden (nach Abb. 2.8a) anwendet.

Kleinere Lötleisten lassen sich beim Löten gemütlicher handhaben, wenn sie
fest eingeklemmt werden. Zu diesem Zweck sind zwar diverse Platinen-Mon-
tagehalter erhältlich, aber zwei Kroko-Abgreifklemmen, die nach *Abb. 2.9* an
einem schwereren Holzblock fest angeschraubt sind, erweisen dieselben Dienste.

Wer mit solchen Lötleisten mehrere Experimente vor hat, der sollte sich einige
kurze Lötleisten-Stücke mit IC-Fassungen nach *Abb. 2.10* erstellen. Damit stehen ihm dann derartige „Module" griffbereit zur Verfügung und an die
Füßchen der Fassungen müssen nicht ständig neue Verbindungsdrähte gelötet
werden.

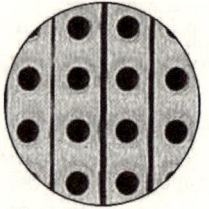

Abb. 2.11: Handelsübliche Experimentierplatinen.

2 Experimentierplatinen

Experimentierplatinen *(Abb.2.11)* eignen sich sehr gut für größere bzw. raumsparende Schaltungen. Sie sind im Fach- und Versandhandel in verschiedenen Ausführungen erhältlich:

a) Als Pertinax-Lochrasterplatten ohne Kupferbahnen (die Verbindungen werden hier mit zusätzlichen dünnen isolierten Drähtchen zwischen den Füßchen einzelner Bausteine „kreuz und quer" eingelötet.

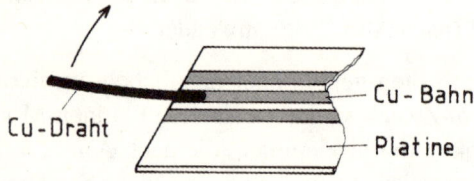

Abb. 2.12: Wenn eine Kupferbahn ganz bzw. teilweise entfernt werden soll, kann man wie folgt vorgehen: Ein etwa 1 mm dicker Kupferdraht (Cu-Draht) wird an das Ende der Kupferbahn angelötet und dabei wird die Lötstelle kräftiger erhitzt, als für eine normale Lötstelle notwendig wäre. In dem Moment, wo die Lötstelle derartig abkühlt, daß die Lötverbindung hält, kann die Kupferbahn in der Pfeilrichtung abgezogen werden. Wenn nur ein Teil der Kupferbahn entfernt werden soll, muß vorher mit einem scharfen Messer oder einem Holzschnitzer-Beitel die Kupferbahn an der „Grenze" durchgeschnitten werden.

b) Als Pertinax-Lochrasterplatten mit Kupferbahnen oder Kupfer-Punktrastern versehen und sind teilweise sogar auch mit vergoldeten Steckkontaktanschlüssen erhältlich.

Experimentierplatinen mit durchlaufenden Kupferbahnen eignen sich für die meisten Anwendungen am besten. Diese Kupferbahnen müssen jedoch (nach Bedarf) an einigen Stellen unterbrochen, manchmal sogar entfernt werden.

Für die Unterbrechungen der Kupferbahnen gibt es spezielle Leiterbahn-Unterbrecher, die z.B. ähnlich, wie Metallbohrer aussehen. Ein normaler Metallbohrer eignet sich zu diesem Zweck auch gut. Sein Durchmesser sollte nur geringfügig größer sein, als die Breite der Kupferbahn. So ein Bohrer sollte mit einem zusätzlichen Heft (z.B. Feilen-Holzheft) versehen werden – da geht die Arbeit leichter von der Hand. Ein schmaler Holzschnitzer-Beitel leistet hier ebenfalls (bzw. zusätzlich) hervorragende Dienste.

Wenn eine Kupferbahn ganz entfernt werden soll, läßt es sich am einfachsten durch Abreißen bewerkstelligen. Zu diesem Zweck wird nach *Abb. 2.12* an eines ihrer Enden ein Stück Draht aufgelötet, etwas großzügiger verzinnt und dabei kräftig erhitzt. Bevor die erhitzte Stelle abkühlen kann, wird mit Hilfe des angelöteten Drahtes die Kupferbahn beliebig weit abgezogen (abgerissen). Dabei kann man mit der Lötspitze die Kupferbahn während des Abziehens noch zusätzlich aufwärmen; sie löst sich dann leichter von dem Pertinax-Untergrund.

3 Speziellere Bausteine der Elektronik

Unter dem Begriff „speziellere Bausteine der Elektronik" dürften gegenwärtig tausende von sehr interessanten Produkten verstanden werden, die weltweit ständig neuen Zuwachs bekommen. Wir widmen uns in diesem Kapitel den wichtigsten.

3.1 Integrierte Schaltungen – ICs

Eine integrierte Schaltung (Abkürzung IC – für „Integreated Circuits") ist vom Grundprinzip her nichts anderes, als eine größere Menge von winzigen Transistoren, Dioden und evtl. auch Miniatur-Widerständen und anderen speziellen Komponenten die auf einer gemeinsamen kleinen Siliziumscheibe (Chip) eingeätzt sind.

Abb. 3.1: Integrierte Schaltungen.

Der Chip wird dann – ähnlich, wie z.B. die „schwarzen" Transistoren oder andere Halbleiter – in einen Kunststoffkörper nach *Abb. 3.1* eingegossen. Seine Anschlüsse werden vorher an die IC-Füßchen (Pins) ausgeführt.

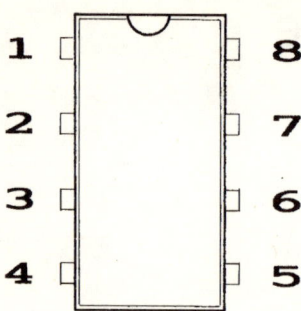

Abb. 3.2: Ein IC (Chip) mit
Nummerierung der Pins.

Jede integrierte Schaltung wird für eine vorgesehene Aufgabe entwickelt. Einige der ICs können dennoch ziemlich vielseitig angewendet werden – man muß nur wissen wie. Das geht oft aus den technischen Unterlagen des Herstellers bzw. seiner Schaltbeispiele (Applikationsbeispiele) hervor.

Positiv an der ganzen Sache ist, daß uns meistens nicht zu interessieren braucht, was in so einem IC innen steckt oder vorgeht. Man muß nur wissen, welche zusätzlichen Bausteine oder Verbindungen noch außen an seine Füßchen angelötet werden müssen, um aus der Schaltung optimal das herauszuholen, was laut eines Schaltbeispieles herausgeholt werden soll. Auf zwei wichtige Parameter ist in der allgemeinen Praxis zu achten:

a) Die Versorgungsspannung darf den vom Hersteller angegebenen Maximumwert nicht überschreiten (ansonsten geht das IC kaputt) und den Minimumwert nicht unterschreiten (das richtet zwar keinen Schaden an, aber das IC funktioniert nicht – bzw. nicht richtig);

b) An dem „Arbeitsausgang" kann jedes IC nur einen beschränkten Strom liefern. Manche nur 10 mA, andere 200 mA oder mehr (technische Daten sind hier zu beachten). Eine Überbelastung vernichtet das IC.

Wichtig: Jedes IC hat an seiner Seite (Oberansicht) eine Einkerbung oder eine runde Vertiefung nach *Abb. 3.2*. Wenn man das IC vor sich auf den Tisch so legt, daß die Einkerbung nach oben (auf „12 Uhr") zeigt, fängt die Numerierung seiner Füßchen links oben an – was sich ja auch gehört.

Von da aus läuft die Numerierung in einer ordentlichen Reihenfolge um das ganze IC herum weiter. Wie auch aus der Abb. 3.4 – und vielen der noch folgenden zeichnerischen Darstellungen – ersichtlich ist, verläuft die Numerierung der Füßchen IMMER gegen den „Uhrzeigersinn" (von oben betrachtet).

Daß die Numerierung gegen den Uhrzeigersinn verläuft, kommt natürlich dadurch, daß man das Füßchen Nummer 1 links oben haben möchte (in unserem Breitengrad wird ja von links nach rechts geschrieben und gelesen – womit diese Art der Numerierung ihre Berechtigung hat).

Bemerkung: in vielen der folgenden Schaltpläne werden hier wegen einem leichteren Nachbau die ICs zeichnerisch so dargestellt, wie sie ungefähr aussehen und nicht in der Form eines Schaltzeichens. Diese Art der Darstellung wird in der technischen Literatur im allgemeinen nur gelegentlich angewendet; in den meisten Fällen gibt man sich im Schaltplan mit einem Schaltzeichen (Rechteck, Dreieck usw.) zufrieden und nur die Nummern der Füßchen (der Anschlüsse) sind dann für die Verbindung des ICs mit der „Außenwelt" maßgeblich. Soweit nicht andere Hinweise bevorzugt werden – wie es z.B. bei dem Spannungsregler nach Abb. 3.22c der Fall ist (da sind die Anschlüsse direkt funktionsbezogen als „EIN" und „AUS" beschrieben).

Wir werden in diesem Buch beide Arten der zeichnerischen Darstellung etwas abwechselnd kombinieren. Bei einfacheren Grund-Schaltbeispielen wird der Nachbaufreundlichkeit wegen das IC „in natura" gezeichnet, bei Alternativen oder aufwendigeren Schaltplänen wird einem einfachen Schaltzeichen Vorrang gegeben. Manchmal auch aus dem Grund, weil bei einem Schaltzeichen die Numerierung der Anschlüsse eines ICs die echte Reihenfolge seiner Füßchen ignoriert und einfach dort angebracht wird, wo es zeichnerisch am besten auskommt (wodurch die Zeichnung übersichtlicher gestaltet werden kann).

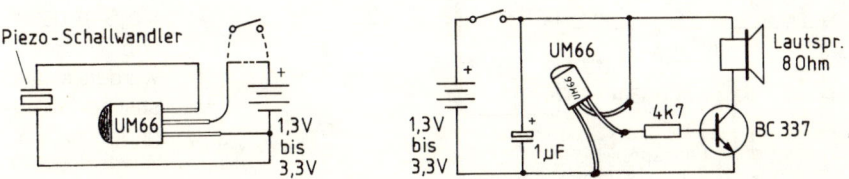

Abb. 3.3: Schaltplan eines Glückwunschkarten-Melodie-ICs Type UM 66:
LINKS: im einfachsten Fall benötigt das IC nur einen zusätzlichen Piezo-Schallwandler und eine Batterie (z.B. eine 1,5 Volt- oder 3 Volt-Batterie). RECHTS: dasselbe IC mit einem zusätzlichen Transistor und Lautsprecher – um höhere Lautstärke zu erhalten (Conrad Electronic).

Nun zurück zu unseren intergrierten Bausteinen:

Die kleinsten der gängigsten ICs haben nur 2 x 3 Füßchen (Pins). Dann folgen bei kleineren Standardausführungen ICs mit 2 x 4, 2 x 7, 2 x 8 Füßchen usw. bis zu etwa 2 x 30 Füßchen oder auch mehr.

Es gibt jedoch auch speziellere ICs, die z.B. wie ein kleiner Transistor aussehen (Abb. 3.3) und dennoch eine ziemlich aufwendige Schaltung in sich verbergen. In diesem Fall handelt es sich um ein Sound-IC (Type UM 66) mit einer der bekannten „Postkarten-Melodien" (Jingle-Bells, Congratulations, Merry-Christmas, Wedding March, For Elise).

Der Schaltplan mit einem solchen ICs ist – wie aus Abb. 3.3 links hervorgeht – wirklich extrem einfach. Den einzigen zusätzlichen Baustein bildet hier ein kleiner Piezo-Lautsprecher. Wenn eine größere Lautstärke benötigt wird, um mit diesem Sound-IC z.B. die Türklingel zu ersetzen – kann ein 8-Ohm-Lautsprecher über einen zusätzlichen Transistor BC 337 (oder BC 338) nach *Abb. 3.3* rechts angeschlossen werden.

Abb. 3.4 zeigt einen nachbauleichten Schaltplan eines Siemens-Türgong ICs. Dieses IC erzeugt nach Betätigen der Türklingel drei nacheinander folgende Gong-Töne, die einen harmonischen Dreiklang bilden. Wer bei so einem selbstgebauten Türgong einer Netzversorgung der Batterieversorgung Vorrang geben will, der findet auf S. 131 (Abb. 4.7) einen passenden Netzteil-Schaltplan.

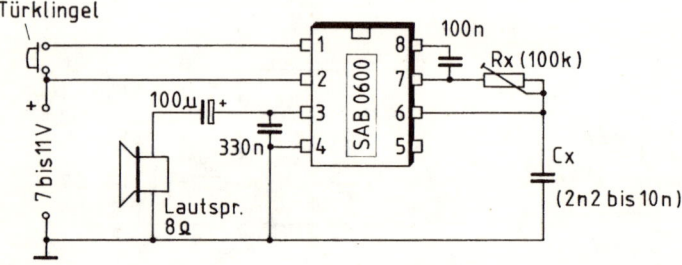

Abb. 3.4: Das Dreiklang-Gong-IC „SAB 0600" von Siemens wurde als „akustischer Signalgeber" für u.a. Türglocken entwickelt. Für die Versorgungsspannung kann entweder ein kleines Netzgerät oder z.B. eine 9 Volt-Batterie verwendet werden (in dem Fall sollte parallel zu der Batterie ein 100 uF/10 V-Elektrolyt-Kondensator angeschlossen werden – ähnlich, wie der „1 uF-Elko" in Abb. 3.2 rechts).
Auch hier benötigt das IC nur wenig externe Komponente; Rx und Cx bestimmen die Ausgangs-Tonhöhe und können wahlweise (probeweise) verändert werden.
Bemerkung: neben diesem IC gibt es von Siemens noch einen Einton-Gong (Typ SAB 0601), Zweiton-Gong (Typ SAB 0602) und einen programmierbaren 1-, 2- oder Dreiklang-Gong (Typ 0800).

Es sollte darauf hingewiesen werden, daß diese Siemens ICs beim Ausklingen einen etwas unsauberen Tonverlauf aufweisen. Falls Sie es beim Nachbau bemerken, liegt es nicht daran, daß SIE derjenige waren, der etwas falsch gemacht hat...

Eine wirklich interessante integrierte Schaltung ist der „Western-Sound-Generator" nach *Abb. 3.5*. Das IC hat hier 2 x 9 Pins, benötigt nur relativ wenige zusätzliche externe Komponente und erzeugt 6 verschiedene Klänge – abhängig davon, welcher der Schaltkontakte S1 bis S6 gedrückt wird.

Abb. 3.5: Ein „Western-Sound-IC Typ HT-82207" (als eines von vielen der handelsüblichen „Sound-IC"): Nimmt ebenfalls Genügen mit sehr wenig externen Komponenten und erzeugt auf Tastendruck wahlweise Signalhorn, Pferdegalopp, Pferdewiehern, Pistolenschuß, Gewehrschuß, Kanonenschuß.

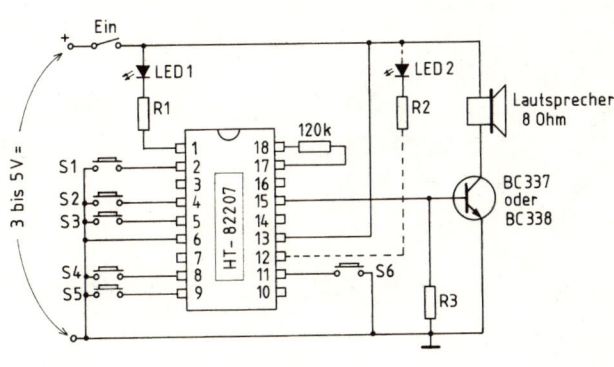

Etwas mehr Power bei den Klangeffekten? Kein Problem! Es gibt genügend integrierte Verstärker mit einer eindrucksvolleren Leistung, als der Transistor BC 337 aufbringen kann.

Was man nun unter dem Begriff „eindrucksvollere Leistung" zu verstehen dürfte, bleibt den individuellen Maßstäben überlassen.

Wer nur einen kleineren Verstärker für sein Hobby-Laboratorium oder für einen speziellen (bescheideneren) Anwendungszweck bauen möchte, dem könnte z.B. ein integrierter Verstärker nach *Abb. 3.6* (mit dem IC LM 386) oder nach *Abb. 3.7* (mit dem IC TDA 2003) gute Dienste leisten.

Wozu so ein Verstärker gut sein kann? Um bei unseren Themen zu bleiben, kann man an ihn z.B. das Glückwunschkarten-IC aus Abb. 3.3 oder den Western-Sound-Generator anschließen (statt an den Transistor BC 337). Es werden aber in diesem Buch noch viele weitere Beispiele von „klangerzeugenden" Schaltungen folgen, die einen Verstärker benötigen.

Beide Schaltungen lassen sich z.B. auf einer Pertinax-Lötleiste oder auf einer Pertinax-Experimentierplatine leicht nachbauen. Wenn man nicht versehentlich die Anschlüsse des ICs verwechselt, kann hier überhaupt nichts „schief" gehen. Und sollte es dennoch passieren, daß so ein Verstärker-IC die ersten Experimente nicht überlebt, ist das nicht so schlimm, denn jedes dieser ICs kostet nur um die 2 Mark.

Im Kap. 6.6 kommen wir noch auf das Thema Endverstärker ausführlicher zurück. Vorerst bleiben wir bei kleineren ICs, mit denen sich leichte Einsteiger-Schaltungen schnell und preiswert bauen lassen.

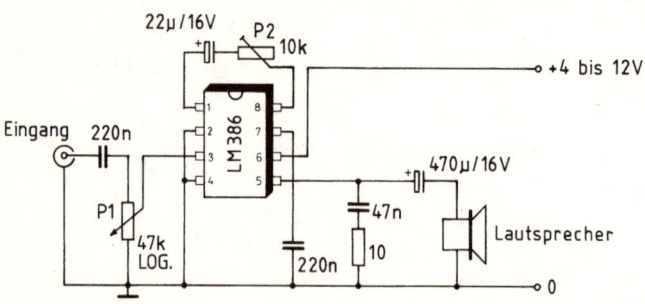

Abb. 3.6: Ein kleiner Verstärker mit dem IC LM 386. Es sind nur wenige zusätzliche Komponente nötig und die können sogar noch ziemliche Abweichungen zu den angegebenen Werten aufweisen: Sie dürfen alle etwa halb so groß bis doppelt so groß sein, als im Schaltplan angegeben ist. Nur der Einstellpotentiometer P2 sollte nicht zu klein geraten, denn mit ihm läßt sich die Verstärkung zwischen dem Eingang und dem Ausgang des LM 386 einstellen (mit einem kleinen Schraubenzieher bei der „Inbetriebnahme" des Verstärkers). Je niedriger der Ohmsche Wert des P2 ist, desto kleiner die maximal erreichbare Verstärkung. Für die Einstellung der jeweiligen Lautstärke ist danach P1 zuständig – als das einzige Bedienungselement für die „Außenwelt". Als Lautsprecher kann hier jeder beliebige Restposten-Lautsprecher verwendet werden. Seine Impedanz ist jedoch – neben der Versorgungsspannung – für die Maximumleistung des Verstärkers bestimmend: Beträgt sie 4 Ohm, wird die max. Verstärkerleistung bei ca. 1/3 W liegen; bei einem 8-Ohm-Lautsprecher halbiert sich die Maximumleistung.

Eines der sehr vielseitigen und zudem sehr preiswerten ICs ist der „Präzisions-Zeitgeber (Timer) NE 555". Ein Zwerg in der Pfennig-Preisklasse, der zwar als Timer entwickelt wurde, aber auch viele andere interessante Aufgaben bewältigen kann. Wir beschränken uns in diesem Kapitel nur auf einige einfachere Vorzeige-Möglichkeiten" dieses ICs.

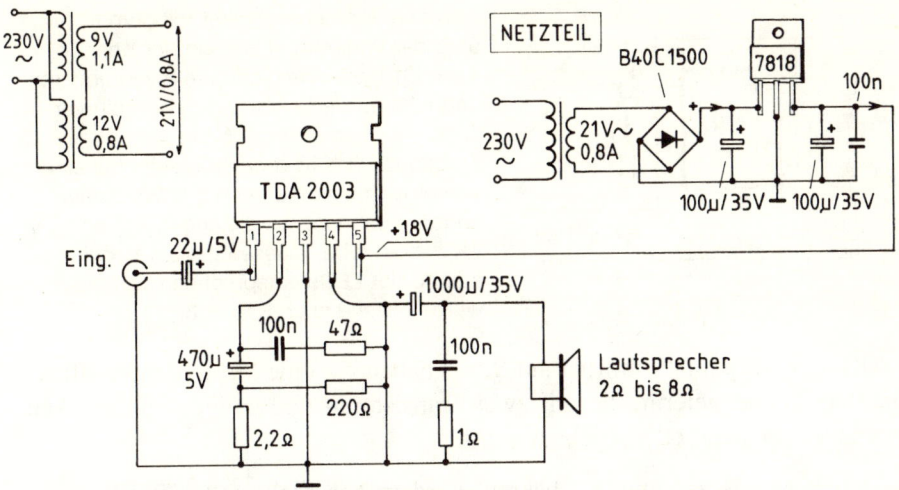

Abb. 3.7a: Ein kleiner Verstärker mit dem IC TDA 2003. Das IC-Gehäuse hat hier die Grundform eines größeren Transistors (wurde in unserer Zeichnung übersichtshalber etwas breiter gezeichnet). Die Zahl der Füßchen läßt jedoch darauf schließen, daß es sich hier um „etwas anderes" handeln muß – was tatsächlich auch der Fall ist. Aus dem nachbauleichten Schaltbeispiel geht hervor, daß nur noch wenige zusätzliche Bauteile ge-braucht werden. Wenn dieser Verstärker nur für Kurzbetrieb benötigt wird (z.B. als Verstärkung für ein Türklingel-IC), kann seine Versorgungsspannung von zwei 9 V-Batterie bzw. von drei 4,5 V -Batterien (in Serie) bezogen werden. Andernfalls kann der rechts oben eingezeichnete Netzteil die Stromversorgung übernehmen. Die Ausgangsleistung beträgt 10 Watt an einem 2 Ohm-Lautsprecher (zwei 4 Ohm-Lautsprecher parallel), 6 Watt an einem 4 Ohm und 3 Watt an einem 8 Ohm-Lautsprecher – allerdings nur bei einer 18 V-Versorgungsspannung. Bei einer Versorgungsspannung von 13,5 V (3 flache 4,5 V-Batterien in Serie) sinkt die Verstärkerleistung auf die Hälfte der angegebenen Werte (was jedoch für viele Anwendungszwecke noch völlig ausreicht). Die Sekundärspannung des im Netzteil eingezeichneten Transformators eignet sich für diese Spannungsregelung am besten; sie dürfte auch ca. 22 V betragen, aber eine noch höhere Wechselspannung würde den Spannungsregler 7818 zu sehr aufwärmen (er muß aber sowieso einen Kühlkörper erhalten!). Leider sind Sekundärspannungen von 21 oder 22 V nur selten unter den gängigen Standard-Angeboten aufzufinden. Wer trotzdem nicht auf diese Optimallösung verzichten möchte, kann nach Abb. links oben die Sekundärspannung von 21 Volt mit Hilfe von zwei „handelsüblichen" Transformatoren zusammenstellen (sie sind u.a. bei Conrad Electronic und bei RS Components erhältlich). Bemerkung: in diesem Schaltplan sind absichtlich zwei Elektrolyt-Kondensatoren (an den Füßchen Nr. 1 und Nr.2 des TDA 2003) als „5 V-Typen" aufgeführt. Bei den „Standard-Bauteilen" beträgt die niedrigste erhältliche Spannung üblicherweise 6,3 V. Gegen eine höhere Betriebsspannung ist in diesem Fall natürlich nichts einzuwenden. Unter diversen Hauslab-Restposten gibt es jedoch manchmal Bauteile mit Betriebsspannungen, die nicht unserer Baureihe entsprechen. Lesen Sie bitte auch im Kap. 4.1 nach, wie Sie besonders bei Netzwerken selber die optimale Betriebsspannung der Elektrolyt-Kondensatoren bestimmen können und worauf dabei zu achten ist.

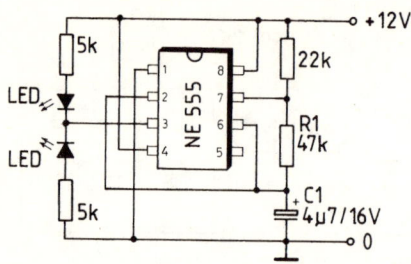

Abb. 3.8: Einfacher Blinker mit dem IC NE 555: der Widerstand R1 und der Kondensator C1 bestimmen hier die Blinkfrequenz und können bedarfsbezogen beliebig verändert werden (höhere Werte = niedrigere Frequenz); Das IC arbeitet bereits bei einer Versorgungsspannung ab 5 V. Wenn eine andere Spannung als die angegebenen 12 V verwendet wird, müssen die 5 k-Vorwiderstände der LEDs entsprechend verändert werden (siehe auch Kap. 1.8).

Bereits im 1. Kapitel (Abb. 1.61 auf S. 61) haben wir eine Multivibrator-Blinkschaltung kennengelernt, die mit zwei Transistoren und einigen zusätzlichen Komponenten „diskret" aufgebaut wurde.

Nebenbei: Die Bezeichnung „diskret" wird in der Elektronik dann benutzt, wenn darauf hingewiesen werden soll, daß etwas aus einzelnen Halbleitern bzw. Bausteinen aufgebaut wurde (und nicht mit einem IC bzw. Fertigmodul).

Statt einer „diskreten" Schaltung kann hier für denselben Zweck beispielsweise das IC „NE 555" (von manchen Anbietern oft auch nur als „555" bezeichnet) nach *Abb. 3.8* eingesetzt werden. Wir haben hier zwei LOW-CUR-RENT-LED als Blinker eingesetzt. Die zwei eingezeichneten 5 k-Vorwiderstände müßten durch ca. 390 bis 470 Ohm-Widerstände ersetzt werden, wenn anstelle dieser energiesparenden „2 mA-LEDs" nur „Standard-LEDs" angewendet werden (der optimale Wert des Vorwiderstandes muß ohnehin immer probeweise ermittelt werden, weil die LEDs markenbezogen ziemlich unterschiedliche Versorgungsspannungen benötigen, wenn sie richtig leuchten sollen).

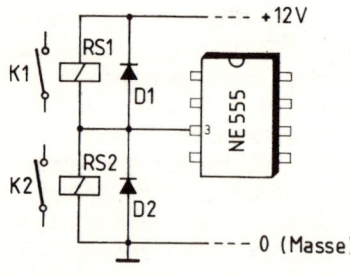

Abb. 3.9: Das IC NE 555 kann an seinem Füßchen Nr. 3 einen Ausgangsstrom von bis zu 200 mA liefern und daher u.a. auch relativ große Relais (RS1, RS2) antreiben. Die Schutzdioden D1 und D2 müssen immer parallel zu den Relaisspulen angeschlossen weden (siehe auch Kap. 8.1 und 8.2); für kleinere Relais genügen Dioden Type 1 N 4148. Die Relaiskontakte K1, K2 können – ganz unabhängig von der eigentlichen Schaltung – beliebige Spannungen und Leistungen bzw. Verbraucher schalten (das hängt nur von den technischen Parametern der Relais-Schaltkontakte ab).

Abb. 3.10: Statt der Relais können an den IC-Ausgang (Füßchen Nr. 3) des NE 555 auch mehrere längere LED-Reihen angeschlossen werden. Sie wurden hier zur Verdeutlichung nicht mit den echten LED-Schaltzeichen, sondern als „Lämpchen" eingezeichnet. Aus Kostengründen kämen bei dieser Anwendung bevorzugt „normale LEDs" in Frage, bei denen mit einem Strombedarf von 20 mA pro Reihe gerechnet werden dürfte. Rein theoretisch würde das IC bis zu 10 LED-Reihen (= 200 mA) verkraften können (oben, wie auch unten). Praktisch kämen maximal ca. 2 x 8 Reihen in Frage; andernfalls würde sich das IC zu sehr aufheizen. Es sei denn, es werden LOW-CURRENT-LEDs verwendet, deren Strombedarf pro Reihe nur ca. 2 bis 4 mA beträgt (je nach Farbe, die für den Verbrauch mitbestimmend ist). In diesem Schaltbeispiel sind zwar interessehalber 7 LEDs pro Reihe eingezeichnet, aber hinsichtlich der 15 V-Spannung kommt man hier mit einer so langen LED-Reihe nur bei roten LEDs problemlos aus (sie benötigen eine Spannung von nur ca. 1,6 bis 2 V pro „Leuchte"). Wenn andere LED-Farben dazwischengemischt werden, müßte die Zahl der LEDs auf nur 4 bis 5 pro Reihe reduziert werden.

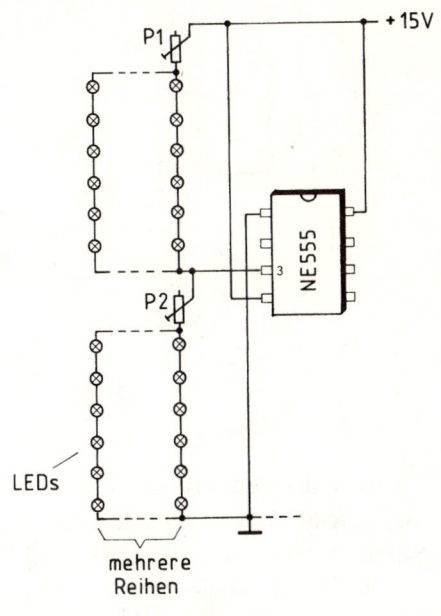

Das Füßchen Nr. 3 darf bei diesem IC mit einem Maximum-Strom von bis zu 200 mA belastet werden und kann daher z.B. auch direkt elektromagnetische oder elektronische Relais antreiben. *Abb. 3.9* zeigt wie die Relais angeschlossen werden. Wenn nicht eine abwechselnd blinkende Funktion erwünscht ist, kann eines der Relais (mit seiner Schutzdiode) einfach weggelassen werden.

Es geht aber auch umgekehrt: wenn Relais verwendet werden, deren Spulen einen Widerstand von mehr als ca. 300 Ohm haben (was einen Stromverbrauch von max. 40 mA zufolge hat), können von diesem IC auch mehrere Relais parallel angetrieben werden. Wir müßten dann das IC nicht unbedingt gleich mit 5 derartigen Relais überstrapazieren, aber bis zu ca. 3 Relais kann es erprobt gut verkraften (der kleine Stromstoß beim Einschalten eines Relais befürwortet, daß man es mit der Anzahl der Relais nicht zu sehr übertreibt).

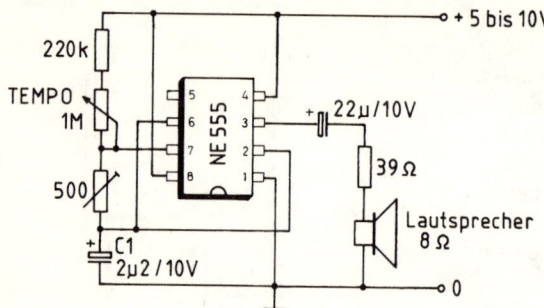

Abb. 3.11: Schaltbeispiel eines einfachen Metronoms; mit dem links eingezeichneten Einstellregler (500 Ω) wird der Frequenzbereich eingestellt.

Da man derartige Blinkschaltungen mit großer Vorliebe für verschiedene Lichteffekte und LED-Kaleidoskope verwendet, haben wir in Abb. 3.10 ein Schaltbeispiel mit zwei größeren „LED-Feldern" aufgeführt, die so ein einziges IC direkt schalten kann. Für aufwendigere Kaleidoskope können auch mehrere von diesen Schaltungen (mit mehreren ICs) verwendet werden. Die Einstellpotentiometer P1 und P2 können in der Praxis durch feste Vorwiderstände (bevorzugt jeweils pro Reihe) ersetzt werden – soweit man sich nicht mit Seriendioden behilft, wenn nur eine kleine Restspannung aufgefangen werden muß.

Ein anderes Anwendungsbeispiel des NE 555 zeigt *Abb. 3.11*: Es handelt sich hier um ein elektronisches Metronom. Ein Gerät, das für jeden übenden Musiker ähnlich unentbehrlich ist, wie für einem berufstätigen Menschen der Wecker.

Mechanische Metronome – die bisher am meisten benutzt werden – haben den Nachteil, daß man sie ständig aufziehen muß. Elektronische Metronome gibt es zwar auch als Fertigprodukte, aber wer bereits einen älteren Lautsprecher vorrätig hat, der kann sich schon interessehalber so ein Gerät sehr preiswert eigenhändig erstellen. Abgesehen davon erfüllt hier der Schaltplan auch dadurch seine Aufgabe, daß er eine der weiteren Anwendungsmöglichkeiten des ICs zeigt, die leicht verständlich sind.

Alle diese Aufklärungen der Schaltbeispiele können einen ja langsam müde machen. Oder doch nicht?

Abb. 3.12: Schaltbeispiel eines
Müdigkeits-Testers (siehe Seitentext);

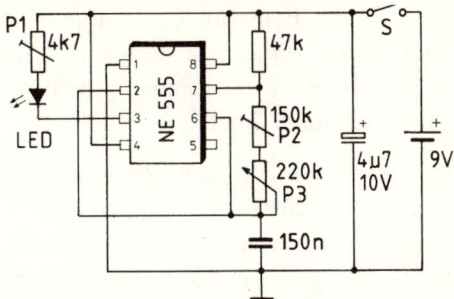

Einem Müdigkeits-„Testgerät" liegt die Erkenntnis zugrunde, daß ein müder
Mensch träger ist, als ein munterer Mensch. Das betrifft auch optische Wahr-
nehmungen. Und gerade hier läßt sich die „Müdigkeitsstufe" ziemlich gut
testen. Man nutzt dazu das Phänomen der sogenannten „Flimmerverschmel-
zungsfrequenz". Dafür wird in Fachkreisen die Abkürzung „FVF" benutzt.

Die „FVF" bezieht sich auf die Wahrnehmungsträgheit unserer Augen. Wir
wissen, daß ein Licht, das ca. 50 mal pro Sekunde ein- und ausgeschaltet wird,
von unseren Augen als „andauernd leuchtend" wahrgenommen wird. Auf diesem Prinzip basieren ja die Leuchtstofflampen, Filmprojektionen, Fernseh-
übertragungen usw.

Unser Müdigkeits-Testgerät nach *Abb. 3.12* bietet nichts anderes, als ein gravierend scharf abgegrenztes Blinken der LED in einem Frequenzbereich, der
etwa zwischen 27 und 43 Hz liegen sollte (das läßt sich mit dem Einstellpotentiometer P2 einstellen). Innerhalb dieser Grenzen liegt bei jedem Menschen
der Punkt, an dem – ausgehend von der niedrigsten Frequenz – während eines
langsamen Erhöhens der Frequenz das Blinken nicht mehr als unterbrochene
Lichtimpulse, sondern als ein „ununterbrochenes Leuchten" subjektiv wahrgenommen wird.

Die Frequenzveränderung geschieht mit Hilfe des Potentiometers P3, der entweder als Drehpotentiometer oder als Schiebepotentiometer ausgeführt ist. Ein
Drehpotentiometer sollte bevorzugt einen Knopf mit einer möglichst großen
Skala erhalten, um auch feinere Frequenzabweichungen des Blinkens gut ablesen zu können. Wenn ein Schiebepotentiometer angewendet wird, sollte er aus
diesem Grund eine möglichst lange Bahn haben.

Die jeweilige „FVF" wird bei jeder „Konditionsmessung" am besten immer
von beiden Richtungen aus gesucht: Erst fängt man bei der niedrigeren „blinkenden" Frequenz an und erhöht sie langsam bis zu dem Punkt, an dem das
Blinken in ein „ununterbrochenes Leuchten" übergeht. Man notiert sich die

Position des Potentiometer-Knopfes (bevorzugt an der Hand einer Skala), erhöht danach noch ein wenig die Frequenz und „fährt" dann wieder in die Gegenrichtung, bis der Punkt erreicht ist, an dem das „ununterbrochene Leuchten" in's Blinken übergeht.

Normalerweise wird „am Rückweg" ziemlich genau dieselbe Stelle (dieselbe Frequenz) ermittelt, die bereits notiert wurde. Und gerade diese Stelle zeigt uns unsere Kondition an. Je müder (oder auch angetrunkener) der Mensch ist, desto niedriger liegt seine momentane FVF-Frequenz.

Nach einigen Übungen kann man mit Hilfe dieses an sich einfachen Gerätes seine physische Kondition vor und nach dem Wochenend-Ausflug oder Urlaub messen. Das Gerät kann uns auch darüber im Bilde halten, welche „Relax-Auswirkung" auf uns bestimmte Tätigkeiten (oder Arten von Faulenzen) haben.

In der aufgeführten Schaltung haben wir eine LOW-CURRENT-LED eingeplant. Sie wäre besonders dann empfehlenswert, wenn das Gerät mit Batterieversorgung arbeiten soll (dadurch sinkt die Stromabnahme des Gerätes unterhalb von ca. 10 mA).

Für eine bessere Wahrnehmung können hier evtl. auch zwei oder drei LEDs in Serie geschaltet werden (drei LEDs können bevorzugt im Dreieck angeordnet werden). P1 kann in dem Fall einen Ohmschen Wert von nur 2k2 bzw. 1 k haben oder durch einige preiswerte 100 mA-Siliziumdioden ersetzt werden (nach vorhergehendem

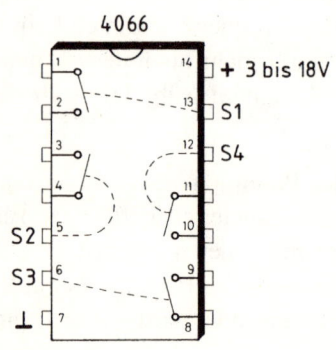

Abb. 3.13: Das IC 4066 eignet sich auch für einfachere Anwendungen als ein sehr praktischer Schalter mit 4 unabhängigen Schaltkontakten (Porten), die entweder rein elektronisch oder auch nur elektromechanisch (z.B. von einer entfernten Stelle aus) bedient werden können. Die eigentlichen Schalteinheiten arbeiten ganz unabhängig voneinander. Gemeinsam haben sie nur die Versorgungsspannung (Pin 14) und die Masse (Pin 7). Die Funktion dieser Schalter ist einfach: wenn an die elektronischen „Schalthebel" S1 bis S4 (Anschlüsse Nr. 5,6,12 und 13) eine positive Spannung angelegt wird (z.B. über einen Widerstand von 4k7), schaltet der entsprechende Kontakt durch (in beiden Richtungen). Die „Schalthebel" S1 bis S4 müssen im „AUS-Zustand" – bzw. durchlaufend über einen größeren Widerstand (von ca. 33 k bis 100 k) mit der Masse verbunden werden.

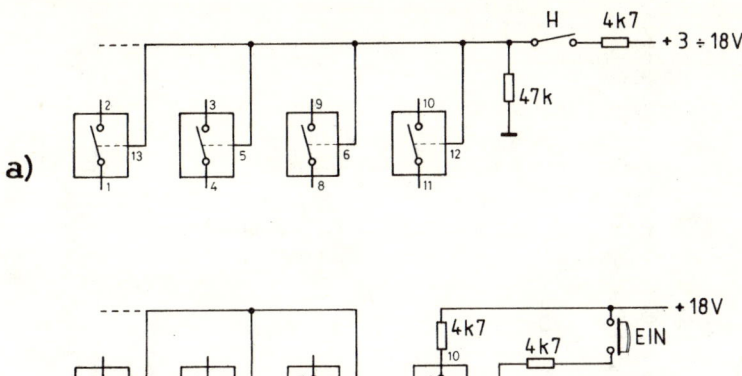

Abb. 3.14: Das IC 4066 kann u.a. auf Abstand (oder elektronisch gesteuert Audio-signale schalten. Nicht benutzte Ein- und Ausgänge sollten über einen ca. 22 k-Widerstand mit der Masse verbunden werden.

Ermitteln der benötigten Spannungsreduktion). Wichtig bei diesem Test ist, daß man immer aus derselben Richtung (genau von vorne) in die LED schaut.

Nun haben wir interessehalber mehrere gut verständliche Anwendungsbeispiele des ICs NE 555 aufgeführt. Nicht jedes IC läßt sich so vielseitig verwenden, wie dieses, aber es gibt noch viele, die sich bei etwas Phantasie (und Wissen) auf verschiedenste Weise nutzen lassen.

Eines von den einfacheren „sympathischen" ICs ist das kleine Schalt-IC Type 4066 nach *Abb. 3.13*. Es fungiert als ein „ferngesteuerter" Schalter mit 4 unabhängigen Schaltkontakten (Schalteinheiten). Im Gegensatz zu dem vorhergehenden NE 555 kann dieses IC nur einen Strom von max. 25 mA schalten. Die Speisespannung darf zwischen 3 und 18 V liegen. Die Übertragungsfrequenz darf bis zu 65 MHz betragen. Man kann daher mit diesem IC auch höhere Frequenzen schalten – wie z.B. Videospiele-Kassetten usw.

Die in Abb. 3.13 vereinfacht dargestellte Anordnung der Kontakte hat nur einen symbolischen Charakter. In Wirklichkeit besteht das Innenleben dieses ICs aus einer Unmenge an speziellen aktiven Bauteilen. Das könnte uns zwar im Grunde genommen völlig schnuppe sein, aber diese aufwendige Innenverschaltung setzt leider voraus, daß die Spannung des geschalteten Signales nicht höher sein darf, als die Versorgungsspannung des ICs (an seinem Füßchen Nr. 14).

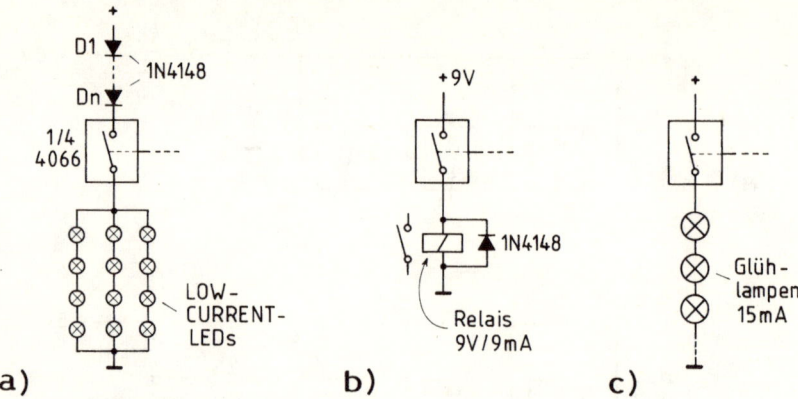

a)   **b)**   **c)**

Abb. 3.15: a) LOW-CURRENT-LEDs (mit einem Stromverbrauch zwischen 2 und 4 mA) können mit diesem IC auch in einer seriell-parallelen Verschaltung vorteilhaft geschaltet werden. Man muß bloß darauf achten, daß die gesamte Stromabnahme unterhalb der 25 mA bleibt (als Gedächtnis-Auffrischung siehe Kap. 1.8). Dioden D1 bis Dn setzten die Versorgungsspannung auf den für die LEDs erwünschten Wert herab. b) Mini-Relais mit einem niedrigen Stromverbrauch können bei Bedarf ebenfalls mit dem IC 4066 direkt geschaltet werden. Hier muß jedoch darauf geachtet werden, daß der Ohmsche Widerstand der Relaisspule möglichst niedrig ist. Zu diesem Zweck eignen sich am besten diverse Subminiatur-Relais, deren Spulenwiderstand überhalb von 1000 Ohm bei einer Betriebsspannung ab 9 V liegt. Das ergibt einen Spulenstrom von max. 9 mA. Der Schaltstrom der Relais-Kontakte liegt bei solchen Relais dennoch bei 1 A bis 1,5 A; damit läßt sich schon ziemlich viel anfangen. c) Es gibt Ultra-Micro-Glühlampen, deren Strombedarf nur bei ca. 12 bis 15 mA liegt. Die können ebenfalls mit dem IC 4066 direkt geschaltet werden (auch als Ketten, denn da bleibt ja der Stromverbrauch unverändert – nur die Spannung muß entsprechend angepaßt werden.

So ein IC kann z.B. zum Schalten von Audiosignalen, wie auch Hochfrequenzsignalen nach *Abb. 3.14* angewendet werden. Nach dem Schaltbeispiel 3.14a kann ein einziger „Hauptschalter" H eine beliebig lange Reihe von solchen „Schalteinheiten" (auch von mehreren 4066-ICs) ein- und ausschalten. Es spielt dabei keine Rolle, ob der Hauptschalter H ein mechanischer Schalter oder ein beliebiger elektronischer Schalter ist (der z.B. von einer Schaltung aus gesteuert wird).

Eine derartige Schalterkette kann wahlweise auch mit zwei Tastern geschaltet werden. Abb. 3.14b zeigt ein einfaches Schaltbeispiel, bei dem eine der Schalteinheiten als „Haltekontakt" benutzt wird (in unserer Zeichnung ist es die Einheit mit Anschlüssen Nr. 10,11 und 12). Auch hier kann die Kette der ICs fast uneingeschränkt lang sein.

Das IC 4066 kann auch zum Schalten von Gleich- und Wechselspannungen eingesetzt werden (was sich z.B. auch für eine Modelleisenbahn-Anlage nutzen läßt). Die Spannungen dürfen allerdings nicht oberhalb der Versorgungsspannung des ICs liegen (bei einer Wechselspannung zählt dann nicht ihr „Nennwert", sondern ihre „Spannungsspitzen (bei einer sinusförmigen Wechselspannung ist es der Nennwert x 1,41) – wie noch später im 4. Kapitel erklärt wird (Abb. 4.11 auf S. 135).

Das Ganze läßt sich auch umgekehrt interpretieren: Wenn mit einem der „Tore" (Porten) dieses ICs Gleichspannung geschaltet werden soll, muß die Versorgungsspannung des ICs mindestens so hoch sein, wie die geschaltete Gleichspannung (oder höher). Falls eine „normale" sinusförmige Wechselspannung (z.B. vom Sekundär eines Transformators) geschaltet werden soll, darf ihr Nennwert nicht ca. 12,5 V überschreiten; denn 12,5 x 1,41 = 17,6 V (also fast das Maximum, was das IC 4066 als Versorgungsspannung bekommen darf, um die 12,5 V-Wechselspannung schalten zu können.

Der „Schaltstrom" darf dabei die bereits erwähnten 25 mA nicht überschreiten. Das ist zwar nicht gerade umwerfend, aber in der modernen Elektronik bedeuten 25 mA einen ziemlich hohen Strom, mit dem sich viel anfangen läßt. Da können sogar relativ große LED-Felder (mit LOW-CURRENT-LEDs), kleine Relais oder diverse Modelleisenbahn-Bausteine nach *Abb. 3.15* mit diesem bescheidenen (und preiswerten) IC geschaltet werden.

Man kann diese ICs z.B. auch dazu nutzen, daß sie als „verlängerte Einzeltasten" einer PC-Tastatur fungieren. Eine derartige Schaltmethode kann z.B. auch zur Übertragung von einfacheren Meßdaten in den PC angewendet werden.

Zu den ebenfalls sehr verbreiteten kleinen integrierten Schaltungen gehört das IC „741" (das auch als LM 741 gehandelt wird). Es wurde bereits vor einer Ewigkeit als Vorverstärker – genaugenommen als „Operations-Verstärker – entwickelt und hat eine sehr breite Anwendung in verschiedensten professionellen Meß- und Audiogeräten gefunden (worunter auch in Musikinstrumenten und ihren Verstärkern).

Für die allgemeine Anwendung eignet sich dieses IC relativ gut als Vorverstärker. Die Bezeichnung „relativ" bezieht sich hier darauf, daß es inzwischen diverse neuere Vorverstärker-ICs gibt, die wesentlich „rauschärmer" verstärken – was allerdings bei weitem nicht bedeutet, daß dieses IC wie ein Wasserfall rauscht. Im Gegenteil; für einfachere und preiswerte Einsatzgebiete – wie z.B. als Vorverstärker einer E-Gitarre – eignet sich dieses IC immer noch sehr gut. Es ist strapazierfähig und die ganze Schaltung eines solchen Vorverstärkers kann äußerst einfach gestaltet werden – wie aus aus *Abb. 3.16* hervorgeht.

Wer so einen Miniverstärker z.B. als „diskreten" Gitarren-Übungsverstärker anwenden möchte, kann an ihm nach *Abb. 3.17* einen Kopfhörer anschließen.

Neben den bisher aufgeführten ICs und Schaltbeispielen gibt es noch tausende ICs, die sich für irgendein Vorhaben als „Fertigbausteine" verwenden lassen. Der Mensch kann da zwar unmöglich eine lückenlose Übersicht beibehalten, aber zum Glück werden auch in der populärtechnischen Fachliteratur die interessantesten ICs in praktischen Bauanleitungen aufgenommen – was wir ja in diesem Buch auch machen.

Es wäre nur noch auf folgendes hinzuweisen: In Schaltplänen werden ICs in drei grafischen Grundformen nach *Abb. 3.18* gezeichnet. Die rechteckige Form (Abb. 3.18a) wird für die meisten ICs verwendet. Mit einem Dreieck (Abb. 3.18b) werden Verstärker-ICs und mit einem Schaltzeichen nach Abb. 3.18c die ICs der sogenannten TTL-Reihe (Transistor-Transistor-Logik) dargestellt.

Die TTL-Filosofie hängt mit der Rechner-Technik zusammen. Einige dieser ICs lassen sich aber ziemlich vielseitig anwenden und leisten auch in verschiedenen „Haus und Hof-Schaltungen" hervorragende Dienste.

Die genaue Bedeutung dieser Schaltzeichen spielt beim Nachbau keine besondere Rolle, weil bei jedem solchen guten Stück normalerweise im Schaltplan auch seine Typenbezeichnung angegeben ist. Manchmal mit einer Bruchzahl vor der Typennummer – z.B. „1/4 4066" (= ein Viertel vom dem IC 4066). Wieso nur ein Viertel? Das IC 4066 bewirtet (nach Abb. 3.13) in seinem Gehäuse vier selbständige „Untermieter", die unabhängig voneinander angewendet werden können (aber nicht müssen).

Wenn in einer Schaltung nur einziger solcher „elektronischer Schalter" benötigt wird, bleiben die restlichen drei Einheiten einfach unbenutzt. Man kann ja so einem IC nicht wie bei einer Wurst nur ein Stück abschneiden.

Zu beachten: bei den ICs der „TTL-Familie" sollten die in der Schaltung nicht angewendeten Füßchen über einen Schutzwiderstand von z.B. 15 bis 22 kΩ an die Masse angeschlossen werden (manchmal ist ein Anschluß auf die + Spannung erwünscht, wenn es – laut Hersteller – die Innenarchitektur des ICs verlangt). Geschieht dies nicht, kann so ein IC z.B. zu Oszillieren anfangen und stören oder durch zu hohes Aufwärmen kaputt gehen.

Abb. 3.16: Ein einfacher Gitarren-Vorverstärker mit dem IC 741: Wenn die Stromversorgung von einem Netzteil statt aus einer Batterie erfolgt, kann hier der 100 µF-Kondensator hinter dem Netzschalter entfallen (vorausgesetzt, daß am Spannungsregler-Ausgang im Netzteil bereits ein Kondensator angebracht wurde).

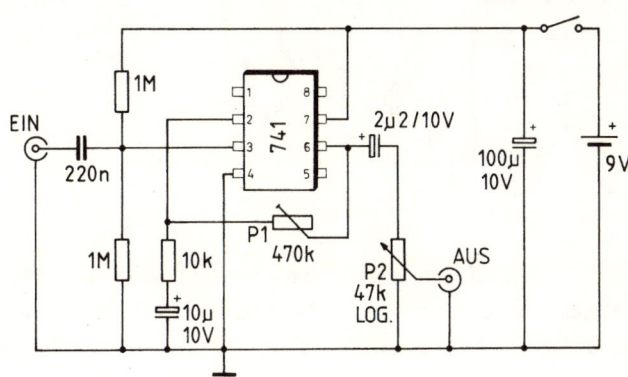

Die vorhin aufgeführten Schaltbeispiele wurden für die Aufklärung deshalb gewählt, weil da die Funktion der ICs praxisbezogen leicht nachvollziehbar ist.

Wer diese Schaltbeispiele einigermaßen begriffen hat, der wird auch mit anderen gängigen Schaltplänen gut zurechtkommen. Ganz bestimmt mit denen, die in diesem Buch beschrieben sind. Und das hat ja schon viel zu bedeuten.

Es gibt allerdings auch die großen ICs mit schrecklich vielen Füßchen und mit ziemlich undurchschaubaren Funktionen – was besonders für integrierte Mikroprozessoren und diverse andere ICs dieser Kategorie gilt. Diese ICs bleiben jedoch in der Praxis nur so lange unheimlich, so lange man sich mit ihrer Anwendung nicht anfreundet. Die Formel Zeit x Geduld bringt auch hier Rosen.

Solche „unheimlich komplizierten" ICs haben oft dasselbe an sich, wie eine unbekannte Stadt, von der man vorerst nur einen Stadtplan in die Hand bekommt. Man kann da viele Straßen und Häuserblöcke sehen, aber wenn man dahinterkommen will, wo es beispielsweise die besten Kneipen gibt, muß man so einer Stadt doch ziemlich viel Zeit widmen.

Mit der „Innenarchitektur" vieler aufwendiger ICs ist es oft wesentlich komplizierter, als mit der Architektur einer Stadt. Solche ICs entstehen meistens nur in einer Teamarbeit. Viele der Entwicklungstechniker kennen nur ihren „Stadtteil" und seine Verbindungen mit den restlichen Funktionsteilen. Manche der Funktionsteile werden zudem aus einem der vorhergehenden ICs als

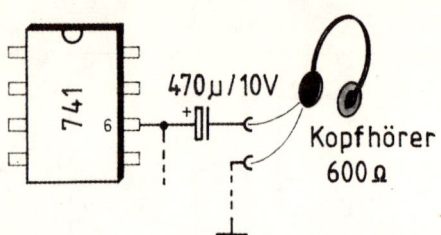

Abb. 3.17: An dem Vorverstärker aus vorhergehendem Schaltplan läßt sich auch direkt ein hochohmiger Kopfhörer anschließen.

„Black-Box" übernommen und niemand weiß so richtig, was sich da der Vorgänger alles einfallen ließ. Hauptsache der Funktionsteil macht weiterhin das, was er schon vorher gut – oder relativ gut – gemacht hat.

Der Anwender selber betrachtet so ein IC jedoch auch nur als eine „Black-Box" und braucht sich keine Gedanken darüber zu machen, was in dem IC alles vorgeht. Vom Prinzip her ist die ganze Problematik einfach: Wenn man eines Tages so weit ist, daß man so ein IC anwenden möchte, ist man üblicherweise auch weit genug fortgeschritten, um die Sache in den Griff zu bekommen.

Die vorhergehenden Schaltbeispiele dienten vor allem dazu, daß man sich eine praktische Vorstellung von den Anwendungsmöglichkeiten einiger ICs machen kann. An weiteren interessanten Schaltungen mit ICs wird es in diesem Buch nicht mangeln. Wir nehmen uns aber etwas Zeit, um zwischendurch noch mit einigen weiteren Bausteinen der Elektronik Bekanntschaft zu machen. Danach wird uns vieles leichter fallen.

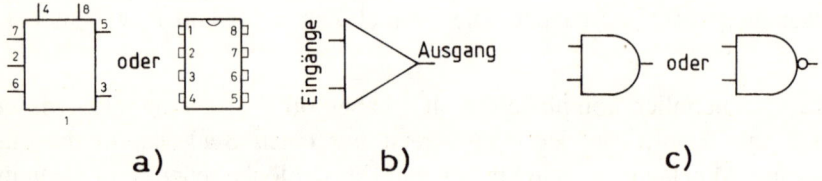

a)   b)   c)

Abb. 3.18: Gängige schematische Schaltzeichen der ICs: a) Schaltzeichen eines beliebigen ICs (die Zahlen neben den Anschlüssen beziehen sich auf die Nummerierung der IC-Füßchen); b) Für Verstärker und Vorverstärker aller Art wird als Schaltzeichen ein Dreieck verwendet; c) für ICs der sogenannten „TTL-Familie" (die zu der Rechner-Elektronik gehört) werden am meisten die hier aufgeführten Grund-Schaltsymbole verwendet. Falls in dem einen oder anderen Schaltplan ein evtl. ganz anderes Schaltzeichen aufzufinden ist, macht es auch nicht viel aus, denn bei jedem IC steht auch seine Typenbezeichnung, die für den Anwender maßgeblich ist.

3.2 IC-Fassungen

Soweit es die Ausführung des ICs erlaubt, sollte es grundsätzlich immer mit einer Fassung eingelötet werden. Es erleichtert das Auswechseln im Falle eines Defektes (oder bei Zweifel). Bei experimentellen Schaltungen ist eine Fassung ohnehin unerläßlich – es sei denn, zu dem IC gibt es – wegen seiner kuriosen Form – keine Fassung. In dem Fall kann so ein IC bevorzugt in eine kupferbahnlose Pertinax-Lochplatine eingesetzt werden. Seine Füßchen bekommen dann Einzelverbindungen, die sich bei Bedarf unabhängig voneinander leicht wieder entfernen lassen.

Abb. 3.19: Wenn man auf eine Experimentier-Leiterplatte mit Kupferbahnen ein IC oder eine IC-Fassung anbringen möchte, geht es am einfachsten auf die Weise, daß die Kupferbahnen zwischen den IC-Füßchen unterbrochen werden (wie abgebildet); somit stehen dann an beiden Seiten des ICs Anschlußbahnen zur Verfügung.

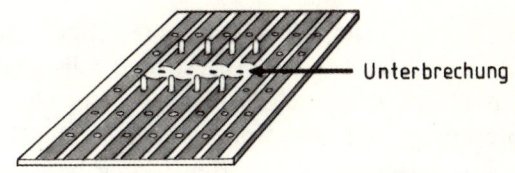

3.3 Spannungsregler

Spannungsregler sind kleine kompakte Bausteine, die eine ihnen zugeführte Gleichspannung auf einen fest vorgegebenen Wert „herabregeln", glätten und stabil halten. Wie aus *Abb. 3.20* und *3.21* ersichtlich ist, sehen die meisten Spannungsregler in der Größe und Ausführung ähnlich aus wie Transistoren. Dabei sind es ziemlich aufwendige ICs, in denen oft um die 50 Transistoren, Dioden und Widerstände integriert sind.

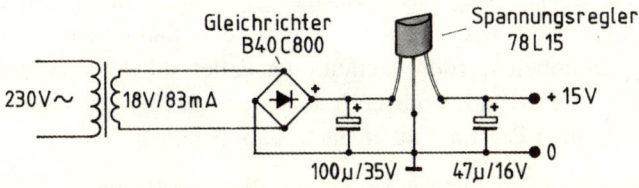

Abb. 3.20: Grundschaltung eines Netzteiles mit einem kleinen integrierten Spannungsregler, der dasselbe Gehäuse, wie ein kleiner Transistor hat.

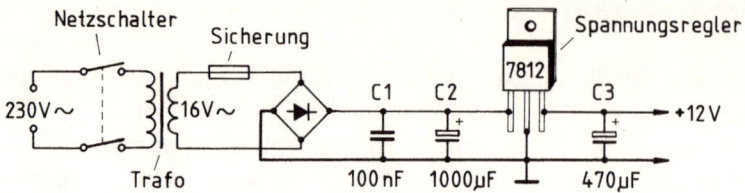

Abb. 3.21: Schaltbeispiel eines Netzteiles mit einem größeren integrierten Spannungsregler. Bis auf die Sicherung (Glassicherung) und den eigentlichen Spannungsregler sind uns alle eingezeichneten Komponente bereits bekannt.

Spannungsregler bilden heutzutage einen festen Bestandteil eines jeden (oder fast jeden) „Netzteiles". Wie so eine vollständige Schaltung in den meisten Fällen ausgelegt ist, zeigt Abb. 3.21: Der übliche Netzschalter, ein Trafo, eine Sicherung und der Brückengleichrichter benötigen keine zusätzliche Erklärung. Höchstens eine Bemerkung bezüglich der Sicherung – sie ist nicht unbedingt notwendig und wird besonders bei kleineren „Fertiggeräten" weggelassen (wie es auch in Abb. 3.20 der Fall war).

Bei Experimentierschaltungen ist jedoch eine Sicherung (Glassicherung) empfehlenswert, denn da kommt es oft zu versehentlichen Kurzschlüssen oder Fehlverbindungen, die andernfalls einen Schaden anrichten. Sie kann jedoch wegbleiben, wenn ein kurzschlußfester Spannungsregler eingesetzt wird.

Der Rest der hier aufgeführten Schaltung besteht aus 4 Komponenten: 3 Kondensatoren und dem eigentlichen Spannungsregler. Im Kap. 1.7 brachten wir bereits in Erfahrung, daß ein Elektrolyt-Kondensator am Ausgang des Brückengleichrichters die tiefen Spannungsrillen glättet (aus einer pulsierenden Spannung macht er eine etwas solidere Gleichspannung).

Dieser Kondensator (Ladekondensator) darf auch bei der Anwendung eines Spannungsreglers nicht fehlen, denn ein „normaler" Spannungsregler kann die ihm zugeführte Gleichspannung nur sozusagen „hobeln". Ähnlich, wie wenn ein grobes Holz gehobelt wird. Das Holz wird erst dann glatt, wenn alle Unebenheiten weggehobelt werden. Dellen oder Rillen dürfen verständlicherweise nicht zu tief sein, denn ansonsten hobelt man einen baumstammdicken Balken zu einem dünnen Brett ab (siehe auch Kap. 4.2).

Dasselbe gilt für die „Dellen" in der Spannung, die vom Brückengleichrichter dem Spannungsregler zugeführt wird. Hier muß der Kondensator C2 eine derartig hohe Kapazität haben, daß die Spannungsimpulse aus dem Brücken-

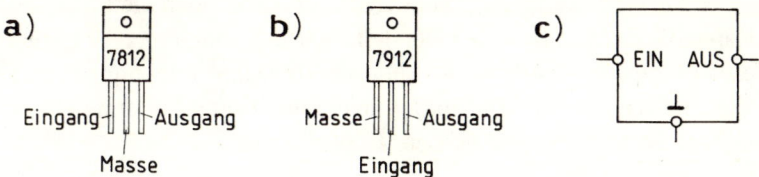

Abb. 3.22 a) und b): zeichnerische Darstellung von Spannungsreglern; a) Anordnung der Anschlüsse positiver Spannungsregler der Reihe „78.."; b) bei negativen Spannungsreglern der Reihe „79.." sind die Anschlüsse anders angeordnet; c) Schaltzeichen eines Spannungreglers, wie er üblicherweise in Schaltplänen aufgeführt ist (in einigen unserer Schaltplänen wird aber der Spannungsregler wegen besserer Übersicht zeichnerisch „in natura" dargestellt).

gleichrichter möglichst geglättet werden – wie bereits in Abb. 1.42c (auf Seite 42) eingezeichnet wurde.

In Abb. 3.21 hat jetzt der Kondensator C2 noch einen „Gehilfen" C1. Sehr merkwürdig ist hier die niedrige Kapazität des C1. Eigentlich scheint es der Logik zu widersprechen, daß man einen Elektrolyt-Kondensator von 1000 μF mit einem Zwerg zu unterstützen versucht, dessen Kapazität nur lumpige 100 nF (= 0,1 μF) beträgt.

Dieser Trick hat dennoch seine Richtigkeit. Der 100 nF-Zwerg hat hier die Funktion eines Wachsoldaten, der u.a. evtl. höhere Frequenzen oder Spannungs-Störimpulse aus dem öffentlichem Netz aufzufangen und gegen die Masse kurzzuschließen hat. Manche von solchen Störungen werden zwar schon im Trafo aufgefangen, aber andere dringen noch weiter durch.

Der C1 erfüllt seine Aufgabe am besten, wenn er in der Form eines keramischen Scheibenkondensators ausgeführt ist. Der Slogan „Sehen ist Glauben" trifft nur dann zu, wenn man einerseits einen Oszilloskopen besitzt und wenn zudem anderseits die Netzspannung auch ausreichend verschmutzt ist (von z.B. schlecht entstörten gewerblichen Anlagen, die Hochfrequenz-Spannungen oder Störimpulse in's Netz modulieren).

Bei Audiogeräten kann man sich allerdings auch mit dem Gehör davon vergewissern, daß der C1 wertvolle Dienste leistet: Man legt ihn an und die evtl. vorhandenen störenden Geräusche sind weg – vorausgesetzt es hat sie gegeben und sie kamen aus dem Netz. Bei einfacheren bzw. unkritischen Schaltungen kann C1 wegfallen (aber muß nicht, denn er richtet keinen Schaden an).

Etwas mehr Aufmerksamkeit verdient an dieser Stelle noch die Frage der optimalen Kapazität des C2. In vielen Hersteller-Grundschaltungen liegt die Kapazität dieses Elektrolyt-Kondensators sehr niedrig. Manchmal nur bei 1 μF oder sogar noch etwas niedriger. Wir werden später noch detaillierter darauf zurückkommen, welche Vorteile eine größere Kapazität hat.

Um eine eventuelle Verunsicherung bzgl. der Kapazität dieses Kondensators von vornherein zu bannen, dürfte inzwischen zumindest folgendes geklärt werden: in diversen „Katalog-Schaltbeispielen", bei denen die Kapazität dieses Kondensators mit einem sehr niedrigen Wert angegeben wird, geht man bei der Vorgabe einfach davon aus, daß dem Regler-Eingang eine Gleichspannung zugeführt wird.

Darunter wird eine „echte" Gleichspannung (also nicht eine pulsierende Gleichspannung) verstanden: z.B. aus einem Akkumulator oder abgezweigt von einer bereits geglätteten Gleichspannung eines Gerätes usw. Ein Spannungsregler ist ja nicht ausschließlich für den Einsatz hinter einem Gleichrichter bestimmt, sondern kann überall dort angewendet werden, wo eine stabilisierte Spannung erwünscht ist – also auch „mitten" in einer Schaltung drin. Hier wäre eine zu große Kapazität des Eingangs-Kondensators völlig überflüssig.

In unserem Schaltbeispiel haben wir die Kapazität des Kondensators C2 mit Absicht etwas übertrieben, um zu zeigen, daß es „darf". Der praktische Vorteil einer derartig hohen Kapazität zeigt sich nur dann, wenn:

a) die Sekundärspannung des vorhandenen Transformators etwas niedriger liegt, als der optimalen Dimensionierung gerecht wäre;
b) das lokale elektrische Netz des öfteren eine Unterspannung hat, wodurch dann automatisch die Sekundärspannung des Transformators tiefer liegt, als technisch bedingt erwünscht ist.

Jetzt bleibt noch der C3 übrig: In vielen gängigen Schaltungen hat er eine wesentlich niedrigere Kapazität, als die hier angegebenen 470 μF. Das ist eine reine Ermessensfrage, die mit dem Anwendungszweck, wie auch mit dem Vertrauen in die Stabilität der Netzspannung zusammenhängt.

Der Spannungsregler ist ein aktiver Baustein. Wenn er regelt, geht in ihm etliches vor, was teilweise seine Ausgangs-Gleichspannung „elektrisch verschmutzen" kann. Zudem kann da auch noch von der Netzspannung oder von der angeschlossenen Schaltung ein gelegentlicher Störimpuls durchdringen usw. Der C3 hat dies aufzufangen. Zu diesem Zweck würde normalerweise eine kleinere Kapazität – von z.B. 1 μF bis 47 μF genügen (abhängig von der Belastung).

Auch an dieser Seite des Spannungsreglers kann noch parallel zum C3 ein zusätzlicher keramischer Scheibenkondensator (von z.B. 100 nF) eingelötet werden, der dieselbe Aufgabe hat wie der C1. Er filtriert Reststörungen ab, die von anderen Bausteinen noch nicht ganz abgefangen wurden (was sich jedoch nur bei sehr empfindlichen Schaltungen als sinnvoll erweisen kann).
Ansonsten hat eine größere Kapazität des C3 den Vorteil, daß dieser Kondensator auch bei evtl. Unterspannung des öffentlichen Netzes noch kleinere durchdringende 100 Hz-Spurrillen glättet, die unter derartig ungünstigen Betriebsbedingungen der Spannungsregler durchläßt (dies wird noch im Kap. 4.2 näher erklärt).

Vorläufig ist wichtig zu wissen, daß die Kondensatoren C2 und C3 bei allen normalen Spannungsreglern notwendig sind. Ihre Kapazitäten werden dabei – insbesondere bei diversen kleineren Schaltungen – oft wesentlich niedriger gehalten, als in unserem Schaltbeispiel aufgeführt wurde. Man braucht sich danach aber nicht unbedingt zu richten – eine etwas höhere Kapazität muß zwar nicht unbedingt einen wahrnehmbaren bzw. meßbaren Vorteil haben, aber schadet auch nicht.

Soweit zu den Kondensatoren, die ein Festspannungs-Regler als zusätzliche Komponente benötigt, um seine Aufgabe ordentlich meistern zu können.

Es gibt Spannungsregler für positive Spannungen und für negative Spannungen. Der Spannungsregler Type 7812 in *Abb. 3.22a* ist ein positiver, sein Nachbar in *Abb. 3.22b* ein negativer Regler. Der Unterschied ist nur der Typenbezeichnung zu entnehmen.

Die bekanntesten Spannungsregler fangen mit der Typennummer „78" an, wenn sie für POSITIVE Spannungen und mit der Typennummer „79" an, wenn sie für NEGATIVE Spannungen ausgelegt sind. Die zweite bzw. letzte zweistellige Zahl gibt die Ausgangsspannung in Volt an. Der Spannungsregler „7812" ist ein positiver Spannungsregler mit einer Regelspannung (Ausgangsspannung) von 12 Volt. Sein Nachbar (Abb. 3.22b) ist ein negativer Spannungsregler mit einer Regelspannung (Ausgangsspannung) von ebenfalls 12 Volt.

Ein Spannungsregler mit der Typenbezeichnung von z.B. 7805 ist also ein positiver 5 Volt-Regler. Ein Spannungsregler Type 7924 ist ein negativer 24-Volt-Spannungsregler. Bei manchen Spannungsregler-Typen steht in der Mitte zwischen den Zahlen noch ein zusätzlicher Buchstabe – z.B. „78L10".

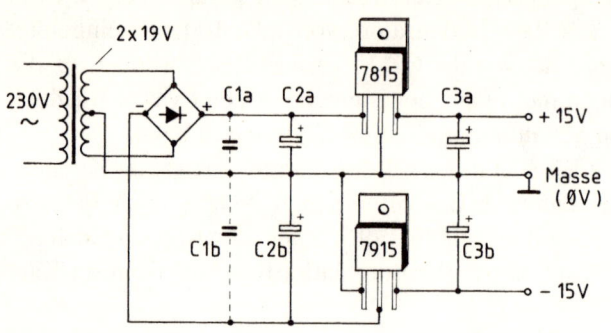

Abb. 3.23: Grund-
schaltung eines
Netzteiles mit
„symmetrischer
Spannungsversor-
gung" (mit einer
positiven und einer
negativen Versor-
gungsspannung).
Bis auf den etwas
geänderten
Anschluß des
Brückengleichricht-
ers wiederholt sich

in „doppelter Ausgabe" die Schaltung aus Abb. 3.21. Die Füßchen des negativen
Spannungsreglers 7915 sind zwar etwas anders belegt, als die des 7815, aber weiterhin bildet hier der negative Zweig nur ein Spiegelbild des positiven Zweiges. Nur
die Polarität der Elektrolyt-Kondensatoren C2b und C3b entspricht nicht einem echten „Spiegelbild", denn die Masse (mit ihrer Null-Spannung) hat gegenüber der negativen Spannung (-15 V) ein positives Potential. Kondensatoren C1a und C1b sind nur
dann notwendig, wenn es die Empfindlichkeit der mit dieser Spannung versorgten
Schaltung befürwortet.

Das zusätzliche „L" weist nur zusätzlich darauf hin, daß es sich hier um einen
kleinen Spannungsregler handelt, der nur für einen Maximumstrom von 100 mA
ausgelegt ist (die Spannungsregler in Abb. 3.22 a und b gehören zu der populärsten Familie der 1-A-Festspannungsregler). Man braucht sich dies alles nicht zu
merken, aber es schadet nicht zu wissen, wie hier ungefähr „der Hase läuft".

Abgesehen davon gibt es jedoch ohnehin auch Spannungsregler, bei denen aus
der Typenbezeichnung die Höhe der Regelspannung nicht hervorgeht. Aber
zum Glück aus dem Schaltplan – soweit sich da der Autor nicht nur mit einem
Hinweis darauf zufrieden gibt, daß die Schaltung z.B. an eine Speisespannung
von + 15 V angeschlossen werden soll (was wir in diesem Buch gelegentlich
auch machen).

Es bleibt dann dem Anwender überlassen, ob er so eine Schaltung mit dem
Strom aus einer Batterie oder aus einem Netzgerät (Netzteil) versorgt. Da wir
uns im Kap. 4.2 ausführlich mit dem Entwurf und Bau von nachbauleichten
Netzteilen befassen, bleibt in der Hinsicht keine Frage offen.

Die meisten elektronischen Schaltungen benötigen nur eine einzige positive Speisespannung. Es gibt jedoch auch Schaltungen (worunter besonders viele Verstärker), die eine sogenannte symmetrische Speisespannung brauchen. So eine Spannung hat dann einen POSITIVEN und einen NEGATIVEN Zweig – wie beispielsweise aus der Netzteil-Schaltung in *Abb. 3.23* hervorgeht.

In diesem Schaltplan finden wir u.a. unsere zwei „guten alten Bekannten" aus Abb. 3.22: einen positiven und einen negativen Spannungsregler – diesmal allerdings in der „PLUS 15-Volt-" und „MINUS 15-Volt-" Ausführung.

Dieser Netzteil ist fast identisch mit dem einfacheren Netzteil aus Abb. 3.21; aber sozusagen „doppelt gemoppelt". Der Minus-Zweig bildet in diesem Schaltplan quasi ein Spiegelbild zu dem Plus-Zweig – was jedoch nicht für die Polarität der Elektrolyt-Kondensatoren (C2 und C3) gilt.

Zu beachten: Wie aus Abb. 3.23 ersichtlich ist, hat der negative Spannungsregler (Type 7915) eine andere Belegung der Anschlüsse an seinen Füßchen. Auch bei manchen positiven Spannungsreglern ist die Reihenfolge der Anschlüsse anders als bei der Typenreihe 7812, 7815 usw. (sie ist immer dem Datenblatt zu entnehmen, andernfalls kann der Spannungsregler bei falsch angelegten Anschlüssen vernichtet werden).

Neben den sogenannten Festspannungsreglern gibt es auch eine größere Auswahl an einstellbaren (regelbaren) Spannungsreglern.

Abb. 3.24: Schaltbeispiel eines positiven regelbaren Spannungsreglers (TL 317 LP); Dieser preiswerte 100 mA-Spannungsregler kann bei einer Eingangsspannung von max. 40 V eine Ausgangsspannung zwischen 1,2 und 32 V liefern. Wenn die Eingangsspannung unterhalb von 32 V liegt, sinkt dementsprechend die Obergrenze des „gut stabilisierten" Spannungsbe-

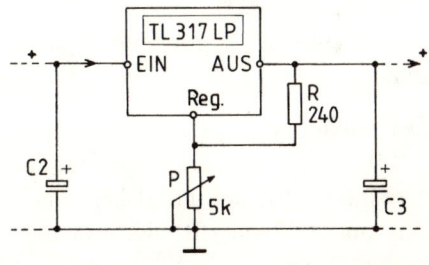

reichs ebenfalls (um etwa 3 bis 4 V gegenüber der Eingangsspannung). Widerstand R kann aus zwei Widerständen à 120 Ohm in Reihe zusammengelötet werden. Für die zwei eingezeichneten Kondensatoren gibt der Hersteller folgende „Minimumwerte" an: C2 = 100 nF, C3 = 1 μF (die Kapazität des C2 muß jedoch auf mindestens 100 bis 220 μF erhöht werden, wenn dieser nur eine pulsierende Gleichspannung von einem Brückengleichrichter erhält). Ein zusätzlicher „C1" (von ca. 100 nF – wie in Abb. 3.21) ist empfehlenswert, wenn dieser Spannungsregler einen empfindlichen Audio-Vorverstärker mit Strom versorgen soll.

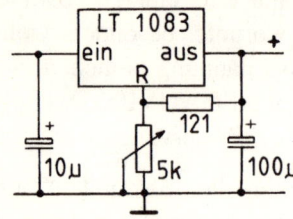

Abb. 3.25: Schaltbeispiel eines regelbaren LOW-DROP-Spannungsreglers Type LT 1083 CP. Dieser Regler ist für einen Ausgangsstrom von 7,5 A ausgelegt und weist eine Spannungskonstanz von stolzen 0,015% auf. Dieselbe Spannungskonstanz weisen auch seine etwas leistungsschwächeren „Brüderchen" auf, die unter den Typenbezeichungen LT 1084 CP (5 A), LT 1085 CT (3 A) und LT 1086 CT (1,5) 5P z.B. Conrad-Electronic anbietet.

Das Schaltbeispiel in *Abb. 3.24* zeigt einen regelbaren Spannungsregler (Type ZL 317 LP), der – im Gegensatz zu einem Festspannungsregler – zwei zusätzliche Komponente benötigt: Einen Widerstand R (240 Ohm) und einen Potentiometer P (5k), mit dem die gewünschte Spannung eingestellt werden kann. Bei diesem IC handelt es sich um einen preiswerten kleinen 100 mA-Spannungsregler, der bei entsprechender Eingangsspanung eine regelbare Ausgangsspannung zwischen 1,2 und 32 V liefert (bei einer Maximumbelastung von 0,6 W und einer max. Eingangsspannung von 40 V).

Der regelbare LOW-DROP-Spannungsregler LT 1083 *(Abb. 3.25)* hat – bis auf den Wert des Widerstandes R – dieselbe Schaltung wie sein vorhergehender „kleiner Kollege". Er ist jedoch für einen Ausgangsstrom von 7,5 A konzipiert und weist eine Spannungskonstanz von stolzen 0,015% auf. Seine Ausgangsspannung ist von 1,25 bis 30 V gleitend regelbar und der innere Spannungsverlust (zwischen der Eingangs- und Ausgangsspannung) beträgt nur 1 V.

Bei der Wahl eines „optimalen" Spannungsreglers sind folgende Parameter zu beachten:

a) Der Maximumstrom: Kleinere Spannungsregler können z.B. nur einen Strom von 100 mA verkraften, größere sind für 1 A bis ca. 10 A erhältlich; Spannungsregler sind nicht teuer und daher empfiehlt es sich, daß man nicht zu knausrig dimensioniert. Wenn z.B. die Stromabnahme bei 95 mA liegt, sollte man nicht unbedingt einen 100 mA-Spannungsregler, sondern lieber gleich den nächstgrößeren 1-A-Spannungsregler einsetzen. Bei einem Strombedarf von z.B. 0,8 A ist ebenfalls ein 2-A-Spannungsregler einem 1-A-Spannungsregler vorzuziehen (auch in Hinsicht auf den geringen Preisunterschied).

b) Die Festspannung bei „Festspannungsreglern" oder der Spannungsbereich bei einstellbaren Spannungsreglern. Festspannungsregler können nur eine einzige Festspannung liefern, die typenabhängig herstellerseits vorgegeben ist:

z.B. 2, 5, 6, 8, 9, 10, 12, 15, 18 und 24 Volt. Die tatsächliche Festspannung (als Ausgangsspannung eines Festspannungsreglers) weicht in der Praxis von der theoretischen Festspannung oft geringfügig ab (auch bei derselben Type und Marke). Nur wenn z.B. mehrere 15-V-Festspannungsregler zum Austesten zur Verfügung stehen, könnte es gelingen, daß einer von ihnen tatsächlich auch genau eine Festspannung von 15 V an seinem Ausgang liefert. Die restlichen „Festspannungen" werden beispielsweise zwischen etwa 14,8 V und 15,3 V liegen. Man kann sie aber dennoch als „stabilisierte Festspannungen" betrachten. Die geringfügige Spannungsabweichung spielt bei einer Schaltung nur in seltenen Ausnahmefällen eine Rolle.

Bei einstellbaren Spannungsreglern kommt dieses Problem nicht auf, denn hier läßt sich die gewünschte Spannung mit einem Potentiometer einstellen. Der Spannungsbereich ist bei jeder Spannungsregler-Type als z.B. „1,2 bis 37 V" angegeben.

c) Die zulässige Maximumleistung (P max.) bei regelbaren Spannungsreglern. Hier ist darauf zu achten, daß mit steigender Spannung die Stromabnahme entsprechend sinken muß. Beispiel: bei dem „100 mA-Spannungsregler" Type TL 317 LP (Abb. 3.24) darf man sich keinesfalls auf die informative Bezeichnung „100 mA" verlassen. In seinem Datenblatt steht, daß seine Maximumleistung P max bescheidene 0,6 Watt beträgt. Wenn man also über ihn eine Spannung von z.B. 30 Volt beziehen möchte, ergibt sich daraus ein Maximumstrom von 0,6 W : 30 V = 0,02 A. Das sind nur 20 mA! Auch bei einer Ausgangsspannung von 10 V müssen wir uns mit der Stromabnahme noch zurückhalten, denn 0,6W : 10 V = 0,06 A (also immerhin nur 60 mA). Erst bei einer Ausgangsspannung von 6 V klappt es mit den „versprochenen" 100 mA, denn 0,6 W : 6 V = 0,1 A.

d) Die Kurzschlußfestigkeit: kurzschlußfeste Spannungsregler werden durch einen Kurzschluß nicht vernichtet; Standard-Spannungsregler (bei deren technischen Daten kein Hinweis auf Kurzschlußfestigkeit steht), werden bei einem Kurzschluß vernichtet.

e) Die Spannungskonstanz (Spannungsstabilität): Für normale elektronische Schaltungen bzw. Experimente genügt eine Spannungskonstanz um die 5% (oder einfach ein Spannungsregler, bei dem keine Angabe über diesen Parameter auffindbar ist). Wenn jedoch eine hohe Spannungskonstanz erforderlich ist, kann gezielt ein Spannungsregler angewendet werden, der diesem Anspruch gerecht ist. So bietet z.B. der LOW-DROP-Spannungsregler Type LT 1083 CP bis LT 1086-5 CT eine Spannungskonstanz von stolzen 0,015%

(was jedoch nur für sehr spezielle Schaltungen von Bedeutung ist und den Spannungsregler verteuert).

f) Der Spannungsverlust im Spannungsregler: bei Standard-Spannungsreglern beträgt er etwa 2 bis 3 Volt; bei sogenannten LOW-DROP-Spannungsreglern liegt der Spannungsverlust nur zwischen 0,5 und 1 V. Dieser Vorteil spielt besonders dann eine wichtige Rolle, wenn die zur Verfügung stehende Eingangsspannung (Trafospannung) hoch genug ist, oder wenn aus anderen Gründen ein möglichst kleiner Spannungsverlust angestrebt wird.

g) für die Regelung positiver Spannung wird ein POSITIVER, für die Regelung negativer Spannung ein NEGATIVER Spannungsregler angewendet – wie ja bereits erklärt wurde und aus der Schaltung in Abb. 3.23 hervorgeht.
Ein normaler Spannungsregler ist NUR für eine Gleichspannung ausgelegt. Er kann die Spannung lediglich „herabregeln", aber nicht aufwärts regeln. Die ihm zugeführte Gleichspannung sollte um mindestens 3 V höher sein, als die benötigte Ausgangsspannung. Nur die teureren „LOW-DROP-Spannungsregler" weisen einen niedrigen Spannungsverlust von ca. 0,5 bis 1 V aus. Hier genügt es, wenn die Eingangsspannung um ca. 1 V höher ist als die benötigte Ausgangsspannung – vorausgesetzt, daß sie bereits sehr glatt ist. Das ist jedoch nicht der Fall, wenn dem Spannungsregler eine noch etwas pulsierende Gleichspannung vom Brückengleichrichter nach *Abb. 3.26* zugeführt wird.

Der Elektrolyt-Kondensator Cx glättet hier zwar einigermaßen die ursprüngliche pulsierende Spannung, die ihm der Brückengleichrichter liefert, aber wenn hier eine angemessene Spannungsreserve nicht vorhanden ist, hat es zur Folge, daß die Spannung am Ausgang eines Spannungsreglers nicht optimal glatt ist – wie aus den abgebildeten Beispielen ersichtlich ist.

Auf diesem Gebiet wird besonders beim Selbstbau viel falsch gemacht, weil ja nicht immer eine optimale Sekundärspannung am Transformator vorhanden ist. Man gibt sich dann oft mit einer „annähernd richtigen" Sekundärspannung zufrieden, die ein vorrätiger oder günstig erstandener Transformator hat und wartet einfach ab, wie sich das Ergebnis mausert.

Viel leichter wird die Sache, wenn man auch richtig darüber im Bilde ist, was in so einer an sich einfachen Schaltung eigentlich vor sich geht. Um der ganzen Funktion auf die Schliche zu kommen, muß man keine komplizierten Diagramme studieren oder mathematische Formeln wälzen. Es genügt völlig, wenn man sich rein optisch (grafisch) vorstellen kann, was z.B. gerade der Kondensator Cx für sein Geld in der Schaltung zu erledigen hat.

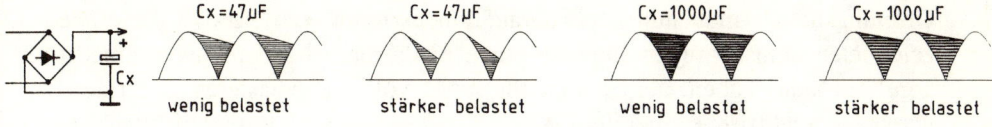

Abb. 3.26: Spannungsverlauf am Brückengleichrichter: Der Elektrolyt-Kondensator Cx glättet die ihm vom Gleichrichter zugeführten Spannungsimpulse um so mehr, je niedriger seine Belastung und je höher seine Kapazität ist. Bei Nezteilen, die ohne einen darauffolgenden Spannungsregler arbeiten (um z.B. die Endstufe eines Leistungsverstärkers mit Gleichstrom zu versorgen) liegt die Kapazität des Cx bei 5.000 bis 20.000 pF. Dadurch wird die Gleichspannung auch bei einer kräftigeren Belastung ziemlich zufriedenstellend geglättet.

So sitzt beispielsweise in dieser Abbildung der Cx an einem Brückengleichrichter wie ein Frosch an der Quelle, lädt sich nach jedem Spannungsimpuls auf, aber wird umgehend von der angeschlossenen Belastung (der eigentlichen Schaltung) entladen.

Wieso? Das ist ganz einfach. Die Schaltung benötigt ja durchlaufend Strom – auch zu dem Zeitpunkt zwischen den zwei Spannungsimpulsen, die der Gleichrichter liefert. Der Kondensator Cx fungiert hier also als eine Art von Spannungsreservoir. Wenn er völlig unbelastet wäre, könnte man ihn mit einem einzigen kräftigen Spannungsimpuls aufladen und er würde die Spannung eine Zeit lang (fast wie eine Batterie) halten.

Wenn man parallel zu diesem Kondensator einen Widerstand als eine „Belastung" anschließt, wird er sich über diesen Widerstand entladen. Ein sehr hoher Widerstand (von z.B. einigen Megaohm) hätte ein sehr langsames Entladen zufolge. Über einen niedrigen Widerstand (von z.B. nur einigen Ohm) würde sich der Kondensator Cx dagegen sehr schnell entladen. Je größer die Kapazität des Kondensators, desto langsamer entlädt er sich.

Falls der Cx – wie im Beispiel eingezeichnet ist – nur eine Kapazität von 47μF hat, entlädt er sich wesentlich schneller, als bei einer Kapazität von $1000\,\mu$F. Das scheint ja ganz logisch zu sein. Daß sich in beiden Fällen ein stärker belasteter Kondensator schneller entlädt als ein wenig belasteter, dürfte auch einleuchten.

Diese Beispiele beziehen sich universal auf alle Kondensatoren (Ladekondensatoren), die an dem Ausgang eines Gleichrichters zu dem Zweck der „Glättung" der pulsierenden Gleichspannung angebracht werden.

Ordnungshalber muß nun noch darauf hingewiesen werden, daß die eingezeichneten sinusförmigen Impulse einen niedrigeren Maximumwert (niedrigere Aplitude) haben, als es im Falle eines völlig unbelasteten „Leerlaufs"
wäre. Die elektrische Energie, die der Kondensator Cx zum „Auffüllen" der
Lücken zwischen einzelnen Impulsen benötigt, muß ja auch der Gleichrichter
liefern. Die maximale Ausgangsspannung seiner Impulse (die Höhe ihrer „Gip-
fel") ist daher um so höher, je niedriger die Kapazität des Cx ist – was allerdings bei diesem Vorhaben nichts bringt.

Wir werden jedoch einfachheitshalber diesen Aspekt außer Acht lassen.
Andernfalls würde das Ganze aus zu vielen „Schleifen" bestehen, die ja in der
Praxis nur einen sekundären Stellenwert haben. Schon aus dem Grund, weil es
in den Ausführungen und Nennleistungen der Transformatoren zu viel Spielraum gibt, der eine „mathematische Unbekannte" darstellt.

Dies ist erstens darauf zurückzuführen, daß die „tabellarische" Sekundärspannung eines Trafos herstellerbezogen etwas variiert. Zweitens bildet die Sekundärspannung keine Konstante, sondern „bewegt" sich mit der Belastung des
Trafos. Ein Trafo, dessen Sekundär laut technischen Daten z.B. für 15 V/2A
ausgelegt ist, wird bei einer Belastung von nur 0,7 A eine Wechselspannung
von mehr als 16 V liefern. Falls er herstellerseits etwas „großzügiger" dimensioniert wurde, wird er sogar bei voller Belastung (von 2 A) eine Spannung von
z.B. 15,5 V oder 16 V (statt 15,0 V) liefern usw.

Ein jeder Festspannungsregler kann bei Bedarf auch eine höhere Spannung liefern, wenn man z.B. zwischen sein Massenanschluß-Füßchen und die eigentliche Masse eine zusätzliche Zenerdiode nach *Abb. 3.27* einlötet.

Die „Festspannung", die nun der Spannungregler liefern wird, erhöht sich um
die Zenerspannung der Zenerdiode (das ist die Spannung, die bei den meisten
Zenerdioden direkt bei der Typenbezeichnung angegeben ist). Eine Zenerdiode
Type ZPD 7,5 V hat eine Zenerspannung von 7,5 Volt. Wenn sie nun – wie eingezeichnet – mit einem 10-V-Spannungsregler kombiniert wird, erhält man
eine Festspannung von 17,5 Volt. Zumindest annähernd, denn auch die Zenerspannung einer Zenerdiode weist herstellungsbedingt Toleranzen auf.

Dieser Trick mit der zusätzlichen Zenerdiode kann situationsbedingt beim
Experimentieren oft von Nutzen sein (wenn kein regelbarer Spannungsregler
zur Verfügung steht). Die Annahme, daß anderseits eine passende Zener-Diode
wohl vorrätig sein müßte, ist natürlich auch etwas zweifelhaft. Zum Glück gibt
es in dem Fall trotzdem noch andere Improvisationsmöglichkeiten.

Eine der „technisch eleganteren" Möglichkeiten bietet z.B. eine Lösung nach *Abb. 3.28*. Hier wird die Festspannung mit Hilfe von zwei beliebigen Silizium-Gleichrichterdioden um etwa 1,4 Volt angehoben. Wir wissen ja bereits (aus Kap. 2.7), daß auch an einer normalen Silizium-Diode in der „Durchlaßrichtung" ein Spannungsabfall von etwa 0,6 bis 0,7 V entsteht.

An zwei Dioden in Serie liegt somit der Spannungsabfall bei ca. 1,4 Volt. Dadurch erhöht sich die Ausgangsspannung des Spannungsreglers um die zusätzlichen 5,6 V der Zenerdiode und der 1,4 V an Gleichrichterdioden.

Eine Kette von z.B. sechs Silizium-Dioden würde einen Spannungsabfall zwischen etwa 3,6 und 4,2 V zufolge haben. Hypothetisch. In der Praxis wird die derartig erzielte Festspannung ohnehin nachgemessen und wenn nötig dadurch korrigiert, daß entweder eine der Silizium-Dioden weglassen oder eine weitere Silizium-Diode in die „Kette" eingelötet wird.

Derartig improvisierte Lösungen sind nicht gezielt erstrebenswert, aber für Versuchsschaltungen können sie angewendet werden, wenn kein passender Spannungsregler zur Verfügung steht und zufällig nur eine Zenerdiode vorrätig ist, deren Zenerspannung nicht ausreichend hoch ist. Zudem wollen diese aufgeführten Beispiele auch noch zu einem lockeren Umgang mit den Bausteinen und ihren Eigenheiten einen leicht verständlichen Beitrag leisten.

Einen interessanten regelbaren Spannungsregler (Type HIP 5600) zeigt *Abb. 3.29*. Er bietet zwar nur eine geringe Leistung an, aber benötigt keinen Netz

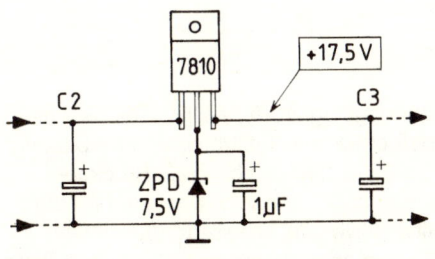

Abb. 3.27: Eine zusätzliche Zenerdiode zwischen dem „MASSE-Ausgang" eines Festspannungsreglers und der Masse des Gerätes erhöht die ursprüngliche typenbezogene 10 V-Ausgangsspannung des Reglers um die Zenerspannung der Diode (in diesem Fall um die 7,5 V). Der 1 µF-Kondensator sorgt dafür, daß sich an der Zenerdiode keine unnötigen Störimpulse bzw. Rausch modulieren. Statt der eingezeichneten Zenerdiode ZPD 7,5V kann eine andere Zenerdiode (mit anderer Zenerspannung) verwendet werden. Ihre Zenerspannung zählt sich dann auf die Spannung des Spannungsreglers auf. C3 muß dann für eine entsprechend hohe Betriebsspannung ausgelegt sein. Die Betriebsspannung des 1-µF-Elektrolyt-Kondensators, der parallel zu der Zenerdiode angelötet ist, richtet sich nur nach der Zenerspannung.

Abb. 3.28: Mit zusätzlichen Silizium-Gleichrichterdioden kann auch hier die Spannung einer Zenerdiode (in diesem Beispiel der ZPD 5,6 V) angehoben werden. Dadurch erhöht sich die Ausgangsspannung des 5-V-Regler um die „aufgebauten" 7 Volt.

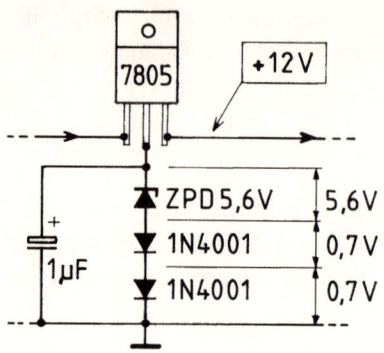

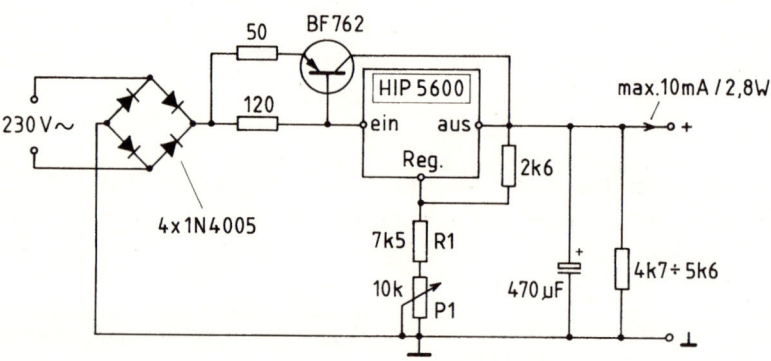

Abb. 3.29: Schaltbeispiel des regelbaren Spannungsreglers Type HIP 5600 IS. Das Besondere an diesem Spannungsregler ist, daß er keinen Netztransformator benötigt. Die Gleichrichter-Dioden (in diesem Fall 4 x die Type 1N4005) bzw. ein Brückengleichrichter müssen der hohen Eingangsspannung gerecht sein (was auch für den Transistor BF 762 – oder eine andere PNP-Alternative gilt). Die Werte der Widerstände wurden dem Hersteller-Datenblatt entnommen und sollten auch um den Preis eingehalten werden, daß man sie aus mehreren Widerständen zusammenlöten muß (zwei 100 Ohm-Widerstände parallel ergeben 50 Ohm usw.). Die Komponente der Regelkette R1 + P1 können in Hinsicht auf den erwünschten regelbaren Spannungsbereich geändert werden (R1 nur in Richtung nach oben – z.B. bis zu ca. 15 k); Achtung: Keine galvanische Trennung zwischen der Netzspannung und der Ausgangsspannung am Spannungsregler; weiteres siehe Text. * Anbieter: Conrad Electronic *.

transformator. Er ist in der Lage, Wechselspannungen bis zu 280 V und Gleichspannungen bis zu 400 V in eine einstellbare Gleichspannung von 1,2 bis
320 V umzuwandeln.

Dieser Spannungsregler ist jedoch nur für eine Stromabnahme von 10 mA konzipiert und die Maximumleistung darf 2,8 W nicht überschreiten. Er ist jedoch
mit einer internen Überspannungs-Abschaltung, Strombegrenzung und einer
thermischen Schutzschaltung ausgelegt und somit ziemlich strapazierfähig.
Seine Ausgangsspannung ist aber – technisch bedingt – von der 230 Volt-Netz-
spannung nicht galvanisch getrennt. Daher kann auch seine sehr niedrig eingestellte Ausgangsspannung immer noch kräftige Schläge austeilen.

Abb. 3.30: Handelsübliche Kühlkörper gibt es in großer Auswahl. Drei aufeinander gelegte
Aluminium-U-Profile erfüllen
jedoch im Prinzip dieselbe Funktion und können zudem schnell
und maßgerecht eigenhändig
erstellt werden.

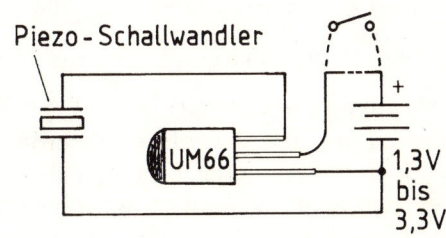

Es gibt ebenfalls „Aufwärts-Spannungsregler (auch DC/DC-Spannungswand-
ler, Schaltregler oder „Step Up" Regler genannt), die eine niedrige Spannung
in eine Spannung umwandeln („aufwärts" regeln) können (näheres darüber finden Sie im Kapitel 4.4).

Weitere Schaltbeispiele von kompletten Netzteilen mit Spannungsreglern folgen noch im Kap. 4.2.

3.4 Kühlkörper

Viele der aktiven elektronischen Komponenten bzw. auch ganze Hybrid-Bau-
steine wärmen sich funktionsbedingt sehr auf und benötigen daher zusätzliche
Kühlkörper, die z.B. nach *Abb. 3.30* ausgeführt sind.

Es handelt sich dabei NUR um solche ICs bzw. Bausteine, die eine ziemlich
hohe Verlustleistung entwickeln. Sie wird im Inneren des Komponenten (ähn-

lich wie in einem schwerer belasteten Widerstand) in Wärme umgewandelt, und so ein Bauteil wird dann zu einer „Kochplatte".

Die Aufgabe eines Kühlkörpers besteht darin, daß es die Wärme des Komponenten (Spannungsreglers, IC-Körpers- Leistungstransistors usw.) in die Umgebung ableitet. Geschieht das nicht, heizt sich so ein Bauteil zu sehr auf, wird vorerst evtl. Fehlfunktionen aufweisen und danach kaputtbrennen.

Soweit nicht zu erwarten ist, daß man bei einem Nachbau einer Schaltung erfahrungsgemäß einen Kühlkörper anwendet, wird üblicherweise im Schaltplan darauf hingewiesen, daß bei der betreffenden Komponente ein Kühlkörper erwünscht ist. Automatisch zu erwarten ist die Anwendung eines Kühlkörpers bei Leistungstransistoren und Spannungsreglern. Hier fehlt oft im Schaltplan der zusätzliche Hinweis auf einen Kühlkörper.

Worauf ist zu achten?

Falls ein Spannungsregler ab ca. 1 A nicht ausgesprochen nur auf Sparflamme arbeiten soll (also statt z.B. einen Strom von 1 A nur etwa 0,2 A zu liefern hat), benötigt er einen zusätzlichen Kühlkörper. Der Bedarf an einem Kühlkörper läßt sich leicht feststellen: Wird der Spannungsregler trotz einer niedrigen Stromabnahme zu heiß, ist ein Kühlkörper unerläßlich.

Dieser kann evtl. einfach im Eigenbau aus einem Stück Aluminium oder Kupferblech erstellt werden – soweit ein professioneller Kühlkörper nicht gerade bei der Hand ist.

Kleinere handelsübliche Spannungsregler-Kühlkörper sind aber nicht teuer (liegen in der „Pfennig-Preisklasse) und einen gewissen Vorrat anzulegen lohnt sich schon deshalb, weil sie sich ziemlich universal (bei sehr vielen Spannungsreglern, wie auch bei Leistungstransistoren) verwenden lassen und zudem auch der Optik einer Eigenbau-Schaltung mehr Professionalität verleihen.

Wenn ein besonderer Wert auf eine gute Wärme-Weiterleitung gelegt wird, sollte zwischen die Kontaktflächen des Komponenten und des Kühlkörpers bevorzugt noch Silikon-Wärmeleitpaste aufgetragen werden (sie ist im Elektronik-Handel erhältlich).

Zu beachten: Spannungsregler ab ca. 1 A haben an ihrer Rückseite (Unterseite) eine metallische „Kühlkörper-Kontaktfläche". Über diese Kontaktfläche wird die Wärme auf den zusätzlich aufgeschraubten Kühlkörper weitergeleitet.

Wenn eines der im Schaltplan aufgeführten ICs einen Kühlkörper benötigt, hängt es von der Verlustleistung des ICs ab, wie groß oder wie massiv so ein

Kühlkörper sein muß. Bei der Suche nach einem geeigneten Kühlkörper richtet man sich natürlich auch nach dem Gehäuse des ICs – bzw. nach seiner Bezeichnung. Wenn z.B. ein Kühlkörper für ein „14-16 pol.-IC" im Katalog aufgeführt ist, heißt es, daß es sich für ICs mit 14 bis 16 Füßchen (Pins) eignet.

Manche Verstärker-ICs haben Metall-Flügelchen, an die sich ein Kühlkörper anschrauben läßt, andere haben keine derartige Vorrichtung (nicht einmal Löcher zum Anschrauben eines Kühlkörpers). Kein Problem! Der Elektronik-Handel, bzw. Elektronik-Versandhäuser bieten für diese Zwecke ein wärmeleitfähiges doppelseitiges Klebeband, mit dem sich so ein Kühlkörper auf das IC-Gehäuse aufkleben läßt.

Abb. 3.31: Die Funktion eines Fotowiderstandes läßt sich mit Hilfe dieser Schaltung gründlich austesten; Potentiometer P dient zur Einstellung des optimalen lichtabhängigen Arbeitspunktes. Bemerkung: diese Schaltung kann auch zur Kontrolle einer infraroten Lichtquelle verwendet werden (unser Auge kann ja nicht sehen, ob ein infrarotes Licht leuchtet, der Fotowiderstand reagiert darauf aber ähnlich, wie auf ein „normales" Licht und das Lämpchen L zeigt daher an, ob ein IR-Licht vorhanden ist oder nicht).

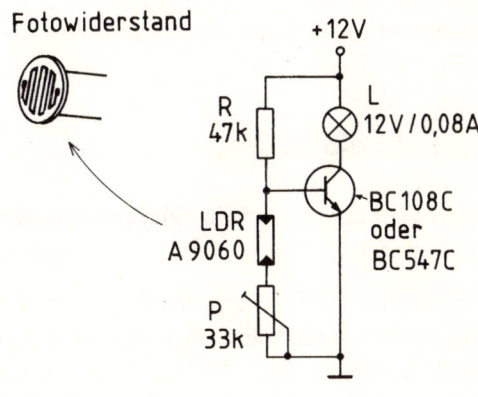

Unter normalen Umständen benötigen die meisten ICs keinen zusätzlichen Kühlkörper. Eine Ausnahme bilden vor allem ICs, die als Spannungsregler oder Endverstärker ausgelegt sind.

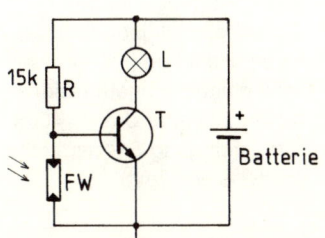

Abb. 3.32: Ein Eigenbau-Dämmerungsschalter mit einem Fotowiderstand; für rein experimentelle Zwecke eignet sich fast jeder NPN-Transistor; das Glühlämpchen muß jedoch einerseits der angewendeten Versorgungsspannung entsprechen und andererseits darf sein Strom nicht höher sein, als der angewendete Transistor laut technischer Daten verkraftet (weiter siehe Text).

Abb. 3.33: Ein lichtgesteuerter elektronischer Schalter: Wenn Fotowiderstand FW beleuchtet wird, sinkt sein Widerstand und er leitet an den Steuereingang S des ICs 4066 eine ausreichend hohe positive Spannung, die das IC als Schaltbefehl wahrnimmt und das Relais R einschaltetet. Der Relaiskontakt K kann beliebige Verbraucher bedienen; statt einem elektromagnetischen Relais kann hier z.B. auch ein elektronisches Lastrelais (Solid-State-Relais) angeschlossen werden. Auf alle Fälle ist darauf zu achten, daß der Relaisstrom den elektronischen Schalter des ICs nicht überfordert (sein Maximumstrom liegt bei 20 mA).

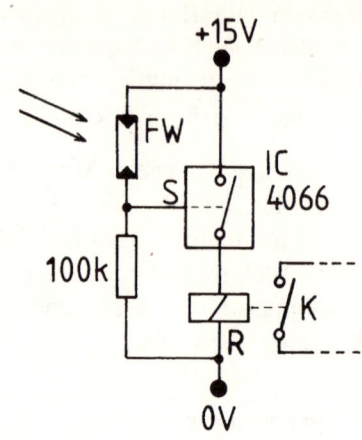

3.5 Fotowiderstände

Fotowiderstände sind Spezialwiderstände, deren Ohmscher Wert von der Lichtintensität abhängt, der ihre fotoempfindliche Oberfläche ausgesetzt wird.

Bei absoluter Dunkelheit weist ein Fotowiderstand z.B. einen Widerstand von einigen Megaohm, bei voller Beleuchtung nur einen Widerstand von wenigen hunderten Ohm aus. Mit Hilfe einer Testschaltung nach *Abb. 3.31* kann die Funktionsweise eines Fotowiderstandes experimentell ausgetestet werden.

Diese Eigenschaft der Fotowiderstände wird in Schaltungen genutzt, die vor allem auf die Veränderung der Lichtverhältnisse reagieren sollen. So kann mit Hilfe eines Fotowiderstandes ein einfacher Dämmerungschalter nach *Abb. 3.32* erstellt werden.

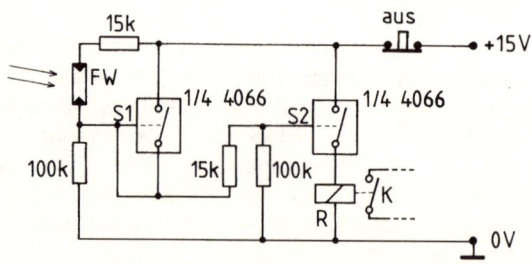

Abb. 3.34 (Z) Ein lichtgesteuerter elektronischer Schalter wie im vorhergehenden Schaltbeispiel, jedoch mit einem Haltekontakt, den der links eingezeichnete elektronische Schalter des IC 4066 (Steuereingang S1) darstellt (weiter siehe Text).

Die Funktion dieser Prinzipschaltung läßt sich einfach erklären: Transistor T fungiert hier als ein Schalter. Solange der Fotowiderstand FW beleuchtet ist, beträgt sein Ohmscher Wert nur einige hundert Ohm und somit schließt er die Basis des Transistors gegen die Masse an – zumindest „annähernd". Der 15 k-Widerstand R kann sich hier als „Zubringer" von der positiven Spannung nicht durchsetzen; die Basisspannung bleibt in der Nähe der „Null" und der Transistor ist daher geschlossen. Durch das Lämpchen L fließt somit kein Strom. Wenn es dämmert, steigt der Ohmsche Wert des Fotowiderstandes und erreicht irgendwann einen derartig hohen Ohmschen Wert (von z.B. 10 k), daß sich nun die positive Spannung, die über den Widerstand R zur Basis fließt, bemerkbar macht. Die Basis des Transistors bekommt dann zunehmend mehr Strom, der Transistor fängt langsam an sich zu öffnen und das Lämpchen L beginnt zu leuchten.

Ähnlich, wie der vorhergehende Dämmerungsschalter funktioniert auch die Schaltung nach *Abb. 3.33*, in dem wir das uns inzwischen bekannte IC 4066 (Abb. 3.13 und 3.13) zurückfinden. Allerdings nicht als „Dämmerungschalter", sondern als lichtempfindlichen Schalter. Solange hier der Fotowiderstand FW nicht beleuchtet ist, hat er einen sehr hohen Ohmschen Wert (bis überhalb von 1 Megaohm) und der Steuereingang S des ICs 4066 ist über den eingezeichneten 100 k-Widerstand mit der Masse (Nullspannung) verbunden. Der elektronische Schalter des ICs ist daher offen. Sobald jedoch der Fotowiderstand derartig beleuchtet wird, daß sein Ohmscher Wert unterhalb von ca. 100 k sinkt, erhält der Steuereingang S eine ausreichend hohe positive Spannung und der elektronische Schalter klappt zu wie eine Mausefalle. Dabei wird zwar keine Maus gekillt, aber Relais R wird somit an die Plus-Spannung angeschlossen und schließt seinen Kontakt K. Dieser Kontakt kann nun wie ein jeder gewöhnliche Schalter beliebige Verbraucher schalten: Lampen, Motoren, Sirenen usw.

Obwohl diese Schaltung nur der Aufklärung dient, ist sie voll funktionsfähig. Bei der Wahl des Relais R ist jedoch darauf zu achten, daß der Ohmsche Widerstand seiner Spule mindestens 1000 Ohm beträgt (ansonsten heizt sich das IC – wie wir ja bereits wissen – zu sehr auf).

Im Kapitel 8.5 werden wir noch Bekanntschaft mit elektronischen Lastrelais machen, die teilweise nur einen sehr niedrigen Steuerstrom (von z.B. 5 mA) benötigen. Hier würde sich der elektronische Schalter des ICs 4066 wesentlich leichter tun" (er verkraftet ja einen Strom von bis zu 20 mA).

Das Schaltbeispiel nach *Abb. 3.33* eignet sich – so wie es einfachheitshalber ausgelegt ist – nur für etwas speziellere Anwendungen, denn das IC 4066 bleibt nur solange eingeschaltet, solange der Fotowiderstand FW beleuchtet ist. Eine

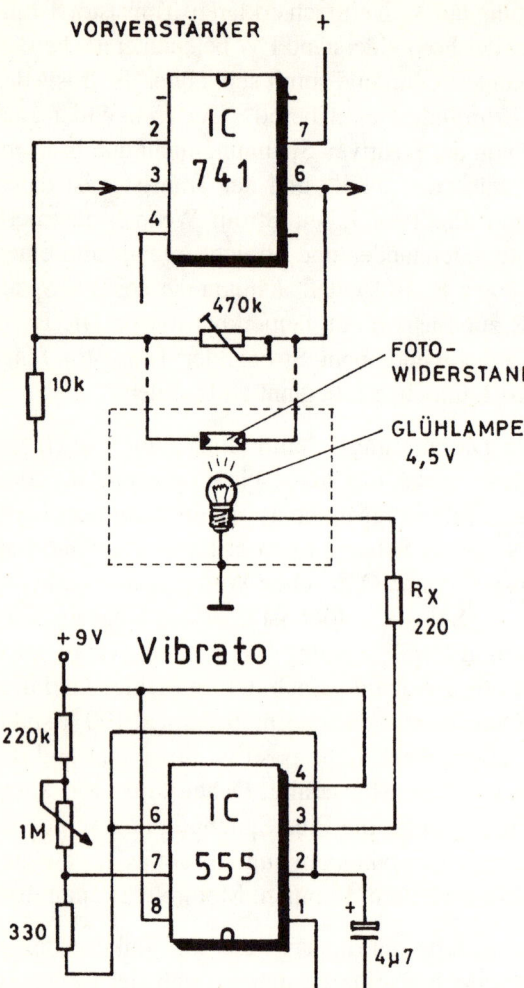

Abb. 3.35: Ein Gitarren oder Gesangsmikrofon-Vorverstärker mit elektronischem Vibrato; Das IC 555 bildet hier den eigentlichem Vibrato-Oszillator, dessen Glühlampe in der Vibrato-Frequenz blinkt und über einen Fotowiderstand die Lautstärke des Vorverstärkers mit der Vibratofrequenz moduliert. Mit dem 1 M-Potentiometer im Vibrato-Oszillator kann die Vibrato-Frequenz eingestellt werden; Vorwiderstand Rx muß an die Stromabnahme des Glühlämpchens (bzw. einer LED) angepaßt werden; die optimale Ausleuchtung des Fotowiderstandes muß probeweise bestimmt werden; wenn sich mit dem Einstellpotentiometer 470 k in der Rückkopplung des IC 741 das Lautstärkeverhältnis Signal/Vibrato nicht ausreichend einstellen läßt (was von der Beleuchtungsintensität des Fotowiderstandes abhängt), kann in Serie mit dem Fotowiderstand noch ein zusätzlicher 220 k-Einstellpotentiometer angebracht werden.

einfache Abhilfe bietet hier die Schaltungsalternative nach *Abb. 3.34*: Hier werden zwei Schalt-ICs verwendet, wovon das erste von links nur als Haltekontakt für den zweiten elektronischen Schalter dient.

Die linke Hälfte der Schaltung funktioniert genau so, wie die Schaltung im vorhergehenden Schaltbeispiel (Abb. 3.33). Bis auf einen kleinen Unterschied: Einmal kurz eingeschaltet, bleibt der Steuereingang S1 unter Spannung. Damit ist auch der Steuereingang S2 (über den Widerstand 15 k) mit der Plus-Spannung durchverbunden und sein Schalter bleibt so lange „AN", bis Taster „AUS" betätigt wird: Da fällt die Plus-Spannung weg, und beide 4066-Schal-

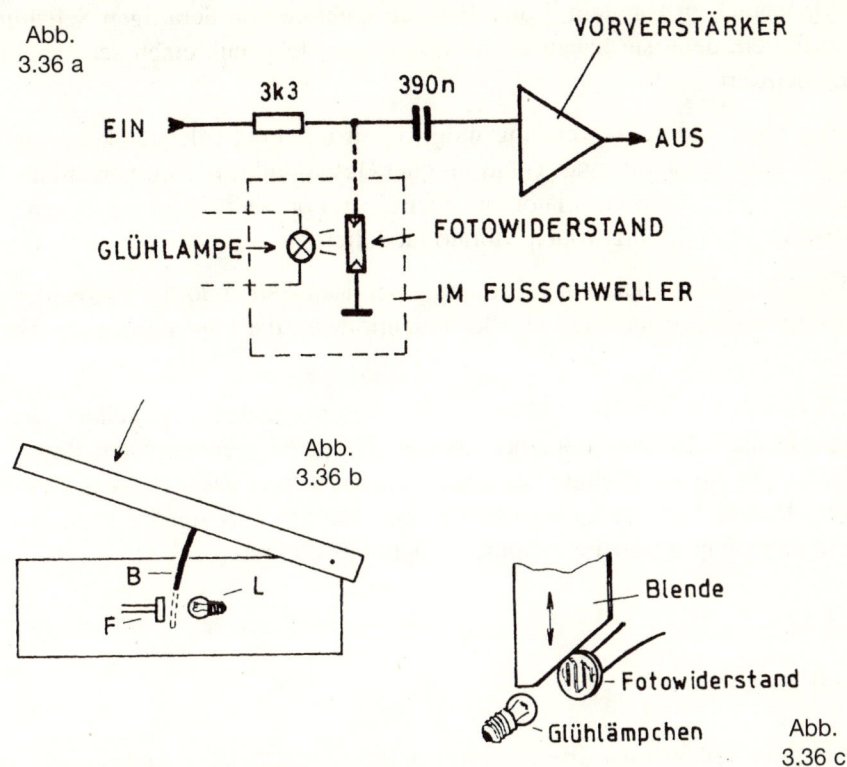

Abb.
3.36 a

VORVERSTÄRKER

EIN 3k3 390n

AUS

GLÜHLAMPE → ⊗ FOTOWIDERSTAND

IM FUSSCHWELLER

Abb.
3.36 b

B
F L

Blende

Fotowiderstand

Glühlämpchen Abb.
3.36 c

Abb. 3.36: Kontaktlose Lautstärkeregelung im Fußschweller eines elektronischen Musikinstrumentes (worunter z.B. einer E-Orgel): a) der Fotowiderstand fungiert am Eingang eines Vorverstärkers als Spannnungsteiler (als die untere Hälfte eines Potentiometers, dessen obere Hälfte der Widerstand 3k3 darstellt). Wenn er von der Glühlampe beleuchtet wird, sinkt sein Widerstand nur auf einige hunderte Ohm und die Lautstärke wird minimal; b) Die Lichtintensität der Glühlampe L wird „kontaktlos" durch eine Blende B geregelt, die sich zwischen den Fotowiderstand F und die Lampe L von oben „hineinschiebt"; c) Praktisches Ausführungsbeispiel der beweglichen Blende.

ter, wie auch das Relais R schalten ab – vorausgesetzt, der Fotowiderstand ist nicht mehr beleuchtet.

Auch bei dieser Schaltung kann der Relaiskontakt K beliebige Verbraucher schalten und auch hier wäre darauf zu achten, daß die Stromabnahme des verwendeten Relais R nicht zu nahe an das Maximum von 20 mA kommt.

Wir werden in Kapiteln 8 und 10 noch mehrere von derartigen Schaltungen aufführen, denn sie haben in der modernen Elektronik einen sehr wichtigen Stellenwert.

Eine ganz andere Anwendungsmöglichkeit des Fotowiderstandes zeigt *Abb. 3.35*: Die Lautstärke eines Gitarren- oder Gesangmikrofon-Vorverstärkers wird von einem Vibrato-Oszillator aus über einen Fotowiderstand mit einem musikalisch sehr wirkungsvollen Vibrato moduliert.

In einer anderen Schaltungsvariante kann nach *Abb. 3.36* der Fotowiderstand als ein kontaktloser Fußschweller-Potentiometer die Lautstärke eines Vorverstärkers regeln.

Diese Lösung wird besonders bei Musikinstrumenten angewendet, weil da erstens die Lautstärke mit einer Art von „Gaspedal" geregelt werden muß (die Hände des Musikers sind ja üblicherweise nicht frei). Zweitens wird bei einem Musikinstrument die Lautstärke während des Spielens ständig verändert und das hält ein normaler Potentiometer nicht lange durch.

3.6 Sensoren

Als Sensoren werden alle die elektronischen Bauteile bezeichnet, die fähig sind, einen gewissen Betriebszustand, eine Position, Bewegung, Temperatur, Feuchtigkeit usw. wahrzunehmen und weiter zu „melden".

Auch der Fotowiderstand aus vorhergehendem Kapitel kann als Sensor eingesetzt werden. Im allgemeinen z.B. zum Ermitteln der Lichtintensität, aber gelegentlich auch zu anderen Aufgaben. So wird z.B. ein Fotowiderstand oder ein „Fotosensor" zur Flammenüberwachung in Zentralheizungs-Heizkesseln angewendet. Falls durch einen Störfall die Flamme im Kessel auslöscht, muß dies so ein Sensor sofort der Kesselautomatik melden und die stoppt die weitere Zufuhr von Gas oder Heizöl (andernfalls könnte sich ja der Heizraum mit Öl oder Gas füllen und bei erster bester Gelegenheit samt dem Gebäude in die Luft fliegen).

Ähnlich, wie der Fotowiderstand arbeitet auch ein Licht-/Spannungs-Wandler. Nur mit dem Unterschied, daß er Lichtintensität direkt in eine entsprechende Ausgangsspannung umwandelt. Bei absoluter Dunkelheit liegt seine Ausgangsspannung z.B. fast bei 0 V; mit zunehmender Beleuchtung steigt sie linear bis auf ca. 8 V (was natürlich typenabhängig unterschiedlich ist). Im einfachsten Fall kann man dann mit einem Voltmeter die Lichtintensität ermitteln.

An dieser Stelle sollte darauf hingewiesen werden, daß auch eine jede Solar-zelle einen Licht-/Spannungswandler darstellt. Sie ist in ihrem Arbeitsbereich zudem sehr linear.

Ein Licht-/Frequenz-Wandler reagiert – wie sein Name bereits verrät – auf die Veränderung der Lichtintensität mit Veränderung seiner Frequenz im Bereich von z.B. 1 Hz und 500.000 Hz.

Feuchtesensoren reagieren mit z.B. wechselnder Ausgangsspannung auf Ver-änderungen der relativen Luftfeuchtigkeit. Auch hier kann die Luftfeuchtigkeit mit einem einfachen Voltmeter ermittelt werden (natürlich auch auf Abstand).

Drucksensoren können z.B. mit Veränderungen ihres Widerstandes auf einen wahrgenommenen Druck ähnlich reagieren, wie ein Fotowiderstand auf Licht. Sie werden u.a. in elektronischen Waagen eingesetzt, können jedoch vorteilhaft bei diversen Einbruchsschutz-Außenanlagen angewendet werden (als Tritt-brücken oder Trittfelder). Sie unterscheiden dann zwischen dem Gewicht einer streunenden Katze und dem eines Eindringlings. Die Alarmanlage reagiert dann erst ab einem eingestellten Gewicht (das z.B. eine Schnittstelle zwischen den dicksten Katzen und evtl. den dünnsten kriminellen Kindern darstellt).

Es gibt weiterhin Temperatur-Sensoren, Gas-Sensoren, Radar-Sensoren, Hall-Sensoren usw.

Verschiedenste Infrarot-Sensoren, die u.a. fähig sind, die Körperwärme eines Lebewesens wahrnehmen zu können, werden auch in den bekannten Annähe-rungsschaltern (Bewegungsmeldern) angewendet. Das sind allerdings Schalter, die wiederum nicht einmal zwischen einer winzigen Fledermaus, kleiner Katze und einem fetten großen Einbrecher unterscheiden können. Sie reagieren sogar auf die Bewegung von Baum- und Pflanzenblättern (die ja auch eine gewisse Wärme ausstrahlen). Als Bestandteil einer Außen-Einbruchsschutz-Anlage sind solche Schalter nur selten sinnvoll anwendbar. Für Innenräume, in die keine Haustiere Zutritt haben, eignen sie sich wesentlich besser.

In die Familie der Sensoren gehören auch verschiedene Durchflußmesser, Füll-stands-Anzeiger, PH-Meter, Ultraschall-Meßmodule und ähnliche Bausteine die ausreichend sensibel physikalische oder chemische Vorgänge wahrnehmen und weitergeben können.

Wir begnügen uns bei diesem Thema vorläufig damit, daß auf die Existenz sol-cher Komponente hingewiesen wurde. Alles Weitere wäre zu speziell und zu aufwendig.

4 Stromversorgung

Elektronische Schaltungen und Geräte benötigen elektrischen Strom. Wie einfach die Stromversorgung vom Prinzip her auch ist, sie bildet bei vielen Schaltbeispielen die größte Schwachstelle. Daher wird die eigentliche Stromquelle oft nur mit einem Hinweis auf die Versorgungsspannung angedeutet – wie z.B. „+12 V". Derjenige, der die Schaltung nachbaut, muß dann selber sehen, wie er zurechtkommt.

Soweit für so eine Schaltung eine Batterie-Stromversorgung vorgesehen ist, läßt sich das Ganze noch relativ einfach bewältigen. Wesentlich komplizierter wird es, wenn es sich um ein Netzteil handelt. Manchmal sogar auch dann, wenn das Netzteil im Schaltplan sorgfältig eingezeichnet ist. Der Grund liegt erfahrungsgemäß hauptsächlich darin, daß in der Praxis der im Schaltplan aufgeführte Transformator nicht in der vorgesehenen Ausführung erhältlich (oder vorrätig) ist.

Oft wird die „Qual der Wahl" noch durch diverse verlockende Angebote von preiswerten Restposten-Transformatoren kompliziert, die zwar „fast", aber dennoch nicht ganz dem entsprechen, was im Schaltplan angegeben steht. Hier hilft dann nur eines: Man muß wissen, worauf es ankommt.

Noch schwerer hat es so mancher Elektroniker bei den „neuesten" elektronischen Bauteilen, die fähig sind, elektrischen Strom selber zu erzeugen (genau genommen Lichtenergie in elektrischen Strom umzuwandeln): Bei den Solarzellen.

Solarzellen macht sich die Menschheit in letzter Zeit zunehmend zu Nutzen und diese Zellen setzten sich schrittweise immer mehr auch in der Elektronik durch. Neben den inzwischen voll etablierten Solar-Taschenrechnern, Solar-Satelliten, Solar-Raumfähren, Solar-Fahrzeugen und Solar-Dachanlagen gibt es noch eine wachsende Menge an diversen Solarprodukten aller Art: Radios, Armbanduhren, Multimeter, Notruf-Säulen, Straßenbau- Warn- und Hinweisanlagen, Meßstationen, elektronische Solar-Rasenmäher, Springbrunnen, Pumpen, Gartentür-Gegensprechgeräte, solarelektrische Garagentorantriebe usw.

Wenn es sich um die Stromversorgung elektronischer Geräte handelt, die an einem Standort arbeiten sollen, an dem es keinen Netzanschluß gibt – bzw. wo ein Netzanschluß zu teuer wäre, bieten Solarzellen eine vorteilhafte Alternative. Entweder für direkte Stromversorgung oder als „Ladestrom-Lieferanten" für eine Batterie.

Ungeachtet welche Art der Stromversorgung von Fall zu Fall als optimal in Frage kommen dürfte, es handelt sich hier um die „Nahrung" von elektronischen oder elektrotechnischen Geräten bzw. „Verbrauchern". Im Gegensatz zu dem „Verbraucher Mensch" lassen sich die elektrischen Verbraucher bei weitem nicht so leicht verschaukeln. Sie bestehen auf einer „sauberen" und richtig dosierten Nahrung. Andernfalls machen sie nicht mit. Entweder nur vorübergehend oder sie verabschieden sich definitiv von ihrem Dasein.

Aus diesem Grund lohnt es sich, wenn man dem Thema „Stromversorgung" eine etwas gehobenere Aufmerksamkeit widmet

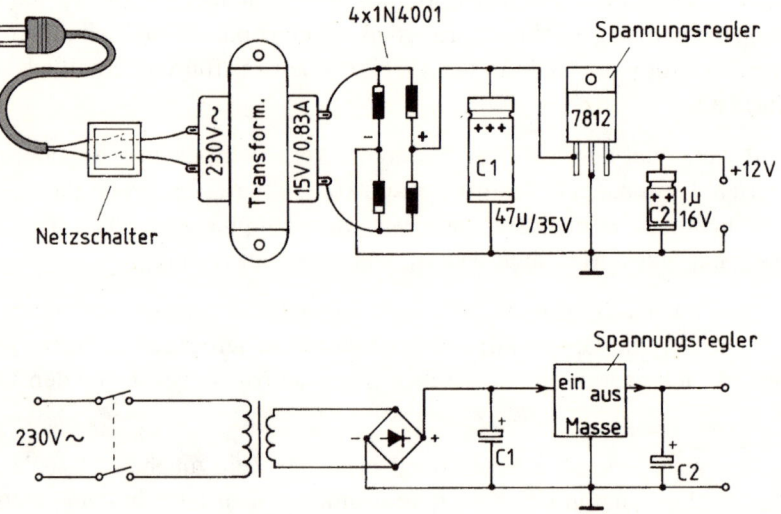

Abb. 4.1: Ausführungs- und Schaltbeispiel eines einfachen Netzteiles: Oben ist die optische Darstellung der Komponenten-Anordnung, darunter dasselbe mit gängigen Schaltsymbolen wiederholt (weiter siehe Text).

4.1 Stromversorgung aus dem elektrischen Netz – Netzteile

Der wichtigste Baustein eines Netzteiles ist der Transformator; sein zweit-wichtigster Baustein der Gleichrichter. Diese beide Bausteine lernten wir bereits im 1. Kapitel kennen. Ein modernes Netzteil braucht üblicherweise nur noch evtl. einen Spannungsregler und 2 bis 3 Kondensatoren. Im Kapitel 3.3 wurde dieses Thema in Zusammenhang mit der Anwendung von Spannungs-reglern bereits teilweise behandelt.

Nun zu der eigentlichen Praxis: Ein gängiges komplettes Netzteil wird konkret nach *Abb. 4.1* ausgeführt. Oben ist in der Abbildung die Anordnung der Kom-ponente zeichnerisch dargestellt, darunter ist dasselbe schematisch als Schalt-plan mit den gängigen Schaltsymbolen aufgeführt.

An sich nichts Neues, aber für einen, der beim Lesen dieses Buches längere schöpferische Pausen einlegt, dürfte diese Zeichnung wieder einiges auf den Boden der Tatsachen bringen.

Daß so ein Netzgerät mit einer Netzschnur anfängt, ist logisch. Sonst wäre es ja kein Netzgerät. Es gibt kaum einen einfacheren Bauteil als eine Netzschnur und dennoch verdient sie eine wichtige „technisch fundierte" Bemerkung: Soweit so ein Netzteil in ein elektrisch leitendes Gehäuse eingebaut werden soll, muß diese Netzschnur dreiadrig sein und einen Stecker mit Schutzkontakt erhalten. Wir haben einfachheitshalber nur eine zweiadrige Netzschnur einge-zeichnet, die besonders bei experimentellen Schaltungen angewendet wird (der Transformator wird z.B. in ein Kunststoffgehäuse eingebaut).

Der Transformator hat hier eine Sekundärspannung von 15 V. Das ist für den ein-gezeichneten Standard-Festspannnungsregler 7812 das Spannungsminimum. In der Praxis dürfte hier die Sekundärspannung etwa zwischen 15 V und 18 V liegen.

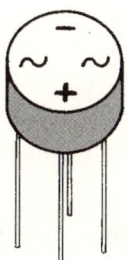

Abb. 4.2: Kleine Silizium-Brückengleichrichter im runden Kunststoffgehäuse sind preiswert und raumsparend. Sie sind beispielsweise unter der folgenden Typenbezeichnung erhältlich: B40C800 (40 V/0,8 A); B80C800 (80V/0,8 A); B250C800 (250 V/0,8 A); B80C1000 (80 V/1 A); B250C1000 (250 V/1 A); B40C1500 (40 V/1,5 A); B80C1500 (80 V/1,5 A) und B250C1500 (250 V/1,5 A).

Abb. 4.3: Alternativ gibt es auch kleine Silizium-Brückengleichrichter in einer IC-ähnlichen „Dual-in-Line" (DIL) Ausführung. Sie haben dieselbe Typenbezeichnung, wie die vorhergehenden runden Gleichrichter, aber sind nur für eine Strombelastung von max. 1 A erhältlich.

Der Vollständigkeit halber: wenn ein Transformator zur Verfügung steht, dessen Spannung z.B. nur 14 V (oder sogar nur 13 V) beträgt, kann ein LOW-DROP-Spannungsregler die Situation immer noch retten. Er gibt sich mit einer Differenz von nur 0,5 bis 1 V zwischen der Ein- und Ausgangsspannung zufrieden (womit in ihm also nur ein Spannungsverlust von 0,5 bis 1 V entsteht).

Im Gegensatz zu einem „normalen" Spannungsregler spart man hier mindestens 2 V an der Sekundärspannung des Transformators ein – was selbstverständlich nur dann eine Rolle spielt, wenn ein Transformator zur Verfügung steht, dessen Sekundärspannung für das Vorhaben etwas zu kritisch niedrig liegt.

Nun zurück zu unserer Schaltung: Der Gleichrichter wurde hier mit 4 Silizium-Dioden Type 4 N 4001 erstellt. Es können ohne weiteres auch Dioden Type 4 N 4002, 4 N 4003 usw. angewendet werden, die eine höhere Betriebsspannung ertragen (sie sind oft nicht einmal teurer und haben gegenüber der 4N 4001 keinen Nachteil).

Andernfalls kann hier natürlich auch ein Brückengleichrichter als Fertigbaustein eingesetzt werden. Das liegt nur im persönlichen Ermessen des Anwenders (oder hängt davon ab, ob ein Brückengleichrichter gerade vorrätig ist). Für den Preis von etwa 1 Mark sind jedoch sehr kleine und strapazierfähige Brückengleichrichter nach *Abb. 4.2* und *4.3* erhältlich.

Ein kompakter Brückengleichrichter hat den Vorteil, daß da die Gleichrichterdioden wärmeleitend eingegossen sind und daher die Wärme besser an die Umgebung abgeben. Dies ist besonders dann von Bedeutung, wenn der Gleichrichter in dem vorgesehenen Netzteil eine höhere Stromabnahme bewältigen muß (ein zusätzlicher Kühlkörper ist nicht erforderlich).

In unserem Schaltbeispiel (Abb. 4.1) ist jedoch ein Transformator eingezeichnet, dessen Sekundär für einen maximalen Strom von 0,83 A ausgelegt ist. In der Praxis gönnt man dem Transformator etwas Reserve und daher sollte man ihn normalerweise nur für eine Stromabnahme von ca. 0,55 A bis 0,6 A einsetzen (ansonsten würde er sich zu sehr aufwärmen). So werden die eingezeichneten 1 A-Gleichrichterdioden nicht allzusehr ausgelastet und es gibt hier keinen Bedarf an einer gehobeneren Kühlung (die ein kompakter Brückengleichrichter hätte).

Der Elektrolyt-Kondensator C1 hat hier eine Kapazität von 47 μF. Wie bereits im Kap. 3.3 erklärt wurde, darf hier die Kapazität auch das Zehn- oder Zwanzigfache betragen. Sie darf anderseits auch noch niedriger werden (besonders dann, wenn die Sekundärspannung des Transformators etwas höher, als 15 V ist); da jedoch ein Elektrolyt-Kondensator von z.B. 10 μF meistens für den gleichen Preis, wie der 47 μF erhältlich ist, hat das „Sparen an der Kapazität" nur dann einen tieferen Sinn, wenn platzsparend gearbeitet werden muß.

Der Spannungsregler 7812 ist für einen Maximumstrom von 1 A ausgelegt. Hier muß sich jedoch die Stromabnahme nach dem Transformator richten und wird daher nicht die bereits angesprochenen 0,55 bis 0,6 A überschreiten. Der Spannungsregler benötigt hier zwar einen Kühlkörper, aber der muß nicht übertrieben massiv sein. Ein Stück 1 mm dickes und ca. 5 x 4 cm großes Alu-Blech kann „in der Luft" auf den Spannungsregler angeschraubt werden.

Als letzter Baustein bleibt nur noch C2 übrig. Seine Funktion kennen wir bereits aus dem Kap. 3.3. Die hier angegebene Kapazität darf ohne weiteres beliebig erhöht werden (jeder vorrätige Elektrolyt-Kondensator zwischen 1 μF und ca. 470 μF ist anwendbar – soweit er für eine Spannung von mindestens 12 V ausgelegt ist).

Das in Abb. 4.1 aufgeführte Schaltbeispiel kann als eine universelle Bauanleitung für alle Netzgeräte oder Netzteile dienen, die nur für eine einzige positive Versorgungsspannung bestimmt sind. Es müssen jeweils nur die benötigte Spannung und die vorgesehene Stromabnahme berücksichtigt werden.

Soweit ein derartiges Netzgerät als eine „Energieversorgung" für das eigene elektronische „Hauslaboratorium" benötigt wird, bringt eine einzige Versorgungsspannung wenig Nutzen.

Die Spannungen der elektronischen Schaltbeispiele und Bauanleitungen sind unterschiedlich hoch. In vielen von ihnen ist zwar einfacheitshalber eine Batterie-Spannungsversorgung angegeben (eingezeichnet), aber ein Netzgerät verdient hier Vorrang. Schon deshalb, weil mit der Zunahme von batterieversorgten Haushalts-Kleingeräten der Ärger mit den ständig leer werdenden Batterien langsam aber sicher die Zumutbarkeitsgrenze zu überschreiten droht. Es gibt da nichts Bequemeres als ein kleines Netzgerät, dessen Ausgangsspannung sich regeln läßt.

Dies ist zum Glück heutzutage kein „teurer Spaß" mehr. Ein regelbarer integrierter Spannungsregler LM 317 T nach Abb. 4.4a ist preiswert und bietet einen großen Spannungsbereich. Dieser liegt zwar laut Herstellerangaben zwischen 1,2 V und 37 V, aber wir haben uns in unserem Schaltbeispiel mit einer Obergrenze von „ca. 30 V" zufrieden gegeben. Bei einfacheren Experimentierschaltungen würde ein Spannungsbereich von ca. 1,5 V bis 18 V (bzw. bis etwa 20 V) völlig ausreichen. Alles, was darüber liegt, ist eher als eine Reserve für gelegentliche Ausnahmen zu betrachten.

Bei so einem „Eigenbau-Projekt" ist am besten, wenn man sich vorerst nach einem preisgünstigen Transformator richtet, der z.B. als Restposten eine „einigermaßen" brauchbare Sekundärspannung hat. Es müssen nicht unbedingt die angegebenen 24 V als Minimum betrachtet werden. Eine Sekundärspannung von z.B. 22 Volt hätte nur zufolge, daß der Regler lediglich etwa bis 19 V perfekt regelt. Ab 19 V aufwärts hätte seine Ausgangsspannung die bekannten 100-Hz-Rillen (was praktisch nicht so viel ausmacht, wenn man Spannungen oberhalb von 18 V ohnehin kaum benötigt).

Wir haben in *Abb. 4.4a* zwei Regelbereiche eingezeichnet, die sich mit dem Schalter S bedarfsbezogen umschalten lassen (was der Bedienungsfreundlichkeit sehr entgegenkommt). Der linke Regelzweig R1/P1 kann dann beispielsweise für einen niedrigen Spannungsbereich von 1,5 bis 6 V dienen, der rechte Regelzweig P2/P3 regelt den vollen Spannungsbereich.

Der linke Regelzweig ermöglicht eine genauere Spannungsregelung, denn die ganze Bahn des Potentiometers P1 erfaßt hier nur einen Spannungsbereich von ca. 4,5 V. R2 bestimmt hier die untere Spannungsgrenze. Er kann wegfallen, wenn man direkt bei 1,2 V anfangen will, beträgt ca. 100 Ohm, wenn der Spannungsbereich erst mit ca. 1,5 V anfangen soll (der optimale Widerstand kann einfach probeweise ermittelt werden).

Den rechten Regelzweig bilden hier zwei Potentiometer: mit P3 wird die Spannung grob, mit P2 zusätzlich fein eingestellt. Bei einem „Laboratoriumgerät" trägt dieser Trick zum Bedienungskomfort enorm bei (man kann die Spannung mit P3 schnell grob einstellen und mit P2 ebenfalls schnell und genau „nachjustieren").

Ein zusätzlicher Paneel-Voltmeter V kann hier am Geräteausgang angeschlossen werden. Zu diesem Zweck eignet sich am besten ein kleiner preiswerter

Digital-Voltmeter. So muß nicht jeweils beim Einstellen der Spannung zusätzlich ein Multimeter angeschlossen werden.

Noch bedienungsfreundlicher läßt sich die vorhergehende Schaltung gestalten, wenn nach *Abb. 4.4b* der Schalter (Drehschalter) S1 drei Positionen hat. Die ersten zwei Positionen von links können dann identisch mit dem oberen Schaltplan angeschlossen werden, die dritte Position schaltet auf einen selbstauslösenden Reihenschalter S2 um. „Selbstauslösend" bedeutet, daß die eingeschaltete Taste jeweils herausspringt, wenn eine andere Taste betätigt wird.

Statt so einem Reihenschalter könnte natürlich auch ein „Stufenschalter" (Drehschalter) verwendet werden. Wieviele Positionen bzw. Tasten der Schalter S2 haben sollte, liegt im Ermessen des Anwenders. Handelsübliche Stufenschalter (Abb. 4.5) haben z.B. bis zu 12 Positionen.

Mit Hilfe von zusätzlichen Einstell-Potentiometern kann dann pro Schalter (bzw. Schalterposition) die jeweils gewünschte Festspannung eingestellt werden. Einer genaueren Einstellung ist dabei sehr dienlich, wenn man statt der angegebenen Werte der Einstellpotentiometer lieber etwas kleinere Werte (von

Abb. 4.4: a) Schaltplan eines Eigenbau-Labor-Netzgerätes mit regelbarer Ausgangsspannung; R1 = 240 Ω b) eine zusätzliche Kette mit mehreren voreingestellten Festspannungen erhöht den Anwendungskomfort (näheres siehe Text).

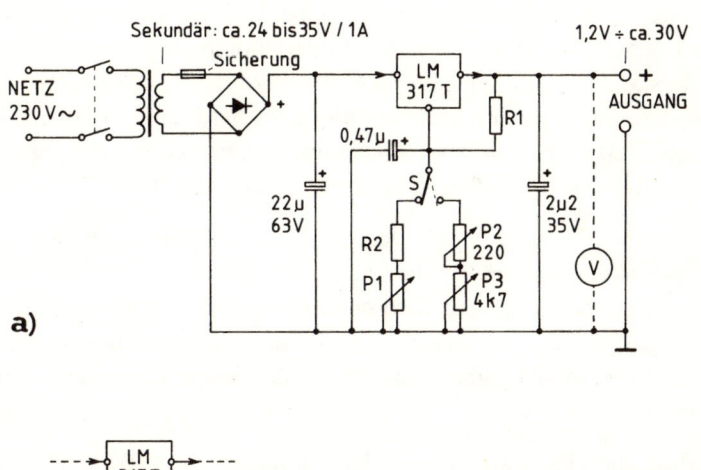

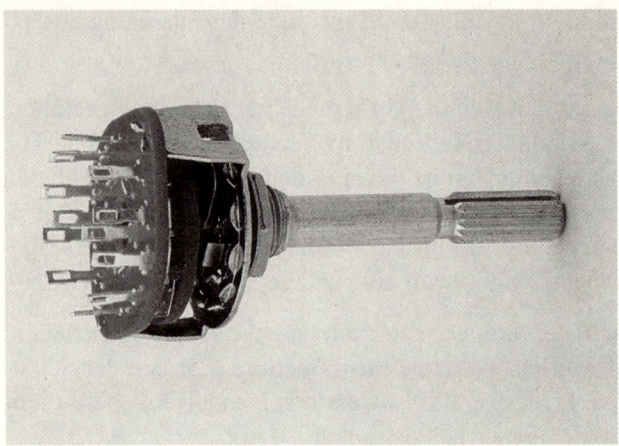

Abb. 4.5: Stufenschalter sind mit bis zu 12 Schaltpositionen ausgelegt (Foto: Conrad Electronic).

ca. 220 Ohm) nimmt und mit festen Serienwiderständen jeweils den restlichen Ohmschen Wert anfüllt.

Konkret geht man in solchem Fall folgendermaßen vor: man stellt mit Hilfe eines 5-k-Einstellpotentiometers (wie eingezeichnet) die 15-V-Spannung ein. Danach mißt man seinen eingestellten Ohmschen Wert mit dem Multimeter nach. Es stellt sich beispielsweise heraus, daß dieser 2.350 Ohm beträgt. Wenn man hier an einem 220 Ohm Einstellpotentiometer noch einen 2k2-Kohlewiderstand in Serie anschließt, ergibt es einen Regelbereich zwischen 2.200 und 2.420 Ohm. Der Einstellpotentiometer hat hier – in Hinsicht auf die ermittelten 2350 Ohm – in beiden Richtungen ausreichend Bewegungsfreiheit und die gewünschte Spannung kann leicht und genau eingestellt werden.

Die zwei Schaltbeispiele nach Abb. 4.4a / 4.4b beinhalten keine Stolpersteine und lassen sich problemlos nachbauen. Soweit man jedoch einen Netzteil für andere Spannung und Strombelastung bauen will, tauchen erfahrungsgemäß Fragen auf, die das Ganze komplizierter aussehen lassen, als es in Wirklichkeit ist. Es lohnt sich daher, daß wir uns an dieser Stelle gleich etwas mehr in's Bild setzen.

Eine der wichtigsten Fragen betrifft die konkrete Wahl des Transformators, den man sich für das eine oder andere Vorhaben zulegen muß.

Dazu folgendes: Eine jede Schaltung hat einen „maximalen Stromverbrauch", wie auch eine angegebene Versorgungsspannung. Wenn so eine Schaltung nur aus einem IC besteht, kann der Stromverbrauch, wie auch der Bereich seiner Versorgungsspannung einfach unter den technischen Daten dieses ICs gefunden werden.

Beispiel: Das Dreiklang-Gong-IC SAB 0600 (Kap. 3/ Abb. 3.33) darf laut technischen Daten an seinem Lautsprecherausgang (Pin Nr. 3) einen Strom von max. 200 mA (0,2 A) liefern und ist für eine Versorgungsspannung (Speisespannung) von 7 bis 11 Volt ausgelegt.

Das IC hat ansonsten ersichtlich nichts anderes zu tun, als den angeschlossenen Lautsprecher mit Strom zu versorgen, der die angegebenen 200 mA nicht überschreiten darf.

Da ein jedes IC als „aktiver Komponent" bezeichnet wird, geht in ihm offensichtlich auch irgendetwas vor. Das könnte einige weitere (wenige) mA verbrauchen. Damit muß man sich aber in der Praxis nicht den Kopf zerbrechen. Die Schaltung ist ja ohnehin so entworfen, daß der 8-Ohm-Lautsprecher weniger Strom in Anspruch nimmt, als die 200 mA. Man entwirft ja (als Hersteller des ICs) so eine Schaltung nicht derartig knapp, daß das IC an der Grenze seiner Belastbarkeit arbeitet. Somit würde ein 200-mA- Netzgerät eigentlich ausreichen. Notfalls. Eine gewisse Überdimensionierung sollte jedoch unbedingt immer dann in Betracht gezogen werden, wenn bei dem ganzen Gerät nicht ausgesprochen raumsparend gearbeitet werden muß bzw. wenn es sich nicht nur um eine Experimentierschaltung handelt.

Eines wäre in Hinsicht auf unser Beispiel jedenfalls geklärt: Wir benötigen einen kleinen Transformator, der an seinem „Eingang" eine 230-V-Primärspannung und an seinem „Ausgang" einen Sekundärstrom von mindestens 200 mA aufbringen kann.

Nun scheint die Sekundärspannung des Transformators in Vergessenheit geraten zu sein? Im Gegenteil, die haben wir absichtlich noch als einen offenen Punkt gelassen. Einer der Gründe bildet die Frage des Spannungsreglers. Shakespeare hätte sich auch hier zu seinem Zweifels-Slogan „Sein oder Nichtsein?" geflüchtet.

Wir sind aber nicht im Theater und sollten zu der Sache eine technische Stellungnahme einnehmen. Nun: Tatsache ist, daß so ein Tür-Bim-Bam nun wirklich keinen Spannungsregler braucht. Da jedoch die Spannungsregler sehr preiswert sind, wenden wir ihn hier dennoch an. Damit erübrigt sich das Problem, daß wir andernfalls sehr strikt darauf achten müßten, daß die Versorgungs-Gleichspannung nicht überschritten wird. Ein Spannungsregler spart uns auch unnötig große und teure Elektrolyt-Kondensatoren ein (er gibt sich mit kleineren Kapazitäten zufrieden).

Abb. 4.6: Standard-Festspannungsregler gibt es nicht für eine Spannung von 11 Volt (nur für 10 V und 12 V). Wenn man dennoch – zumindest annähernd die 11 V haben möchte, kann eine zusätzliche Siliziumdiode (in diesem Fall die preiswerte Type 1N4001) um ca. 0,7 V die Ausgangsspannung des Reglers erhöhen. Wie wir inzwischen wissen, liefern die Regler oft eine etwas höhere Ausgangsspannung, als laut technischen Daten theoretisch zu erwarten wäre. Somit kann es

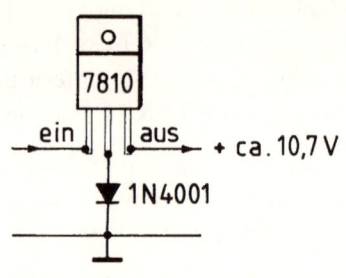

in der Praxis vorkommen, daß der Regler nicht die hier eingezeichnete Ausgangsspannug von genau 10,7 Volt, sondern eine Spannung von z.B. 10,9 Volt liefern wird (was der erwünschten Optimalspannung noch näher käme).

Dieses Türglocken-IC hat einen bescheidenen integrierten Endverstärker. Um seine Lautstärke optimal zu nutzen, sollte die Versorgungsspannung möglichst hoch liegen. 11 Volt wären hier am besten, aber unter den Festspannungsreglern gibt es nur 10 Volt- oder dann gleich 12 Volt Ausführungen.

Wir nehmen daher einen 1 A/10 V-Festspannungsregler und setzen seine Spannung spaßhalber mit einer Gleichrichterdiode auf ca. 10,7 V herauf *(nach Abb. 4.6)*. Die Versorgungsspannung wird möglicherweise etwas höher als die eingezeichneten „ca 10,7 V", wenn der Spannungsregler nicht genau 10 Volt, sondern z.B. 10,2 V liefert. Das IC würde es uns übrigens auch nicht übel nehmen, wenn seine Versorgungsspannung um z.B. 0,2 bis 0,3 V überhalb der vorgegebenen 11 V liegen würde. Es arbeitet ja nicht im Dauerbetrieb, sondern wird nur gelegentlich für einige Sekunden beansprucht. Somit kommt auch die Gefahr eines überproportionalen Aufwärmens nicht auf.

Nun sind wir endlich einen Schritt weiter. Die Sekundärspannung des Transformators sollte bei einem „normalen" Spannungsregler (also nicht einer teuren „LOW-DROP-Type") mindestens 3 Volt mehr haben, als die Gleichspannung am Ausgang des Spannungsreglers betragen soll. Das wären also etwa 14 Volt.

Jetzt könnte man sich z.B. in einigen Elektronik-Läden bzw. in einem Versandhaus-Katalog auf die Suche nach einem Transformator begeben, dessen Sekundär „14 Volt/ 250 mA" haben sollte (die 50 mA mehr sind nicht unbedingt notwendig, aber stellen im allgemeinen eine sinnvolle Reserve dar, die den Trafo vor einem unnötig hohen Aufwärmen schützt).

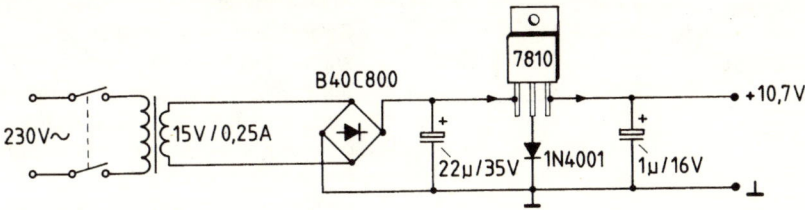

Abb. 4.7: Netzteil für den Dreiklang-Gong mit SAB 0600 aus Abb. 3.4 / Seite 82: dieses Netzteil ist ziemlich identisch mit dem Schaltplan in Abb. 4.1; nur die Bausteine sind von der Type bzw. Leistung her etwas anders (siehe auch Text).

In der Bibel steht zwar geschrieben „suchet und ihr werdet finden", aber in diesem Fall muß man es mit der Suche nicht so genau nehmen. Für dieses Vorhaben eignet sich z.B. auch ein handelsüblicher Transformator, dessen Sekundärspannung 15 Volt und Sekundärstrom 250 mA (=0,25 A) beträgt.

Als nächster benötigter Baustein ist ein Brückengleichrichter an der Reihe. Der müßte eine Spannung von mindestens 15 V und einen Strom von mindestens 200 mA verkraften können. Auf etwas Reserve braucht hier nicht zu sehr geachtet werden, weil auch der Gleichrichter normalerweise mit einem nur sehr geringen Ruhestrom belastet wird.

Hier entfällt ein kompliziertes Suchen, weil es da zufällig für eine Mark einen kleinen 40 Volt/0,8 A-Brückengleichrichter (die Type B40C800 aus Abb. 4.2) gibt. Der ist großzügig „überdimensioniert", und für unsere Schaltung gut geeignet.

Jetzt brauchen wir noch zwei Elektrolyt-Kondensatoren und können das Netzteil nach *Abb. 4.7* erstellen. Die hier angegebenen Werte der Kondensatoren müssen nicht genau eingehalten werden. Es ist eher eine Ermessensfrage, wie tief man sie unterschreiten möchte. Überschreiten bringt in diesem Fall nichts – aber schadet auch nicht.

Das aufgeführte Beispiel wurde absichtlich etwas detaillierter erklärt – das erleichtert die Qual der Wahl, wenn man für ein anderes Gerät ein anderes Netzteil erstellen muß. Die Sache hat natürlich auch hier einen Haken: Bei sehr vielen Schaltbeispielen ist zwar die Versorgungsspannung angegeben (manchmal mit einem zusätzlichen Schaltsymbol einer Batterie), aber die Frage der Stromabnahme wird oft großzügig negiert.

Was nun? Soweit es sich um eine experimentelle Schaltung handelt, die nur aus zwei oder drei ICs besteht und keine zusätzliche Leistung zu bewältigen hat,

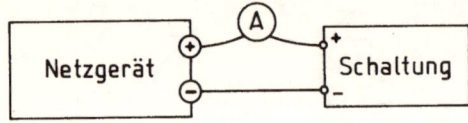

Abb. 4.8: Auf diese Weise kann die Stromabnahme einer elektronischen Schaltung bzw. eines Gerätes gemessen werden. Als Meßgerät eignet sich ein Multimeter oder ein Amperemeter (dieser kann bevorzugt direkt als Paneelmeter im Netzgerät eingebaut werden).

wird die Stromabnahme meistens sehr niedrig sein. So niedrig, daß ein Experimentier-Trafo mit einem sekundären Ausgangsstrom von mindestens 0,25 A und ein 0,8 A- oder 1 A-Spannungsregler für's erste völlig ausreichen würden. Unser „Labor-Netzgerät" nach Abb. 4.4 ist also in dieser Hinsicht ausreichend großzügig dimensioniert.

Wenn so ein Netzgerät neben einem eingebauten Voltmeter auch noch über einen eigenen Amperemeter verfügt, läßt sich jeweils die Stromabnahme einer angeschlossenen Schaltung leicht und schnell ermitteln. So ein Amperemeter wird im Netzgerät zwischen dem Ausgang des Spannungsreglers und dem eigentlichen „AUSGANG" (Ausgangsklemmen) des Gerätes angeschlossen.

Andernfalls wird die Stromabnahme einer am Netzteil angeschlossenen Schaltung nach *Abb. 4.8* gemessen. Es versteht sich von selbst, daß vorher der Meßbereich des Multimeters auf „GLEICHSTROM" (DC) geschaltet wird. Vorerst auf den annähernd höchsten Strombereich. Erst wenn man sich vergewissert hat, daß die Stromabnahme sehr niedrig ist, kann schrittweise auf einen schwächeren Strombereich „heruntergeschaltet" werden.

Zu berücksichtigen ist bei so einer Strombedarf-Messung eine eventuell schwankende Stromabnahme. Die kommt z.B. auch bei dem „Gong-IC-SAB 0600" vor. Der Ruhestrom selbst ist winzig, aber sobald das IC Töne erzeugt, die von seinem eingebauten Verstärker über den Lautsprecher wiedergegeben werden, steigt die Stromabnahme sprunghaft in die Nähe von 0,2 A.

Ähnlich werden sich auch andere ICs verhalten, die entweder einen Lautsprecher oder andere Verbraucher mit Strom versorgen müssen. Als „andere Verbraucher" kommen z.B. Relais, Glühlämpchen, größere LED-Displays usw. in Frage. Der maximale Stromverbrauch erhöht sich verständlicherweise, wenn diese Verbraucher angeschlossen sind.

Abb. 4.9: Kupferbahnen an Platinen sind sehr dünn. Soweit es sich dabei um Bahnen der Masse handelt, sollte man sie bei Audio- oder Hochfrequenz-Schaltungen in den empfindlichsten Schaltungsteilen mit einem eingelöteten Kupferdraht verstärken (damit wird Brumm oder Rausch verringert bzw. völlig dezimiert).

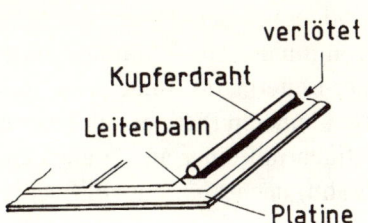

Mit der eigentlichen Versorgungsspannung gibt es in der Praxis bei einfacheren Schaltungen kaum Probleme. Sie tauchen jedoch mit größter Vorliebe bei verschiedenen Audio-Schaltungen (worunter elektronischen Musikinstrumenten), bei Vorverstärkern, Klangreglern, Mischpulten, Equalizern und Endverstärkern auf. Meistens in der Form von 100-Hz-Brumm (vorausgesetzt, es handelt sich nicht um Störungen aus dem öffentlichen Netz oder aus einer Störquelle, die aus der Nachbarschaft kommt).

Der 100-Hz-Brumm ist identisch mit dem Brumm, der erklingt, wenn man mit dem Finger einen empfindlichen Mikrofoneingang eines Verstärkers berührt. Bei einem Netzteil hat der Brumm meistens nur zwei Ursachen:

a) mit der Verbindung zur Masse stimmt irgendetwas nicht;
b) der Spannungsregler liefert eine Gleichspannung, die mit 100-Hz-Pulsen „verschmutzt" ist.

Mit dem optimalen Anschluß der Masse hat bei einer aufwendigeren Schaltung auch ein erfahrener Profi manchmal ziemliche Probleme. Vom Prinzip her ist das Ganze sehr einfach: Der „brummempfindlichste" Teil der Schaltung ist für die optimale „Hauptstelle" der Masse bestimmend. Bei einem Verstärker ist dies der erste Vorverstärker. Seine Masse sollte an demselben Punkt angelötet werden, an dem auch die Masse des Netzteiles angelötet wird.

Zudem darf im ganzen Gerät die Masse nur an einer einzigen Stelle (und keinesfalls an zwei verschiedenen Stellen gleichzeitig) mit dem Metallchassis oder Metallgehäuse des Gerätes verbunden werden. „Doppelt gemoppelt" mag zwar besser halten, aber bildet in solchem Fall die Windung einer „Spule" (einer Induktivität). Zudem fungiert der Weg zwischen den zwei Massen-Anschlüssen als ein Widerstand. Er hat zwar nur einen sehr geringfügigen Ohmschen Wert, aber dies genügt dazu, daß sich hier Brumm moduliert.

Und was noch sehr wichtig ist: Im Schaltplan sind normalerweise alle schematischen Verbindungsstriche gleich dick. In einer größeren Audio-Schaltung selbst soll jedoch der „Draht" der Masse möglichst dick sein – z.B. ein Kupfer-draht von mindestens 2 mm Durchmesser, soweit es sich nicht um eine Masse auf einer Leiterplatte handelt. Da sollte die an sich sehr dünne Kupfer-Leiter-bahn bei kleineren Platinen mit einer möglichst dicken Schicht Zinn, bei größe-ren Platinen mit einer an sie angelegten und angelöteten Litze (oder Kupfer-draht-Bahn) nach *Abb. 4.9* vollflächig verstärkt werden.

Die brummunempfindlichste Stelle eines Netzteiles ist der Anschlußpunkt des Spannungsregler-Massen-Füßchens. An diesem Punkt, bzw. in seiner unmittel-baren Nähe sollte auch der Ausgangs-Elektrolyt-Kondensator des Spannungs-reglers angeschlossen werden. Wenn der Netzteil zwei oder mehrere Span-nungsregler hat, sollten alle ihre Massen-Anschlüsse und alle ihre Elektrolyt-Kondensatoren an einem gemeinsamen Punkt möglichst dicht nebeneinander angelötet werden (evtl. mit einem sehr dicken Kupferdraht durchverbunden).

Nun zu dem Punkt b): der Spannungsregler regelt nicht gut genug.

Die Ursache sollte nicht bei dem Spannungsregler selbst gesucht werden. Es kommt selten vor, daß er wegen eines internen Defekts seiner Aufgabe nicht gewachsen ist. Die Fehlfunktion ist in der Regel dadurch verursacht, daß die dem Spannungsreg-ler zugeführte Eingangsspannung nicht seinen Ansprüchen gerecht ist.

Das bedeutet, daß sie entweder zu niedrig ist oder zu tiefe Rillen hat. *Abb. 4.10* zeigt, was man sich darunter konkret vorstellen soll: Wir haben hier als Bei-spiel eine Eingangsspannung eingezeichnet, deren „Spannungsspitze" maxi-mal 19 Volt erreicht. Die ebenfalls eingezeichnete Regler-Ebene zeigt, in wel-

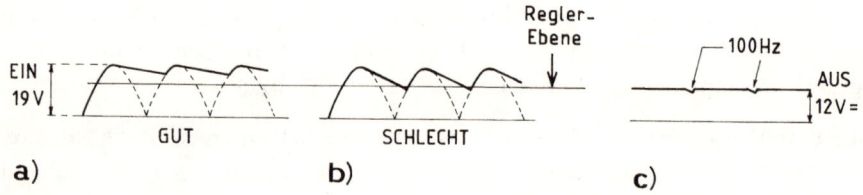

Abb. 4.10: a) Der Elektrolyt-Kondensator am Brückengleichrichter (und somit auch am Eingang eines Spannungsreglers) muß eine ausreichend hohe Kapazität haben, um die „Täler" zwischen den Spannungsspitzen bis überhalb der Reglerebene auffül-len zu können; b) wenn die „Rillen" zwischen den Spannungspulsen tiefer sind, als der Regler „aushobeln" kann, erscheinen sie am Ausgang des Spannungsreglers, wie ad c) eingezeichnet ist. Da es sich hier um die „Reste" der 50-Hz-Netzspannung han-delt, bei denen sich durch die Umkehrung der negativen Pulse die pulsierende Span-nung auf 100 Hz verdoppelt, hören sich die 100-Hz-Rillen als ein 100-Hz-Brumm an.

cher Höhe der Spannungsregler die Spannung abschneidet (abhobelt). Wenn ihm eine ausreichend „vorgeglättete" Spannung nach *Abb. 4.10a* zugeführt wird, kann er sie gut stabilisieren und liefert an seinem Ausgang eine exzellent „glattgehobelte" Ausgangs-Gleichspannung (wie aus einer Batterie).

Wenn dagegen dem Spannungsregler eine derartig stark pulsierende Spannung zugeführt wird, daß er sie noch oberhalb der Rillen *(nach Abb. 4.10b)* „abhobeln" muß, liefert er eine Gleichspannung mit „Rillenresten" nach *Abb. 4.10c*. Dieser eingezeichnete mangelhafte Spannungsverlauf ist identisch mit dem Bild, daß in diesem Fall auch der Bildschirm eines Oszilloskopen anzeigt.

Wer keinen Oszilloskop hat, kann die Qualität der Speisespannung mit einem einfachen Trick testen: Wenn ein beliebiger Verstärker mit einem empfindlichen Vorverstärker an eine derartige Speisespannung angeschlossen wird, hört man im Lautsprecher die winzigen 100 Hz-Rillen als Brumm. Zur Kontrolle kann dann derselbe Verstärker abwechselnd an eine Batterie (oder an eine andere „erprobt glatte" Speisespannung angeschlossen werden. Die unterschiedliche Qualität der Gleichspannungen wird dann deutlich hörbar.

Abb. 4.11: Der „Spitzenwert" einer sinusförmigen Netzspannung ist 1,4142 mal höher, als ihr eigentlicher „Nennwert". Dieser „Nennwert" bezieht sich einfach formuliert nur darauf, daß z.B. eine 10-V-Wechselspannung eine Heizspirale in demselben Umfang aufwärmt, wie eine 10-V-Gleichspannung.

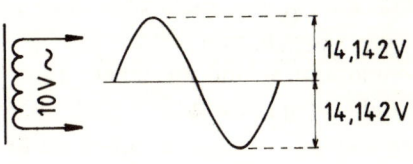

Wir widmen dieser Problematik deshalb viel Aufmerksamkeit, weil sie zu oft die Ursache von unbefriedigender Funktion der eigenhändig erstellten Schaltungen ist. Man sucht dann den Fehler überall, sogar auch bei dem Spannungsregler. Wenn man diesen dann mit derselben Type austauscht, hilft es natürlich gar nichts.

Was hilft?

a) Wenn die Kapazität des Elektrolyt-Kondensators am Eingang des Spannungsreglers (in der Zeichnung nach Abb. 4.1 ist es der C1) unterhalb von ca. 470 μF liegt, kann sie z.B. bis auf 2000 μF erhöht werden. Dadurch werden die Rillen besser geglättet und bei etwas Glück verschieben sie sich derartig nach oben, daß sie – wie Abb. 4 10a zeigt – in das „Niemandsland" überhalb der Regler-Ebene stehen.

b) Soweit bereits nicht ein Low-Drop-Spannungsregler verwendet wurde, ist der normale Standard-Spannungsregler durch eine Low-Drop-Type zu ersetzen. Ein Low-Drop-Regler begnügt sich – wie wir wissen – mit einer wesentlich kleineren Spannungsdifferenz (von nur ca. 0,5 bis 1 V) zwischen der Eingangs- und Ausgangsspannung (ein „normaler" Spannungsregler beansprucht dagegen bis zu 3 V).

c) An normalen Silizium-Gleichrichterdioden ist – wie gleich noch erklärt wird – der Spannungsverlust zu hoch. Wenn der Brückengleichrichter bzw. die einzelnen Gleichrichterdioden (in Abb. 4.1 sind es die Dioden 1N4001) durch Schottky-Dioden (z.B. Type SB 130) ersetzt werden, steigt die vom Gleichrichter gelieferte Spannung um ca. 1 V.

d) Alle vorhergehenden Maßnahmen können gleichzeitig angewendet werden.

e) Falls auch das nicht hilft, ist die zur Verfügung stehende Sekundärspannung des Transformators zu niedrig. Abhilfe: ein anderer Transformator mit entsprechend höherer Sekundärspannung.

Es gibt nichts Schlimmeres, als bei einer fachlichen Auskunft Behauptungen aufzustellen, aber nicht ordentlich zu erklären. Das ist ähnlich, wie wenn in einem Fernsehkrimi zehn brutale Morde begangen werden und der Regisseur nimmt zum Schluß mit einem Täter Genügen, der nur die Hälfte der Morde gesteht. Man grübelt dann, zählt immer wieder nach und stellt letztendlich fest, daß man ein kulturelles Defizit erlitten hat.

Um nicht einen ähnlichen Fehler zu begehen (der dann ein „Wissensdefizit technischer Art" zufolge hätte), sollte man kurz darauf hinweisen, daß der Spannungs-Nennwert einer Wechselspannung nur eine Art von Pseudonym darstellt. Eine 10-Volt-Wechselspannung hat gar keine 10 Volt, sondern bewegt sich zwischen Null und 14,142 Volt – wie in *Abb. 4.11* graphisch dargestellt wird.

Das hat uns gerade noch gefehlt! Hat sich da wieder jemand so etwas Komisches ausgedacht?

Diesmal nicht. Hier hat die Sache wirklich eine sinnvolle Grundlage: Eine sinusförmige Wechselspannung muß 1,4142 mal größer als eine Gleichspannung sein, um dieselbe Wärmeleistung (an einer elektrischen Heizspirale) zu erbringen. Aus unserer Abbildung geht hier hervor, daß verständlicherweise auch die negative (untere) Hälfte des Spannungsimpulses das 1,4142 fache der Sekundär-Nennspannung aufweist.

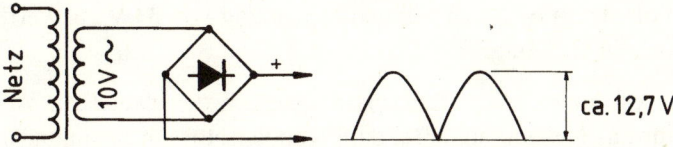

Abb. 4.12: Die pulsierende Gleichspannung, die ein Gleichrichter liefert, müßte hier normalerweise ebenfalls einen Spitzenwert von 14,142 Volt betragen. In den meisten Silizium-Brückengleichrichtern entsteht jedoch ein durchschnittlicher Spannungsverlust von etwa 0,7 V pro Diode. Die pulsierende Spannung muß hier – am Hin- und Rückweg – jeweils zwei Dioden „durchwandern" und verliert somit 2 x 0,7 V (= 1,4 V). Dadurch verringert sich die ursprüngliche „Spitzenspannung" um diese 1,4 V von 14,1 V auf ca. 12,7 V.

Das Verhältnis von 1 zu 1,4142 gilt generell. Man kürzt es normalerweise auf „1,41" ab. Wenn also ein Transformator eine „angebliche" Sekundärspannung von z.B. 20 Volt hat, sind die „Pulsenhügel" der Spannung 1,41 mal höher, als 20 Volt. Das ergibt Spannungsspitzen von 28,2 Volt.

Wozu sollte man so etwas wissen? Es ist z.B. wichtig für die Dimensionierung der Spannung, für die der erste Elektrolyt-Kondensator (Ladekondensator) ausgelegt werden muß, der parallel zum Gleichrichter (bei Abb. 4.1 der C1) angeschlossen wird.

Ein gängiger Brücken-Gleichrichter ist allerdings mit Siliziumdioden bestückt, an denen ein Spannungsverlust bis überhalb von 0,7 V (pro Diode) einzukalkulieren ist. Der Weg der Spannung geht dabei immer über zwei Dioden (einmal „HIN" und einmal „ZURÜCK"); somit gehen ca. 1,4 Volt auf der Strecke verloren und wir erhalten in unserem Beispiel nach *Abb. 4.12* am Ausgang des Gleichrichters eine Spannung von nur ca. 12,7 V (14,1 V minus 1,4 V ergibt 12,7 V).

Alle diese Angaben sind zwar „mit Gewähr", aber man braucht sich das Ganze nicht zu merken. Es genügt, wenn man weiß, daß es so etwas gibt und daß eine Wechselspannung strikt genommen keinesfalls das ist, wofür sie sich ausgibt. Der Umrechnungsfaktor 1:1,41 ist jedoch von Bedeutung, wenn man ein Netzgerät für etwas höhere Spannung(en) entwirft und auch die Gleichrichterdioden oder den Brückengleichrichter richtig dimensionieren will.

Beispiel: Der Netzteil nach Abb. 4.4a soll eine „regelbare Spannung" zwischen 1,2 V und ca. 30 V liefern können. Der vorgesehene Low-Drop-Spannungsregler benötigt eine Eingangsspannung von mindestens 31 V. Angenommen, uns steht ein Trafo mit einer Sekundärspannung von 33 V zur Verfügung. Das wäre soweit in Ordnung.

Wie sieht es jetzt mit den Betriebsspannungen der zwei Elektrolyt-Kondensatoren für das Netzteil aus? Bei dem Kondensator am Spannungsregler-Ausgang ist es klar: die Spannung erreicht hier maximal 30 V. Ein „35/40 V-Elektrolyt-Kondensator" aus dem Katalog ist also eindeutig ausreichend dimensioniert.

Der Elektrolyt-Kondensator am Spannungsregler-Eingang muß jedoch die pulsierende Gleichspannung aus dem Gleichrichter verkraften können. Wie sieht es denn hier mit den Spannungs-Maximen aus?

Am Sekundär des 33-Volt-Trafos erreichen die „echten" Spannungsmaximen einen Wert von 33 V x 1,41 = 46,53 V. Auch wenn wir jetzt für die zwei Gleichrichterdioden ca. 1,4 V abziehen, bleiben immer noch Spannungs-Maximen übrig, die zu hoch für einen „35/40V-Elektrolyt Kondensator" sind.

Hier greifen wir zu einem „strapazierfähigeren" Elektrolyt-Kondensator, der für eine Spannung von 63 V ausgelegt ist. Er ist ohnehin nur geringfügig teurer.

Manchmal kommt es beim Experimentieren vor, daß ein passender Kondensator für eine entsprechend höhere Spannung gerade nicht vorrätig ist. In dem Fall können nach *Abb. 4.13* (links) zwei Kondensatoren in Serie geschaltet werden.

Abb. 4.13: Wenn zwei parametrisch gleiche Kondensatoren in Serie geschaltet werden, verdoppelt sich die Betriebsspannung und halbiert sich die Endkapazität eines solchen Duos. Um evtl. die ursprüngliche Kapazität bei doppelter Betriebsspannung zu erhalten, müssen – wie rechts gezeichnet – 4 gleiche Kondensatoren seriell-parallel zusammengelötet werden.

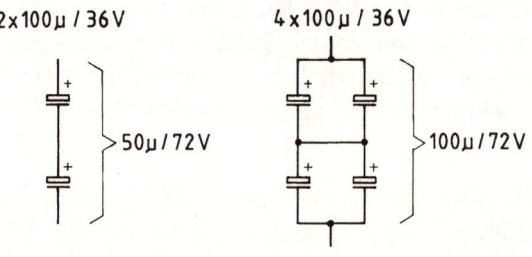

Dadurch verdoppelt sich die Betriebsspannung, aber um den Preis, daß sich wiederum die Endkapazität halbiert. Um sie wieder zu erhalten, müßten 4 dieser Kondensatoren in einer „seriell/parallelen" Anordnung (wie rechts eingezeichnet ist) zusammengelötet werden – womit dann der Vorteil der doppelten Betriebsspannung relativ teuer erkauft wird. Daher wird eine derartige Lösung nur bei Experimenten angewendet, falls der benötigte Kondensator nicht „auf Lager" ist.

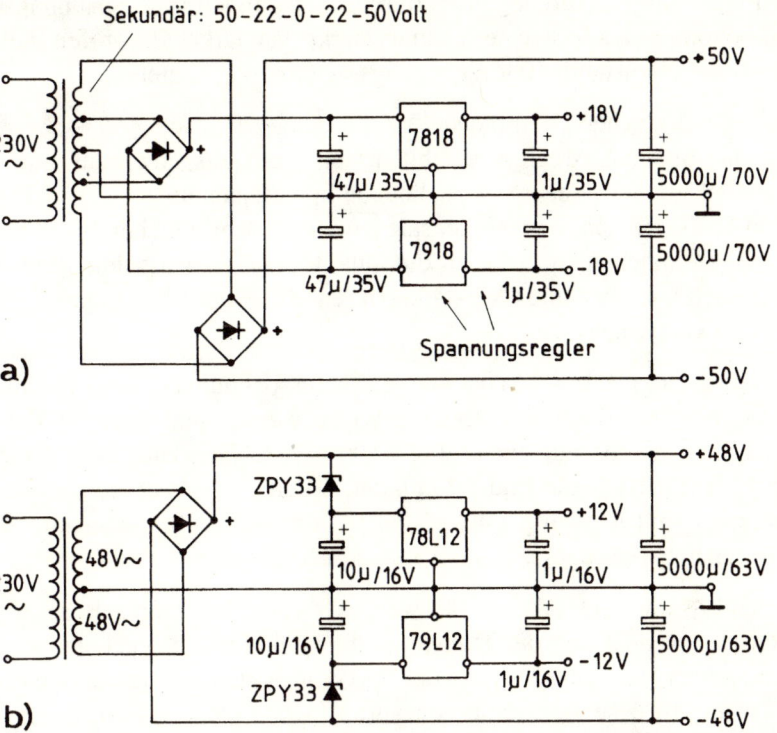

Abb. 4.14: Netzteil eines größeren Verstärkers mit symmetrischen Speisespannungen: a) Für die Endstufe sind die + 50 V / -50 V-Spannungen bestimmt; für den Vorverstärkerteil werden stabilisierte Spannungen von +18 V / -18 V von einem separaten Brückengleichrichter über zwei Spannungsregler aufbereitet. b) wenn die Stromabnahme des Vorverstärkerteiles bescheiden ist, kann die symmetrische Versorgungsspannung über jeweils eine Zenerdiode von der Hauptversorgungsspannung (die in diesem Fall 2 x 48 V beträgt) abgezapft werden. Alle hier aufgeführten Versorgungsspannungen beziehen sich nur auf einige Verstärkertypen und müssen bedarfsbezogen an den vorgesehenen Verstärker angepaßt werden – was bereits mit der Wahl der optimalen Sekundärspannung des Transformators beginnt (weiter siehe Seitentext).

Nun dürfte darauf hingewiesen werden, daß die meisten Hersteller großzügig genug dimensionieren. Bei einer evtl. Experimentierschaltung kann man üblicherweise einen „16 V-Kondensator" an eine 20-V-Spannung anschließen, ohne befürchten zu müssen, daß er durchschlägt. Für eine Schaltung, die etwas länger mitgehen soll, ist dies jedoch nicht zu empfehlen. Man lötet damit gezielt eine Schwachstelle in die Schaltung ein.

Wir haben bereits in Abb. 3.23 auf S.102 das Schaltbeispiel einer symmetrischen Spannungsversorgung aufgeführt. Eine symmetrische Spannungsversorgung benötigen auch diverse leistungsstarke Verstärker-Endstufen, bei denen man oft auf eine stabilisierte Spannungsregelung verzichtet.

Der Netzteil solcher „Verbraucher" kann dann z.B. nach *Abb. 4.14* teils aus einer mit Spannungsreglern „stabilisierten" und aus einer nur mit jeweils einem Elektrolyt-Kondensator geglätteten Speisespannung bestehen. Eine Verstärker-Endstufe stellt – im Gegensatz zu einem empfindlichen Vorverstärker – keine allzu hohen Ansprüche an die Qualität der Speisespannung (es folgen hier ja auch keine weiteren Verstärkerstufen, die eventuelle „Spannungsrillen" weiterhin verstärken).

Das Netzgerät in Abb. 4.14a hat vier Ausgangsspannungen; zwei 18 Volt Spannungen, die über Spannungsregler bezogen werden und zwei 50 Volt-Spannungen, die jeweils nur ein großer Elektrolyt-Kondensator (von 5.000 oder auch 10.000 μF) für die Endstufe glättet. So eine „symmetrische Spannungsversorgung" mit je zwei positiven und zwei negativen Spannungen wird sehr oft für leistungskräftigere Audio-Verstärker benötigt.

Bei der Lösung nach Abb. 4.14a werden zwei unabhängige Brückengleichrichter angewendet und der Transformator muß eine entsprechend ausgelegte Sekundärwicklung haben (was in der Praxis auch ziemlich üblich ist). Eine solche Lösung ist besonders dann von Vorteil, wenn die Schaltungsteile, die mit der 18-V-Spannung (oder einer anderen niedrigeren Spannung) versorgt werden, einen höheren Stromverbrauch haben.

Bei vielen Verstärkern besteht gegenwärtig der Vorverstärkerteil nur aus einigen wenigen ICs, die einen sehr geringen Stromverbrauch (z.B. unterhalb von 50 mA) haben. Hier kann die niedrigere „Zweitspannung" nach Abb. 4.14b direkt von der Versorgungsspannung der Endstufe abgezapft werden.

Wir haben in diesem Schaltbeispiel mit Hilfe von Zenerdioden (ZPY 33) die 48-V-Spannungen der Endstufe in beiden Spannungszweigen um 33 Volt verringert. Von den ursprünglichen 48 V schluckt jeweils die Zenerdiode „ihre" 33 V und läßt nur den Rest von 15 V an den Spannungsregler durch (33 V + 15 V = 48 V).

Der Vorteil der Lösung nach Abb. 4.14b besteht vor allem darin, daß hier der Transformator – im Gegensatz zu dem Schaltbeispiel nach 4.14a – nur eine einfachere Sekundärwicklung mit Mittenanschluß benötigt. Die zwei symmetrischen Versorgungsspannungen können hier mit Hilfe von entsprechenden Spannungsreglern und richtig gewählten Zenerdioden auf einen beliebigen Wert herabgeregelt werden.

Unter dem Begriff „entsprechende Spannungsregler" sind Spannungsregler gemeint, die die benötigte Höhe der Zweitspannung liefern und zudem auch den vorgesehenen Strombedarf decken können. Das ist jedoch für uns nichts Neues mehr.

Auch die Zenerdioden müssen selbstverständlich immer so gewählt werden, daß sie von der Versorgungsspannung (in unserem Fall von den 48 V) nur die Differenz zwischen der benötigten Regler-Eingangsspannung und der eigentlichen Versorgungsspannung schluckt. Es kann sich dabei um Zenerdioden beliebiger Type (BZX, BZY, ZD usw.) handeln, aber es ist hier auf die typenbezogene Maximumleistung zu achten.

Manche Elektroniker sind bei Zenerdioden bezüglich der Maximumleistung oft überfordert, weil die eigentliche „Zenerspannung" einen etwas irreführenden Parameter darstellt. Dabei ist die Sache ganz einfach. Ein praktisches Beispiel ist auch hier besser als reine Theorie:

Die Zenerdioden Type ZPY 33 (im Schaltplan Abb. 4.14b) haben eine Zenerspannung von 33 V. Das ist die Spannung, die sie NICHT durchlassen. Erst wenn die Spannung über die 33 V steigt, wird der Spannungsanteil, der oberhalb von 33 Volt liegt, durchgelassen. Aber eben NUR dieser Anteil.

In unserem Schaltplan läßt daher jede der zwei Zenerdioden nur eine Spannung von 15 V durch – wie schon erklärt wurde. Zu erklären wäre nur noch die Frage der Leistung, mit der so eine Zenerdiode konfrontiert wird.

Diese Leistung setzt sich hier nur aus den durchgelassenen 15 Volt und aus der Stromabnahme des belasteten Spannungsreglers zusammen. Die Belastung des Spannungsreglers bilden die von ihm versorgten Schaltungen. Wenn es sich dabei z.B. um fünf ICs handelt, deren Stromabnahme insgesamt bei höchstens 20 mA liegt, wird die Zenerdiode einer elektrischen Belastung von etwa

15 Volt x 0,02 A = 0,3 Watt ausgesetzt.

Die verwendeten Zenerdioden ZPY 33 sind für eine Maximumleistung von 1 Watt ausgelegt. In diesem Fall wäre da noch eine ausreichende Leistungsreserve vorhanden. Allerdings nicht unbedingt haargenau so, wie wir es nun errechnet haben. In der Praxis schwankt die Stromabnahme einer Verstärker-Endstufe mit seiner Aussteuerung. Wenn er wenig ausgesteuert wird und wenn der Transformator des Netzteiles etwas knapper dimensioniert und damit „zu weich" ist, kann es bei der Haupt-Versorgungsspannung zu Schwankungen kommen, die z.B. zwischen 46 und 52 Volt liegen.

In unserem Fall hat eine derartige Spannungsschwankung zur Folge, daß die Zenerdiode ZPY 33 gelegentlich statt der 15-V-Spannung eine um 4 V höhere Spannung – also ganze 19 V – an den Spannungsregler liefert. Hier müßten wir also die vorhin errechnete Maximumbelastung auf die 19 V umrechnen:

19 Volt x 0,02 A = 0,38 Watt.

In diesem Fall wird die angewendete 1-W-Zenerdiode immer noch bei weitem nicht überstrapaziert. Es wäre jedoch schon etwas kritischer, wenn z.B. die 12-V-Zweitspannung eine Stromabnahme von 50 mA bewältigen müßte.

Sehen wir uns interessehalber an, mit welcher Belastung die Zenerdiode bei beiden aufgeführten Alternativen konfrontiert würde:

a) 15 Volt x 0,05 A = 0,75 Watt;
b) 19 Volt x 0,05 A = 0,95 Watt.

Fazit: 50 mA Stromabnahme wäre hier schon zu kritisch. Die Zenerdioden würden sich zu sehr aufwärmen. Eine zusätzliche Kühlung der Zenerdioden wäre eine technisch akzeptable, aber nicht unbedingt erstrebenswerte Lösung. Es sollten ja nicht unnötige „Heizkörper" in ein Gerät eingebaut werden, wenn es bessere Alternativen gibt.

Die „bessere Alternative" bildet in diesem Fall die Lösung nach Abb. 4.14a. Falls ein Transformator mit der gewünschten Einteilung seiner Sekundärwicklungen nicht erhältlich ist, können stattdessen zwei Transformatoren angewendet werden: Der eine in ähnlicher Ausführung, wie in Abb. 4.14b eingezeichnet ist, der zweite Transformator – sowie auch das ganze ihm zugehörende Netzteil – kann z.B. separat ausgelegt werden.

Wichtig ist in dem Fall, daß die MASSE beider Netzteile miteinander sehr gut verbunden wird – z.B. mit einem Kupferdraht, dessen Querdurchschnitt überhalb von 6 mm² liegt. Es können auch mehrere dünnere Drähte parallel gezogen werden, aber diese muß man in ganzer Länge miteinander durchlöten.

Eine Spannungsversorgung nach Schaltbeispiel Abb. 4.14 kann auch für ein Laborgerät erstellt werden, falls vorgesehen ist, daß mit leistungsstärkeren Endverstärkern experimentiert wird. Andernfalls kann auch das „Labor-Netzgerät" nach Abb. 4.4 für eine symmetrische Spannnungsversorgung ausgelegt werden, die sich an dem Schaltbeispiel nach Abb. 3.23 auf S. 102 orientiert.

Da eine symmetrische Versorgungsspannung wesentlich seltener als eine „nur positive" Spannung benötigt wird, muß der negative Zweig nicht zu aufwendig konzipiert sein (womit gemeint ist, daß da nicht unbedingt die Negativspannungen in Stufen eingeteilt werden müssen, wie wir es z.B. im Schaltbeispiel nach Abb. 4.4b bei den Positivspannungen gemacht haben. Ein negativer regelbarer Spannnungsregler wäre jedoch auch in diesem Zweig von Vorteil.

Manchmal hat man die Gelegenheit preiswerte Restposten-Transformatoren zu erwerben, deren Sekundärspannungen jedoch nicht für das eine oder andere Vorhaben geeignet sind. Soweit nicht unbedingt raumsparend gearbeitet werden muß, können ohne weiteres zwei (oder auch mehrere) Sekundärwicklungen verschiedener Transformatoren miteinander nach *Abb. 4.15* seriell verbunden werden.

Abb. 4.15: Gelegentlich können für experimentelle Zwecke zwei (oder auch mehrere) preiswerte „Restposten-Trafos" die gewünschte Sekundärspannung aufbringen, wenn sie seriell geschaltet werden. Die Sekundärwicklungen dürfen für unterschiedliche Spannungen, wie auch für unterschiedliche Maximumströme ausgelegt sein. Der niedrigste Sekundärstrom ist allerdings für den maximalen Ausgangsstrom bestimmend.

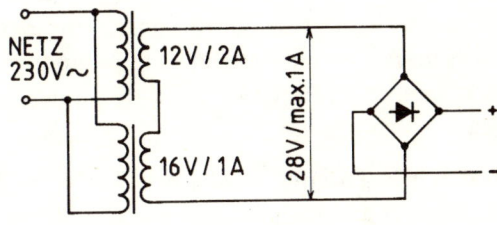

In diesem Beispiel wurden absichtlich zwei unterschiedliche Transformatoren angewendet – um zu zeigen, daß es nichts ausmacht, wenn hier neben den Sekundärspannungen auch der Sekundär-Nennstrom unterschiedlich ist. Der Maximumstrom wird in solchen Fällen allerdings durch das „schwächste Glied der Kette" – also durch den niedrigeren Strom der 1-A-Wicklung bestimmt. Die zwei Sekundärspannungen addieren sich.

Manchmal gibt es unter den preiswerten Angeboten auch Transformatoren, die für eine Primärspannung von 115 V ausgelegt sind. Man kann dann zwei

Transformatoren auch an der Primärseite in Serie schalten und an die 230-V-Netzspannung anschließen. Hier müssen jedoch beide Transformatoren unbedingt völlig identische Parameter haben: Denselben Hersteller, dieselbe Type und was am wichtigsten ist: exakt dieselbe Leistung. Andernfalls würde sich die 230-V-Netzspannung nicht im Verhältnis von 1:1 zwischen die beiden Primärwicklungen verteilen! Dies hätte zufolge, daß der eine Transformator eine viel höhere, der andere eine entsprechend niedrigere Spannung als die vorgesehenen 115 V bekommen würde.

Bemerkung: Wenn man an einem unbekannten Transformator die Sekundärspannung messen möchte, muß dieser zumindest „einigermaßen" belastet werden.

Einen unbelasteten Transformator zu messen, hat wenig Sinn. Da ist die Sekundärspannung wesentlich höher, als bei einem normalen Betriebseinsatz. Als „technisch aussagekräftig" wäre eine Spannungsmessung bei voller Nennbelastung – soweit sie bekannt ist. Andernfalls kann man den Transformator probe- und schätzungsweise vorerst etwas sanfter belasten und seine Sekundärspannung annähernd ermitteln.

Soweit dann deutlich ist, für welche Stromabnahme der Transformator vorgesehen ist, kann man ihn mit annähernd demselben Strom belasten und nachmessen. Als einfachste Belastung kommen z.B. Drahtwiderstände oder 12-V-Autolampen in Frage (evtl. in Reihe geschaltet, um den Transformator nicht überzustrapazieren).

Daß wir in Zusammenhang mit den Netzteilen so wenig Aufmerksamkeit den Sicherungen gewidmet haben – obwohl es sich eigentlich gehört hätte – hat einen einfachen Grund: Kap. 5.5 befaßt sich speziell mit Sicherungen und Sicherungsautomaten.

4.2 Batterien und Akkumulatoren

Die Anwendung von Batterien ist in der Elektronik nur dann gerechtfertigt, wenn sich keine wirtschaftlichere Lösung anbietet. Wer bereits Erfahrung mit Batterien hat, dem ist klar, daß auch die besten wiederaufladbaren Batterien nur einige Jahre mitmachen und danach ist es mit ihnen aus. Besonders kleinere wiederaufladbare NiCd-, NiMH- oder ähnliche Batterien haben eigentlich eine an sich frustrierend kurze Lebensdauer.

Abb. 4.16: Netzgeräte sind auch als Fertigprodukte in diversen Preisklassen und Ausführungen erhältlich (Foto Conrad Electronic).

Etwas anders liegt die Sache bei Autobatterien bzw. anderen größeren Bleiakkumulatoren. Sie weisen eine zunehmend gute Qualität und eine ebenfalls zunehmend lange Lebensdauer auf. Eine besonders lange Lebensdauer haben oft diverse spezielle „Solarakkumulatoren" (bis zu der doppelten Lebensdauer einer „normalen" Autobatterie – allerdings für einen etwa dreifachen Preis).

Wer sich mit Batterien schon etwas auskennt, der weiß, daß jede Batterie eine vorgegebene Spannung (Nennspannung) und eine vorgegebene Kapazität hat. Die Kapazität wird in Amperestunden (Ah) oder in Milliamperestunden (mAh) angegeben und klärt uns über den energetischen Inhalt der einen oder anderen Batterie auf.

Beispiel: Wenn eine beliebige Batterie z.B. eine Kapazität von 4 Ah hat (und voll aufgeladen ist) bedeutet es, daß sie

entweder 4 Stunden lang einen Strom von 1 A liefern kann
oder 8 Stunden lang einen Strom von 0,5 A liefern kann
oder 16 Stunden lang einen Strom von 0,25 A liefern kann
und so weiter...

Mit der Kapazität (Inhalt) einer Batterie verhält es sich ähnlich, wie z. B. mit dem Inhalt eines Weinfasses. Wenn ein solches Faß einen Inhalt von 200 Liter hat, und man dreht seinen Hahn so auf, daß pro Stunde 20 Liter Wein herausfließen, wird es 10 Stunden dauern, bevor das Faß leer ist. Dreht man den Hahn so auf, daß pro Stunde 50 Liter Wein herausfließen, ist das Faß innerhalb 4 Stunden leer....

Bei dem Weinfaß, wie auch bei der Batterie können wir also mit einem sparsameren Stundenverbrauch selber bestimmen, für wie lange Zeit der Inhalt ausreichen wird.

Wenn wir an eine 1 Ah-Batterie eine kleine elektronische Schaltung anschließen, die eine Stromaufnahme von 0,02 A hat, können wir uns einfach ausrechnen, wie lange die Batterie-Kapazität ausreichen wird:

1 Ah : 0,02 A = 50 Stunden

Falls ein etwas größeres Gerät mit einer Stromaufnahme von 0,15 A als „Verbraucher" von derselben 1 Ah-Batterie mit Strom versorgt werden soll, ergibt sich daraus eine vorgesehene Betriebsdauer von:

1 Ah : 0,15 = 6,66 Stunden

Die Nennspannung (also die „offizielle Spannung der Batterie) ist bei der Berechnung der Kapazität nicht von Bedeutung.

Ordnungshalber sollte jedoch darauf hingewiesen werden, daß die Entladung einer jeden Batterie teilweise von der Stromabnahme abhängt. Die Nennkapazität ist also nicht als eine absolut zuverlässige Angabe zu betrachten, die unter allen Umständen zur Verfügung steht. Im Vergleich mit dem Weinfaß kann es hier vorkommen, daß eine 10 Ah-Batterie nach einer Stromabnahme von 9,3 Ah leer ist (oder daß sie im Gegenteil erst nach einer Stromabnahme von 10,5 Ah leer wurde).

Der Begriff „leer" ist jedoch bei einer jeden Batterie meistens nur anwendungsbezogen definierbar. So wird z.B. eine wiederaufladbare 9 V-Batterie eines Akkuschraubers als „leer" erst dann betrachtet, wenn der Schrauber (also sein Elektromotor) nicht mehr dreht. Er gibt es jedoch erst dann völlig auf, wenn die Batteriespannung unterhalb von ca. 3,5 V gesunken ist.

Dadurch wird hier die Kapazität aus der Batterie fast bis zum letzten Tropfen „herausgesaugt" und erst danach wird die Batterie als „leer" angesehen.

Wenn dagegen dieselbe Batterie ein anderes Gerät mit Strom versorgen muß, daß z.B. nur bis zu einer Unterspannung von höchstens 8 V funktioniert, betrachtet man die Batterie logischerweise bereits dann als „leer", wenn ihre Spannung nicht mehr der Anforderung gerecht ist.

Diese Beispiele wollen darauf hinweisen, daß dem Begriff „Kapazität" normalerweise ein anwendungsbezogener Spielraum eingeräumt werden muß. Die Umrechnung der Batteriekapazität in den jeweiligen Stromverbrauch – wie wir vorhin an Beispielen gezeigt haben – gibt dennoch eine ausreichende Auskunft über die Anwendungsmöglichkeit.

Gegenwärtig gibt es sehr viele Batterien und Akkumulatoren, die vom Prinzip her ziemlich unterschiedlich sind und die manchmal auch interessante technische Merkmale haben. So richtig durchgesetzt haben sich auf breiterer Ebene für kleinste Leistungen die Knopfzellen (Uhren, Fotogeräte, Taschenrechner), für mittlere Leistungen die NiCd und NiMH Akkus und für größere Leistungen die Bleiakkumulatoren, die den meisten von uns unter dem Begriff „Autobatterien" geläufiger sind.

Mit der Terminologie ist es bei den Bezeichnungen „Batterie" oder „Akkumulator" etwas undeutlich, weil es ziemlich durcheinander verwendet wird.

Ordnungshalber sollte nun darauf hingewiesen werden, daß bei allen diesen wiederaufladbaren Energiespeichern sowohl die Bezeichnung Batterie, wie auch die Bezeichnung Akkumulator oder abgekürzt „Akku" ziemlich durcheinander verwendet wird – mit Ausnahme der Wegwerfbatterien, bei denen man allgemein nur die Bezeichnung „Batterie" benutzt.

Was die wiederaufladbaren Akkumulatoren (oder wenn man so will „Batterien") anbelangt, werden gegenwärtig vor allem drei Typen verwendet:

a) für bescheidenere Energieversorgung sind es die altbekannten NiCd-(Nickel-Cadmium)-Akkus und die umweltfreundlichen neueren Ni-MH-(Nickel- Metallhybrid)-Akkus mit einer Kapazität von etwa 0,15 Ah bis 4 Ah;

b) für aufwendigere Energieversorgung werden überwiegend Bleiakkumulatoren (worunter Autobatterien, Modellbau-Akkus, Solarakkus, usw.) verwendet, deren handelsübliche Kapazitäten in etwa zwischen 1 Ah und 400 Ah liegen.

Die meisten kleinen NiCd oder NiMH-Akkus haben pro Glied eine Spannung von nur 1,2 Volt. Bleiakkumulatoren – und damit auch alle Autobatterien – haben pro Glied eine Spannung von 2 Volt. Durch die bekannten Reihenschaltungen können aus diesen Einzelgliedern beliebig hohe Akkuspannungen zusammengesetzt werden. Diese angegebenen „Nennspannungen" beziehen sich jedoch nur auf einen Mittelwert. Voll aufgeladene Akkus haben eine etwas höhere Spannung und entladene Akkus wiederum eine niedrigere Spannung als dieser Mittelwert angibt.

Soweit heutzutage in Elektrowerkzeugen und Haushaltsgeräten wiederaufladbare Akkus integriert sind, handelt es sich überwiegend um die Nickel-Cadmium-Akkus (NiCd-Akkus). Von der Leistung des Gerätes hängt dann ab, wie groß diese Akkus sind, und vom Spannungsbedarf hängt ab, wieviele es sind. Wenn ein Akku-Schrauber z. B. mit einer Spannung von 4,8 Volt arbeitet, benötigt er demzufolge 4 Stück NiCd-Akku-Glieder (4 x 1,2 V).

Die allgemein bekannte Autobatterie ist ein Bleiakkumulator, der für das Auto konstruiert wurde. Es gibt auch Bleiakkumulatoren größerer Abmessungen (für Akkuräume der Krankenhäuser und Hydrozentralen oder als Energiespeicher für Solaranlagen). Anderseits sind wiederum für den Modellbau sehr kleine und leichtgewichtige Bleiakkumulatoren erhältlich. Alle diese Bleiakkumulatoren unterscheiden sich aber technisch und optisch von den Autobatterien nur geringfügig.

Eine Ausnahme bilden hier nur die speziellen Solar-Akkumulatoren, die gezielt als Speicher für Photovoltaik-Anlagen entwickelt wurden. Sie unterscheiden sich von „normalen" Bleiakkumulatoren zwar nicht optisch, aber wohl in Hinsicht auf die technischen Parameter (besseres Lade- und Entladeverhalten, längere Lebensdauer, kleinere Selbstentladung usw.).

Nebenbei: Viele Anwender der Photovoltaik sind sich im unklaren darüber, ob nun für eine Solaranlage auch ein echter Solar-Akku verwendet werden muß oder nicht. Die Antwort darauf ist sehr einfach und lautet: es muß nicht! Der Solaranlage ist es völlig gleich, auf welche Weise die aus den Zellen gewonnene Energie gespeichert wird. Auch den angeschlossenen Verbrauchern ist es – bis auf seltene Ausnahmen – ganz egal, aus welchen Akkus sie ihre Energie beziehen.

Wo liegt dann der Vorteil eines „echten" Solar-Akkus? Vielleicht sollten wir rein informativ erst darauf hinweisen, daß es auch unter den traditionellen Bleiakkumulatoren vom Grundkonzept her unterschiedliche Bauarten gibt, die einigen speziellen Anforderungen gerecht werden müssen.

Eine Autobatterie muß z. B. problemlos den schweren Stromstoß verkraften können, der sich beim Motorstart jedesmal wiederholt. Dies ist eine besondere Eigenschaft, die wiederum bei den Batterien für eine Notbeleuchtung (Krankenhaus-Batterieraum) nicht unbedingt nötig ist.

Daher wird bei der Entwicklung (und Weiterentwicklung) der Autobatterien auf diese Eigenschaft ein besonders großer Wert gelegt und andere technische Parameter müssen sich dieser Anforderung etwas unterordnen.

Bei einer Batterie für den Modellbau oder für kleinere Elektrofahrzeuge ist wiederum wichtig, daß man bei möglichst kleinem Gewicht eine möglichst große Leistung erhält usw. So wird jede Akku-Type gezielt etwas zweckorientiert entwickelt und konstruiert.

Bei Solar-Akkumulatoren spielt bei der normalen stationären Anwendung das Gewicht keine besondere Rolle und zu große Stromstöße kommen im Falle normaler Verbraucher ebenfalls nicht sehr oft vor. Demgegenüber handelt es sich hier um Speicher für eine relativ teuer gewonnene Energie und man konzentriert sich deshalb bei der Entwicklung vor allem darauf, daß die Energieverluste beim Laden und Speichern sehr gering gehalten werden und daß dabei die Lebensdauer möglichst lang wird.

Solar-Akkus haben eine kleinere Selbstentladung (kleinere Verluste), sind etwas strapazierfähiger in bezug auf die ständigen Ladungen und Entladungen und wurden auch hinsichtlich des sogenannten Tiefentlade-Verhaltens optimiert. Gute Solarakkus sind zudem wartungsfrei und relativ frostsicherer (hier müssen typenbezogen Herstellerangaben verglichen werden).

Zu den unsympathischsten Eigenschaften aller wiederaufladbaren Batterien gehört ihr Verhalten in Hinsicht auf das Entladen und Selbstentladen. Nicht nur daß es Batterien gibt, die sich typenbezogen als sehr „launisch" verhalten; die Eigenheiten sind zudem auch noch verwirrend unterschiedlich:

Wenn ein Bleiakkumulator ein einziges Mal zu tief entladen wird, ist es mit ihm aus. Er läßt sich zwar meistens wieder aufladen, aber leidet anschließend unter einer zu großen Selbstentladung. Abhängig davon, wie „zu tief" er einmal entladen wurde, behält er seine Kapazität nur eine derart kurze Zeit, daß er entweder bloß noch „kaum brauchbar" oder eindeutig ganz unbrauchbar wird. Das sind dann die „Autobatterien", bei denen der Start des Autos immer zu einer abenteuerlichen Glückssache wird, oder einen Muskeleinsatz – sprich Schieben – beansprucht.

Paradox ist, daß wiederum für die Lebensdauer eines NiCd-Akkus, als eine wichtige Bedingung vorgeschrieben wird, daß er möglichst gleich am Anfang seines Einsatzes und danach etwa alle 90 Tage immer relativ vollständig entladen sein soll, bevor man mit neuem Aufladen beginnt. Wenn die erwünschten Entladungen nicht periodisch vorgenommen werden, verliert der Akku (durch eine Art von geheimnisvollen Gedächtnis) langsam aber sicher seine Kapazität (wird immer schneller leer), und ist letztendlich nicht mehr zu gebrauchen.

Etwas beruhigend ist die Tatsache, daß eine optimale Behandlung bei den NiCd-Akkus hier auch keine Wunder vollbringt. Besonders aus dem Grund nicht, weil an solchen Akkus üblicherweise weder das Herstellungsdatum, noch irgendwelche andere Angaben stehen, aus denen hervorgeht, was sie alles durchmachen mußten, bevor sie ihre Besitzer wechselten, oder wieviele Jahre sie in einem Lagerregal verbrachten, ohne daß sie jemand pflegte.

Dennoch sollte man hier ab und zu gezielt alles in die Wege leiten, um die Lebensdauer der Akkus zu verlängern. Die neuen NiMH-Akkus stellen derartige Ansprüche auf regelmäßige Tiefentladung nicht, aber es macht ihnen nichts aus, wenn es passiert. Somit eignen sie sich u.a. als Energiespeicher für Solaranlagen hervorragend, auch wenn sie etwas teurer als die altbekannten NiCd-Akkus sind. Sie beinhalten jedoch keine Gifte und sind daher in bezug auf die Entsorgung umweltfreundlich.

Bei der Anwendung von Bleiakkumulatoren muß unbedingt darauf geachtet werden, daß sie (bei fehlendem Nachladen) unter keinen Umständen zu tief unter die zugelassene Schwelle entladen werden.

Zu diesem Zweck wird ein elektronischer Tiefentladeschutz verwendet. Er sorgt dafür, daß alle Verbraucher vom Akku automatisch abgeschaltet werden, sobald seine Spannung unter die Tiefentladeschwelle sinkt. Nur bei den Batterien in Fahrzeugen muß auf diese Vorrichtung verzichtet werden, weil es für den Straßenverkehr bedrohliche Folgen haben könnte.

Ein Tiefentladeschutz wird vor allem bei stationären Bleiakkumulatoren-Anlagen, worunter auch bei Solar- oder Windgenerator-Anlagen als „Standard-Zubehör" angewendet. Für die Stromversorgung elektronischer Geräte wird der Bleiakkumulator nur seltener angewendet (meistens nur dort, wo ein größerer Stromverbrauch vorgesehen ist). Wir verschieben daher das Thema „Tiefentladeschutz" in das nächste Kapitel, daß sich speziell den Solaranlagen widmet.

Wo mit wiederaufladbaren Batterien gearbeitet wird, dort muß geladen werden. Es gibt eine große Auswahl an Ladegeräten: Die einfachsten sind preiswert, die aufwendigen und komplizierten sind teuer.

Es steht außer Zweifel, daß ein perfekt ausgetüfteltes Laden auf die Lebensdauer einer Batterie zumindest theoretisch einen maßgeblichen Einfluß hat. Etwa ähnlich, wie eine gesunde Nahrung auf unsere Lebensdauer haben dürfte – vorausgesetzt wir werden trotzdem nicht überfahren oder auf eine andere strapazierende Weise vorzeitig „um die Ecke" gebracht.

Dasselbe gilt für alle wiederaufladbaren Batterien, die ja anwendungsbezogen während ihres Daseins auch diversen Strapazen ausgesetzt werden: Größeren Temperaturschwankungen, Erschütterungen, Stromstößen, längeren Ruhepausen ohne Pflege usw.

Dazu kommt noch die bereits angesprochene Tatsache, daß man bei einer solchen Batterie nicht sieht, wie „alt" sie in Hinsicht auf das tatsächliche Herstellungsdatum ist, und was sie in der Zwischenzeit alles durchmachen mußte.

Ein teures Ladegerät lohnt sich in der Hinsicht eigentlich nur dann, wenn ziemlich laufend Batterien nachgeladen werden müssen (z.B. für einen größeren Freundeskreis oder für gewerbliche Zwecke). Andernfalls kommt man mit einem einfacheren Ladegerät ziemlich gut über die Runden.

Darunter ist ein ähnliches Ladegerät zu verstehen, wie es auch bei den meisten Akku-Werkzeugen, Akku-Haushaltsgeräten und sogar auch bei vielen PCs und ihrer Randapparatur als Zubehör verkauft wird.

Abb. 4.17: Schaltbeispiel eines professionellen Akku-werkzeug-Laders: zwischen der Gleichrichterdiode und dem Akku ist ein 47 Ohm-Schutzwiderstand angebracht, der ein etwas „weicheres" Laden bewirkt.

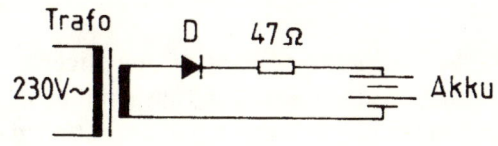

Manche dieser „Ladegeräte" verdienen allerdings ihren Namen nur bedingt. So bietet z.B. das „professionelle Ladegerät" nach *Abb. 4.17* (das übrigens von einem deutschen „Markenhersteller" stammt) der Batterie nur einen „stotternd pulsierenden" Ladestrom an. Mehr kann ja, wie uns bereits klar ist, eine einzige Gleichrichterdiode unter diesen Bedingungen nicht schaffen. Der gute Galileo Galilei würde so ein Ladegerät möglicherweise mit seinem weltbekannten Satz: „Aber es dreht sich doch" kommentieren. Und er hätte recht.

So einer Batterie ist es letztendlich ziemlich egal, wie man in sie den Ladestrom hineinpumpt. Für ihr Wohlbefinden ist dabei folgendes wichtig:

Der Ladestrom sollte bei NiCd, wie auch bei Bleiakkumulatoren 10% der Nennkapazität, bei NiMh-Akkus 20% der Nennkapazität nicht überschreiten. Wenn also ein NiCd-Akku eine Kapazität von 1 Ah hat, darf er mit einem Ladestrom von höchstens 0,1 A (100 mA) geladen werden. Dasselbe gilt für einen Bleiakkumulator. Nur bei einem 1 Ah-NiMH-Akku darf der Ladestrom bis zu 0,2 A (200 mA) betragen.

Bei allen wiederaufladbaren Akkus darf jedoch der Ladestrom beliebig niedriger unterhalb dem erlaubten Maximum liegen. Mit dem Laden eines Akkus ist es in dem Fall wie mit dem Einlassen einer Badewanne: je „dünner" der Strom, desto länger muß geladen werden.

Der Bedarf an Ladestrom errechnet sich ganz einfach aus der Kapazität des Akkus bzw. aus dem Teilverbrauch. Was dem Akku entnommen wurde, muß einfach nachgefüllt werden. Es sind jedoch ca. 33 % auf Ladeverluste dazu zu rechnen.

Ein leerer 2 Ah-NiCd-Akku muß demzufolge mit einen Ladestrom von 0,2 A ca. 15 Stunden lang (und nicht nur 10 Stunden lang) geladen werden, um wieder voll zu sein. Es gibt bekanntlich Menschen, die für dasselbe eine wesentlich kürzere Zeit benötigen. Zufälligerweise gibt es aber auch Ladegeräte, die im sogenannten „Schnelladeverfahren" etwas ähnliches bei den Akkus erreichen.

Solche Ladegeräte werden als „intelligente Geräte" bezeichnet, die sich beim Laden nach einem spezifisch ausgetüftelten Ladeprogramm richten. Im Grunde genommen geht es dabei vor allem darum, daß sich der Akku während so eines schnellen Ladens dennoch nicht zu sehr aufwärmt und daß besonders im Endstadium des Ladens die „letzten Tropfen" des Ladestromes dem Akku sehr schonend zugeführt werden. Man bezeichnet so eine Eigenschaft des Reglers z.B. als „intelligentes Regelalgorithmus".

Mit der Wahl einer optimalen Ladespannung ist es eigentlich ähnlich, wie wenn man eine optimale Spannung für z.B. eine 20 mA-LED einstellen muß. Bei der LED kann ja einfach rein experimentell die Versorgungsspannung von Null aus so lange erhöht werden, bis durch sie der gewünschte Strom von 20 mA fließt.

Auf dieselbe Weise kann auch der benötigte Ladestrom für einen Akkumulator mit Hilfe eines regelbaren Spannungsreglers genau eingestellt werden. Als Ladegerät kann hier z.B. ein einfaches Netzteil mit einem regelbaren Spannungsregler nach *Abb. 4.18* dienen.

Wenn man Wasser in eine Badewanne zu kräftig einläßt, wird sie irgendwann überlaufen. Ein ähnliches Problem gibt es beim Laden eines Akkus. Wenn man die Spannung des „Ladegerätes" nach Abb. 4.18 ständig auf den optimalen Ladestrom nachregeln würde, hätte dies ein unerwünschtes Aufwärmen des Akkus zufolge. Zudem liegt bei einem NiCd-Akku die laut Norm angegebene „Gasungsspannung" bei 1,55 V pro Zelle (deren Nennspannung 1,2 V beträgt). Das ist eine „Spannungsgrenze", von der man beim einfachen Laden einen Reserve-Abstand von ca. 0,1 V halten sollte (man nimmt mit einer „Lade-Schlußspannung" von 1,45 V genügen).

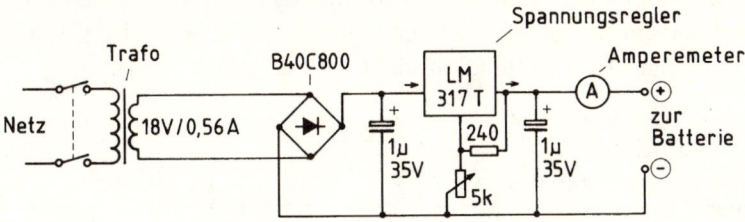

Abb. 4.18: Ein einfaches Eigenbau-Ladegerät, dessen Schaltung für uns kein unbekanntes Neuland bildet: es handelt sich hier um das bekannte Netzgerät mit einem regelbaren Spannungsregler. Den einzigen zusätzlichen Baustein bildet hier der Amperemeter. Dieses Schaltbeispiel gehört zwar nicht zu den „Paradepferden" unter den Ladereglern, aber stellt einen „Ackergaul" dar, der es beispielsweise ohne weiteres mit diversen preiswerten Ladegeräten aufnehmen kann. Sein größter Vorteil besteht darin, daß er sich leicht nachbauen läßt. Wir haben hier einfachheitshalber einen Transformator ausgewählt, dessen Sekundär-Wechselspannung „nur" 18 V beträgt. Die relativ brauchbare Ladespannung, die uns der Laderegler bei dieser Sekundärspannung liefern kann, dürfte in den Grenzen zwischen ca. 1,2 und 18 V liegen; wobei ab ca. 16 V die Ladespannung nicht mehr exzellent glatt ist – was jedoch für diesen Zweck nichts ausmacht (soweit man überhaupt eine Ladespannung von mehr als 16 V braucht, bzw. falls man nicht durch eine Erhöhung der Kapazität von C1 und C2 die Spannung auch oberhalb der 16 V noch etwas besser glättet). Wenn für so ein „Ladegerät" anwendungsorientiert eine wesentlich niedrigere Ladespannung ausreicht, kann die Sekundär-Nennspannung (Wechselspannung) des Transformators im Prinzip nicht viel höher sein, als die vorgesehene Ladespannung. Dem Laderegler macht es nichts aus; er regelt halt nur so weit, wie es in Hinsicht auf die ihm zugeführte Spannung geht. Der max. Ladestrom liegt hier bei ca. 0,5 A (was für das Laden von kleinen Batterien genügt).

Ein 6 Volt-NiCd-Akku ist zum Beispiel aus 5 Einzelzellen à 1,2 Volt zusammengesetzt. Bei einer Gasungsspannung von 1,55 V pro Zelle ergibt sich daraus eine Gasungsspannung von 5 x 1,55 Volt = 7.75 Volt. Man könnte daher einfachheitshalber die Spannung des hier aufgeführten Ladereglers auf etwa 7,25 bis 7,5 Volt einstellen und davon ausgehen, daß sich die ganze Anlage weiterhin selber hilft.

Das würde auch normalerweise zutreffen – vorausgesetzt, daß die Einzelzellen des Akkus (noch) ziemlich alle in Ordnung sind und daß sich daher auch die Ladespannung unter sie einigermaßen gut verteilt. Der Innenwiderstand solcher fünf in Serie geschalteten Zellen wird jedoch nur selten genau denselben Ohmschen Wert aufweisen. Das Beispiel einer unausgeglichenen Verteilung der Spannung unter einzelnen Zellen zeigt *Abb. 4.19*. Eine einfache Abhilfe gibt es nur dann, wenn es sich um Einzelzellen handelt, die miteinander nicht verlötet sind und einzeln geladen werden können (was ja bei vielen Geräten der Unterhaltungs- oder Kommunikationselektronik oft möglich ist).

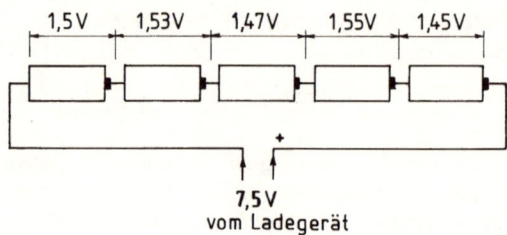

Abb. 4.19: Wenn eine „Kette" von mehreren Einzelbatterien herstellerseits zu einer kompakten größeren Batterie zusammengelötet wird (wie es z.B. bei diversen Akku-Werkzeugen und anderen Geräten üblich ist), verteilt sich beim Laden die Spannung ziemlich unausgeglichen unter die einzelnen Glieder – das gilt übrigens auch für einzelne Glieder einer Autobatterie oder eines beliebigen Bleiakkumulators. Eine zu hohe Ladespannung kann dann zur Folge haben, daß einige der Glieder ihre Gasungsgrenze überschreiten (sie werden beim Laden zu heiß), andere – die einen kleineren Spannungsanteil erhalten – werden dabei nicht einmal ausreichend aufgeladen.

Es wäre noch darauf hinzuweisen, daß bei einem einfachen Ladegerät (worunter man auch das improvisierte Ladegerät aus Abb. 4.18 verstehen darf) der eingestellte Ladestrom keinesfalls konstant bleibt. Je mehr der angeschlossene Akku aufgeladen wird (je höher seine Spannung wird), desto niedrigeren Ladestrom wird er aus dem Ladegerät beziehen.

Unter diesen Umständen wird die Zeitspanne des Ladens entsprechend länger dauern, als die vorgesehenen 15 Stunden. Damit läßt sich jedoch leben. Der Ladestrom wird im Prinzip ständig an Intensität abnehmen und sinkt auf Null in dem Moment, wenn der Akku auf dieselbe Spannung aufgeladen wird, die auch das Ladegerät liefert. Somit schaltet sich der aufgeladene Akku sozusagen automatisch selber ab, wenn er auf dasselbe Spannungsniveau aufgeladen wird, das mit der Ausgangsspannung des Spannungsreglers (des „Ladegerätes") übereinkommt. Hier ist nur darauf zu achten, daß diese Ausgangsspannung unterhalb eines vernünftigen Maximums bleibt – wie bereits erklärt.

Der „tiefere Sinn" dieser etwas aufwendigeren Aufklärung besteht darin, daß man sich über die Problematik des Ladens eine etwas konkretere Vorstellung macht und daß man sich auch selber behelfen kann, wenn es um das Nachladen einer leeren wiederaufladbaren Batterie geht. Auch hier gilt, daß Wissen eine Macht ist. Auch wenn man es nur dazu benutzt, daß man sich ein optimales Ladegerät als Fertigprodukt aussucht.

Unter den Fertigprodukten gibt es auch diverse kleine Solar-Ladegeräte *(Abb. 4.20)*. Sie eignen sich besonders gut für Camping oder das Freizeitgrundstück, wo es keinen Netzanschluß gibt.

Abb. 4.20: Ein kleines Solar-Ladegerät von Conrad Electronic.

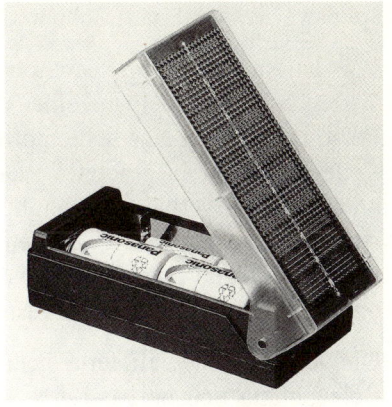

4.3 Solarelektrische Stromversorgung

Die Anwendung der Solartechnik verzeichnet in den letzten Jahren einen enormen Aufschwung und bietet zudem eine sehr große Spielfläche für Individuallösungen und Eigenbau-Projekte. Darunter werden nicht unbedingt großflächige Solardächer oder Solarfassaden an Häusern, sondern sehr viele kleine Geräte und Vorrichtungen gemeint, die man vorteilhaft mit Solarstrom versorgen kann.

Abb. 4.21: a) Monokristalline Solarzelle 103 x 103 x 0,4 mm von Siemens: Das Gittermuster (an beiden Seite der Zelle) besteht aus leitenden silbrigen (verzinnten) Kupferbahnen und bildet die Anschlüsse (Pole) der Zelle. Das Sonnenseiten-Gitter ist der Minuspol, das Schattenseiten-Gitter der Pluspol. b) Soweit so eine Zelle beleuchtet ist (von Sonnenlicht oder von Kunstlicht), kann man sie als eine Batterie betrachten – allerdings nur als eine Batterie, deren Spannung höchstens ca. 0,48 V beträgt. Die Anschlüsse können an beliebigen Stellen der verzinnten Gitter einfach angelötet werden (der eine an der Vorderseite, der andere an der Rückseite der Zelle).

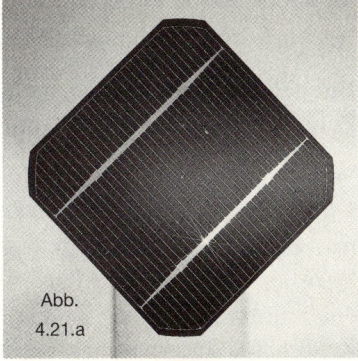

Abb. 4.21.a

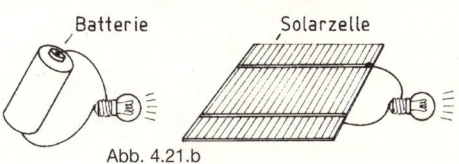

Batterie   Solarzelle

Abb. 4.21.b

Solarzellen *(Abb. 4.21)* sind bei dem heutigen Stand der Technik die mit Abstand sympathischsten Stromgeneratoren. Sie erzeugen elektrischen Strom ohne Lärm, Gestank oder Abfall dadurch, daß sie Licht (Sonnenlicht, wie auch Kunstlicht) in elektrische Energie umwandeln. Dieses Prinzip machen sich beispielsweise auch Solartaschenrechner zunutze.

Was ist eine Solarzelle? Zwischen zwei sehr dünnen, unterschiedlich polarisierten Siliziumscheiben (einer dünneren Negativschicht und einer dickeren Positivschicht) ist eine lichtempfindliche „Sperrschicht" nach *Abb. 4.22.* Ist die Zelle dem Licht ausgesetzt, wird diese Sperrschicht mit Photonen bombardiert und die Zelle verhält sich ähnlich, wie eine Batterie – allerdings in direkter Abhängigkeit von der jeweiligen Intensität der Beleuchtung. *Abb. 4.23* zeigt, was man sich darunter konkret vorstellen kann und wie man selber die Funktionsweise einer Solarzelle austesten kann.

Die von der Zelle gelieferte elektrische Energie steigt gleitend (linear) mit der Beleuchtung und hört bei einem Maximum auf, bei dem die Lichtintensität eine Energie von 1000 Watt pro Quadratmeter erreicht hat (was z.B. an einem sonnigen Tag während der etwas wärmeren Jahreszeit der Fall ist).

Im Vergleich zu einer Batterie – bei der man an eine Ausgangsspannung von mindestens 1,2 V gewohnt ist – liegt die maximale Ausgangsspannung einer voll belasteten monokristallinen Zelle bei ca. 0,48 Volt und bei einer polykristallinen Zelle bei ca. 0,47 Volt. Dagegen kann eine kristalline 10 x 10 cm große Solarzelle einen Strom von mehr als 3 A liefern. Damit gleicht sich der Nachteil der etwas zu niedrigen Spannung aus.

Bei der Solarzellenfläche rechnet man am besten mit dm^2 (eine 10 x 10 cm-Zelle hat eine Fläche von 1 dm^2). Das erleichtert schnelles „Kopfrechnen".

Wenn man z.B. davon ausgeht, daß moderne Solarzellen in der Praxis bis zu 1,6 Watt pro dm^2 liefern können und daß ein Quadratmeter Fläche hundert dm^2 hat, ergibt sich daraus, daß eine Solarzellenfläche hypothetisch bis zu 160 W/m^2 liefern kann. Praktisch werden solche Zellen zu einem „Solarzellenmodul" zusammengelötet, in dem etwas Leerraum (für den Rahmen und für die Zwischenräume zwischen einzelnen Zellen ist), wodurch die Energieausbeute pro m^2 nicht ganz den Optimalwert erreicht.

Dennoch: Moderne Solarzellen können gegenwärtig bis zu 16% der Lichtenergie in elektrische Energie umwandeln. Wenn man nun bedenkt, daß in der umgekehrten Richtung eine „moderne" Glühbirne nur etwa 5% der ihr zugeführten elektrischen Energie in Licht umwandeln kann (eine moderne Halo-

Abb. 4.22 : Kristalline Solarzelle im Schnitt (allerdings
sehr stark vergrößert, denn in
Wirklichkeit ist so eine Zelle
nur ca. 0,4 mm dick).

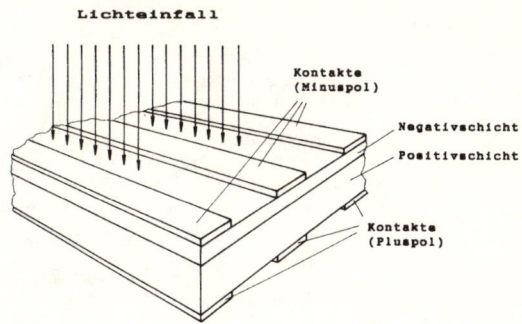

genlampe bringt es bei etwas Glück nicht einmal auf 10%), ist die Energieausbeute einer guten Solarzelle eigentlich hervorragend.

Wichtig wäre zu wissen, daß gegenwärtig „nur" drei Solarzellen-Grundtypen
handelsüblich (und im Fach- oder Versandhandel erhältlich) sind:

a) Monokristalline Zellen: Max. Spannung (pro belastete Zelle): ca. 0,48 V
Max. Strom pro 100 cm² (1 dm²): ca. 3,3 A
Max. Leistung pro 100 cm²: ca. 1,6 W
Wirkungsgrad ca. 13 bis 16%

b) Polykristalline Zellen: Max. Spannung (pro Zelle) ca. 0,47 V
Max. Strom pro 100 cm² ca. 3,1 A
Max. Leistung pro 100 cm² ca. 1,45 W
Wirkungsgrad ca. 10,6 bis 15 %

c) Amorphe Dünnschicht-Zellen: Wirkungsgrad oft unterhalb von ca. 5%. Spezielle Eigenheit: Ermüdung, die sich besonders bei Anwendungen im Freien
ziemlich schnell auswirkt (was bei kristallinen Zellen nicht der Fall ist, bei
denen rechnet man mit einer Anwendungs-Zeitspanne von mindestens 20 Jahren).

Was wir hier bisher über „Solarzellen" geschrieben haben, hat sich nur auf die
kristallinen Solarzellen bezogen. Ob man den etwas teureren monokristallinen
Zellen Vorrang vor den etwas preiswerteren multikristallinen Zellen gibt, ist in
der Praxis nur dann von Bedeutung, wenn sehr platzsparend gearbeitet werden
muß.

Eine ganz andere Kategorie bilden die amorphen Zellen. Sie lassen sich zwar
sehr kostengünstig herstellen, haben jedoch einen sehr niedrigen Wirkungsgrad
und weisen beim Einsatz im Außenbereich eine Ermüdung auf, die bereits im
1. Jahr einen Leistungsabsturz bis um 1/3 ergeben kann.

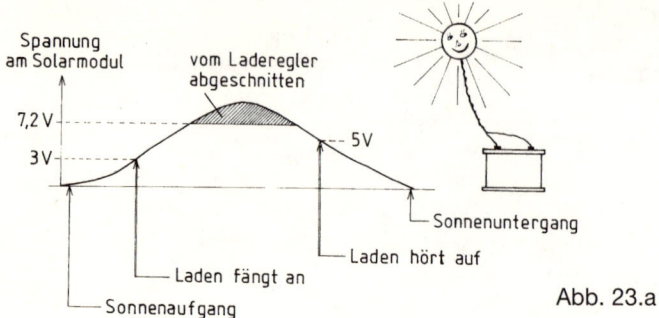

Abb. 23.a

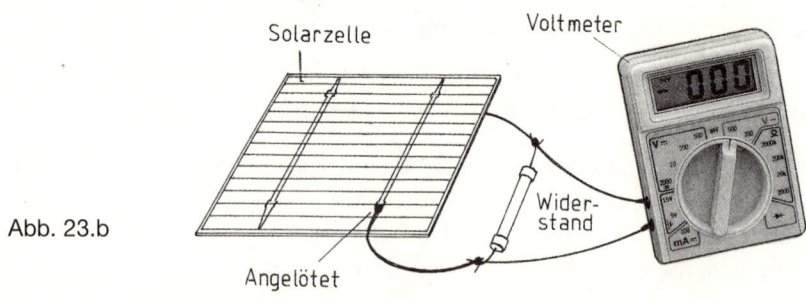

Abb. 23.b

Abb. 4.23: a) Die hier eingezeichnete Kurve zeigt, wie es in der Praxis zwischen Sonnenaufgang und Sonnenuntergang mit dem Spannungsverlauf eines ca. 10 Volt-Solarzellenmoduls aussieht. Eine derartig niedrige Solarspannung würde sich z.B. zum Nachladen eines 6 Volt-NiCd oder NiMH-Akkus eignen. In unserem Beispiel haben wir angenommen, daß die Akkuspannung zum Zeitpunkt des Ladebeginns knapp unterhalb von 3 V lag. Daher fängt das Nachladen an, sobald am Morgen die Solarspannung ca. 3 Volt erreicht. Danach wird solange weitergeladen, bis die Solarspannung am späten Nachmittag unterhalb von der Spannung sinkt, auf die der Akku inzwischen aufgeladen ist (das sind in unserem Beispiel die eingezeichneten 5 V. Bei dem „vom Laderegler abgeschnittenen" Spannungsgipfel handelt es sich um eine „Überspannung", die der Laderegler nicht in den Akku durchläßt, weil ansonsten der Ladestrom die max. erlaubte Grenze überschreiten würde (siehe auch Abb. 4.29 mit Erklärung der Funktion). b) Das Verhalten einer Solarzelle bei verschiedenen Lichtverhältnissen (Tageszeiten, Jahreszeiten) kann man am besten einfach mit Hilfe eines Multimeters praktisch austesten. Der Multimeter wird auf einen DC-Bereich (Gleichstrom-Bereich) von ca. 1 Volt geschaltet; die Zelle sollte zu diesem „informativen" Zweck mit einem 0,5 Ohm/1 W-Widerstand (wie abgebildet) belastet werden und es kann losgehen. Wenn dieses Vorhaben mit einer kleineren Zelle vorgenommen wird, sollte der belastende Widerstand so gewählt werden, daß er bei einer maximalen Bestrahlung etwa 1/3 des maximalen Zellenstromes als „Verbraucher" bezieht (bei einer halben Zelle sind es etwa 0,5 A; wenn sie eine max. Spannung von 0,47 V liefern kann, ergibt sich daraus: 0,47 V : 0,5 A = 0,94 Ohm (= ein ca. 1 Ohm-Widerstand).

Soweit amorphe Zellen bei einem Taschenrechner angewendet werden (was ja üblicherweise stattfindet), spielen die angesprochenen Schwachstellen keine besondere Rolle – vorausgesetzt der Hersteller dimensionierte von vornherein die Solarfläche etwas großzügiger.

Es wäre darauf hinzuweisen, daß gerade bei den amorphen Solarzellen noch sehr viel experimentiert wird, um bessere Ergebnisse zu erhalten. Die Unterschiede zwischen Dichtung und Wahrheit diverser Hersteller sind jedoch für einen Außenstehenden kaum entschlüsselbar. Für langlebigere Projekte sollte daher beim Selbstbau unbedingt den kristallinen Zellen Vorrang gegeben werden.

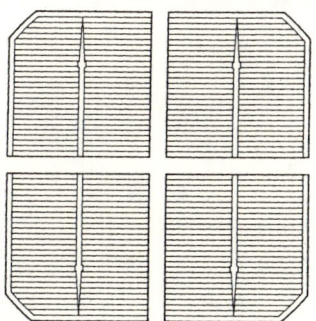

Abb. 4.24: Große Solarzellen werden bedarfsbezogen wie ein Kuchen in kleinere Stücke geschnitten. Bei diesem Teilungsbeispiel wird eine Siemens-Solarzelle (103 x 103 mm) in 4 kleine Zellen zerteilt. Der Nennstrom jeder einzelnen Zelle sinkt somit auf ca. 1/4 (in diesem Fall auf ca. 0,77 A). Wenn man diese 4 Zellen in Serie zusammenlötet, ergibt sich daraus eine Ausgangsspannung von 4 x 0,48 V = 1,92 Volt. So ein Modul liefert also einen Strom von 0,77 A und bietet eine elektrische Nennleistung von ca. 1,48 Watt.

Nebenbei: kristalline Solarzellen sind auch in sehr kleinen Abmessungen erhältlich (auch unterhalb einer Briefmarkengröße). Sie werden bei Herstellern meistens mit einem Laserstrahl aus den „großen" Zellen nach *Abb. 4.24* geschnitten. Interessant dabei ist, daß so eine Zelle durch das Zerschneiden kaum Spannungseinbußen verzeichnet. Nur ihr Maximumstrom – und damit ihre Leistung – sinken entsprechend mit den Abmessungen – wie *Abb. 4.25* zeigt.

Solarstromantriebe oder Solar-Ladegeräte benötigen üblicherweise eine wesentlich höhere Spannung, als eine einzige Solarzelle liefern kann. Kein Problem! Man kann Solarzellen – ähnlich, wie z.B. Batterien – in beliebig lange Reihen nach *Abb. 4.26* seriell oder parallel verschalten.

Somit entstehen größere Solarzellenflächen, die man in Solarmodulen nach *Abb. 4.27* mit einer Glas- oder Kunststoff-Abdeckung schützt. Die einzelnen Solarzellen sind dann in so einem Modul eingerahmt wie eine Schmetterlingssammlung – allerdings mit dem Unterschied, daß sie zusätzlich auch noch mit einer lichtdurchlässigen Spezialmasse eingegossen sind.

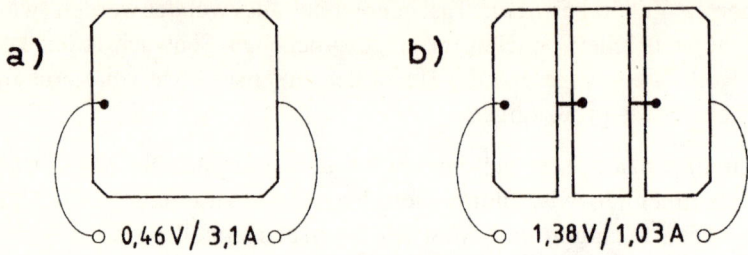

Abb. 4.25: Für kleinere Solarzellenmodule werden geteilte (zerschnittene) Zellen verwendet. Die Nennspannung wird hier dreimal so hoch und der Strom sinkt auf 1/3 der urspünglichen großen Zelle.

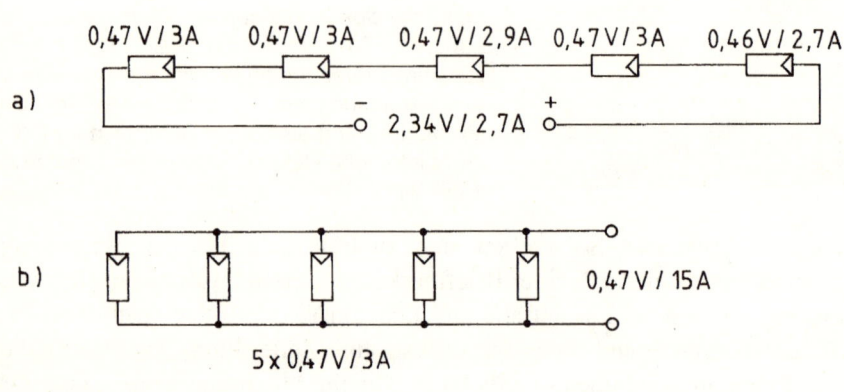

Abb. 4.26: a) Solarzellen können – ähnlich, wie z.B. Batterien – in beliebig lange Reihen seriell oder parallel verschaltet werden. b)Beispiel einer üblichen Solarzellenanordnung im Modul (die Solarzellen sind hier mit den gängigen Schaltzeichen eingezeichnet). Wenn hier die 24 Zellen je eine Nennspannung

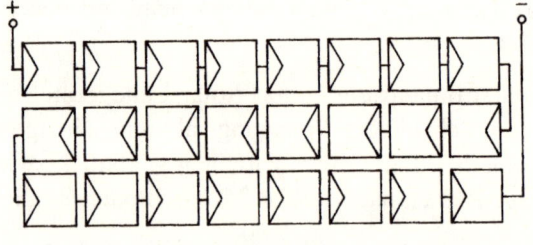

von 0,48 V und einen Nennstrom von 3,1 A haben, steht an dem Ausgang dieses Moduls eine Nennspannung von 11,5 V; der Nennstrom bleibt bei den 3,1 A und die Nennleistung beträgt 35,65 W (11,5 V x 3,1 A = 35,65 W).

Abb. 4.27: Ausführungsbeispiel einiger handelsüblicher Solarzellenmodule (Conrad Electronic).

Bei der Wahl eines Solarzellenmoduls ist auf zwei Parameter zu achten: auf die Nennspannung (die manchmal auch als „Spannung bei max. Leistung" angegeben wird – was dasselbe bedeutet) und auf den Nennstrom (der alternativ als „Strom bei max. Leistung" bezeichnet wird.

Beide dieser Parameter beziehen sich auf die sogenannten „internationalen Testbedingungen" die wiederum von einer relativ intensiven Bestrahlung der Zellen mit Sonnenlicht (von 1000 Watt pro Quadratmeter) ausgehen.

Das sind aber „ideale Bedingungen", die nur an sehr sonnigen Tagen erzielt werden. In unserem Breitengrad will man ja von so einem Modul einen praktischen Nutzen auch unter etwas weniger idealen Bedingungen haben und daher muß hier eine angemessene Spannungs- und Stromreserve eingeplant werden.

Für die Energieversorgung elektronischer Kleingeräte eignen sich Solarzellen bevorzugt vor allem dort, wo kein Netzanschluß zur Verfügung steht bzw. wo sein Anlegen einen unnötigen Aufwand nach sich ziehen würde.

Drahtlose Übertragungen mit Hilfe von Infrarot-Strahlen oder UKW setzen sich im Bereich der Haus-, Überwachungs- und Informationstechnik immer mehr durch. Somit wird ein ständiger Zuwachs von elektronischen Geräten verzeichnet, die oft an Standorten installiert werden müssen, an denen kein Netzanschluß vorhanden ist.

Als interessante Projekte bieten sich in diesem Bereich vor allem Kleinanlagen an Gartentoren und Einbruchsschutz bei größeren Gärten an. Bei Gartentoren dürften sehr nützlich kleinere elektronische Geräte sein, zu denen drahtlose Türglocken, Türgonge, Türsprechanlagen oder Briefkasten-Posteinwurfmelder gehören. Beim Einbruchsschutz können es verschiedenste Leuchten, Alarmauslöser, Alarmmelder oder Videoanlagen sein, die eigene Energiequellen benötigen.

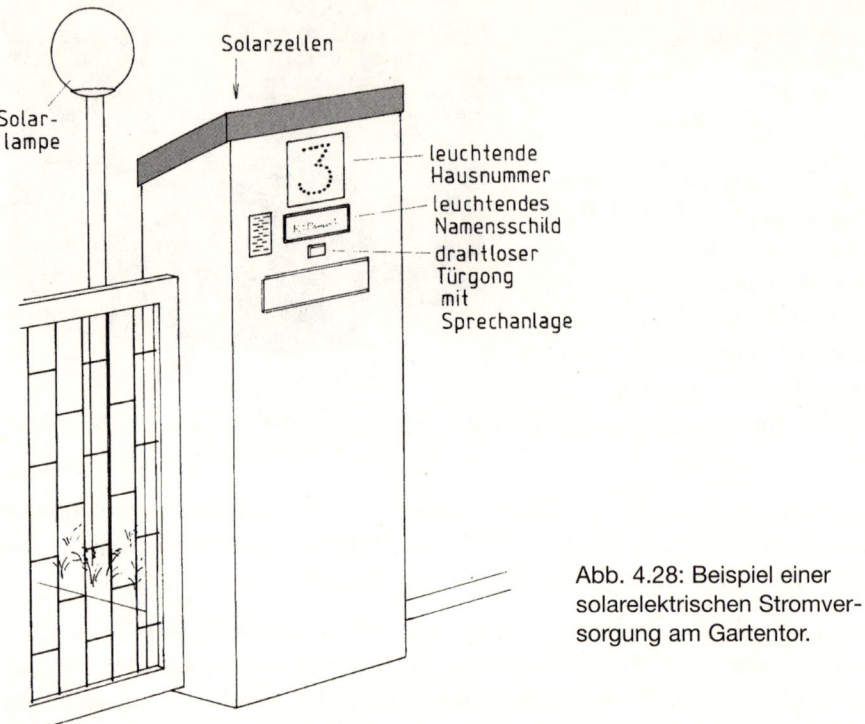

Solarzellen

Solar-
lampe

leuchtende
Hausnummer

leuchtendes
Namensschild

drahtloser
Türgong
mit
Sprechanlage

Abb. 4.28: Beispiel einer
solarelektrischen Stromversorgung am Gartentor.

Im Laufe der Zeit werden sich bestimmt immer mehr elektronische Geräte, wie auch Anlagen für gewerbliche Nutzungen durchsetzen, die nur die Sonne mit ihrer Energie versorgen wird.

Eines haben alle diese Geräte gemeinsam: sie benötigen nur eine einfache Energiequelle und bis auf Ausnahmen sollte die elektrische Energie Tag und Nacht zur Verfügung sein. Man braucht also zwar eine Solaranlage mit einem Zwischenspeicher, aber die Kapazität des Akkus wird sich in bescheidenen Grenzen halten.

In den meisten Fällen reicht ein sehr kleines und relativ preiswertes Solarzellenmodul aus und als Speicher können z.B. die strapazierfähigen und umweltfreundlichen NiMH- oder NiH- Akkus verwendet werden (bevorzugt solche, die eine niedrige Selbstentladung aufweisen). So ein Akku begnügt sich mit einer einfachen Eigenbau-Laderegelung nach *Abb. 4. 29.*

Abb. 4.29: Zum
Nachladen einer klei-
nen NiCd oder NiMH-
Batterie ist nicht
unbedingt ein auf-
wendiger Laderegler
notwendig. Es
genügt, wenn die
max. Ladespannung
durch eine entspre-

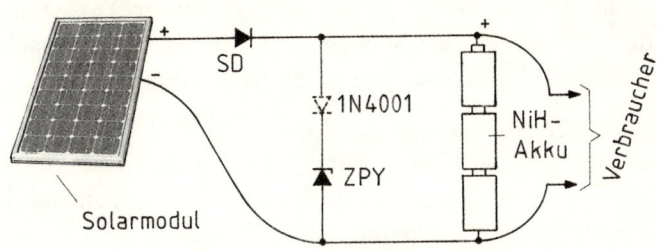

chende Zenerdiode (Type ZPY) begrenzt wird; soweit es keine ausreichend passende
Zenerdiode gibt, kann die benötigte Spannungsschwelle – wie wir ja bereits wissen –
mit Hilfe von einer oder mehreren normalen Gleichrichterdioden (1N4001) eingestellt
werden. In diesem Beispiel sind 3 NiH-Akkus (à 1,2 V) zu laden. Die max. Ladespannung sollte hier ca. 1,5 V pro Glied nicht überschreiten. Das sind max. 4,5 V Ladespannung. Hier käme entweder eine 3,9 V-Zenerdiode und eine Gleichrichterdiode
(wie eingezeichnet) in Frage – was eine Spannungsschwelle von ca. 4,6 V ergeben
dürfte, oder man könnte eine 3 V-Zenerdiode und zwei Gleichrichterdioden in Serie
schalten, um die ziemlich genauen 4,5 V zu erhalten. Der Ladestrom sollte bei NiCd-
Akkus 10%, bei NiMh- und NiH-Akkus 20% der Nennkapazität nicht überschreiten. In
der Hinsicht ist es mit der optimalen Strombegrenzung leicht: Man setzt einfach ein
kleines Solarzellenmodul ein, dessen Nennstrom unterhalb der max. zulässigen Lade-
strom-Grenze liegt. Als Schutzdiode SD wird in der Refel eine „Schottky-Diode" angewendet. Sie schützt den Akku davor, daß er sich über das Solarmodul nicht entladen
kann (wenn dieses eine niedrigere Spannung hat, als der Akku).

Falls ein kleiner Bleiakku als Energiespeicher Vorrang bekommt, muß er mit
einem zusätzlichen Tiefentladeschutz versehen werden – er würde ja sonst bei
zu tiefem Entladen (unter eine vom Hersteller angegebene Tiefentladeschwelle) kaputtgehen. Das Solarzellenmodul kann den Akku entweder über
eine kleine selbstgebaute „Laderegelung" (nach Abb. 4.29) oder mit einem
handelsüblichen Laderegler (Abb. 4.30) nachladen.

Die eigentliche Dimensionierung der Solaranlage fängt mit der Wahl einer
optimalen Batterie an. Diese muß selbstverständlich erstens die benötigte Versorgungsspannung liefern können, zweitens muß ihre Kapazität groß genug
sein, um auch sonnenarme Perioden zu überbrücken. Der Begriff „sonnenarme
Perioden" bildet für die meisten Techniker einen ziemlichen Stolperstein.
Wonach soll man sich denn richten, wenn jedes Jahr das Wetter anders verläuft?

Hier kommt es vor allem darauf an, wie kritisch die Folgen einer eventuellen
Stromunterbrechung sein könnten, oder wie leicht sich notfalls eine Stromunterbrechung durch prompte Gegenmaßnahmen beheben läßt.

Wenn beispielsweise die kleine Batterie der Anlage am Gartentor einmal in drei Jahren von den Solarzellen nicht ausreichend nachgeladen wird, läßt es sich damit lösen, daß man sie einfach zuhause auflädt.

Bei einer Alarmanlage am Freizeitgrundstück ist eine solche Energie-Durststrecke kritischer. Hier sollte die Batteriekapazität derartig großzügig dimensioniert werden, daß auch während eines wochenlang dauernden trüben Wetters die Energieversorgung gewährleistet ist.

Die Erfüllung derartiger Bedingungen ist an sich gar nicht so schwierig wie es scheint. Die meisten dieser Anlagen haben einen sehr niedrigen Stromverbrauch (und können zudem in Hinsicht auf diese Eigenschaft erworben oder gebaut werden). Bei modernen Einbruchsschutz-Geräten wird ohnehin darauf geachtet, daß der „Standby-Verbauch" möglichst niedrig liegt. So niedrig, daß z.B. eine kleine 6 V/ 2 Ah-Batterie wochenlang das Gerät mit Energie (ohne Nachladen) versorgen kann.

Aus einer Berechnung des täglichen, wöchentlichen und monatlichen Stromverbrauchs eines Gerätes ergibt sich die „Basis-Kapazität" der Batterie in Ah. An sich kein Problem, aber da gibt es noch etwas: die sogenannte Selbstentladung der Batterien.

Unter Selbstentladung leiden alle wiederaufladbaren Batterien! Allerdings nicht alle gleich. Am schlimmsten ist es mit der Selbstentladung bei preiswerteren NiCd- und NiMH-Akkus. Die weisen eine Selbstentladung von bis zu 30% pro Monat auf. Wenn man mit diesen Batterien eine Solaranlage ausrüsten möchte,

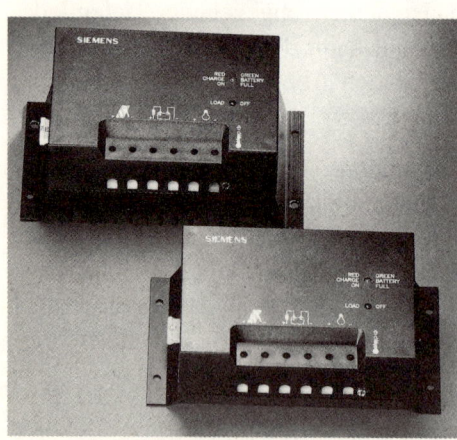

die z.B. auch zwei Monate lang ohne Nachladen funktioniert, wäre es mit der Dimensionierung schwierig. Zwei Drittel der Kapazität müßten in diesem Fall für die Selbstentladung geopfert werden. Bei derartigen Bedingungen (in Hinsicht auf eine extrem lange Überbrückung von sonnenarmen Durststrecken) wäre der Einsatz von einem Bleiakkumulator zu empfehlen.

Abb. 4.30: Ausführungsbeispiel von zwei handelsüblichen Ladereglern.

Gute Bleiakkumulatoren weisen eine Selbstentladung von nur ca. 4,5 bis 8% (pro Monat) auf. Bei speziellen „Solarakkumulatoren" liegt die

Selbstentladung sogar unterhalb von 3%. Aber auch eine Selbstentladung von 8% ist an sich akzeptabel. Zudem sind Bleiakkumulatoren besonders in der Form von gängigen 12 V-Autobatterien sehr preiswert.

Da lohnt es sich sogar, daß man z.B. eine 36 Ah-Autobatterie auch dort einsetzt, wo der monatliche „Ah-Bedarf auch nur bei einer oder zwei Ah liegt. Nachgeladen werden muß ja nur der eigentliche Verbrauch und zusätzlich die Selbstentladung (die allerdings von der gesamten Kapazität abhängt).

Eine Autobatterie hat gegenüber einer NiCd oder NiMH-Batterie noch zwei weitere Vorteile: erstens liegen hier die Ladeverluste (durch den chemischen

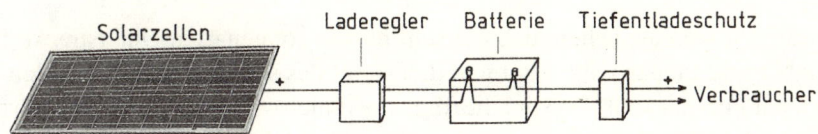

Abb. 4.31: Solarzellen laden normalerweise eine Batterie auf dieselbe Art und Weise nach, wie es z.B. die Lichtmaschine beim Auto macht. Der Unterschied besteht hier nur darin, daß eine Solaranlage nicht abrufbereit mit Benzin oder Diesel betrieben wird und daher so ausgelegt werden muß, daß auch wetterbedingte sonnenarme „Durststrecken" überbrückt werden können. Dies geschieht im einfachsten Fall dadurch, daß die Kapazität der eingeplanten Batterie ausreichend groß ist. Der Tiefentladeschutz (der oft direkt im Laderegler untergebracht ist) schaltet von der Batterie alle angeschlossenen Verbraucher ab, falls ihre Spannung unter eine Schwelle sinkt, bei der ein Bleiakkumulator „automatisch" irreparabel beschädigt wird.

Umwandlungsprozeß) nur bei höchstens 20%, zweitens gibt es eine große Auswahl an 12 V-Ladereglern, die nach Abb. 4.31 zwischen das Solarzellenmodul und die Batterie angeschlossen werden.

Nun bleibt nur noch die Dimensionierung des eigentlichen Solarzellenmoduls offen. Bei einer großzügiger abgestimmten Batterie dürfen sich die Solarzellen ziemlich viel Zeit mit dem Nachladen lassen. Es gibt kaum eine längere Periode von trüben Tagen nach der nicht wieder die Sonne eine längere Zeit hintereinander scheint. Man kann daher bei so einer Planung z.B. davon ausgehen, daß das Solarzellenmodul innerhalb von ca. 7 bis 10 Tagen einen Energieverbrauch (Kapazitätsverbrauch) von etwa 2 Monaten nachladen müßte.

Wir spielen uns mit einem praktischen Beispiel durch, wie man dabei konkret vorgeht: Ein Gerät verbraucht täglich 0,12 Ah von der Kapazität der Batterie. Das sind 7,32 Ah pro 61 Tage.

Wir werden eine 12 V/36 Ah-Autobatterie einplanen, und rechnen daher noch zusätzlich mit einer Selbstentladung von 8% pro Monat (also 16% in den vorgesehenen 2 Monaten). Das sind weitere 5,76 Ah (16% von 36 AH).

Aus dem eigentlichen Verbrauch von 7,32 Ah und der Selbstentladung von 5,76 Ah ergibt sich ein Verbrauch von insgesamt 13,08 Ah. Die müssen innerhalb der vorgesehenen 7 bis 10 Tage nachgeladen werden – allerdings inklusive der Ladeverluste von 20%.

Das sind also 13,08 Ah + 2,6 Ah (Ladeverluste) = 15,7 Ah

Wir runden den Nachladebedarf auf 16 Ah ab und überlegen nun, wie man das Nachladen austüfteln könnte.

Man dürfte davon ausgehen, daß die schlimmste sonnenarme Durststrecke im Dezember und Januar vorkommt und daß somit das schwierigste Nachladen in den Monat Februar fällt. Da sind die Tage noch nicht allzu lang und man dürfte mit ausreichendem Sonnenschein nur während ca. 5 Stunden pro Tag rechnen. Allerdings bestenfalls 10 Tage lang. Das wären dann 50 Ladestunden, während denen die Batterie zumindest einigermaßen nachgeladen werden sollte.

Wenn wir nun den gesamten Nachladebedarf von 16 Ah durch die 50 Ladestunden teilen, ergibt sich daraus ein Ladestrom von 0,32 A. In Ordnung. Wir werden also ein Solarzellenmodul mit einem Nennstrom von mindestens 0,32 A benötigen.

Abhängig davon, wie sehr es uns darauf ankommt, daß die Batterie wirklich reibungslos geladen wird, können wir es entweder bei dem Nennstrom von 0,32 A belassen oder wir nehmen gleich ein Modul mit einem Nennstrom von z.B. 0,4 A.

Technische Daten von einigen kleineren monokristallinen Solarzellen

Abmessungen mm	Leerlaufspannung V	Kurzschlußstrom A	Max. Leistung W	Spannung bei max.Leistung V	Strom bei max.Leistung A	Wirkungsgrad %
103 x 103	0,590	3,30	1,48	0,47	3,1	14,7
51,5 x 103	0,590	1,65	0,74	0,47	1,55	14,4
51,5 x 51,5	0,590	0,82	0,37	0,47	0,77	14,1
25,7 x 51,5	0,585	0,41	0,18	0,465	0,38	13,9

Als nächstes kommt hier nur noch die optimale Modulenspannung. Das ist theoretisch kein Problem. Ein Bleiakkumulator fängt das Gasen an, sobald seine Spannung ca. 14 bis 14,4 V überschreitet. Man könnte daher der Meinung sein, daß hier eine Solar-Nennspannung von ca. 15 Volt genügen dürfte.

Die von den Solarzellen gelieferte Spannung ist jedoch von der Intensität der Bestrahlung abhängig. Wenn es finster ist, liefern die Solarzellen keinen Strom. Wenn das Solarzellenmodul optimal nach Süden ausgerichtet ist (wie es sich bei einem fest installierten Modul gehört), wird es auch noch einige Stunden nach dem Sonnenaufgang nicht direkt auf die Sonne zielen (das kommt ja nur während der Mittagszeit vor).

Technische Daten von Polykristalline Solarzellen

Abmes- sungen mm	Leerlauf- spannung V	Kurzschluß- strom A	Max. Leistung W	Spannung bei max.Leistung V	Strom bei max.Leistung A	Wirkungs- grad %
50,2 x 102	0,580	1,308	0,616	0,47	1,416	12,9
33,5 x 102	0,580	1,090	0,400	0,47	0,918	12,8
25,1 x 102	0,580	0,790	0,300	0,46	0,689	12,7
20,1 x 102	0,580	0,677	0,260	0,46	0,596	12,6
16,4 x 102	0,580	0,522	0,200	0,46	0,460	12,6
50,2 x 51	0,580	0,790	0,300	0,46	0,689	12,7
33,5 x 51	0,580	0,522	0,200	0,46	0,460	12,6
25,1 x 51	0,580	0,392	0,148	0,46	0,347	12,4

Die schräg fallenden Sonnenstrahlen (soweit vorhanden) werden zu dieser frühen Tageszeit nicht einmal die Hälfte ihrer Nennspannung und damit ebenfalls nicht die Hälfte des Nennstromes liefern. Sie erreichen irgendwann am Vormittag eine Intensität, die etwa bei 75% der Nennwerte des Solarzellenmoduls liegt. Danach werden diese Werte gleitend steigen, bei klarem Himmel annähernd die vollen Nennwerte des Moduls erreichen und danach (im Februar bereits am frühen Nachmittag) wieder langsam sinken.

Eine Ladespannung muß logischerweise höher sein, als die jeweilige Spannung der geladenen Batterie. Ansonsten kann ja kein Ladestrom fließen.

Wenn man also davon ausgeht, daß die vorhin angesprochene Ladespannung von ca. 15 V ausreichen dürfte, liegt der ganze sinnvolle Trick nun darin, daß man die 15 Volt aus dem Solarzellenmodul auch dann erhalten sollte, wenn die Strahlenintensität z.B. bei nur 75% liegt. Rein rechnerisch ist die Lösung einfach: ein 20 Volt-Modul wird bei einer Bestrahlungsintensität von nur 75% auch nur 75% der Nennspannung liefern: das sind die erforderlichen 15 Volt.

Wir haben uns zwar die ganze Rechenaufgabe etwas vereinfacht und theoretisch gibt es da noch diverse Kleinigkeiten, aber auf die dürfen wir verzichten.

So genau stimmt es ja auch mit der Bestrahlung und mit den Wetterbedingungen nicht. Wichtig ist nur zu wissen, daß eine Modulen-Nennspannung von z.B. nur 16 bis 18 Volt für die Wintermonate nicht ausreicht. Gegen eine Nennspannung von z.B: 22 oder 24 Volt wäre dagegen absolut nichts einzuwenden. Je höher, desto besser, denn um so länger kann pro Tag geladen werden. Alles im Leben hat aber seinen Preis – und das gilt auch für die Solarzellenmodule. Irgendwo muß auch hier – wie bei allen anderen Dingen des Lebens – ein vernünftiger Kompromiß zwischen dem Ideal und einer etwas bescheideneren Akzeptanz gefunden werden.

Und das wäre in unserem Beispiel bei einem Modul mit der Nennspannung von ca. 20 Volt. Wir haben zum Glück den Nennstrom vorhin auch etwas großzügiger nach oben aufgerundet und somit wäre die Dimensionierung ausreichend. Was nun? Es gäbe da noch viele Tips zu verschiedensten technischen Details, aber als eine gute Vorinformation dürfte dieses Kapitel seinen Zweck erfüllen.

Wer mehr über dieses Thema in Erfahrung bringen möchte, dem empfehlen wir folgende Literatur:
„Wie nutze ich Solartechnik in Haus und Garten?" oder
„Das große Anwenderbuch der Solartechnik" oder
„Solaranlagen richtig planen, installieren und nutzen"
(alle drei Werke sind im Franzis-Verlag erschienen vom Autor Bo Hanus).

4.4 DC/DC-Aufwärtswandler

Bei einer Batterie-Stromversorgung läßt sich mit Hilfe eines Aufwärtswandlers die Batterie auch dann noch nutzen, wenn ihre Spannung unterhalb des erfor-

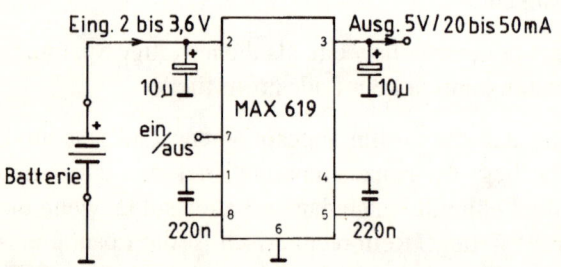

Abb. 4.32: Der integrierte DC/DC-Aufwärtswandler Type MAX 619 von Maxim erzeugt bei einem Minimum an zusätzlichen Komponenten aus einer Eingangsspannung, die zwischen 2 und 3,6 Volt liegt, eine 5 Volt-Spannung an seinem Ausgang. Die Spannungsabweichung beträgt dabei maximal 4 %). Wenn die Eingangsspannung mindestens 3 V hat, liefert dieses IC einen Ausgangsstrom von 50 mA; bei einer Eingangsspannung von etwa 2,5 V kann von diesem IC nur ein Strom von 35 mA bezogen werden und wenn die Eingangsspannung in die Nähe der Untergrenze von 2 V sinkt, sinkt auch der Ausgangsstrom auf 20 mA.

derlichen Niveaus gesunken ist. Dadurch kann entweder die Nutzungsdauer einer Wegwerfbatterie verlängert werden oder man kann eine wiederaufladbare Batterie länger verwenden – was besonders dann vorteilhaft sein kann, wenn ein schnelles Nachladen nicht unmittelbar möglich ist.

Abb. 4.32 zeigt ein einfaches Aufwärts-Spannungswandler-IC, das eine Spannung, die zwischen 2 und 3,6 Volt liegt in eine 5 Volt-Spannung umwandelt. Wenn die Eingangsspannung mindestens 3 V beträgt, liefert das IC einen Ausgangsstrom von 50 mA; bei einer Eingangsspannung von etwa 2,5 V kann von diesem IC nur ein Strom von 35 mA bezogen werden, und wenn die Eingangsspannung in die Nähe der Minimumgrenze von 2 V sinkt, sinkt auch der Ausgangsstrom auf 20 mA.

Dieses IC hat noch einen „Zwillingsbruder", der, wie aus *Abb. 4.33* hervorgeht, „fast" denselben Schaltplan hat – allerdings mit anderer Anordnung der Anschlüsse (der Füßchen-Numerierung). Der Eingangsspannungs-Bereich liegt hier zwischen 4,75 und 5,5 V, die Ausgangsspannung beträgt 12 Volt. Solange die Eingangsspannung nicht unter 5 Volt sinkt, liegt hier der Ausgangsstrom bei 40 mA; bei einer Eingangsspannung von nur 4,75 V sinkt der Ausgangsstrom auf 30 mA.

Diese zwei Aufwärtsregler-ICs sind zwar keine „Leistungsriesen", aber für sehr viele Anwendungen reicht dieser relativ niedrige Ausgangsstrom dennoch aus. Abgesehen davon handelt es sich bei diesen ICs um sehr kleine „Käferchen", die nur ca. 6 x 5 x 1,2 mm groß sind. Der Hersteller dieser ICs – die Fa. Maxim – stellt noch eine große Menge von wesentlich leistungsfähigeren ICs dieser Art her. Die meisten benötigen jedoch eine etwas aufwendigere Schaltung mit u.a. zusätzlichen Spulen. Dadurch büßt so ein IC viel von seinem Charme ein – besonders dann, wenn es für einfachere gelegentliche Experimente vorgesehen ist.

Zu den sehr interessanten ICs von Maxim gehört auch die Type MAX 865, die in *Abb. 4. 34* in „Original-Maxim-Darstellung" wiedergegeben ist. Dieses IC vollbringt echte Wunder: Es kann eine Eingangsspannung, die zwischen 1,5 und 6 Volt liegt, nicht nur verdoppeln, sondern auch noch invertieren. Somit bildet sein Ausgang eine symmetrische Spannungsversorgung mit einer POSITIVEN und einer NEGATIVEN Spannung. Wenn die Eingangsspannung beispielsweise nur 1,5 Volt beträgt, steht am Ausgang eine symmetrische Spannung von „PLUS 3 V, NULL und MINUS 3 V" zur Verfügung. Bei einer Eingangsspannung von 6 V erhält man am Ausgang „PLUS 12 V, NULL und MINUS 12 V". Der Ausgangsstrom beträgt hier zwar nur bescheidene 10 mA, aber damit läßt sich in moderner Elektronik schon etliches anfangen.

Abb. 4.33: Dieser integrierte DC/DC-Aufwärtswandler Type MAX 662A (Maxim) hat – bis auf die abweichende Numerierung der Anschlüsse – denselben Schaltplan, wie die vorherige Type. Der Eingangsspannungs-Bereich liegt hier jedoch zwischen 4,75 und 5,5 V, die Ausgangsspannung beträgt 12 Volt (bei einer Toleranz von 5%). Solange die Ein-

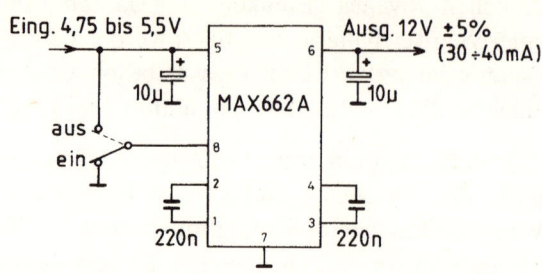

gangsspannung nicht unter 5 Volt sinkt, liefert das IC einen Ausgangsstrom von 40 mA; bei einer Eingangsspannung von nur 4,75 V sinkt der Ausgangsstrom auf 30 mA.

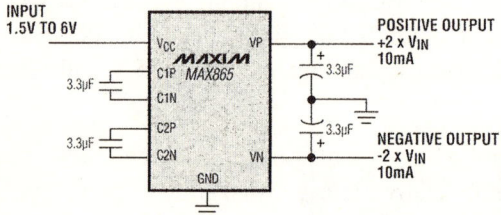

Abb. 4.34: Das IC Type MAX 865 wandelt eine einfache asymmetrische Eingangsspannung, in zwei doppelt so hohe symmetrische Spannungen um. Der Eingangsspannungsbereich liegt zwischen 1,5 und 6 Volt, die Ausgangsspannungen verdoppeln sich und stehen zudem als POSITIVE, wie auch als NEGATIVE Spannungen am Ausgang zur Verfügung. Die max. Stromabnahme beträgt zwar nur 10 mA, aber die Abmessungen dieses ICs liegen ja auch nur bei 6 x 5 x 1.11 mm.

Wenn bei der Anwendung der hier aufgeführten Aufwärtswandler der von ihnen gelieferte Strom zu schwach für eine Schaltung ist, die z.B. aus mehreren ICs besteht, können auch mehrere Aufwärtswandler in Sektionen eingeteilt werden, um sich die Spannungsversorgung untereinander zu teilen (z.B. jeweils ein Aufwärtswandler für zwei Vorverstärker-ICs).

Ein interessantes Einsatzgebiet bietet für diese Aufwärtswandler auch die Photovoltaik. Kleinere Batterien können mit Hilfe dieser ICs von ebenfalls kleinen Solarzellenmodulen auch dann geladen werden, wenn die Solarzellen wetterbedingt eine niedrigere Spannung liefern, als für das Nachladen nötig wäre.

5 Hilfsbausteine der Elektronik

Neben den bereits angesprochenen Bausteinen der Elektronik gibt es auch viele Hilfsbausteine. Die meisten von ihnen – wie z.B. verschiedene Stecker und Schalter sind allgemein bekannt und ihre Funktion benötigt keine Erklärung. Es gibt aber auch solche, denen man nicht ansieht, wozu sie gut sein können und was in ihnen konkret steckt. Wir werden uns in diesem Kapitel auf einige Hinweise und Anwendungsbeispiele beschränken, die für den praktischen Einsatz solcher Bauteile von größerer Bedeutung sind.

5.1 Stecker, Steckverbindungen und Klemmen

Stecker und Steckverbindungen bilden die beliebtesten elektronischen Bauteile, mit denen auch viele „Nicht-Elektroniker" souverän umgehen können. Die privaten PC-Benutzer werden ja in den PC-Zeitschriften ständig über neue „Karten" informiert, ohne die ihr PC nichts mehr taugt. Diese Karten kauft man, steckt sie irgendwo in eine Steckkarten-Leiste des PCs ein und wenn danach alles läuft, weiß man, das man ein Elektroniker ist – oder so etwas ähnliches. Wenn es nicht läuft, liegt es dann wahrscheinlich am PC.

Einem „echten" Elektroniker können jedoch Stecker, Steckverbindungen und Klemmen die Arbeit auch bei Experimentier-Schaltungen sehr erleichtern, denn vieles wird dadurch übersichtlicher und leichter manipulierbar.

Was es auf diesem Gebiet alles gibt und was sich davon für das eine oder andere der geplanten Vorhaben am besten eignet, kann man entweder in einem größeren Fachgeschäft oder aus einem Elektronik-Versandhaus-Katalog in Erfahrung bringen.

5.2 Schalter und Taster

Ähnlich wie bei den vorhergehenden Hilfsbausteinen kann man sich am besten über das Gesamtangebot in Katalogen umsehen. Zu beachten ist hier die vom Hersteller angegebene „Schaltleistung". Sie wird z.B. als „12 V/5 A" angegeben. Die Kontakte des Schalters oder Tasters können also höchstens einen Strom von 5 A bei einer Spannung von 12 V verkraften (die Angabe der Betriebsspannung bezieht sich oft auch auf die Isolation zwischen z.B. zwei nebeneinander liegenden Schaltkontakten oder auf die „geprüfte elektrische Sicherheitsgrenze").

Bei der Spannungsangabe stehen manchmal noch zusätzlich zwei Buchstaben: „DC" oder „AC". Das sind zwei internationale Abkürzungen: DC für Gleichspannung und AC für Wechselspannung . Auf einem Schalter (oder im Katalog) steht dann z.B. „250 V AC/10 A". Hier handelt es sich um einen „Netzteilschalter", der für die 230 V-Wechselspannung geeignet ist und dessen Kontakte einen Strom bis zu 10 A schalten dürfen.

Abb. 5.1: Ausführungsbeispiel eines modernen Wippenschalters, der für eine „Snap-in-Montage" ausgelegt ist (Conrad Electronic).

Bei einem kleinen Folientaster steht z.B. „30 V DC/30 mA". Der darf also bei einer Gleichspannung von höchstens 30 V einen Strom von max. 30 mA (=0,03 A) schalten – was nur für „feinere" elektronische Schaltungen – wie z.B. auch für die Tom-Tom-Schaltung nach Abb. 1.63 – in Frage kommt.

Abb. 5.2: Ausführungsbeispiel einer Folientastatur (derartige Tastaturen sind üblicherweise selbstklebend.

5.3 Mikro- und Quecksilberschalter

Mikro- und Quecksilberschalter verdienen separat erklärt zu werden, weil ihre Funktion oder ihre Anwendungsmöglichkeiten nur wenig bekannt sind.

Bei den Mikroschaltern handelt es sich keinesfalls um Miniaturausgaben von anderen gängigen Schaltern, sondern um Schalter nach *Abb. 5.3*, die nicht von Hand, sondern durch Andrücken von einem „mechanischen" Körper (Maschinenteil, Klappe, Hebel, Tür usw.) sehr empfindlich und „positionsbezogen" haargenau einschalten, ausschalten oder umschalten.

So wird z.B. auch die Beleuchtung im Kühlschrank von einem Mikroschalter durch die Kühlschranktür betätigt. Mit Mikroschaltern lassen sich z.B. gut Fenster und Türen gegen Einbruch absichern. Bei Mechanismen mit Elektromotorantrieb werden Mikroschalter als „Endschalter" angewendet. Ein Mikro-schalter unter dem Autositz kann z.B. eine Alarmsirene einschalten, wenn sich ein Unbefugter in's Auto setzt und nicht vorher die Schaltung abstellt. Quecksilberschalter sind „Neigungsschalter", die nach *Abb. 5.4* einfach dann ein- oder abschalten, wenn sich ihre Neigung verändert. Nebenbei: es gibt neuerdings auch quecksilberfreie Neigungs-

Abb. 5.3: Ausführungsbeispiel eines Mikroschalters.

schalter (Abb. 5.5) mit denselben Eigenschaften (sie sind aber in der Regel nur für niedrigere Schaltleistungen ausgelegt, als die wesentlich „robusteren" Quecksilberschalter).

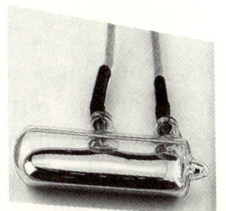

Abb. 5.4: Kleinere Qecksilberschalter (Neigungsschalter) sind bereits ab einem Durchmesser von ca. 10 mm und einer Länge von 23 mm erhältlich und können eine Spannung bis zu etwa 50 V AC/DC und 1 A schalten; größere Quecksilberschalter sind für Schaltleistungen von 250 V/6 A ausgelegt (Conrad Electronic).

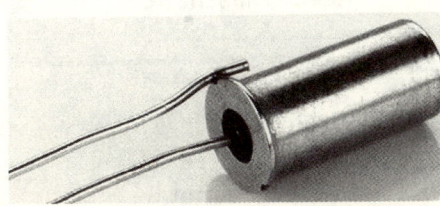

Abb. 5.5: Quecksilberfreier Neigungschalter; Durchmesser 4,7 mm, Länge 22 mm, Schaltleistung 60 V/0,25 A (Conrad Electronic).

Im privaten Anwendungsbereich eignen sich Neigungsschalter z.B. für Einbruchsschutzzwecke, für Wasserstands-Melder (im Keller-Regenwassertank) usw.

5.4 Reedschalter (Zungen-Schalter)

Reedschalter (Zungen-Schalter) haben eine ganz besondere Eigenschaft: Der Schaltbefehl wird hier weder mechanisch, noch elektrisch, sondern magnetisch ausgelöst. So ein Reedschalter besteht im einfachsten Fall aus zwei Kontaktzungen, die nach *Abb. 5.6* in einem kleinen Glasgehäuse eingeschmolzen sind. Wenn ein kleiner Permanentmagnet oder Elektromagnet sehr nahe gegen das Glasgehäuse gehalten wird, springen die zwei Zungenkontakte (magnetisch angezogen) aufeinander und erstellen damit einen Kontakt zwischen den zwei Anschlußfüßchen. Reedschalter gibt es auch als „Umschalter"nach *Abb. 5.7*

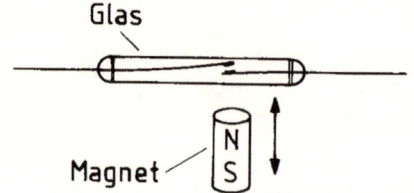

Abb. 5.6: Ausführungsbeispiel eines Reed-Schalters (Zungenschalters); Die im Glaskörper untergebrachten Kontakte schalten, wenn der Magnet (Dauermagnet) in ihre Nähe kommt.

Reedschalter werden überall dort eingesetzt, wo eine berührungslose, lautlose, funkenlose oder (mit Hilfe von einem Elektromagneten) ferngesteuerte Arbeitsweise erwünscht ist. Sie eignen sich u.a. gut für den Einbruchsschutz (Alarmauslöser) an Fenstern und Türen. Reedschalter, die herstellerseits mit einem Elektromagneten (im gemeinsamen Gehäuse) ausgelegt sind, werden Reedrelais genannt (mit denen befaßt sich Kap. 8.3).

Abb. 5.7: Ausführungsbeispiel eines Reed-Kontakt-Umschalters; manche haben nur einen Durchmesser von 3 mm und eine Glaskörperlänge von ca. 15 mm (die DC-Schaltspannung dieser kleinen Umschalter liegt dennoch in der Nähe von 200 V und der max. Schaltstrom bei ca. 0,5 A)0.

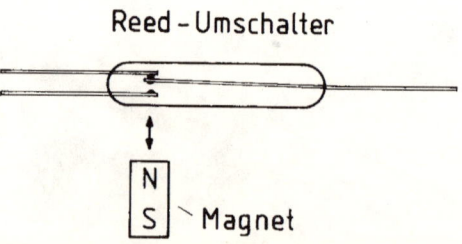

5.5 Sicherungen und Schutzschalter

Sicherungen dürften in einem „größeren" elektronischen Gerät nicht fehlen. Es bleibt jedoch eine Ermessensfrage, ob und wo man sie einsetzt. Bei kleineren Schaltungen und Taschenformat-Geräten wird auf sie üblicherweise verzichtet. Eine kleine „Glasrohr-Feinsicherung", die man z.B. zwischen den Brücken-gleichrichter und den Spannungsregler einsetzt, schützt vor allem während des Experimentierens die Schaltungsbausteine vor dem eventuellen Vernichten bzw. vor schwerer Beschädigung (was z.B. auch für den Transformator zutrifft). Es gibt „FLINKE", „MITTELTRÄGE" und „TRÄGE" Typen – wie bei uns Menschen. Allerdings mit dem Unterschied, daß man bei den Siche-rungen die mittelträgen oder trägen Typen dort einsetzt, wo beim Einschalten ein vorübergehender Stromstoß entsteht (was z.B. Transformatoren, Elektro-motoren oder größere Relais verursachen können). Für diese Glasrohr-Siche-rungen gibt es verschiedene einfache Sicherungshalter, von denen viele für die Montage auf Leiterplatten konzipiert sind. Neben diesen altbekannten Glassi-cherungen gibt es auch die noch etwas weniger bekannten „Kleinstsicherun-gen" und „Miniatur-Sicherungen".

Spannungsversorgungen von experimentellen Schaltungen können evtl. mit der sogenannten „Poly-Switch-Sicherung" versehen sein. Sie brennt bei einem Kurzschluß nicht durch, sondern schaltet nur vorübergehend ab, solange der Kurzschluß (oder Überstrom) dauert; danach schaltet sie sich automatisch wie-der ein. Eine wirklich feine Sache!

Wir sind aber mit diesem Thema noch nicht durch: Es gibt noch Temperatur-sicherungen (sie werden z.B. in die Motorenwicklung oder in Haushalts-Was-serkocher eingebaut), Überstrom-Schutzschalter, Überlast-Schutzschalter, Temperaturwächter, Bimetallschalter usw. Das sind alles ziemlich spezielle Bauteile, die unter die „Dinge des Lebens" fallen, bei denen es ausreicht, wenn man weiß, daß es sie gibt (und was es alles auf diesem Gebiet gibt, kann man ebenfalls z.B. in einem größeren Elektronik-Versandhaus-Katalog oder in einem Elektronik-Laden zurückfinden).

6 Der Klang als elektrischer Strom

Ein breites Anwendungsgebiet der Elektronik bildet die Elektroakustik. Darunter fällt eigentlich alles, was mit dem Frequenzbereich zwischen ca. 16 Hz und 20 kHz (16 bis 20.000 Schwingungen pro Sekunde) zu tun hat.

Junge und gesunde menschliche Hörorgane können solche Schwingungen der Luft (mit dem Trommelfell des Ohres) als Laute oder Klänge wahrnehmen. Bei etwas Glück. Ein großer Teil von uns hört höchstens Schwingungen bis 18 kHz. Bei älteren Menschen – oder auch bei vielen jüngeren, die ihre Ohren zu sehr mit lärmender Musik strapaziert haben – schrumpft der hörbare Frequenzbereich. Sie hören dann z.B. nur noch Frequenzen, die zwischen 16 Hz und ca. 8 kHz bis 10 kHz liegen – und das zudem nicht unbedingt „lückenlos" oder genügend ausgewogen.

Ungeachtet der Tonquellen als solchen, muß unser Trommelfell den Klang in der Form von Luftschwingungen serviert bekommen. Soweit es sich um Klänge natürlicher Herkunft handelt, ist es kein Problem. Da gibt es ja keine andere Alternative. Sobald es sich jedoch um einen elektronisch erzeugten, verarbeiteten oder konservierten Ton handelt, muß dieser „am Ende der Strecke" in Luftschwingungen umgewandelt werden. Daß dies mit Hilfe eines Lautsprechers oder Kopfhörers geschieht, hat sich ja inzwischen herumgesprochen.

Die ganze Problematik der elektronischen „Tonbearbeitung" schrumpft auf ein Minimum, wenn die elektronische Tonquelle als kompakter Baustein gleich mit einem Lautsprecher oder „Schallwandler" ausgestattet ist. Dies ist beispielsweise bei vielen Piepsern, Sirenen und alarmgebenden, warnenden oder melodischen Signalgebern der Fall.

6.1 Signalgeber, Sirenen und Piepser

Wer heutzutage ein einfaches akustisches Warn- oder Alarmsignal braucht, muß deshalb nicht gleich eine aufwendige elektronische Schaltung erstellen. Es gibt da verschiedenste Signalgeber, die als Fertigprodukte beim Einschalten „aus sich heraus" den erwünschten Lärm produzieren.

Abb. 6.1: Ausführungsbeispiel eines einfachen und preiswerten Schallwandlers mit eingebauter Elektronik: Tonfrequenz 4,6 kHz, Schalldruck 95 dB, Versorgungsspannung 1,5 bis 24 V (kein Vorwiderstand nötig); Durchmesser 31 mm, Höhe 15 mm (Conrad Electronic).

Unter dem Sammelbegriff „Lärm" kann im einfachsten Fall ein einziger Ton (als Sirene) verstanden werden. Ein einfacher und preiswerter elektronischer Piezo-Schallwandler (Alarmgeber) nach *Abb. 6.1* erzeugt einen Schalldruck von bis zu 95 dB (das kommt annähernd mit einer etwas entfernten Autohupe überein). Die meisten Schallwandler benötigen gegenwärtig keinen zusätzlichen Oszillator mit Verstärker mehr. Nur noch eine Batterie oder eine andere Stromquelle. Ansonsten ist in so einem Baustein bereits alles integriert – bis auf Ausnahmen, die nur als reine Schallwandler ebenfalls erhältlich sind – worauf beim Kauf zu achten ist.

Wenn man so einen Schallwandler als Alarmgeber in einer einfachen Diebstahlsicherung anwenden will, benötigt man für die ganze „Anlage" nur noch eine Batterie (oder eine andere Stromversorgung) und Alarmkontakte nach *Abb. 6.2*.

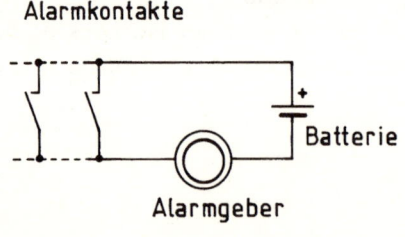

Abb. 6.2: Ein Schallwandler mit integrierter Elektronik benötigt als „Alarmgeber" im einfachsten Fall nur noch einige alarmauslösende Schalter S1 bis Sn (Mikroschalter, Quecksilberschalter, Rüttelschalter, Thermoschalter usw.), die ihn mit einer Batterie verbinden, wenn gewünscht wird, daß er „sich hören läßt". Eine solche Lösung eignet sich vor allem für akustische Warnungen, die auf eine unerwünschte länger dauernde Veränderung aufmerksam machen sollen (wie z.B. auf einen zu hohen Wasserstand im Keller-Regenwassertank).

Abb. 6.3: Manche der Signalgeber begnügen sich nicht nur mit einem einfachen Signal- oder Piepton, sondern produzieren gleich eine Melodie. Sie haben sehr kleine Abmessungen, einen bescheidenen Stromverbrauch und eignen sich vor allem für Kleingeräte oder Spielzeuge.

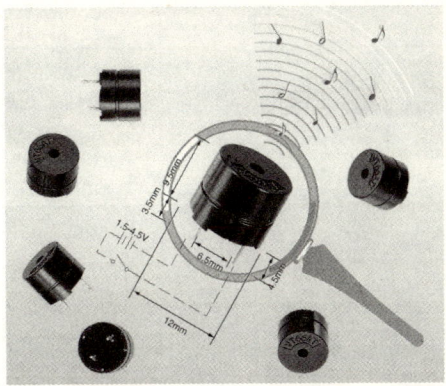

Es gibt jedoch auch kleinere Mini-Schallwandler oder „Mikro-Piepser" oder sogar kleine melodische Signalgeber nach *Abb. 6.3,* die für Printmontage ausgelegt sind. Sie benötigen meistens nur eine bescheidene Versorgungsspannung von ca. 1,5 bis 4,5 V, um „von sich hören zu lassen". Verwendet werden können alle derartigen Signalgeber und Piepser in verschiedensten Kleingeräten oder auch Spielzeugen.

Nach einem Spielzeug sieht auch die Mini-Sirene in *Abb. 6.4* aus, aber die erzeugt schon einen ziemlich kräftigen Sirenenton, der sich z.B. gut für einen Autodiebstahl-Schutz eignet.

Auch große Alarmsirenen – wie die in *Abb. 6.5* und *6.6* – sind gegenwärtig auch nicht mehr so groß, wie man es sich

Abb. 6.4: Ausführungsbeispiel einer Mini-Leistungssirene mit auf- und abschwellendem Ton, hohem Schallpegel von 110 dB/1 m Abstand. Und das bei Abmessungen von nur 39 x 39 x 59 mm. Sie arbeitet bei einer Versorgungs-Gleichspannung von 6 bis 12 V und die max. Stromabnahme liegt be1 150 mA (Conrad Electronic).

vielleicht vorstellen würde. Der erzeugte Lärm ist dagegen kräftig genug, um einem Einbrecher die Lust auf die Fortsetzung seiner Aktivitäten zu nehmen.

Abb. 6.5: Leistungsstarke Sirenen sind heutzutage nur etwa 100 bis 150 mm lang, aber ihre Lautstärke dringt bis an die Schmerzgrenze. Sie benötigen keine zusätzliche Elektronik, nur eine Versorgungs-Gleichspannung, die meistens zwischen etwa 5 und 15 V liegt. Die Stromabnahme liegt bei diesen größeren Sirenen zwischen ca. 0,5 und 1,5 A. Sie erzeugen (typenabhängig) „echte" auf- und abschwellende Sirenentöne, Intervalltöne oder Töne, die in der Tonhöhe variieren.

Abb. 6.6: Es könnte sich hier um eine normale Sirene handeln, aber in diesem Fall geht es um eine Hundegebell-produzierende Klangquelle. Das starke Hundegebell wird hier durch einen Zufallsgenerator gesteuert und wiederholt sich demzufolge nicht. Dieses „dog-horn" ist für eine Gleichspannung von 12 V ausgelegt und benötigt einen Strom von 0,5 A (Conrad Electronic).

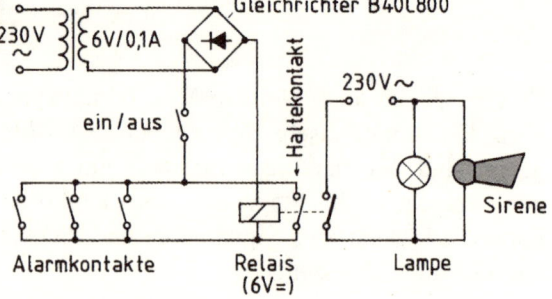

Abb. 6.7: Schaltbeispiel einer einfachen Alarmanlage: ein 6 V-Relais, das seine Versorgungsspannung von einem kleinen Netzteil erhält, schaltet den „230 Volt-Alarm" ein, sobald einer der Alarmkontakte (Türkontakte, Trittmatten usw.) betätigt wird. Der Relais Haltekontakt springt dabei an und hält das Relais so lange eingeschaltet, bis sein Schaltkreis mit dem ein/aus-Schalter unterbrochen wird. Wenn die Zuleitungen zu den Alarmkontakten lang sind, sollte anstelle der 6 V eine Versorgungsspannung von 12 oder 24 V= angewendet werden. Bei der Wahl des Relais ist darauf zu achten, daß seine Schaltkontakte für 230 V-Wechselspannung ausgelegt sind und daß der Schaltstrom den vorgesehenen Alarmgebern gerecht wird.

Manche Sirenen und Hupen sind für 230 V-Wechselspannung ausgelegt, und können bei Bedarf entweder direkt über einen Schalter oder über die Kontakte eines Relais geschaltet werden *(Abb. 6.7)*. Eine solche Alarm- oder Warnanlage ist vom Schaltplan her zwar sehr einfach, aber sollte nur dort angewendet werden, wo es hinsichtlich der Sicherheit wirklich keine Bedenken gibt. Darunter fallen vor allem Installationen, bei denen die Zuleitung zu dem alarmgebenden Kontakt oben im Innenraum gelegt werden kann.

Andernfalls sollte eine Versorgungsspannung von höchstens 24 V bevorzugt werden. Bei der Anschaffung von Signalgebern oder Sirenen ist auf folgende technische Angaben zu achten:

a) Betriebsspannung (in V) und Stromaufnahme (in A bzw. mA)
b) Schalldruck in dB oder Ausgangsleistung des eingebauten Endverstärkers

Zu beachten ist, daß nicht alle „Schallwandler" mit einer eingebauten Elektronik ausgestattet sind. Manche dieser „piezokeramischen Schallwandler" sind nur als reine „Minilautsprecher" anzusehen (die u.a. auch in melodischen Glückwunschkarten verwendet werden). Der Frequenzbereich von solchen Spezialausführungen liegt oft zwischen ca. 1 kHz und 8 kHz. Der „Kammerton A" hat eine Frequenz von 440 Hz – woraus hervorgeht, daß sich derartige piezokeramische Schallwandler nur für höhere Töne eignen – die z.B. in vielen der „melodieerzeugenden ICs" digitalisiert sind.

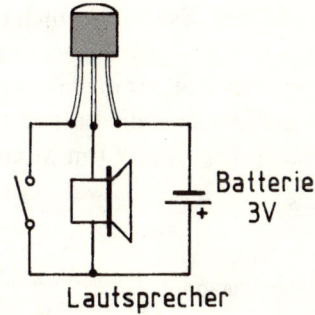

Abb. 6.8: Die Zukunft der melodischen „Signalgeber" gehört den kleinen kompakten Bausteinen, zu deren Vorreitern auch dieser MELODY-TRANSISTOR der chinesischen Vintung Company gehört. In diesen Baustein ist neben der eigentlichen „melodieerzeugenden" Elektronik gleich auch ein Endverstärker integriert.

Zu einem „Alarmsignalgeber" kann natürlich jeder beliebige Lautsprecher bzw. Außenlautsprecher ernannt werden, wenn man ihn mit einer elektronischen Tonquelle verbindet. Nicht jeder Signalgeber muß aber gleich auch als Alarmgeber betrachtet werden. Auch eine Türglocke fällt ja unter die Signalgeber. Von den modernen Fertigbausteinen, die sich als Klangquellen für derartige Anwendungen sehr gut eignen, verdient der „melodische Transistor" nach *Abb. 6.8* erwähnt zu werden. Er gehört zu den Vorreitern der mit Elektronik „vollgepumpten" winzigen Bausteine, die verblüffende Leistungen aufweisen (zumindest in Hinsicht auf ihre Abmessungen, auf den niedrigen Preis und auf die einfache Verschaltung).

Der „melodische Transistor" hat die Abmessungen eines normalen kleinen Transistors, aber spielt relativ sauber kurze Melodien. Man braucht nur einen kleinen „Restposten-Lautsprecher" und eine 3 V-Batterie anzuschließen und fertig ist der „Eigenbau".

6.2 Das Mikrofon

Die meisten Töne, mit denen man es in der Elektronik zu tun bekommt, werden auf natürliche Weise produziert (als Sprache oder Musik) und mit Hilfe von einem Mikrofon in elektrische Schwingungen umgewandelt. Ein Mikrofon gehört zu den bekanntesten Bausteinen der Elektronik, aber seine konkrete Funktion bleibt dennoch für die meisten Menschen ein Geheimnis. Allerdings eines, mit dem es sich leben läßt – es sei denn, man will die Elektronik in den Griff bekommen. Also packen wir es an:

Ein Mikrofon wandelt Luftschwingungen in elektrischen Strom um. Die meisten Mikrofone sind als sogenannte „dynamische Mikrofone" konzipiert. Das trifft sich gut, denn bei diesem Mikrofon läßt sich seine Funktion am leichtesten erklären: Es ist eigentlich ein kleiner elektrischer Generator. Etwas ähnliches, wie z.B. das Fahrraddynamo. Das Dynamo wandelt mechanische Drehungen (des Rotors) in elektrischen Strom um. An einem Mikrofon wird zwar nicht gedreht, aber die Luftschwingungen der Klänge reichen dazu aus, daß ein mechanischer Körper (im Mikrofon) vibriert und dadurch elektrischen Strom erzeugt.

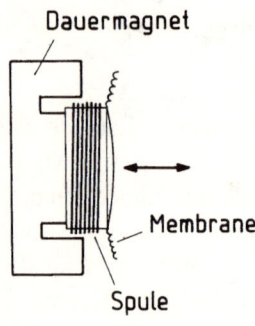

Dauermagnet

Membrane

Spule

Abb. 6.9: Konstruktionsprinzip eines dynamischen Mikrofons. Wenn gegen die Membrane gesprochen wird, schwingt sie in der eingezeichneten Pfeilrichtung im magnetischen Feld des Dauermagneten hin und her. Dadurch induziert sich in ihr elektrischer Strom, dessen Frequenz identisch mit der Frequenz des erregenden Klanges ist. Die derartig erzeugte elektrische Energie wird dann mit Hilfe eines abgeschirmten Mikrofonkabels an den Eingang eines Verstärkers geführt, danach verstärkt und letztendlich über Lautsprecher wieder in akustische Luftschwingungen (in den ursprünglichen Klang) umgewandelt.

Abb. 6.9 zeigt das eigentliche Prinzip der Wirkungsweise: An eine Membrane ist eine Kupferspule angeleimt, die sich im „magnetischen Feld" eines Dauermagneten (Permanentmagneten) befindet. Wenn gegen die Membrane gesprochen wird, vibriert sie genau mit den Schwingungen der Sprache. Dadurch bewegt sich auch die Spule im magnetischen Feld des eingezeichneten Magneten.

In einer Spule, die sich (egal wie) in einem magnetischen Feld bewegt, entsteht immer elektrischer Strom. In diesem Fall ist es ein Wechselstrom, der genau dieselbe Frequenz (und denselben Spannungsverlauf hat), wie der Klang, der die Membrane des Mikrofons zum Schwingen bringt.

Interessant an der Wirkungsweise dieses dynamischen Mikrofons ist, daß auf genau dieselbe Art die meisten Lautsprecher funktionieren. Der einzige Unterschied besteht in der umgekehrten „Richtung": Bei einem Lautsprecher wird der Spule der Strom aus dem Endverstärker zugeführt, dieser „pumpt" dann mit der Lautsprechermembrane, die dann dieses Pumpen auf die Luft „vor ihr" überträgt (bringt sie in's Schwingen). So werden die elektrisch verstärkten Klänge wieder „renaturalisiert".

Für Lautsprecher ist zwar ein anderes Kapitel zuständig, aber der vorhergehende Hinweis hat noch einen „themenbezogenen" Hintergrund: ein jeder Lautsprecher kann gleichfalls als Mikrofon eingesetzt werden. Das wird auch in der Praxis gelegentlich gemacht. Vor allem bei kleinen Gegensprechanlagen. Ein Taster schaltet dann wahlweise den Lautsprecher zum Mikrofon um. Bei diesem System kann allerdings jeweils nur einer der Gesprächspartner sprechen und der andere muß zuhören.

Vollständigkeitshalber wäre nun noch zu erwähnen, daß es neben den dynamischen Mikrofonen auch noch Kondensatormikrofone, Kristallmikrofone und diverse andere Konstruktionstypen gibt. Für unsere Zwecke genügt aber, wenn wir uns einigermaßen vorstellen können, worum es sich bei diesem Bauteil handelt. In der Praxis ist nur darauf zu achten, daß ein Vorverstärker – wie auch ein „Mikrofoneingang" von einem gängigen Verstärker – oft nur für eine bestimmte Mikrofontype (z.B. dynamisches Mikrofon) vorgesehen sind.

Mit den technischen Parametern der Mikrofone liegt es etwas komplizierter, als bei den meisten elektronischen „Bausteinen". Erstens gibt es da gewisse Probleme mit den Prioritäten, zu denen vor allem die Fragen des Frequenzganges (Übertragungscharakteristik), der Empfindlichkeit und der Richtcharakteristik gehören.

Bei vielen Mikrofonen fängt der Frequenzgang ziemlich hoch an – es werden z.B. 40 bis 18.000 Hz (manchmal sogar 80 bis 20.000 Hz) angegeben. Wenn so ein Mikrofon für einen Redner oder Sänger bestimmt ist, reicht auch ein Frequenzgang zwischen 100 Hz und 10.000 Hz aus. Aber: der tiefste C-Ton einer großen Kirchenorgel (oder eines größeren Synthesizers) hat eine Frequenz von nur 16,36 Hz; der tiefste A-Ton eines Pianos hat 27,5 Hz, der tiefste Ton einer kleineren Kirchenorgel (bzw. einer elektronischen Heimorgel) hat 32,7 Hz und der tiefste Ton eines Kontrabasses bzw. einer Baßgitarre hat 41,2 Hz.

Wenn so ein Mikrofon für Musikübertragung bestimmt ist und einer „Studio-qualität" nahe kommen sollte, wird es mit der „Qual der Wahl" nicht einfach werden. Wenn dagegen z.B. ein „Mundharmonika-Mikrofon" mit einem Fre-quenzgang von 100 Hz bis 20 kHz angeboten wird, kann man bedenkenlos zugreifen. Keine Mundharmonika nähert sich mit ihrem Tonumfang der unte-ren Grenze von 100 Hz. Die obere Grenze des Frequenzganges ist bei diesem Zungeninstrument willkommen, denn sein Klangbild wird maßgeblich von höheren harmonischen Frequenzen mitbestimmt, die in Richtung „nach oben" das hörbare Frequenzspektrum voll nutzen.

6.3 Vorverstärker

Ein jeder normale Verstärker – egal ob es sich um den Verstärker einer Wohn-zimmer-HiFi-Anlage oder um den Bühnenverstärker für ein Mikrofon, Musik-instrument usw. handelt – besteht üblicherweise aus zwei Funktionsteilen: Aus einem Vorverstärker und einem Endverstärker.

Die Aufgabe eines Vorverstärkers besteht darin, daß er das ihm zugeführte „Signal" optimal auf ein Niveau verstärkt, mit dem der Endverstärker etwas anfangen kann.

Die meisten Endverstärker benötigen ein wesentlich kräftigeres Eingangssig-nal, als z.B. ein Mikrofon oder eine andere vergleichbar schwache Tonquelle direkt liefern kann. Zudem möchte man manchmal aus mehreren Tonquellen die erwünschte auswählen (Radio, CD-Player, Tonbandgerät, Mikrofon usw.) bzw. mehrere Tonquellen miteinander mischen. Und letztendlich ermöglichen die meisten Vorverstärker auch noch eine individuelle Regelung der Laut-stärke, Tonfarbe (Bässe, Höhen) oder eine aufwendigere Einstellung des Klangspektrum-Verlaufes (mit z.B. einem Equalizer) usw.

Nicht jeder Vorverstärker muß unbedingt mehr leisten, als das eigentliche Vor-verstärken des ihm zugeführten Signales. Eine zusätzliche Regelung der tiefen und der hohen Töne ist jedoch schon wegen der Anpassung des Klangspek-trums an die akustischen Eigenschaften der angeschlossenen Lautsprecher-boxen von Vorteil.

Ein Vorverstärker kann wahlweise mit diskreten Bauteilen oder mit integrierten Schaltungen aufgebaut werden. Wenn es sich so ergibt, können ohne weiteres auch integrierte Vorverstärker mit Transistor-Vorverstärkern kombiniert wer-

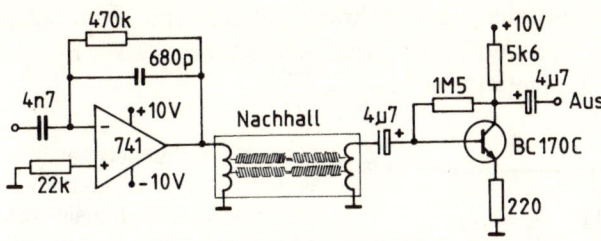

Abb. 6.10: Ein Nachhall-Verstärker für einen Hammond Spiralhall (dazu siehe Lieferanten-nachweis auf S. 353), der auch heute noch in den meisten E-Orgeln und Gitarren-Verstärkern seine Arbeit leistet. Wie
einfach diese Schaltung auch ist, es gibt keine bessere. Dazu muß jedoch die Tatsache angesprochen werden, daß auch der beste Spiralhall nur eine bescheidene Übertragungsqualität aufweist, welcher durch das Konstruktionsprinzip Grenzen gesetzt sind. Es handelt sich jedoch nur um einen Klangeffekt und als solcher ist er musikalisch sehr wirkungsvoll – soweit er richtig dosiert für ein elektronisches oder elektronisch verstärktes Musikinstrument verwendet wird.

den. Das wird auch bei professionellen Schaltungen gemacht. Ein Beispiel einer solchen Kombination zeigt *Abb. 6.10.* Es handelt sich um eine ältere, aber hervoragend funktionierende Schaltung, die für das Spiralen-Hallgerät Marke Hammond entwickelt und in elektronischen Orgeln, wie auch in Gitarren-Verstärkern angewendet wurde. Beide der Verstärker sind hier sehr einfach und erfüllen in dieser Applikation ihre Aufgabe zur vollsten Zufriedenheit. Der linke Verstärker – mit dem IC 741 – steuert den elektromagnetischen „Erreger", der den Klang in mechanische Schwingungen der Hallspiralen umwandelt. Der Tonabnehmer am anderen Ende der Spiralen benötigt nur eine geringere Vorverstärkung, für die der einfache „Eintransistor-Vorverstärker" ausreicht.

Mit diskreten Bauteilen (mit einzelnen Transistoren) baut man heutzutage einen Vorverstärker meistens nur noch dann, wenn gerade kein passendes IC vorhanden ist, wenn es sich beim Nachbau eines älteren Schaltbeispieles so ergibt, oder wenn ein bestehendes Gerät auf eine einfachere Weise etwas ausgebessert werden soll.

Im Gegensatz zu den Fertigprodukten der Lebensmittelindustrie, die durch zunehmende Anwendung von künstlichen und minderwertigen Zutaten immer schlechter werden, weisen die modernen Fertigprodukte der Elektronik eine hervorragende Qualität auf, die man im Eigenbau nur sehr schwer erreichen kann. Das bezieht sich auch auf integrierte Verstärker-Bausteine aller Art.

Hier lohnt es sich daher zu einem IC zu greifen, wenn nicht gerade das eigentliche Herumexperimentieren als die Haupt-Herausforderung eingestuft wird, oder wenn man nicht ein älteres Schaltbeispiel mit Transistoren interressehalber nachbauen will.

Für einen, der noch keine ausreichende Erfahrung mit aufwendigeren Schaltungen gemacht hat, ist es erprobt oft schwieriger einen Vorverstärker mit einzelnen Transistoren, als mit einem IC zu bauen.

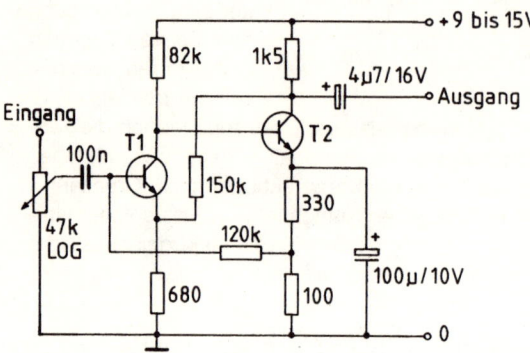

Abb. 6.11: Schaltbeispiel eines einfachen Vorverstärkers, für den fast alle NPN-Transistoren eingesetzt werden können (BC 107, BC 170C, BC 547 usw.). Der Eingangstransistor sollte möglichst rauscharm sein (BC 170C).

So besteht auch ein sehr einfacher Universal-Vorverstärker nach *Abb. 6.11* aus vielen diskreten Komponenten, deren Füßchen richtig angeschlossen werden müssen. Sie sind zudem miteinander ziemlich durchflochten; das kompliziert den Aufbau. Mit einem passenden IC – das im Schaltbeispiel in *Abb. 6.12* angewendet wurde – kann dieselbe Aufgabe wesentlich leichter bewältigt werden. Die „Endqualität" des auf diese Weise erzeugten Verstärkers läßt dann kaum noch Wünsche offen.

Abb. 6.12: Ein einfacher 1-IC-Vorverstärker mit einem Minimum an zusätzlichen Komponenten (kann z.B. mit folgenden ICs gebaut werden: LM 387, LM 387A, LM 381, LM 307, LF 355, LF 356, 741);

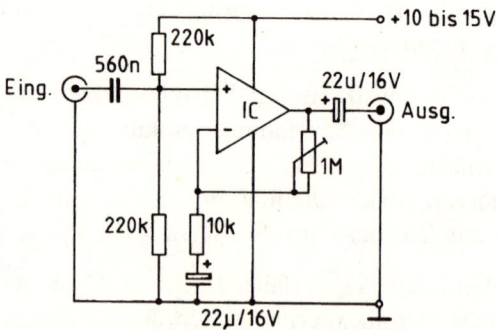

Abb. 6.13 zeigt einen Vorverstärker mit 2 ICs, der über eine Klangregelung verfügt. Wie aus der Schaltung hervorgeht, die am IC1 eingezeichnet ist, benötigt der 1. Vorverstärker ein Minimum an zusätzlichen Komponenten.

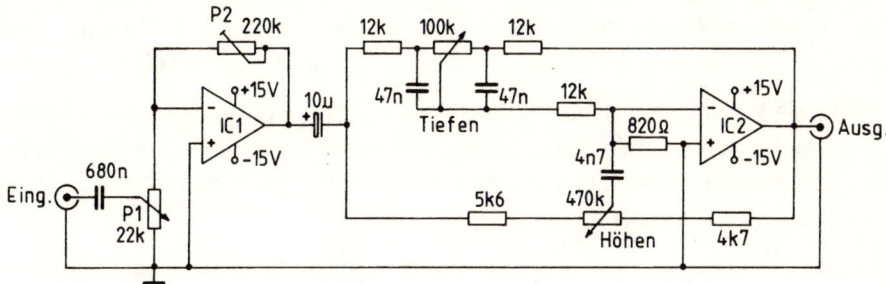

Abb. 6.13: Ein Vorverstärker mit zwei ICs, zwischen denen eine Klangregelungs-Schaltung angebracht ist; mit P1 läßt sich die Lautstärke regeln, mit P2 wird die maximal erwünschte Verstärkung eingestellt (falls eine noch höhere Verstärkung erwünscht ist, kann der Wert von P2 auf ca. 470 k erhöht werden – evtl. mit einem Serienwiderstand). Er kann mit denselben ICs ausgelegt werden, wie der vorhergehende Vorverstärker.

Der zweite Vorverstärker wäre in der Hinsicht auch nicht anspruchsvoller. Nur die eigentliche Klangregelung benötigt im allgemeinen immer ziemlich viele Bauteile – soweit sie nicht in einem Spezial-IC innen integriert ist. Unser Schaltbeispiel hat jedoch den Vorteil, daß sich hier ziemlich viele „Haus und Garten-ICs" einsetzen lassen, die als „Operationsverstärker" oder NF-Verstärker manchmal sogar beide in einem Gehäuse (bzw. auch 4 in einem Gehäuse) handelsüblich sind.

Jetzt sind wir bei den Bezeichnungen „Operationsverstärker" und „NF-Verstärker" gelandet. Da ist eine ordentliche Auskunft wichtig.

Wer sich in die Materie der integrierten Vorverstärker vertieft, wird irgendwann merken, daß es offensichlich mehrere Arten von kleinen Verstärker-ICs gibt: Operationsverstärker, Audio-Verstärker, NF-Verstärker usw.

Was nun hinter dem „usw." noch folgen könnte, ist im Zusammenhang mit diesem Themenzweig nicht so wichtig; also sehen wir uns an, was sich hinter den aufgeführten drei Namen verbirgt.

Wir fangen mit den Operationsverstärkern an: der Name will nicht darauf hinweisen, daß man mit ihnen etwa einen Blinddarm aufschneiden könnte. Er bezieht sich – einfach formuliert – auf ihre vielseitige Verwendung.

Beruhigend ist zu wissen, daß ein Operationsverstärker einfach alles verstärkt, was man ihm an seinem Eingang zukommen läßt. Von der Schaltung, die man um ihn herum aufbaut, hängt dann ab wie er verstärkt.

Die meisten Operationsverstärker können das Eingangssignal bis zu 100.000 mal verstärken. In der Praxis hat man eine derartig hohe Verstärkung nur dann nötig, wenn z.B. sehr schwache Hirnsignale verstärkt werden sollen.

Natürlich kennt jeder von uns viele Menschen, die so etwas dringend brauchen würden. Es ist aber anders gemeint: man kann nur messen, was im Hirn los ist, verstärken oder verbessern kann man es nicht. Das ist vielleicht auch gut so. Wer weiß, was da sonst herauskäme.

Bei den meisten gängigen Anwendungen verschaltet man einen solchen Operationsverstärker nur auf das benötigte Verstärkungs-Niveau (z.B. nur auf eine hundertfache Verstärkung – oder auch weniger). Hier kommt es darauf an, wie stark oder wie schwach das Signal an seinem Eingang in etwa sein wird.

Wenn z.B. das Signal einer E-Gitarre bei ca. 20 mV liegt und der Endverstärker benötigt ein Eingangssignal mit einer Spannung von 400 mV – also das 40-fache – würde eine Verstärkung benötigt, die etwas höher als 40 sein sollte (man wählt dann z.B. eine 100-fache Verstärkung).

Die meisten Verstärker dieser Gattung eignen sich haupsächlich für einen Frequenzbereich bis 100 kHz. Man kann sie als Audio- oder NF-Verstärker (NF = Niederfrequenz), wie auch als Verstärker für verschiedene Signale und Frequenzen technischer Art einsetzen. Mit einem Operationsverstärker kann man z.B. einen Dämmerungsschalter, einen Zeitgeber, einen IR-Strahl-Verstärker und natürlich auch einen Audio-Vorverstärker bauen.

Ein „echter" integrierter Audio-Verstärker muß sich nicht unbedingt von einem Operationsverstärker unterscheiden. Wenn man jedoch so ein IC als einen Audio-Verstärker bezeichnet, legt man erstens einen großen Wert darauf, daß es sehr rauscharm verstärkt, zweitens sind oft in so einem moderneren IC gleich einige zusätzliche Regelkreise untergebracht (Lautstärkeregelung, Klangregelung usw.). Dadurch ist so ein Audioverstärker vom Konzept her speziell für den Einsatz in Audio-Geräten bestimmt und kann nicht mehr so universell verwendet werden, wie ein Operationsverstärker.

Jeder Operationsverstärker kann dagegen gleichzeitig auch als NF-Verstärker bezeichnet werden. Oft wird jedoch die Bezeichnung „NF" auch anstelle „Audio" verwendet. Alles fließt hier also ein wenig durcheinander, aber nicht voll übereinstimmend in allen Anwendungsrichtungen. Wenn allerdings ein

„NF-Verstärker" mit Ausgängen für die Regelung von „Höhen" und „Tiefen" ausgelegt ist, wird man es nicht unbedingt anstreben, ihn z.B. als einen Dämmerungschalter verwenden zu wollen.

Zudem sind manche Audio-ICs gleich als Stereo-Vorverstärker ausgelegt. Das erleichtert den Aufbau einer Stereo-Anlage enorm.

Spezielleres über Operationsverstärker:
In dem Dreieck der Verstärker-Schaltzeichen in *Abb. 6.14* steht jeweils links oben ein PLUS- und links unten ein MINUS-Zeichen (oder auch umgekehrt) das haben wir bereits in Abb. 6.10 und 6.13 gesehen). Man könnte meinen, daß dort die Speisespannung angeschlossen werden soll. Stimmt nicht. Die Speisespannung geht ja aus der Mitte des ICs direkt zu einer symmetrischen Spannungsversorgung (in ein Netzgerät oder zu einer Batterie). Die zwei PLUS- und MINUS-Zeichen sitzen dagegen an den zwei „Signal-Eingängen" des ICs. Und das hat seine Ordnung, denn Operationsverstärker haben immer zwei Eingänge. Der eine Eingang ist als „NICHT INVERTIERENDER EINGANG", der andere als INVERTIERENDER EINGANG" ausgelegt.

Wie es funktioniert, läßt sich mit Hilfe von Abb. 6.14 erklären: Wenn nach Abb. 6.14a an den NICHT INVERTIERENDEN EINGANG (der mit einem PLUS-Zeichen gekennzeichnet ist) ein Wechselspannungs-Signal angeschlossen wird, kommt es am IC-Ausgang phasenidentisch wieder heraus (natürlich verstärkt). Wird dieses Signal nach Abb. 6.14b an den INVERTIERENDEN EINGANG angeschlossen, kommt es um 180° gedreht heraus (auch verstärkt). Wer selber nicht neue Schaltungen entwickelt, der muß sich eigentlich keine allzugroßen Gedanken darüber machen, welchen der zwei IC-Eingänge er für sein Vorhaben auswählen sollte, oder wozu er das Phasendrehen nutzen könnte. Es macht jedoch den Umgang mit solchen Verstärkern sympathischer, wenn man sich zumindest ungefähr vorstellen kann, worum es sich hier handelt.

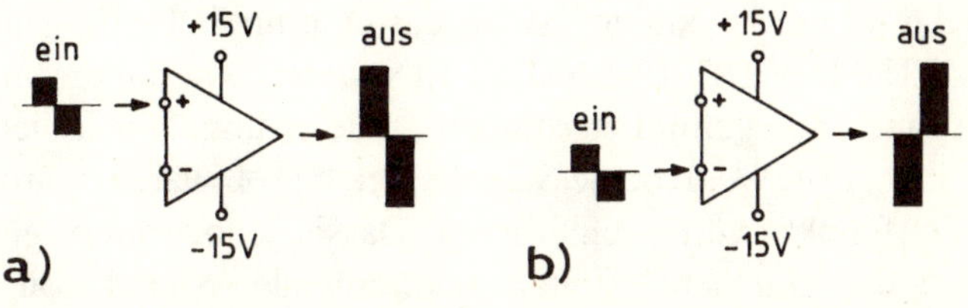

Abb. 6.14: a) Wird ein Signal dem NICHT INVENTIERENDEN Eingang eines Operationsverstärkers zugeführt, kommt es phasengleich am Verstärkerausgang heraus; b) wird dasselbe Signal an den INVENTIERENDEN Eingang angeschlossen, gibt es der Verstärker um 180° phasenverschoben (invertiert) wieder.

Populär könnte man es folgendermaßen erklären: Wie bereits angesprochen wurde, können derartige Verstärker das Eingangssignal bis zu 100.000 mal verstärken. Genau genommen entweder ca. 100.000 mal oder gar nicht.

Meistens benötigt man jedoch eine viel niedrigere Verstärkung. Das IC selber verfügt aber über keinen „geheimen" Regler, mit dem man seine Verstärkung einfach einstellen könnte. Das läßt sich nur von außen mit einem Trick machen, für den man die Phasendrehung um 180° braucht:

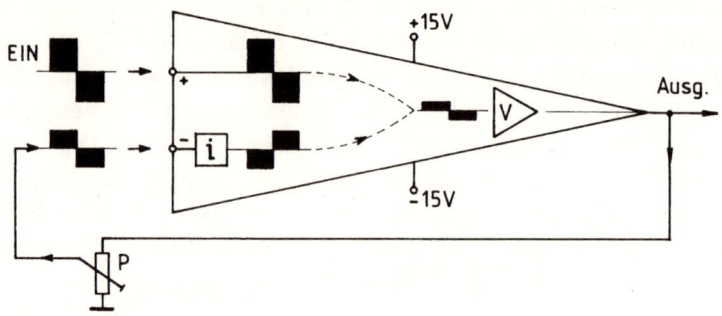

Abb. 6.15: Wird das nicht invertierte Signal vom Ausgang des Verstärkers an seinen INVENTIERENDEN Eingang (i) etwas abgeschwächt zurückgeführt, treffen sich im Inneren des ICs beide Signale phasenverdreht (im Spiegelbild), das schwächere von ihnen zieht sich von dem stärkeren ab. Übrig bleibt dann nur ein „Restsignal", dessen Größe mit Potentiometer P eingestellt werden kann.

Das im IC verstärkte Signal wird nach *Abb. 6.15* vom IC-Ausgang „AUS" zurück an den INVERTIERENDEN EINGANG geleitet. Aber nur in einer abgeschwächten Form, deren „Dosierung" sich in unserem Schaltbeispiel mit Potentiometer P einstellen läßt.

Wenn nun der Potentiometer P so eingestellt wird, daß das zurückgeführte Signal etwa um 1/3 kleiner ist, als das ursprüngliche Eingangssignal daneben (am NICHT INVERTIERENDEN EINGANG), kommen im IC beide Signale im genauen Spiegelbild zusammen – wie es ungefähr in der Mitte des ICs eingezeichnet ist. Wenn beide Signale gleich groß wären, würden sie sich an diesem „Treffpunkt" völlig annullieren. Da sie jedoch nicht gleich groß sind, zieht sich das „kleinere" (unten ankommende) Signal von dem größeren (oben ankommenden) Signal ab. Wir verzichten auf eine zu detaillierte Beschreibung vom Innenleben des ICs.

Abb. 6.16): Schaltbeispiel eines
kleinen Mikrofon-Vorverstärkers
mit dem IC 6270, einer sprachge-
steuerten Verstärkungsanpassung,
die bei einem Eingangssignal von
60 dB einen nahezu konstanten
Ausgangspegel von 90 mV liefert;
die Versorgungsspannung (Vcc)
beträgt 6 V (RS Components).

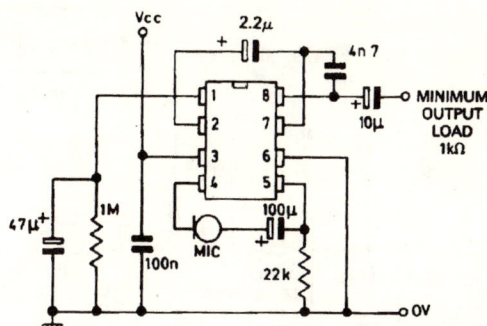

Es ist wohl deutlich, das irgendwo in seinem Bauch noch ein kleiner Vorverstärker (V) integriert sein muß. Sonst wäre das Ding ja kein Verstärker.
Ansonsten dürfte es genügen, wenn wir uns vorstellen können, daß sich mit
dem beschriebenen komischen Trick die Verstärkung des Eingangssignals
mit dem Potentiometer P wunschgerecht einstellen läßt. Das haben wir ja
übrigens bereits in Abb. 6.13 beim IC1 mit dem Einstellpotentiometer P2
gemacht.

Dieser „Trick" wird in der Elektronik als „Rückkopplung" bezeichnet – und es
läßt sich mit ihm noch viel mehr anstellen. Wir beschränken uns hier auf diese
eine gängige Anwendungsart. Hinzuweisen wäre nur noch darauf, daß normalerweise in vielen Schaltungen der Potentiometer P oft nur durch zwei Wider-

Abb. 6.17: Nachbauleichte Schaltung des integrierten Stereo-
Vorverstärkers TDA 1524
A, der mit einer Ste-
reo-Re-gelung der
Lautstärke,
Höhen, Tiefen und
Balance ausgelegt
ist; er benötigt nur
eine Speisespan-
nung von 12 V (bzw. 7,5
bis 16,5 V) bei einem
Speisestrom von 35 mA. Sein
Klirrfaktor liegt bei 0,3 %. Durch
die geringe Außenbeschaltung eignet
sich dieser Vorverstärker auch für den
Selbstbau (Anbieter Conrad Electronic).

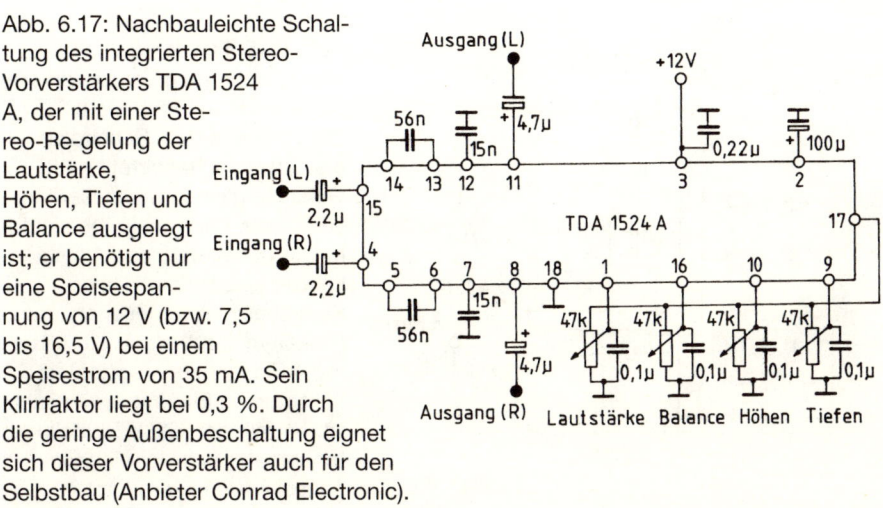

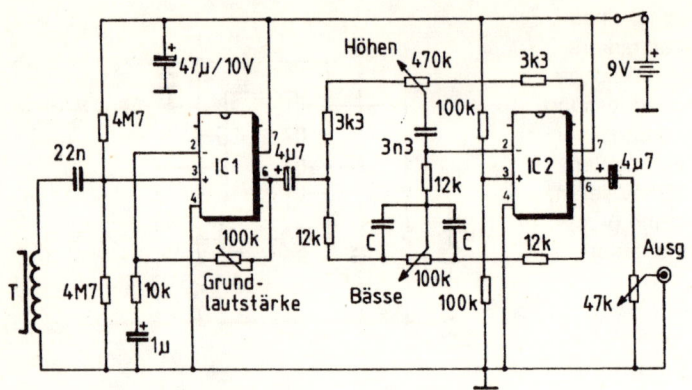

Abb. 6.18: Gitarren- und Baßgitarren-Vorverstärker mit Klangregelung (kann direkt in den Korpus des Instrumentes eingebaut werden).

T = Tonabnehmer
IC1,IC2: LF355,LF356,LM307,741
C: 2x56nF (Baßgitarre) oder 2x33nF (Gitarra)

stände ersetzt wird. Dabei kann statt einem dieser Widerstände ein Potentiometer eingesetzt werden, mit dem die Verstärkung entweder endgültig oder anwendungsbezogen verändert (geregelt) werden kann.

Vom Entwicklungsprinzip her sind alle „echte" Operationsverstärker für eine „symmetrische Spannungsversorgung" ausgelegt. Wie bereits im Kap. 3.3 erklärt wurde, handelt es sich bei dieser Spannungsversorgung um zwei „Spiegelbild-Spannungen" an beiden Seiten der Masse. In unserem Beispiel nach Abb. 6.14 und 6.15 sind es „+15 V" und „-15 V". Zwischen dem „PLUS" und dem „MINUS" beträgt somit die Versorgungsspannung 30 Volt.

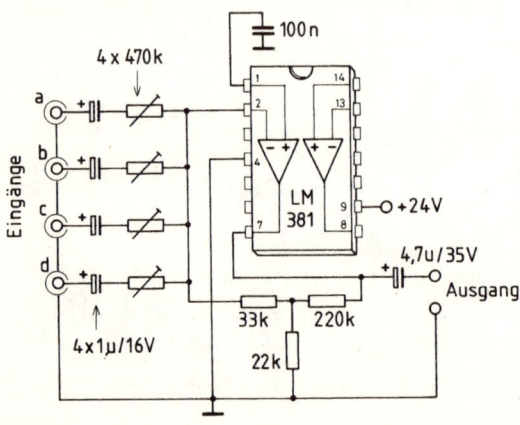

Abb. 6.19: Für den Selbstbau von rauscharmen Vorverstärkern eignet sich sehr gut das IC LM 381. Wie aus dem Schaltplan ersichtlich ist, bewirtet das IC-Gehäuse gleich zwei dieser Vorverstärker. Wir haben übersichtshalber nur einen dieser Verstärker mit einem zusätzlichen Schaltbeispiel vorgesehen, das (laut Datenblatt) als Audio-Mixer mit 4 Eingängen ausgelegt ist. Falls nur ein Eingang erwünscht ist, entfällt der 470 k Einstellpotentiometer (nur der eine Eingangskondensator bleibt.

Man kann notfalls (manchmal sogar ziemlich leicht) statt der „symmetrischen Spannungsversorgung" nur eine einzige Spannung anwenden, die als „unsymmetrische Spannungsversorgung" bezeichnet wird. Es genügt jedoch NICHT, daß man OHNE ÄNDERUNGEN in der Schaltung die eine Spannungsversorgungs-Art

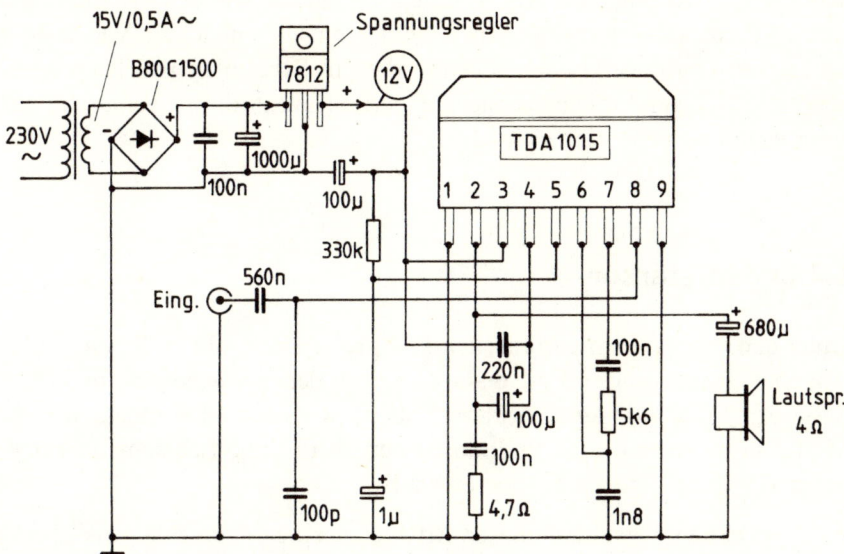

Abb. 6.20: Nachbauleichtes Schaltbeispiel eines kombinierten Vor- und Endverstärkers TDA 1015, der für tragbare Radiogeräte und Rekorder entwickelt wurde. Seine Ausgangsleistung beträgt bei der eingezeichneten 12-V-Speisespannung 4,2 W (bei einer Speisespannung von 9 V beträgt seine Ausgangsleistung 2,3 W und bei einer Speisespannung von 6 V beträgt sie 1 W). Sein Klirrfaktor liegt bei 0,3 %, sein Frequenzbereich zwischen 60 Hz und 15 kHz. Der eingezeichnete Netzteil ist bereits aus diversen vorhergehenden Schaltbeispielen bekannt und dient in diesem Fall zu einem leichteren Nachbau ohne zuviel es Experimentieren. Alle Elektrolyt-Kondensatoren sind 16 Volt-Typen. Der Sekundär des Netztransformators sollte zumindest einen Strom von 0,4 A bewältigen, darf jedoch beliebig höher sein als die angegebenen 0,5 A. Wenn für diesen Verstärker eine niedrigere Speisespannung bevorzugt wird, sollte der Sekundär des Transformators folgende Parameter aufweisen: 12 V/0,2 A für eine Speisespannung von 9 V oder 9 V/0,1 A für eine Speisespannung von 6 V. An der eigentlichen Schaltung ändert sich dadurch nichts; nur der Gleichrichter und der Spannungsregler dürften für eine niedrigere Strombelastung bzw. Regelspannung ausgelegt sein (wenn jedoch die Einsparung durch zu knappe Dimensionierung nur Pfennige einbringt, sollte hier lieber etwas großzügiger dimensioniert werden; der Gleichrichter, wie auch der Spannungsregler wärmen sich dann weniger auf). (Fabrikat Philips, Anbieter RS Components).

durch die andere ersetzt. Soweit in einer Bauanleitung nicht beide Schaltungsalternativen aufgeführt sind – was gelegentlich vorkommt – sollte man sich an eine eigenmächtige Änderung nicht wagen. So ein Verstärker braucht dann eine „künstliche NULL", die manchmal etwas eigenartig erstellt werden muß.

Einige nachbauleichte Schaltbeispiele moderner Vorverstärker zeigen *Abb. 6.16 bis 6.19.* Es gibt auch ICs, in denen sowohl der Vorverstärker, als auch der Endverstärker integriert sind. Einen kleineren nachbauleichten Vor- & Endverstärker dieser Art zeigt *Abb. 6.20.* In diesem Schaltplan ist gleich auch das benötigte Netzgerät eingezeichnet. Es entfällt, wenn dieser Verstärker z.B. an einer Autobatterie betrieben wird.

6.4 Endverstärker

Unter den modernen elektronischen Fertigbausteinen gibt es ein enorm breites Angebot an integrierten Endverstärkern (von denen wir bereits im 3. Kapitel/ S. 88 den TDA 2003 kennengelernt haben), wie auch an kompakten Hybride-Modulen, in denen oft die Endtransistoren als diskrete Bausteine in einer evtl. Symbiose mit ICs fest eingegossen sind.

Alle modernen Verstärker dieser Art bieten eine „sehr gute" bis „hervorragende" Klangqualität. Daher lohnt es sich gegenwärtig eigentlich nicht mehr, daß man selber versucht, einen leistungsfähigen Endverstärker aus einzelnen Transistoren mühevoll zusammenzubasteln. Es sei denn, man betrachtet dies als eine Herausforderung – was allerdings etwas mehr Erfahrung, wie auch eine gute Ausstattung mit einigen speziellen Meßinstrumenten voraussetzt – zumindest dann, wenn das Endergebnis wirklich gut sein soll.

Bei den meisten integrierten Verstärkern sind nur wenige zusätzliche Komponente notwendig, um ein perfektes und dabei preiswertes Gerät erstellen zu können, wie z.B. aus dem nachbauleichten Schaltbeispiel in *Abb. 6.21* hervorgeht.

Manche der integrierten Verstärker sind – ähnlich wie diverse Vorverstärker – gleich als Stereo-Verstärker konzipiert. Das vereinfacht den Selbstbau erheblich. Einen sehr guten – und ebenfalls sehr nachbauleichten – 2 x 20 Watt-Stereo-Endverstärker zeigt *Abb. 6.22.*

Ein passendes Netzgerät für die zwei vorhergehenden Verstärker zeigt *Abb. 6.23.*

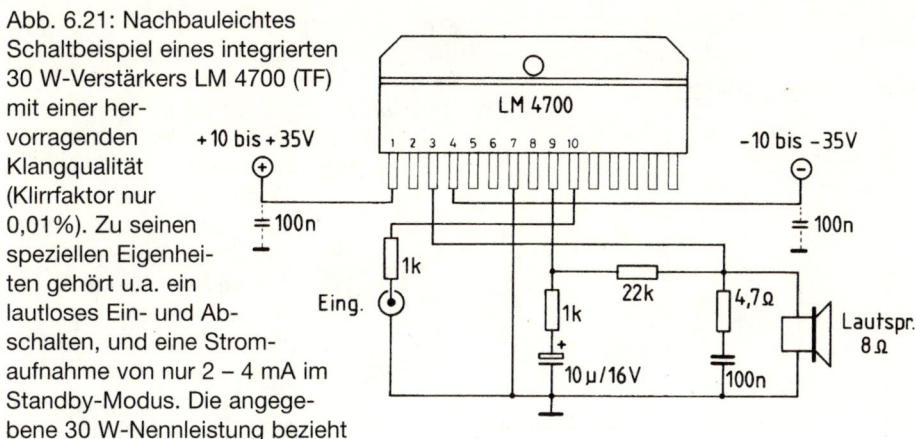

Abb. 6.21: Nachbauleichtes Schaltbeispiel eines integrierten 30 W-Verstärkers LM 4700 (TF) mit einer hervorragenden Klangqualität (Klirrfaktor nur 0,01%). Zu seinen speziellen Eigenheiten gehört u.a. ein lautloses Ein- und Abschalten, und eine Stromaufnahme von nur 2 – 4 mA im Standby-Modus. Die angegebene 30 W-Nennleistung bezieht sich auf eine annähernd maximale Speisespannung (PLUS und MINUS 35 V); Ähnlich wie bei allen anderen Endverstärkern gilt auch hier die Faustregel: „Halbiert man die Speisespannung, sinkt die Ausgangsleistung auf ein Viertel". Bei einer Speisespannung von PLUS 17,5 V und MINUS 17,5 V beträgt hier die Ausgangsleistung nur ca. 7,5 W. (Bezugsquelle: Conrad Electronic). Passendes Netzgerät siehe Abb. 6.23.

Wir haben bereits an anderer Stelle erwähnt, daß die meisten integrierten Verstärker wahlweise mit einer symmetrischen oder unsymmetrischen Speisung versorgt werden können – vorausgesetzt, man weiß wie. Was man sich nun unter diesen zwei Alternativen vorstellen dürfte, zeigen *Abb. 6. 24a* und b. Der integrierte 8 Watt-Verstärker TDA 1521 / A ist für beide Arten der Speisespannung „gezielt" ausgelegt.

Abb. 6.25 zeigt den Schaltplan eines 120 W-Hybride-Verstärkers MOS 248. Hier hat man es mit dem Selbstbau wirklich einfach. Der Verstärker-Baustein hat nur 5 Anschlüsse: positive Spannung, negative Spannung, Masse, Eingang und Ausgang für den Lautsprecher (bzw. für eine Lautsprecherbox mit mehreren Lautsprechern). Einfacher geht es gar nicht mehr. Auch das Netzteil ist in diesem Fall unkompliziert, weil hier keine Spannungsregelung angewendet wird. Der Hersteller empfiehlt hier zwei selbständige Brückengleichrichter – was jedoch eine reine Ermessensfrage (oder Preisfrage) ist.

Die hier aufgeführten Beispiele zeigen einige der interessantesten modernen Verstärker, die sich sehr leicht nachbauen lassen und erprobt auf Anhieb funktionieren. Wer sich mit den aufgeführten Schaltbeispielen etwas näher angefreundet hat, der wird auch mit anderen Verstärker-Schaltbeispielen reibungslos zurechtkommen. Das Angebot ist groß und die Preise sind im allgemeinen sehr günstig.

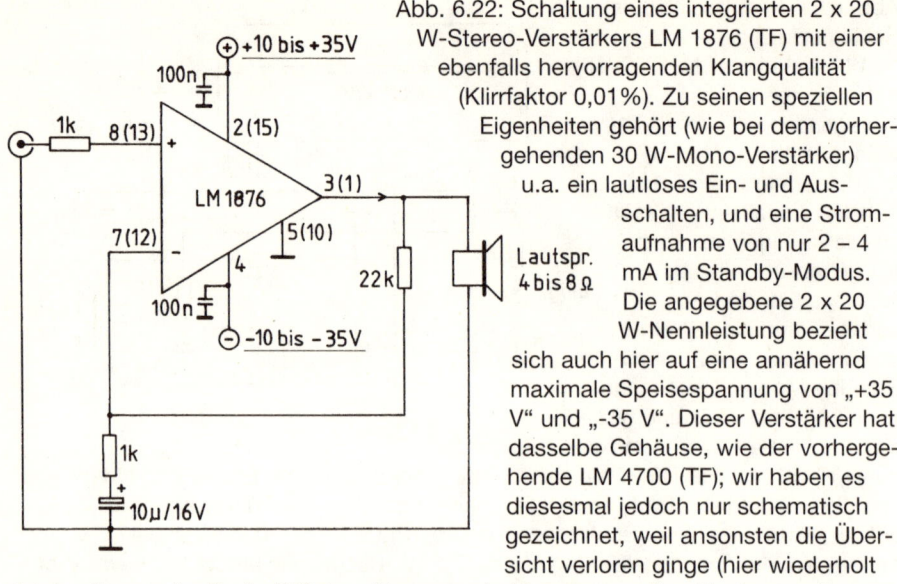

Abb. 6.22: Schaltung eines integrierten 2 x 20 W-Stereo-Verstärkers LM 1876 (TF) mit einer ebenfalls hervorragenden Klangqualität (Klirrfaktor 0,01%). Zu seinen speziellen Eigenheiten gehört (wie bei dem vorhergehenden 30 W-Mono-Verstärker) u.a. ein lautloses Ein- und Ausschalten, und eine Stromaufnahme von nur 2 – 4 mA im Standby-Modus. Die angegebene 2 x 20 W-Nennleistung bezieht sich auch hier auf eine annähernd maximale Speisespannung von „+35 V" und „-35 V". Dieser Verstärker hat dasselbe Gehäuse, wie der vorhergehende LM 4700 (TF); wir haben es diesesmal jedoch nur schematisch gezeichnet, weil ansonsten die Übersicht verloren ginge (hier wiederholt sich ja alles zweimal); die Füßchen-Nummern in Klammern gelten für den zweiten Verstärker. Da jeweils nur drei Widerstände und drei Kondensatoren für den Aufbau benötigt werden, ist der Selbstbau ein Kinderspiel. (Bezugsquelle: Conrad Electronic). Passendes Netzgerät siehe Abb. 6.23.

Als einziger Pferdefuß beim Selbstbau könnte manchmal ein unerwünscht hoher Brumm auftreten. Die Ursache liegt in dem Fall nur bei falsch angelegten Verbindungen mit der Masse. Im Idealfall sollten eigentlich alle diese Verbindungen an einem einzigen zentralen Punkt zusammenlaufen. Das hört sich ganz einfach an und ist in der Praxis auch einfach. So kann z.B. als „zentraler Punkt" bei dem Netzgerät aus Abb. 6.23, der als „0 V"-Punkt bezeichnete Ausgang der Masse des Netzteiles betrachtet werden. Mit diesem Punkt sollten alle Kondensatoren, wie auch die zwei Zenerdioden des Netzteiles entweder direkt, oder über einen dicken Leiter (Kupferdraht) verbunden werden. Die Masse des Vorverstärkers sollte ebenfalls zu diesem Punkt direkt führen und darf nicht mit der Masse des Endverstärkers „unterwegs" gemischt werden. Wenn alle Massen-Leitungen erst an diesem Punkt zusammenlaufen, kann sich kein Brumm in dem Vorverstärker modulieren.

Bei der Wahl eines optimalen Verstärkers wird man immer mit verschiedenen technischen Parametern und Eigenheiten konfrontiert, deren Stellenwert situationsbedingt unterschiedlich eingestuft werden kann. Für einen einfachen Tür-

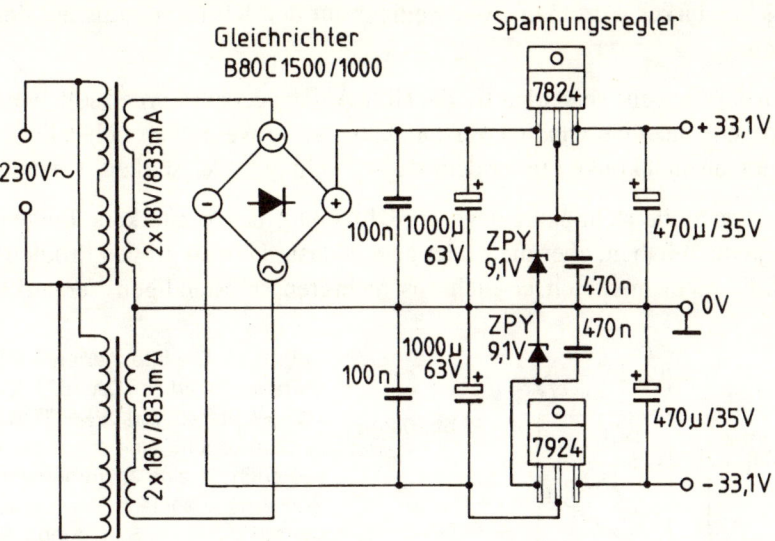

Abb. 6.23: Nachbauleichtes Netzteil, das speziell für die Verstärker nach Abb. 6.21 und 6.22 ausgelegt ist, aber durch evtl. Änderung der Sekundärspannung der Transformatoren und durch den Einsatz einer anderen Zenerdiode kann eine beliebige symmetrische Speisespannungsversorgung erstellt werden. Etwas irreführend dürften hier auf den ersten Blick die zwei eingezeichneten Transformatoren sein. Wer jedoch bereits in technischen Datenblättern oder in Katalogen von Elektronik-Versandhäusern das Angebot an Transformatoren durchgeblättert hat, konnte feststellen, daß sehr viele Hersteller die Primärwicklung nicht als eine einzige 230 V-Wicklung, sondern als zwei geteilte 115 V-Wicklungen serienmäßig fertigen. Diese Ausführung fanden wir auch konkret bei den im Schaltplan übernommenen Transformatoren, die mit dem etwas kuriosen Sekundärstrom von genau 833 mA handelsüblich sind (Anbieter u.a. Conrad Electronic und RS Components-Anschriften siehe Lieferantennachweis am Buchende); Nebenbei: Es spricht selbstverständlich nichts dagegen, daß in das Netzteil ein einziger Transformator mit einer Sekundärwicklung von z.B. 2 x 35 V/ 0,6 A eingesetzt wird. Unter den gängigen Angeboten ist jedoch ein derartiger Baustein unauffindbar. Daher haben wir in diese Bauanleitung gleich eine Lösung eingezeichnet, die sich auch praktisch umsetzen läßt. Die Schaltung des Netzgerätes gehört an sich inzwischen zu unseren „alten Bekannten" (zumindest für diejenigen, die dieses Buch fleißig von vorne durchgelesen haben). Die zusätzlichen Dioden ZPY 9,1 V dienen hier zum Anheben der Spannung auf die erwünschten „PLUS" und „MINUS" 33,1 Volt. Die gängigen preiswerten Festspannungsregler hören bei 24 V auf (eine zusätzliche Zenerdiode ist kostengünstiger, als der Aufpreis für z.B. einen einstellbaren Spannungsregler). Bemerkung: anstelle des 1 A-Spannungsreglers 7824 kann alternativ z.B. auch der 2 A-Spannungsregler Type L78S24 verwendet werden. Der negative Spannungsregler 7924 kann z.B. durch die Type MC 7924 CT oder MC 7924 MAC ersetzt werden.

gong-Verstärker wird man wohl weniger auf den Klirrfaktor, als auf den Preis achten.

Wenn dagegen ein Verstärker für die HiFi-Anlage gebaut werden soll, werden die Ansprüche an seine Qualität verständlicherweise wesentlich höher liegen. Was dürfte man sich konkret unter dem Begriff „ein guter Verstärker" vorstellen?

An erster Stelle steht heutzutage der Klirrfaktor des Verstärkers. Leistung will man ja auch haben, aber die bildet gegenwärtig kein so großes Problem mehr. Notfalls kann man sich ja auch aus mehreren selbständigen Verstärkern mit

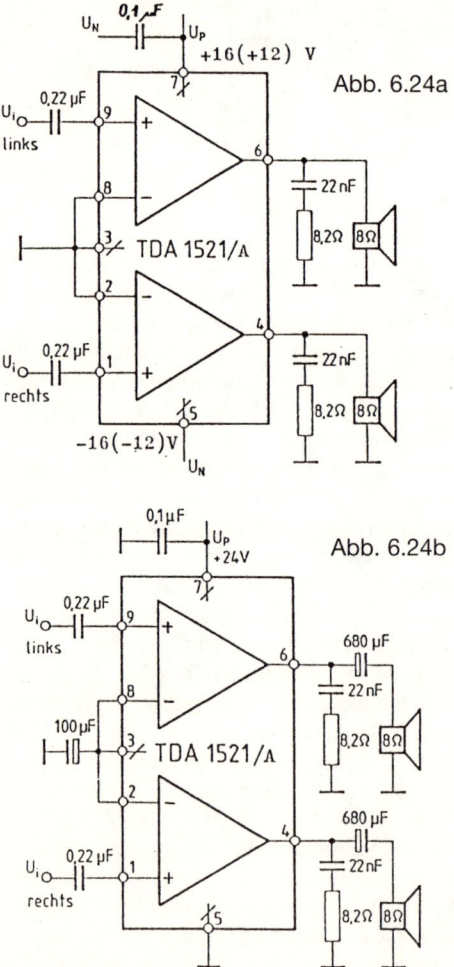

Abb. 6.24a

Abb. 6.24b

Abb. 6.24: Die integrierten 2 x 8 W-Stereo-Verstärker TDA 1521 A und 2 x 15 W-Stereo-Verstärker TDA 1521 sind sowohl für eine symmetrische, wie auch für eine asymmetrische Speisung ausgelegt. Der Klirrfaktor beträgt 0,2 %. a) Schaltung bei einer symmetrischen Speisespannung; b) bei einer asymmetrischen Speisung werden Ausgänge 2,3 und 8 nicht direkt, sondern über einen 100 µF-Kondensator mit der Masse verbunden. Das Netzteil für eine symmetrische Speisung kann ähnlich wie in Abb. 6. 23 ausgelegt werden. Die Zenerdioden mit den parallel angeschlossenen 470 n-Kondensatoren würden allerdings entfallen, als Spannungsregler kämen Typen „+15V" und „-15V" für den 2 x 8 W-Verstärker zum Einsatz und der Sekundär des Netztransformators dürfte ca. 2 x 18 V/400 mA haben (es wäre jedoch nur ein einziger Transformator nötig). Bei einer asymmetrischen Speisespannung vereinfacht sich das Netzteil derartig, daß der Hinweis auf Kap. 4.2 für evtl. Selbstbau genügt, Für die 2 x 15 W Type ist eine symmetrische Speisespannung von ca. 2 x 25 V notwendig (Anbieter: Conrad Electronic).

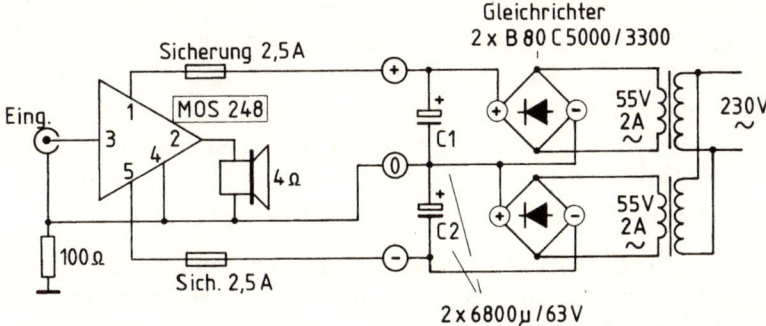

Abb. 6.25: Der hybride 120 W-Mono-Verstärker MOS 248 hat nur 5 Anschlüsse und eignet sich für einen schnellen und problemlosen Selbstbau auch deshalb gut, weil sein Netzteil sehr einfach ausgelegt ist. Das einzige Problem wird hier höchstens bei der Anschaffung eines passenden Transformators liegen (Anbieter RS Components).

ebenfalls selbständigen Lautsprecherboxen beliebig große Klangmauern zusammenbauen.

Zudem bilden der Klirrfaktor und die Leistung ohnehin zwei Parameter, die gemeinsam betrachtet werden müssen. Vor allem deshalb, weil der Klirrfaktor (oft auch als „harmonische Verzerrung bzw. „harmonic distortions" bezeichnet) immer leistungsbezogen zu betrachten ist.

Im allgemeinen sinkt der Klirrfaktor bei einem jeden Endverstärker um so mehr, je näher man an sein Leistungsmaximum herankommt. Und er sinkt nicht linear, sondern nimmt meistens mit steigender Leistung überproportional zu.

Je mehr also die Lautstärke eines Verstärkers aufgedreht wird, desto schlechter wird im allgemeinen die Qualität der Klangwiedergabe. Bei jedem Verstärker. Allerdings nicht bei jedem gleich gravierend.

So kann beispielsweise bei dem einen Verstärker die Klangqualität noch sehr gut bleiben, wenn man etwa 50% seiner offiziellen Sinusleistung nicht überschreitet und ein anderer Verstärker gibt es bereits beim Überschreiten von 1/10 seiner Sinusleistung mit der Klangqualität auf. Rein hypothetisch kann es sich dabei um zwei Verstärker handeln, die laut ihrer technischen Daten denselben Klirrfaktor haben (allerdings bei einer unterschiedlichen Referenzleistung).

Einen ebenfalls relativ wichtigen Parameter bildet bei einem Verstärker der Frequenzbereich. Es ist jedoch wenig aussagekräftig, wenn in den technischen

Daten nur eine Angabe in der Form „von-bis" steht. Die meisten Verstärker weisen vor allem bei den niedrigen Frequenzen (unterhalb von ca. 200 Hz) eine ziemliche Unlinearität aus. Am schlimmsten sieht es im Frequenzbereich zwischen ca. 16 Hz und 100 Hz aus. Um welche musikalischen Töne es sich dabei handelt, haben wir bereits im Kap. 6.2 kurz erklärt. In diesem Bereich schaffen es viele Verstärker nicht mehr zufriedenstellend mit einer dynamisch ausgewogenen Verstärkung der tiefsten Frequenzen.

Das Schlimme an der Sache ist, daß auch unsere Ohren gegenüber den tiefen Frequenzen ziemlich „taub" sind. Aus den „Kurven der gleichen Lautstärke" nach *Abb. 6.26* geht hervor, daß unsere Ohren eine lausige Unlinearität aufweisen. Zumindest nach reinen meßtechnischen Maßstäben.

Diese „Kurven der gleichen Lautstärke" sind den meisten Menschen wenig bekannt. Wer jedoch einmal dahinterkommt, daß es so etwas gibt, der kann sich über diverse „akustische Phänomene" viel leichter ein richtiges Bild machen. Auch über die Stolpersteine der Verstärker und ihrer Lautsprecherboxen.

Sehen Sie sich bitte in Abb. 6.26 interessehalber den Punkt A an, der an der Schnittstelle zwischen 10 dB und 100 Hz an der zweiten Kurve von unten in der Graphik liegt. Hier hören wir einen Sinuston mit einer Frequenz von 1000 Hz ausreichend laut (ausreichend für unsere Aufklärung).

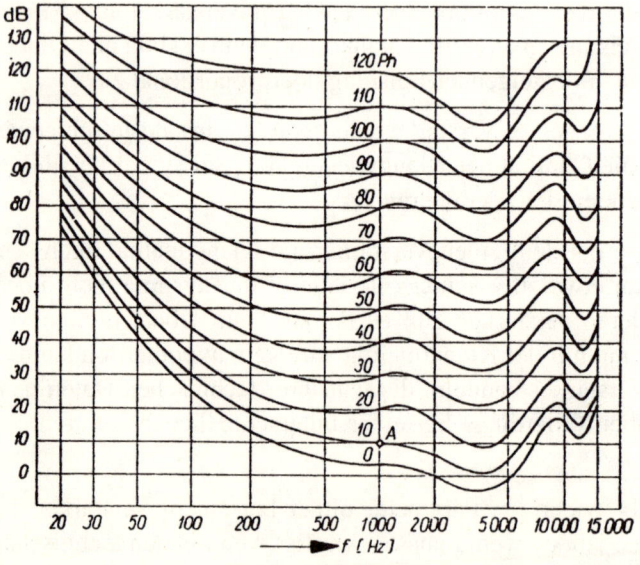

Abb. 6.26: Kurven der gleichen Lautstärke (nach Kingsburry, Fletcher und Munson).

Wenn wir nun einen Sinuston von 100 Hz gleich laut hören wollen, müssen wir seine Lautstärke auf 30 dB aufdrehen (da liegt die Schnittstelle zwischen 100 Hz und 30 dB). Einen ziemlich tiefen Ton, dessen Frequenz nur 50 Hz beträgt, müßten wir auf ca. 47 dB aufdrehen, um ihn in gleicher Lautstärke zu hören wie die vorhergehenden zwei Töne (wir haben an dieser Schnittstelle in der Kurve ein Pünktchen eingezeichnet; so läßt sich die angesprochene Schnittstelle leichter finden.

Wenn wir nun weiter zu den noch tieferen Frequenzen entlang der Kurve heruntergehen, landen wir bei einer Frequenz von 20 Hz. Hier müßte die Lautstärke sogar auf ca. 77 dB aufgedreht werden, um die subjektiv gleiche Lautstärke wahrzunehmen.

Interessant ist, daß diese Kurven in der Richtung ab ca. 1000 Hz nach oben nicht mehr so große Lautstärkeveränderungen aufweisen. Um die 4000 Hz ist das menschliche Ohr am empfindlichsten. Bei ca. 6000 Hz liegt die Schnittstelle zwischen der Lautstärke und der verfolgten Kurve wieder bei 10 dB. Danach geht es zwar etwas aufwärts, aber es hält sich noch in Grenzen.

Das Decibel ist eine logarithmische Einheit. Dies bedeutet, daß wir Decibels nicht wie z.B. Maß- oder Gewichteinheiten (Kilos oder Meter) aufeinander aufrechnen können.

Beispiel: Zwei laufende elektrische Bohrmaschinen mit einem Lärmpegel von je 80 dB ergeben nicht einen Lärm von 160 dB, sondern nur 83 dB. Den Unterschied von 3 dB nehmen unsere Ohren nicht als eine Verdoppelung, sondern nur als eine relativ geringfügige Erhöhung der Lautstärke wahr. Genauer gesagt, bilden gerade die 3 dB eine Lautstärkeerhöhung, die wir als solche subjektiv noch wahrnehmen können. Mit anderen Worten: einen Lautstärkeunterschied von z.B. nur 2 dB nehmen unsere Ohren gar nicht als eine Veränderung der Lautstärke wahr.

Ohne Rücksicht auf dieses Beispiel hat jede Verdoppelung der jeweiligen Lautstärke (wie z.B. Verdoppelung identischer Klangquellen) eine Zunahme um 3 dB zufolge. Umgekehrt hat eine Halbierung der Laut produzierenden Klangquellen ebenfalls nur eine Senkung der Lautstärke um 3 dB zufolge.

Wenn wir eine Lautstärke um 10 dB abschwächen wollen, müssen wir die Zahl der Klangquellen auf 10% reduzieren. Eine derartige Abschwächung empfindet das menschliche Ohr im Durchschnitt nur als eine Halbierung der Lautstärke. Das gilt auch in der anderen Richtung: eine Verstärkung der Lautstärke um 10 dB empfinden wir (bei derselben Frequenz) als „doppelt so laut".

Um auf die vorher angesprochene Kurve der „gleichen Lautstärke" zurückzukommen: wenn wir den 1000 Hz-Sinuston (Punkt A) durch einen 190 Hz-Sinuston ersetzen sollten, der subjektiv die gleiche Lautstärke hat, muß seine tatsächliche Lautstärke verdoppelt werden (von 10 dB auf 20 dB aufgedreht, wie der Schnittstelle zu entnehmen ist). Falls nun dasselbe noch bei einem Sinuston von ca. 70 Hz erwünscht ist, muß die Lautstärke nochmals verdoppelt werden (von 20 dB auf 30 dB). Und so weiter. Anhand dieses konkreten Beispieles kann man sich vorstellen, wie groß eigentlich die Lautstärke-Sprünge sein müssen, wenn unser Ohr eine ausgewogene Lautstärke empfinden soll.

In diesem Beispiel haben wir immer über einen „Sinuston" gesprochen. Weshalb?

Ein Sinuston ist ein reiner Ton, der keine höheren harmonischen Frequenzen beinhaltet. Jeder andere Ton beinhaltet höhere harmonische Frequenzen und wäre daher für derartige Meß- oder Testzwecke ungeeignet.

Der Grund läßt sich leicht erklären: Ein „nicht sinusförmiger" Ton, den z.B. eine Trompete erzeugt, hat zu viele harmonische Frequenzen, die den eigentlichen Grundton begleiten. Wenn der Trompeter einen A-Ton von 440 Hz bläst, liefert die Trompete gleichzeitig auch sehr viele harmonische Frequenztöne: Das Doppelte, das Dreifache, Vierfache, Fünffache der Grundfrequenz. Oft bis zu der obersten Grenze des Hörbereiches. Wir hören dann nicht nur eine Frequenz von 440 Hz, sondern auch Frequenzen von 880 Hz, 1320 Hz, 1760 Hz, 2200 Hz usw. Die meisten von ihnen sind zwar wesentlich schwächer, als die Grundfrequenz, aber die Summe macht es.

Diese Töne bilden einen „Brei", der für die Klangfarbe bestimmend ist. Mit einem solchen Brei kann aber unser Gehör „meßtechnisch" kaum etwas anfangen.

Der Witz an der ganzen Sache: So mancher Verkäufer einer teuren HiFi-Anlage demonstriert dem Kunden die „herrlichen Bässe" und weist ihn auf die tiefen Töne einer Baßtuba oder auf andere musikalische Baßtöne hin. Alle diese Baßtöne beinhalten viele höhere harmonische Frequenzen, die auch dann gut hörbar bleiben, wenn der eigentliche Grundton kaum noch wiedergegeben wird. So kann eine Verstärker/Lautsprecher-Kombination mit einer ziemlich schwachen Wiedergabe von Frequenzen unterhalb von z.B. 100 oder 150 Hz subjektiv noch sehr eindrucksvoll klingen.

Auf die Frage, welche objektiven Maßstäbe in solchen Fällen dann wohl als zuverlässig betrachtet werden können, dürfte folgender Hinweis gegeben werden: Ein einfacher Sinuston-Oszillator, der zumindest in einem Frequenz-bereich von 16 Hz bis 500 Hz gleitend verstellbar ist, eignet sich als eine objek-tive Klangquelle am besten.

Wie gut sich nun dieser Hinweis auch anhören mag, er hat immer noch eine große Schwachstelle: die unausgewogene Wahrnehmungsfähigkeit unseres Ohres. Sie läßt sich natürlich dadurch umgehen, daß statt dieses fraglichen Organes ein gutes Meßmikrofon und ein Oszilloskop eingesetzt werden. Das machen jedoch die Hersteller von Hi-Fi-Verstärkern ohnehin und man kann bei etwas Glück und etwas Hartnäckigkeit in den Besitz einer „Charakteristik" des Frequenzganges von dem einen oder anderen Verstärker gelangen.

Einen solchen Frequenzgang zeigt *Abb. 6.27*. Sehr wichtig ist hier immer die Angabe, bei welcher Leistung das Messen stattgefunden hat. In unserem Beispiel handelt es sich um den Frequenzgang eines 4 W – NF – Verstärkers Marke Valvo. Diese Messung basiert jedoch auf einer Leistung von nur 1 W – also bei einem Viertel der offiziellen Verstärkerleistung. Das ist nicht unüblich, aber der Fre-quenzgang kann bei einer höheren Leistung wesentlich ungünstiger ausfallen.

Für betriebsinterne Zwecke werden selbstverständlich solche Messungen in mehreren Leistungsstufen (Aussteuerungen) des Verstärkers vorgenommen und registriert. Erst bei einem Prototyp, danach als Stichproben bei der Seri-

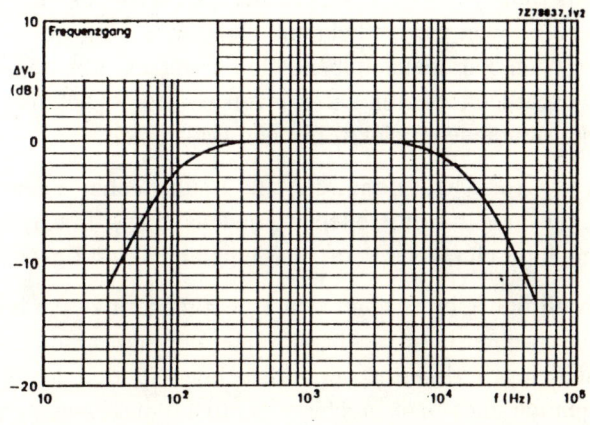

Abb. 6.27: Frequenzgang des integrierten 4 Watt-Verstärkers TDA 1011 (Valvo); Diese Charakteri-stik bezieht sich jedoch auf eine Leistung von nur 1 Watt (0 dB) und sagt im Grunde genommen nichts darüber aus, wie der Fre-quenzgang aussieht, wenn man näher an die volle Leistung des Ver-stärkers kommt. Dabei ist dieses Beispiel noch rela-tiv positiv, denn hier hat man den Frequenzgang bei einem Viertel der Maximumleistung. Bei manchen Verstärkern bezieht sich der angegebene Frequenzgang auf einen wesentlich kleineren Bruchteil der maximalen Leistung und kann ziemlich irreführend ein falsches Bild von dem tatsächlichen Fre-quenzgang wiedergeben, der anwendungsbezogen maßgeblich wäre.

enherstellung. An den Kunden gibt man natürlich nicht gerne weiter, bei welcher Leistungsstufe der Verstärker nicht mehr vorzeigbare Ergebnisse aufweisen kann. Daher begnügt man sich gerne mit der Zeichnung einer Charakteristik, die so ein Verstärker nur bei einer viel zu leisen Klangwiedergabe aufbringt (was jedoch bei unserem Beispiel nicht zutrifft).

Eine zusätzliche Überlegung verdient hier noch die Spannungsversorgung der eigentlichen Endstufe. Traditionell gab man sich hier meistens mit einer nicht stabilisierten Spannung zufrieden. Ein Gleichrichter und ein zusätzlicher Elektrolyt-Kondensator von ca. 5.000 bis 10.000 μF – wie es auch in Abb. 6.25 (vom Hersteller empfohlen) eingezeichnet ist – mußten in der Regel reichen.

Inzwischen sind jedoch auch die leistungstarken Spannungsregler derartig preiswert geworden, daß man sich eine stabilisierte Spannung für die Endstufe leichter erlauben kann. Dann kann man statt des einen 10.000 μF-Elko lieber nur zwei wesentlich kleinere und preiswertere Elkos einsetzen, womit sich der zusätzliche Aufpreis (für die Spannungsregler) besonders bei kleineren Leistungen fast kompensiert.

6.5 Lautsprecher

Als Bausteine sind Lautsprecher allgemein bekannt. Die Ausführungsvarianten und Größen weisen bekanntlich enorme Unterschiede aus. Und was die technischen Parameter anbelangt, kommt es hier bei den Herstellerangaben zu wesentlich größeren Differenzen zwischen Dichtung und Wahrheit, als bei den meisten anderen elektronischen Bausteinen.

Der Grund liegt darin, daß alle Lautsprecher einen ziemlich miserablen Wirkungsgrad haben, selten zufriedenstellend linear sind, und den Klang auch noch durch eigene Parasitschwingungen und Resonanzen verzerren.

Natürlich gibt es unter den Lautsprechern – wie bei jeder Ware – sehr gute, durchschnittliche, schlechte und sehr schlechte. Es wird jedoch diskret verschwiegen, daß trotz aller ehrlichen Mühe vieler Hersteller, die Wiedergabequalität aller Lautsprecher eigentlich „meilenweit" hinter der Wiedergabequalität vieler der wirklich hervorragenden Verstärker liegt.

Das Problem besteht darin, daß es eigentlich keine handelsüblichen Lautsprecher gibt, die das ganze hörbare Klangspektrum (von ca. 16 Hz bis ca. 18 oder 20 kHz) optimal bewältigen. Wenn beispielsweise ein Lautsprecher sehr gut die tiefsten Frequenzen wiedergeben kann, ist er meistens sehr „unbeweglich", wenn es um die Wiedergabe von hohen Frequenzen geht – und umgekehrt.

Deshalb werden in einer Lautsprecherbox mehrere Lautsprecher kombiniert: Einer für die tiefen Frequenzen, einer für den mittleren Tonbereich und ein Hochtonlautsprecher für die höchsten Frequenzen. Mit Hilfe von zusätzlichen Frequenzweichen werden dann den Lautsprechern ihre „Spielflächen" eingeschränkt. Der Tieftöner darf dann z.B. nur bis zu einer Frequenz von 500 Hz arbeiten; dann übernimmt die Klangwiedergabe der Mitteltöner, der z.B. für die Frequenzen zwischen 500 Hz und 3000 Hz zuständig ist; den oberen Rest des Klangspektrums (von 3000 Hz bis 20.000 Hz) übernimmt der Hochtöner.

Das hört sich ganz gut an, funktioniert jedoch in der Praxis bestenfalls „zufriedenstellend". Kein normaler Lautsprecher ist beispielsweise fähig die Klangwiedergabe in seinem Frequenzbereich wirklich ausgewogen wiederzugeben. Es gibt da immer Unterschiede in der Frequenzabhängigkeit der Lautstärke, und der Klirrfaktor ist – durch mechanisch bedingte akustische Eigenheiten – auch nicht im gesamten Arbeitsbereich gleich.

Damit bildet der Lautsprecher – bzw. die Lautsprecherbox – das schwächste Glied einer jeder Audio-Anlage. Gute Lautsprecherboxen können zwar die dynamische Ausgewogenheit der Klangwiedergabe maßgeblich beeinträchtigen, aber sie können nicht den Klirrfaktor der eingebauten Lautsprecher ändern.

Oft wird dann in der Praxis einem Kunden ein wirklich guter HiFi-Verstärker vorgeführt, der einen Klirrfaktor von eindrucksvollen 0,01% hat und dazu werden ihm sündhaft teure „Super-Lautsprecherboxen" empfohlen, deren Klirrfaktor beispielsweise bei 7% liegt (was bei derartigen Boxen auf die Leistungsfähigkeit der eingebauten Lautsprecher zurückzuführen ist).

Das Sprichwort „Ende gut, alles gut" trifft hier also nur in einer umgewandelten Interpretation „Ende schlecht, alles schlecht" zu. Und das sollte ein Elektroniker wissen, denn es hilft ihm, seine Maßstäbe zu setzen.

Wie? Hier wäre erstens darauf hinzuweisen, daß unsere Ohren „genetisch bedingt" für gehobenere „Meß- und Testzwecke" nur bedingt tauglich sind.

Einerseits leiden sie unter der in Abb. 6.26 erklärten Unlinearität, andererseits können sie viel feinere Wahrnehmungsunterschiede aufweisen, als unsere Augen.

Wenn ein Akustiker in einem professionellen Laboratorium akustische Klangunterschiede mit Hilfe eines Oszilloskop-Monitors auszuwerten versucht, ist ein Flop vorprogrammiert. Viele der feineren Klangfarbenunterschiede oder Verzerrungen hört das Ohr viel früher, bevor das Auge am Oszilloskop überhaupt eine Veränderung der Klangform feststellen kann. Das trifft auch für spezielle Oszillographen oder graphische Analysatoren zu.

In gewisser Hinsicht ist diese Tatsache beruhigend, weil dadurch auch einer, dem keine teuren Meßgeräte zur Verfügung stehen, sein Gehör einsetzen kann – vorausgesetzt es ist als „Meßgerät" brauchbar.

Ein derartiger „Hörtest" funktioniert bei Tief-und Mittelton-Lautsprechern nur, wenn diese in Boxen oder in anderen geeigneten Vorrichtungen eingebaut sind. Eine Ausnahme bilden hier allein die Hochtonlautsprecher. Man kann sie einfach nebeneinander auf den Teppich legen und erst auf unerwünschte Beiklänge vorselektieren. Mit Beiklängen ist es am schlimmsten bei Hochton-Hornen aus Kunststoff. Manche von ihnen haben einen Beiklang, der sich ähnlich anhört, wie wenn man in eine Gießkanne hineinsingt (man muß jedoch mehrere unterschiedliche Hochtöner miteinander vergleichen können, um die Klangunterschiede zu hören).

Am schlimmsten sündigen heutzutage die Hersteller bei den Lautsprecher-Leistungen, die meistens als „Musikbelastung" in den technischen Daten aufzufinden sind. Die Sache hat folgenden erklärungsbedürftigen Haken: wenn beispielsweise ein Hersteller von kleinen Elektromotoren die technischen Parameter seiner Produkte aufführt, gibt er zwei „Leistungen" an: die Aufnahmeleistung und die Wiedergabeleistung (Nennleistung). Im Katalog steht dann z.B.: Aufnahmeleistung (P1) = 60 W, Nennleistung (P2) = 22 W.

Hier weiß der Anwender, woran er ist. Bei Lautsprechern wird jedoch nur die „Aufnahmeleistung" – als z.B. „musikalische Belastung" angegeben. Über einen Wirkungsgrad oder über eine Wiedergabeleistung gibt es keine Information.

Was bei den Lautsprechern als „Nenn- oder Musikbelastung" (in Watt) angegeben wird, bezieht sich nur auf die Aufnahmeleistung – also darauf, was der Lautsprecher an zugeführter Leistung verkraften kann. Aber auch diese Angabe gilt meistens nur für eine einzige Frequenz – z.B. für 1.000 Hz. Die Membrane eines solchen Lautsprechers kann jedoch bei einer Frequenz von z.B. 75 Hz bereits bei der Hälfte der angegebenen Nennbelastung derart „tief" schwingen, daß sich ihre Spule in dem Magnet-Innenraum kaputtschlägt.

Ziemlich irreführend ist bei diversen Lautsprechern auch die Angabe von einem „Wirkungsgrad in dB". Hier handelt es sich um keinen echten Wirkungsgrad, sondern um eine „Maximumlautstärke in dB". Wenn also bei einem Lautsprecher angegeben wird, daß z.B. sein Wirkungsgrad 98 dB beträgt, dann bedeutet dies keinesfalls, daß er 98% der ihm zugeführten Energie als Schwingungen in die ihn umgebende Luft weitergibt, sondern NUR, daß er einen Lärm produzieren kann, dessen Höchstgrenze bei 98 dB (Dezibel) liegt.

Nebenbei: auch die Impedanz eines Lautsprechers gilt nur für eine einzige Frequenz (in der Regel ebenfalls für 1.000 Hz). Damit wird jedoch auch bei Verstärkern Rechnung getragen, und man kann daher die in technischen Daten angegebene Impedanz des Lautsprechers als maßgebend betrachten (sie beträgt bei den meisten Lautsprechern 8 oder 4 Ohm).

Ein sehr wichtiger Parameter ist bei einem Lautsprecher sein „Übertragungsbereich" (=Frequenzbereich). Der verdient eine gehobene Aufmerksamkeit bei der Wahl eines Tieftonlautsprechers. Am wichtigsten ist hier – wie z.B. auch bei einem Studiomikrofon – die untere Übertragungsgrenze (die niedrigsten Frequenzen, die der Lautsprecher noch verarbeiten und ausstrahlen kann).

Ähnlich wie bei den Mikrofonen, fängt bei vielen Breitband- oder Tiefton-Lautsprechern der Übertragungsbereich ziemlich hoch (z.B. bei 50 Hz) an. Auch hier kommt es auf den Anwendungszweck an. Genau genommen kommt es hier u.a. darauf an, ob die vorgesehene Box überhaupt fähig sein wird, den unteren Tonbereich zu verkraften.

6.6 Lautsprecherboxen

Lautsprecherboxen gehören zu den gängigsten „Möbelstücken" mit denen ein jeder von uns zu leben lernte. Die meisten werden als „3-Wege oder 4-Wege-Boxen ausgelegt, was sich auf die getrennte Wiedergabe von tiefen, mittleren und hohen Frequenzen bezieht. Einfache Frequenzweichen, die zu diesem Zweck eingesetzt werden können, haben wir bereits im 1. Kap. kurz angesprochen.

Es gibt jedoch auch etwas aufwendigere Frequenzweichen nach *Abb. 6.28,* die eine ausgewogenere Verteilung des Frequenzspektrums unter die Lautsprecher bewerkstelligen. Die Schnittstellen (Cross-Over-Schwellen) zwischen den Feldern TIEF – MITTE – HOCH werden von der Induktivität der Spulen und von der Kapazität der Kondensatoren bestimmt.

An dieser Stelle dürfte noch der Unterschied zwischen einer 3-Wege- und 4-Wege-Lautsprecherbox angesprochen werden: Vom rein akustischen Stand-

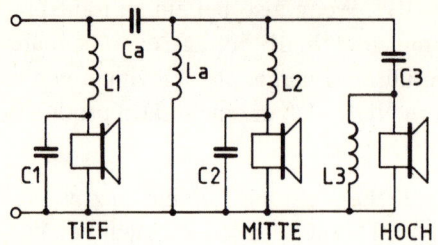

Abb. 6.28: Schaltbeispiel einer Philips-Dreiwege-Frequenzweiche: die Spule L1 bildet eine Barriere für hohe Frequenzen und läßt nur die tiefsten Töne an den Tieftonlautsprecher durch; C1 schließt zusätzlich noch einen Teil der restlichen hohen Frequenzen (die durch L1 noch durchgedrungen sind) gegen die Masse. Ca bildet eine „Sperre" für die tiefsten Frequenzen; ein gewisser Teil kommt dennoch durch und wird wiederum zum großen Teil über La an die Masse geleitet. L2 verhindert, daß der Mitteltonlautsprecher zu hohe Frequenzen bekommt, die für den Hochtöner bestimmt sind. Was an hohen Frequenzen dennoch durchkommt, leitet C2 (als Bypaß) an die Masse durch. Die Kapazität des C3 ist so gewählt, daß er nur die hohen Frequenzen für den Hochtöner durchläßt. Unerwünschte tiefere Frequenzen werden über L3 (die ebenfalls als Bypaß für den Hochtöner fungiert) gegen die Masse kurzgeschlossen.

punkt ist er völlig bedeutungslos. Es kommt nur darauf an, wie ausgewogen die Lautsprecher mit Hilfe gut ausgetüftelter Frequenzweichen das Klangspektrum bewältigen. Das hängt einerseits davon ab, wie linear der eine oder andere Lautsprecher in „seinem" Frequenzbereich konstruktionsbezogen arbeiten kann. Anderseits hängt es davon ab, wie gut die Frequenzweichen die „Spielfelder" einzelner Lautsprecher einteilen.

Hier wäre darauf hinzuweisen, daß die Lautsprecher-Wiedergabebereiche mit Hilfe der gängigen „passiven" Frequenzweichen nicht wie mit dem scharfen Schnitt einer Schere geteilt werden, sondern daß sie nach *Abb. 6.29a* ziemlich ineinander fließen (an sogenannten Cross-over-Schnittstellen).

An sich spielt es keine Rolle, wie „tief" der eine Lautsprecher in das Nachbarfeld hineindringt, wichtig ist nur, daß der Frequenzgang der Box möglichst ausgeglichen (linear) bleibt. Wenn es gelingt, die Frequenzweichen auf die Parameter der Lautsprecher akzeptabel anzupassen – wie z.B. in Abb. 6.29a eingezeichnet ist, weist der Frequenzgang einen ziemlich linearen Verlauf nach *Abb. 6.29b* aus. Allerdings unter der Voraussetzung, daß alle verwendeten Lautsprecher eine aufeinander abgestimmte Lautstärke haben (die in unseren Diagrammen als „L" eingezeichnet ist.

Der Tiefton-Lautsprecher beherrscht in Abb. 6.29a das Feld F1, aber dringt noch etwa bis in die Mitte des Feldes F2 ein. Das hat seine Logik: So ein Lautsprecher hört ja nicht direkt an der Grenze seines Feldes zu spielen auf. Dazu sind die passiven LC-Filter nicht ausreichend selektiv. Auch der Mittelton-Lautsprecher ist weder vom Hersteller so ausgelegt, noch kann er von den passiven Filtern dazu gezwungen werden, daß er nur in seinem Mittelfeld F2 spielt. das macht auch nichts aus. Wichtig ist nur, daß die Überlappung der akustischen Felder möglichst geometrisch ausgeglichen ist).

Abb. 6.29c zeigt eine Frequenzweiche, die zwischen Feld F1 und Feld F2 sehr gut „abschneidet" (im wahren, wie auch im übertragenen Sinne des Wortes), aber zwischen den Feldern F2 und F3 eine zu große Lücke aufweist. Das hat einen Frequenzgang nach *Abb. 6.29d* zufolge, der zwischen den Tiefton- und den Mitteltonlautsprecher (zwischen „TIEF" und „MITTE") einen sehr schönen Übergang aufweist, aber zwischen „MITTE" und „HOCH" ein „Loch" hat. Hier sind also die 2. und die 3. Frequenzweiche aufeinander bzw. an die verwendeten Lautsprecher nicht gut abgestimmt.

Aktive Frequenzweichen, die elektronisch die Frequenzbereiche „abschneiden" arbeiten wesentlich steiler – wie in *Abb. 6.29e* eingezeichnet ist. Normalerweise schneiden jedoch auch diese Frequenzweichen nicht ausgesprochen scharf ab, sondern weisen einen Verlauf auf, bei dem die obere Kante „O" wesentlich steiler ist, als die untere Kante „U". Dadurch entstehen im Frequenzgang auch Unebenheiten, die Abb. 6.29f wiedergibt. Die hier eingezeichneten „Übergangsspitzen" S1 und S2 lassen sich – vom geometrischen

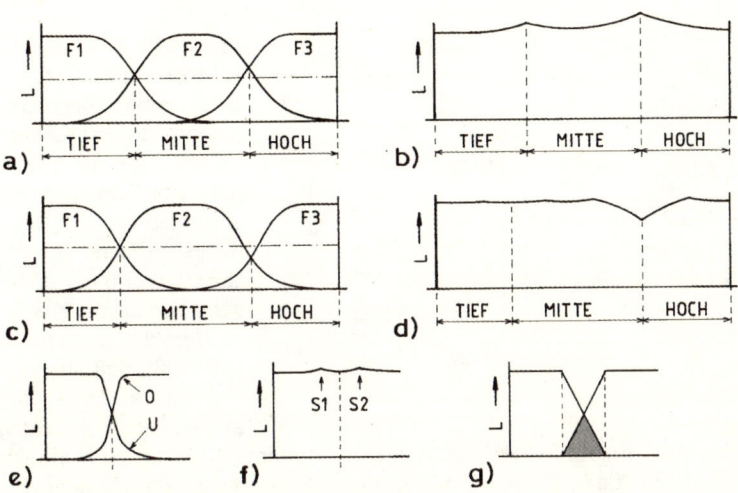

Abb. 6.29: Eine „Dreiwege-Klangwiedergabe" eingeteilt in Felder, die von Frequenzweichen vorgegeben sind (siehe weiter Text).

Standpunkt betrachtet – bei dieser Art der Filter nicht vermeiden. Das ginge nur dann, wenn die Filter nach Abb. 6.29g so präzise abschneiden könnten, daß die Fläche des unteren Schnittstellen-Dreieckes genau der Fläche des oben „fehlenden" Dreieckes entsprechen würde.

Daß man von einer Lautsprecherbox eine „möglichst perfekte" Klangwiedergabe haben möchte, steht ja außer Zweifel. Dennoch bilden die meisten Lautsprecherboxen nur Kompromisse, die von drei Faktoren bestimmt werden: Von der Größe der Boxen (die sich als Möbelstücke in der Wohnung integrieren lassen), von dem Preis (den die Ansprüche rechtfertigen müßten) und letztendlich wiederum von dem eigentlichen subjektiven Stellenwert solcher Anschaffung.

Wie schön und einfach sich auch alles in Form von Diagrammen auf Papier darstellen läßt, in der Praxis weisen viele kleinere Boxen bzw. diverse hochgepriesene „Zwerglautsprecher-Kombinationen" in Fernsehgeräten eine wirklich miserable Klangwiedergabe auf. Ein Frequenzgang nach *Abb. 6.30* kann dabei in vielen Fällen noch als „relativ zufriedenstellend" eingestuft werden. Die meisten kleineren Lautsprecher (die im Fernseher „platzsparend" eingebaut werden), geben es bereits bei Frequenzen unterhalb von ca. 250 Hz ziemlich auf. Dagegen setzen sich bei vielen Fernsehern die Hochtöner viel zu stark durch, denn ein Hochtöner benötigt keine Box und fühlt sich sozusagen überall wohl (auch wenn er nur wie ein Bild an die Wand gehängt wird).

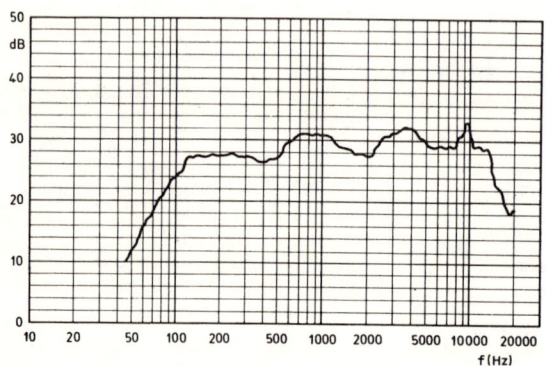

Abb. 6.30: Praktisches Beispiel des Frequenzganges einer ziemlich schlecht ausgelegten Lautsprecherkombination. Mit der Wiedergabe der tiefen Töne geht es hier unterhalb von ca. 125 Hz im wahrsten Sinne des Wortes „bergab" und der dynamische Verlauf der Klangwiedergabe ist zu holprig. Das heißt, daß hier manche Frequenzen (Töne) kräftiger, andere leiser wiedergegeben werden. Überhalb von 10.000 Hz sinkt hier die Lautstärke ebenfalls zu stark – was allerdings etwa der Hälfte unserer Bevölkerung egal sein kann, weil sie ohnehin höhere Frequenzen als 10.000 Hz nicht mehr hört (bei der Mehrheit davon ist es altersbezogen, der Rest hat sich mit zu laut aufgedrehten Audiogeräten die Ohren freiwillig kaputtgespielt).

Mitteltöner und insbesondere Tieftöner brauchen dagegen gute (und möglichst große) Boxen. Die optimale Größe der Boxen hängt mit vielen Aspekten technischer und akustischer Art zusammen, die sich auf etlichen hundert Buchseiten ziemlich gut erklären ließen. Das wäre jedoch nicht der Sinn dieses Buches und daher begnügen wir uns auch hier mit einigen einfacheren Kurzaufklärungen.

Grundsätzlich liegt bei einer Lautsprecherbox das Hauptproblem in einer möglichst guten Wiedergabe von tiefen Tönen. Wenn man einen Lautsprecher ohne Box betreiben würde, hätte es bei niedrigen Frequenzen (= tiefen Tönen) einen sogenannten „akustischen Kurzschluß" nach *Abb. 6.31* zufolge.

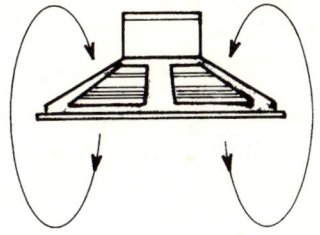

Abb. 6.31: Prinzip eines „akustischen Kurzschlusses" bei einem Mittelton- oder Tiefton-Lautsprecher: Schallwellen die die Lautsprechermembrane nach vorne zu „pumpen" versucht, werden bei einem Lautsprecher ohne „Box" nicht „nur" an die Luft vor dem Lautsprecher weitergegeben, sondern werden (zum großen Teil) durch den „Unterdruck" an der Hinterseite der Membrane nach hinten „gesaugt". Dieses Phänomen funktioniert um so besser, je tiefer die Frequenz der Schwingungen ist.

Wenn man den Lautsprecher in eine Box luftdicht einschließt, kann die Luft, die von der Lautsprechermembrane nach vorne gepumpt wird, nicht den Unterdruck an der Membranen-Hinterseite ausgleichen. Sie schwingt also schön brav nach vorne und strahlt die akustischen Schwingungen in die Richtung des Zuhörers. Zumindest mehr oder weniger. Das Problem liegt nun wieder darin, daß ja auch die hintere Fläche der Lautsprechermembrane Luftschwingungen erzeugt, die sie in einer kleineren Box bremsen. Auch dann, wenn diese Box innen mit Dämmaterial versehen ist.

Luft läßt sich bekanntlich drücken und man würde meinen, daß so ein Lautsprecher mit den Luftschwingungen im Inneren der Box problemlos fertig wird. Dem ist nicht so. Besonders nicht bei sehr niedrigen Tönen, deren „Wellenlänge" groß ist.

Es gibt da diverse Abhilfen. Eine von ihnen ist die Nutzung des „Baßreflex-Phänomens": der Ton wird in einer größeren Box in der Phase umgedreht und durch einen akustischen Kanal nach vorne (nach außen) geleitet. Dadurch, daß er durch die Umdrehung aus der Box phasengleich herauskommt, verstärkt er die Schwingungen, die von der Vorderseite der Lautsprechermembrane ausgestrahlt werden. Einen Haken hat diese Lösung: es kann akustisch bedingt nur ein ziemlich kleiner Teil des Frequenzspektrums optimal phasengerecht (also um 180°) umgedreht werden. So manche Baßreflexboxen weisen dann eine an sich wohltuende Verstärkung der Frequenzen im Bereich von z.B. 120 bis 200 Hz aus (was sich als „schöne Baßwiedergabe" anhört), aber unterhalb der 120 Hz sinkt dann die Wiedergabe-Lautstärke prägnant.

Eine andere – brutale, aber sehr wirksame Abhilfe – bietet ein Loch in der Zimmermauer, in die ein Tieftonlautsprecher so eingebaut wird, daß seine hintere Seite ihre Schwingungen in einen anderen Raum abgibt. So etwas läßt sich jedoch nur bedingt realisieren. Wenn z.B. dieser „andere Raum" die Küche ist, und es wird normalerweise Musik gespielt, die allen „Betroffenen" liegt, ist gegen eine solche Lösung nichts einzuwenden.

Ein ähnliches Ergebnis kann mit einer gemauerten Lautsprecherbox erreicht werden, die – ähnlich, wie ein Schornstein – im Wohnzimmer steht und einen offenen Boden hat, der in den Kellerraum führt

Bemerkung: unsere Ohren können tiefe Töne nicht orten. Daher genügt für eine Stereo- bzw. eine Mehrkanalanlage eine einzige gemeinsame Baß-Box. Bevorzugt nur für die tiefsten Frequenzen. An diese können dann z.B. einfache 2-Wege-Boxen anschließen.

Mittelton-Lautsprecher stellen im Gegensatz zu den Tieftönern nur relativ bescheidene Ansprüche an die akustische Perfektion ihrer Boxen. Hochtöner benötigen gar keine Boxen. Ihre Hinterseiten sind ohnehin voll abgedichtet und sie könnten beispielsweise wie Spinnen von der Decke an zwei Zuleitungsdrähten herunterhängen. Höchtöner müssen jedoch immer in der Richtung zum Zuhörer ausgerichtet werden (Mitteltöner nur geringfügig, Tieftöner so gut wie gar nicht).

An dieser Stelle dürfte nun auch das Thema der Lautsprecherboxen im Auto angesprochen werden: Die meisten modernen Fahrzeuge verfügen über mehrere Hohlräume, die als Einbauplätze für Autolautsprecher vorgesehen sind. Allerdings gibt es hier keine ausgesprochen einheitlich genormte Lösungen. Jeder Hersteller sieht andere Lautsprecher vor. Wir fanden es sehr begrüßenswert, daß das Versandhaus Conrad Electronic in seinen Katalogen jeweils eine aktualisierte „Car-HiFi Tabelle" aufführt, in der automarkenbezogen die optimalen Einbaulautsprecher (inklusive Halterungen) aufgelistet sind. An einem reichen Angebot von Montagezubehör fehlt es hier ebenfalls nicht.

6.7 Kopfhörer

Moderne Kopfhörer sind meistens als dynamische Kopfhörer ausgelegt und basieren daher auf einem ähnlichen Funktionsprinzip, wie dynamische Mikrofone und Lautsprecher. Im Gegensatz zu Lautsprechern müssen sie jedoch keine zu großen Luftmassen in Bewegung setzen. Die Masse ihrer beweglichen Systeme kann daher sehr leichtgewichtig konstruiert werden und das erleichtert die Wiedergabe von tiefen Frequenzen. Ein Frequenzbereich von z.B. 20 Hz bis 20 kHz gehört deshalb heute auch bei preiswerten Kopfhörern zum Standard. Unter den gehobeneren Preisklassen finden sich selbst Kopfhörer mit einem Frequenzbereich von 5 Hz bis 28 kHz – also großzügig über das hörbare Klangspektrum in beiden Richtungen hinaus.

Die Impedanz liegt bei modernen Kopfhörern zwischen etwa 16 und 600 Ohm (markenabhängig). Sie ist bei Neuanschaffungen zu beachten und sollte an die Herstellerangaben anderer bestehender Geräte angepaßt werden. Es sei denn, man legt sich gleich einen schnurlosen Funk- oder Infrarot-Kopfhörer zu (wie in *Abb. 6.32* abgebildet ist). Auch da sollte man jedoch prüfen, ob sich sein Sender an die bestehende(n) Anlage(n) problemlos anschließen läßt.

Abb. 6.32: Ausführungs-beispiel eines modernen IR-Kopfhörer-Sets.

Es wäre noch darauf hinzuweisen, daß bei der Anschaffung eines neuen Kopfhörers nicht nur seine elektrischen Parameter, sondern auch zwei folgende sehr
wichtige Kriterien berücksichtigt werden sollten: das Gewicht und der „Sitz"
am Kopf.

Ein möglichst niedriges Gewicht ist besonders dann belangvoll, wenn der
Kopfhörer auch von einer Frau genützt werden soll. Die meisten Frauen hassen
es, schweres Zeug am Kopf zu tragen – soweit sie nicht aus Ländern zugereist
sind, in denen es zum guten Ton gehört, schwere Eimer und Körbe auf dem
Kopf zu schleppen. Zudem strapaziert ein schwerer Kopfhörer eine gepflegte
Haarfrisur.

Auch für einen Mann kann ein schwerer Kopfhörer lästig sein. Besonders dann,
wenn er ihn viel benutzt, und wenn es sich um eine Nutzung handelt, auf die die
Formulierung „der Not gehorchend, nicht dem eig'nen Triebe" zutrifft. Damit ist
beispielsweise ein Konzertpianist oder Gitarrist gemeint, der mit einem Kopfhörer üben muß, weil sich andernfalls seine Nachbarn gestört fühlen könnten.

Wer jedoch den Kopfhörer intensiver benutzt und dabei nicht immer nur im
Liegestuhl bequem ruhen kann, der wird es zu schätzen wissen, wenn dieser
„Kopfschmuck" möglichst leichtgewichtig ist. Er sollte daher diesem Krite-
rium vielleicht mehr Aufmerksamkeit schenken, als den elektronischen Parametern. Die sind jedoch auch bei guten leichten Kopfhörern von einer derartigen Qualität, daß man sie von den vergleichbaren Parametern der superteuren
und superschweren Kopfhörer kaum unterscheiden kann.

Daß ein Kopfhörer am Kopf gut sitzen sollte, dürfte ja klar sein. Im Gegensatz
zu neuen Schuhen läßt sich zwar ein neuer Kopfhörer noch „schädelgerecht"
verstellen, aber dagegen läuft er sich nicht mehr wie die Schuhe aus. Wenn er
einmal drückt, oder wenn er sich nicht auf Anhieb angenehm anfühlt, sollte
man die Finger von ihm lassen.

Viele Käufer stören sich erfahrungsgemäß an einem Kopfhörer, der nur „schä-
bige" Schaumgummi-Ohrpolster hat und greifen mit großer Begeisterung zu,
wenn sie einen Kopfhörer erblicken, dessen Ohrpolster aus einem feinen Leder
(oder zumindest aus „etwas", was nach Leder aussieht) kräftig und schwer
genäht sind. Da bekommt man was für sein Geld!

Und mit dem Gewicht ist es während der ersten Probeminuten auch nicht so schlimm. Ein voller Koffer wird ja auch dann erst schwer, wenn man ihn längere Zeit herumschleppen muß.

Schaumgummi-Ohrpolster gehören bedauernswerterweise nicht gerade zu den eindrucksvollsten Schmuckstücken der Unterhaltungselektronik. Sie sitzen jedoch meistens hervorragend am Kopf, sind leicht und haben zudem den großen Vorteil, daß sie das Gehör wesentlich mehr schonen, als die geschlossenen Kopfhörer.

Es ist wenig bekannt; aber ein großer Nachteil von geschlossenen Kopfhören besteht darin, daß sie die Luftwellen gegen daß Trommelfell ziemlich „luftdicht" pumpen. Im Grunde genommen handelt es sich hier um ein ähnliches Prinzip, wie bei der Gummiglocke, mit der man verstopfte Wasserleitungen freipumpt. Nur pumpt hier so ein Kopfhörer nichts frei, sondern strapaziert bei gelegentlichen dynamischen Stößen das Trommelfell der Ohren.

Bei sogenannten „halboffenen" Kopfhörern wird dieser Nachteil zwar etwas korrigiert, aber es handelt sich oft um Zwischenlösungen, die meistens noch den Nachteil eines zu hohen Eigengewichtes aufweisen.

Wer einen herkömmlichen Kopfhörer mit Schaumgummi-Ohrmuscheln benutzt, hat es am bequemsten. Er kann noch auch alles das hören, was aus seiner breiten Umgebung zu ihm durchdringt. Das kann manchmal sehr positiv sein (wenn man beispielsweise mit einem netten Menschen zusammenlebt, der sich ab und zu auch outen möchte). Die eigentlichen Schaumgummi-Ohrpolster sind meist problemlos als Ersatzteile separat erhältlich. Ältere verschmutzte Ohrpolster können somit leicht ersetzt werden.

7 Analog oder Digital?

Als Analogton oder Analogklang wird in der Elektronik ein solcher Ton oder-Klang bezeichnet, der eine naturgetreue „Kopie" des Originaltones oder Originalklanges ist. Ein Digitalton oder Digitalklang unterscheidet sichvon einem Analagtonklang dadurch, daß er nur eine „scheibchenartige" Darstellung des natürlichen Tones bildet.

Einen jeden Ton oder ein jedes Klangbild kann man digitalisieren. So ein Ton wird bildlich in dünne Scheiben nach *Abb. 7.1* wie ein Schinken zerschnitten. Danach können die einzelnen „Höhen" der Scheiben (= Längen der Segmente) jeweils mit einem Lineal gemessen, notiert, aufbewahrt und jederzeit wieder zeichnerisch dargestellt werden. Zumindest bei einer rein grafischen Lösung.

Dasselbe läßt sich auf elektronischem Weg auch machen. Dabei kann die Breite der einzelnen Segmente beliebig gewählt werden. Der Unterschied zwischen einer „groben" Teilung und „feiner" Teilung ist verständlicherweise qualitätsbestimmend: Je feiner die Teilung ist, desto „naturgetreuer" wird die digitalisierte Aufzeichnung sein. Da hier die einzelnen Segmente als elektrische Spannungen – bzw. Spannungswerte – aufgenommen werden, kann jedes von ihnen „oben" nur wie ein Brett gerade (in einem 90° Winkel) abgeschnitten sein. Dadurch fließen die einzelnen „Treppen" nicht gleitend ineinander, sondern verlaufen wie aus der Abb. 7.1 (rechts) hervorgeht.

Ein digitalisierter Ton weicht daher durch diese „Digitaltreppen" von dem Original immer etwas ab. Man kann aber auf elektronischem Wege diese holprigen Treppen glätten. Die spitzen Vorderkanten werden etwas „abgefräst", die

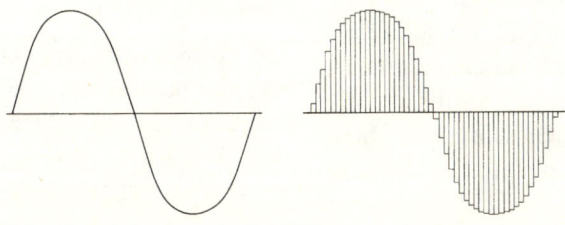

Abb. 7.1: Zwei Arten der Aufzeichnung eines Flötentones: links analog, rechts digital.

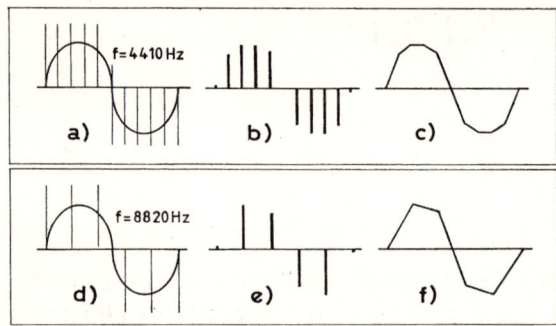

Abb. 7.2: Digitalisierung einiger höherer Flötentöne: a) der 4410 Hz-Analogton; b) seine gespeicherte Digitalaufzeichnung; c) die wiedergegebene Digitalaufzeichnung; d) ein 8820 H-Flötenton analog; e) seine gespeicherte Digitalaufzeichnung; f) derselbe Ton, elektronisch geglättet und als Analogton reproduziert – hier macht sich die zu grobe Digitalisierung besonders schwer bemerkbar, denn der wiedergegebene Ton hat gegenüber dem Originalton viel eingebüßt.

Vertiefungen etwas „aufgefüllt", und ein schöner Verlauf der Kurve ist wieder da. So die „allgemeine" Darstellung für das „große Publikum".

Die wenig angesprochene Schwachstelle der Digitalisierung liegt jedoch darin, daß das „Ausbügeln" der Digitaltreppen nur relativ ungenau das ursprüngliche Klangbild nachahmt. Was man sich darunter konkret vorstellen darf, läßt sich am besten grafisch darstellen: *Abb. 7.2* zeigt, daß unter Umständen ein digital aufgenommener und wiedergegebener Ton ziemlich verfälscht serviert wird. Ein noch interessanteres Beispiel stellt *Abb. 7.3* dar: hier werden drei völlig unterschiedliche Töne (Klangformen) durch zu grobe Digitalisierung trotz einer

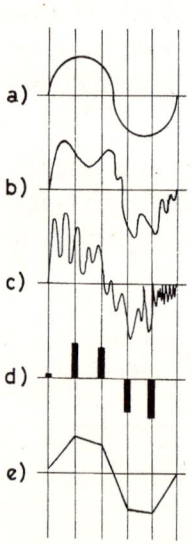

Abb. 7.3: Digitalaufzeichnung unterschiedlicher Analogklänge; Tonfrequenz 8.820 Hz, Abtastfrequenz 44.100 Hz: a) bis c) die Original-Analogkurven unterschiedlicher Klangfarben; d) die digitale Aufzeichnung dieser Kurven ergibt in diesem Fall – durch zu grobes Abtasten – das gleiche Digitalbild für alle Kurven; e) auch der „aufbereitete" Analogton ist nun für alle die ursprünglich sehr abweichenden Klangspektren völlig identisch.

nachträglichen „Wiederaufbereitung" beispielsweise als völlig identische „Analogtöne" wiedergegeben. Das heißt, daß der Lautsprecher solche Töne ganz falsch reproduziert. Und unsere Ohren hören es, denn sie lassen sich nicht so leicht täuschen, wie unsere Augen!

Der Problemschwerpunkt liegt hier natürlich nur bei der zu groben Digitalisierung. Wie ist es denn in der Praxis? Hier dürfte eine ordentliche Erklärung fällig sein:Wie wir wissen, liegt der „hörbare Klangbereich" zwischen 16 Hz und ca.18.000 bis 20.000 Hz. Nicht nur die Natur, auch die meisten Musikinstrumente schöpfen diesen Klangbereich voll aus. Bei den Musikinstrumenten darf man sich nicht irrtümlich nur an ihren „Grund-Tonhöhen" orientieren, denn für ihre Klangfarbe sind die sogenannten höheren harmonischen Frequenzen bestimmend.

Beispiel: der höchste Ton eines Klavieres (sein C5) hat eine Frequenz von „nur" 4.186 Hz. Wenn jedoch diese Klaviertaste angeschlagen wird, erklingen gleichzeitig mit dem „Grundton" auch alle seine höheren harmonischen Frequenzen: das Doppelte, das Dreifache, Vierfache, Fünffache desTones usw. Das „usw." können wir uns hier eigentlich sparen, denn das Fünffache von 4.186 (seine sogenannte „Fünfte Harmonische") hat 20.930 Hz und liegt bestenfalls am Rande des Hörbaren – falls es einer von uns noch hören kann. Alle noch höheren „Harmonischen" hört man bei diesem Ton nicht mehr (unsere Katze oder unser Hund hören sie zwar noch – bis weit über 30 kHz, aber die können sich dazu ohnehin nicht konstruktiv äußern).

Diese harmonischen Frequenzen sind bei dem einen oder anderen Instrument nicht gleich stark hörbar. Bei einer Klarinette sind beispielsweise nur die „unebenen Harmonischen" (also die 3., 5., 7. Harmonische usw.) stark hörbar, die ebenen Harmonischen dagegen kaum wahrnehmbar. Gerade dieses Phänomen ist für die Klangfarbe eines jeden Musikinstrumentes bestimmend. Deshalb können wir den Ton einer Klarinette von dem Ton einer Geige unterscheiden. Und deshalb klingt eine Stradivari-Geige hinreißender, als eine einfache „Wald und Wiesen-Geige".

Die höheren harmonischen Frequenzen haben in der Musik, wie auch für jede natürliche Wahrnehmung aller Klänge, Laute und Geräusche denselben Stellenwert, wie Gewürze und Zutaten in der Kochkunst. Dies ist wichtig zu wissen, denn eine zu grobe Digitalisierung deformiert besonders die höheren harmonischen Frequenzen auf eine ähnliche Weise, wie ein künstliches Aroma den Geschmack eines Lebensmittels zunichte machen kann.

Ist nun ein digitaler Ton nur eine schlechte Kopie des analogen Tones, oder nicht? Bei dem heutigen Standard ja. Leider ja.

Wenn man nun die Frage danach stellt, wieso dann heutzutage die digitalen Töne und Techniken einen so hohen Stellenwert haben, läßt es sich am besten folgendermaßen erklären:

Wenn der Analogton elektronisch hin und her geschoben und z.B. bei einer Rundfunksendung vielfach bearbeitet wird (Mikrofonaufnahme – Vorverstär-

kung – Bandaufnahme – Abspielen vom Band – Modulation – große Verstärkung – Sendung – Empfang – Vorverstärkung – Demodulation – Verstärkung
– Wiedergabe über Lautsprecher), unterliegt er vielen Qualitätseinbußen.

Jede Bearbeitungsstufe hat eine geringfügige Verzerrung, Grundrauschen und
Brumm zufolge. Wenn es sich nota bene noch um einen gesendeten Ton handelt, modulieren sich auf ihn unterwegs verschiedenste atmosphärische Störungen, wie auch störende Frequenzen anderer Sender, Anlagen und Maschinen,
die ja bekanntlich allerlei Störfelder erzeugen.

Ein Digitalton unterliegt derartigen Störungen und Verzerrungen merkbar
weniger, läßt sich viel leichter ohne wesentliche Qualitätsverluste bearbeiten
und zur Not auch zusätzlich von evtl. Störungen befreien. Um weiteren zu
komplizierten technischen Abhandlungen aus dem Wege zu gehen, behelfen
wir uns einfachheitshalber mit einem etwas unüblichen Beispiel.

Angenommen, wir möchten einen Digitalton nach Abb. 7.1 einem Freund in's
Ausland „senden"; dann können wir folgendermaßen vorgehen: Wir messen die
Längen der einzelnen Striche von links nach rechts genau nach, notieren die Län-
genmaße als Zahlen (z.B. in Millimetern) auf ein Stück Papier und teilen sie
danach unserem Freund als „Zahlen" telefonisch mit. Er kann sich hinsetzen und
nach unseren Zahlen alles Strich für Strich neu zeichnen und erhält dadurch das
genaue Abbild des Digitaltones. Wenn es erwünscht ist, können wir neben den
Längenmaßen der einzelnen Striche auch ihren jeweiligen Abstand angeben.
Dieser Abstand ist immer konstant, weil bei der Digitalisierung (pro Gerät) mit
einer fest bestimmten „Abtastfrequenz" gearbeitet wird. Es gibt hier also – ähnlich, wie z.B. bei einem Zeitungsfoto – einen fest vorgegebenen „Raster", der
darüber bestimmt, wie fein das Bild in der Zeitung erscheint.

Bei dem Beispiel mit der Umwandlung eines Tones in reine Zahlenfolgen
leuchtet ein, daß auf diese Art und Weise jeder Klang nur in der Form von Zahlen gespeichert und weiter bearbeitet werden kann. Das kommt natürlich der
modernen Technik – worunter z.B. auch einem Computer – sehr gelegen. Er
kann digitalisierte musikalische Klänge, wie auch digitalisierte Sprache einfach als Zahlenfolgen speichern und bei Bedarf exakt wiedergeben.

Soviel für die erste Information über die Grundproblematik. Wem es zu populär war, der kann weitere Zeilen dieses Kapitel überspringen. Wem das alles
noch nicht ganz deutlich ist, der kann beruhigt weiterlesen, denn vieles wird
noch näher erklärt – soweit es der Umfang dieses Buches erlaubt. Ansonsten
gibt es genug Fachliteratur, die oft gerade das Grundwissen voraussetzt, das
hier Schritt für Schritt aufgebaut wird.

Es steht jedenfalls fest, daß eine Melodie, ein gesprochener Text oder ein ganzes Konzert „digitalisiert", oder einfach gleich digital aufgenommen werden kann.

Es geht aber auch umgekehrt: ein Computer kann z.B. selber aus kleinen musikalischen Modulen (Mustern) entweder einzelne Musiktöne oder ganze Konzerte synthetisch erstellen usw. Die Töne können in so einem Computer sozusagen als schlafende Hunde in Form von Zahlen gelagert werden. Aus den Zahlen wird erst dann ein Ton, wenn sie ein Programm zu diesem Zweck abruft.

Das Digitalisieren der Töne erledigen die sogenannten Analog/Digital Wandler (A/D-Wandler). Das sind u.a. kleine ICs, an deren Eingang Analogklänge (z.B. vom Bandrekorder oder vom Mikrofon) geführt werden, und am Ausgang kommt der Digitalton heraus, der als „Daten" elektronisch gespeichert werden kann.

Um den Digitalton wieder „in's Leben" rufen zu können, wird ein Digital/Analog Wandler (D/A-Wandler) eingesetzt, der wieder die digitalisiert aufbewahrten Daten in Analogklänge umwandelt. Eine an sich ganz einfache Sache.

Die Schwachstelle der gegenwärtigen gängigen Audio-Digitalisierung ist die viel zu niedrige Abtastfrequenz. Sogar für professionelle Zwecke gibt man sich heutzutage immer noch mit nur 44,1 kHz oder bestenfalls 48 kHz zufrieden. Der Klangraster ist daher viel zu grob. Wie ein schlechtes Zeitungsfoto, das aus zu groben (zu großen) Punkten besteht.

Stimmt diese Behauptung denn aber wirklich? Wenn man sich vorstellt, daß so ein Klang z.B. in stolze 48.000 Felder pro Sekunde eingeteilt wird, scheint es sich ja um eine sehr feine Einteilung zu handeln. Oder doch nicht?

Die Antwort lautet NEIN, wie ja auch aus der Abb. 7.3 hervorgeht.

In diesem Beispiel handelte es sich zwar um Töne mit einer Frequenz von 8.820 Hz – also um relativ hohe Töne. Der höchste Ton, den eine Pfeifenorgel oder ein Musiksynthesizer (bzw. ein gutes Keyboard) erzeugen, ist das „C7" mit einer Frequenz von 16.744 Hz.

Das 48 kHz-Abtastfrequenz-Raster ist für die höheren Töne noch viel zu grob. Dadurch werden die höheren Töne in ihrem Klangcharakter deformiert.

Soweit es sich dabei um warme (sinusförmige) Töne handelt, werden sie durch die zu grobe Digitalisierung künstlich mit zusätzlichen höheren harmonischen Frequenzen angefüllt. Dadurch klingen sie schärfer und wesentlich weniger wohltuend als im Original.

In Hinsicht auf die zu niedrigen Abtastfrequenzen steckt die Digitaltechnik gewissermaßen noch in den Kinderschuhen, aber sie wird sich durchsetzen. Berechtigt. Sie bietet viele Vorteile. Auf vielen Gebieten. Darunter z.B. auch bei der digitalen Bildübertragung.

Es bleibt zu hoffen, daß die modernen Techniken, die rapide wachsenden Kapazitäten und die laufend sinkenden Preise der Speicherbausteine früher oder später zufolge haben werden, daß sich auf dem Audiogebiet höhere Abtastfrequenzen durchsetzen werden. Die heutigen Abtastfrequenzen datieren ja noch aus der Zeit, wo ein normaler Computer (oder Speicherbaustein) noch nicht einmal 1% der heutigen Leistung und Speicherkapazität hatte. Es wäre deshalb vorstellbar, daß die Abtastfrequenz im Laufe der Zeit erhöht wird (daß auch noch Töne um die 8 kHz in mindestens 50 bis 100 Felder eingeteilt werden könnten).

Bei diversen preiswerten „melodieproduzierenden" ICs (oder preiswerten Digital-Musikinstrumenten) werden jedoch momentan im Gegenteil eher wesentlich niedrigere Abtastfrequenzen („Samplingraten") angewendet, als die aufgeführten 44 bis 48 kHz. Die Klangqualität ist unter Umständen sehr schlecht. Es ist gut zu wissen, weshalb dies so ist. Weshalb dies NOCH so ist.

Anderseits hat die Analogtechnik gegenüber der Digitaltechnik ebenfalls viele Nachteile und Schwachstellen und ihre Anwendungsgebiete werden daher mit der Zeit schrumpfen. Am Ende wird allerdings das digitale Klangbild dennoch in der Form von analoger Klangwiedergabe dem menschlichen Ohr angepaßt werden müssen. Somit bleibt auch der Bedarf nach der Analogtechnik als solcher bestehen.

7. 1 Audiospeicher, Tonträger

Als moderne Audiospeicher und Tonträger haben gegenwärtig vor allem das Magnet-Tonband (des Bandrekorders), die CD, wie auch die Laufwerke und integrierten Festspeicher eines PC's den interessantesten Stellenwert.

Die gute alte Schallplatte hat für das „große Verbraucherpublikum" (und insbesondere für die Hersteller) eigentlich ausgedient und bleibt evtl. nur noch als Liebhaber-Gut in Gebrauch. Der Analog-Audiobandrekorder wird ebenfalls bald durch einen Digital-Bandrekorder verdrängt. Danach wird der mit rasantem Tempo wachsende technische Fortschritt weitere Neuerungen bringen und der Kreislauf des Anschaffens – Anwendens – Wegwerfens wird immer schneller.

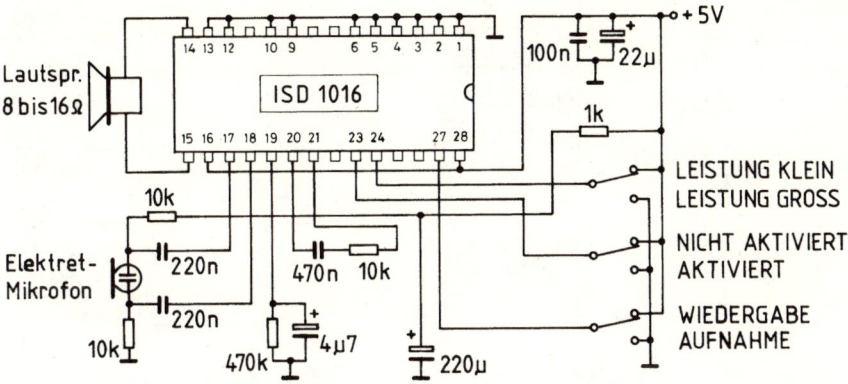

Abb. 7.4: Informatives Schaltbeispiel eines ICs, das wie ein Tonband funktioniert: Mikrofon, Lautsprecher und eine 4,5 bis 5,5 V Batterie genügen, um Audiosignale jeder Art aufnehmen zu können und diese beliebig oft (automatisch) abzuspielen. Die Stromaufnahme beträgt (während des Betriebes) max. 25 mA, die Ausgangsleistung 50 mW an einem 16 Ohm-Lautsprecher (orig. Schaltpläne von Conrad Electronic).

Wer in dieser Hinsicht nicht kampflos nachgeben will, muß es jedoch nicht unbedingt machen. Besonders dann nicht, wenn er sich in Punkto Elektronik selber behelfen kann. Die moderne Elektronik bringt ja mit sich auch die Möglichkeit, daß z.B. ein ausgedienter Verstärker des Plattenspielers durch einen neuen HiFi-Verstärker ersetzt werden kann. An passenden Geräten oder Bausteinen mangelt es ja nicht.

Ein anderes interessantes Gebiet für das Experimentieren bilden viele einfache ICs, die entweder verschiedene Klänge von sich aus produzieren, oder die beliebige Töne speichern können (und diese auf Abruf wiedergeben).

7.2 Klangerzeugende ICs

Wir haben bereits im Kap. 3.1 einfache „Sound-ICs" vorgestellt, mit denen sich – bei etwas Phantasie – viel unternehmen läßt. Im Handel gibt es auf diesem Gebiet eine ziemlich große Auswahl an kleinen preiswerten ICs, die man unter dem Motto „mit zwei bis vier Mark sind Sie dabei" erwerben kann. Auf Knopfdruck erklingen dann verschiedene Tierstimmen, Kampfklänge,

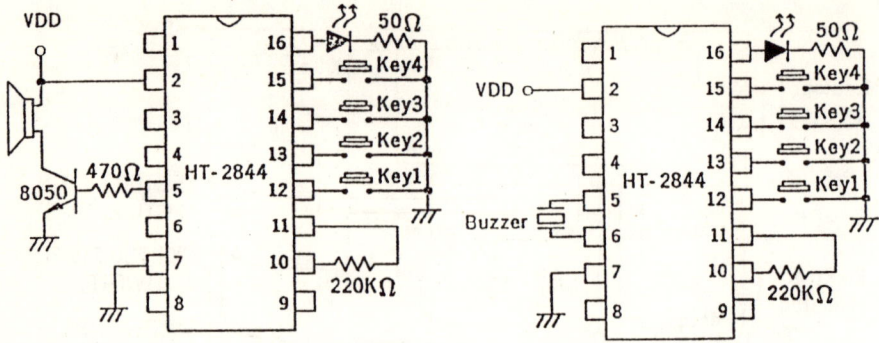

Abb. 7.5: Nachbauleichtes Hersteller-Schaltbeispiel des Sound-ICs Type HT 2844:
Die Type 2844 C erzeugt wahlweise (pro Taste) Tierklänge (Huhn, Frosch, Grille,
Vogel), die Type 2844 P erzeugt 4 verschiedene Flugzeuggeräusche. Beide ICs sind
für eine Betriebsspannung von 2,4 bis 3,3 V ausgelegt; für die Klangwiedergabe ist
entweder ein zusätzlicher Lautsprecher mit einem fast beliebigen NPN-Transistor
(z.B. Type BC 547) nach Schaltbeispiel a) oder nur ein piezokeramischer Schallwandler nach Schaltbeispiel b) erforderlich. Der Klangausgang vom IC-Füßchen Nr. 5 kann
auch über einen Kondensator von ca. 100 nF direkt einem Eingang eines kleineren
Verstärkers (u.a. nach Abb. 7.7) zugeführt werden (dieser kann z.B. als „Türglocke"
oder Alarmgeber dienen (Conrad Electronic).

Dampflock-Geräusche, Sirenen usw. Das Schaltbeispiel in *Abb. 7.5* zeigt eines
der einfacheren Sound-ICs, die sich u.a. auch als eine „fröhliche" Türglocke
nutzen lassen.

7.3 Integrierte Radioempfänger

Mit Hilfe moderner ICs läßt sich gegenwärtig relativ schnell ein Radioemp-
fänger herstellen. Leider benötigen die meisten Empfänger viele Spezialspu-
len. Diese sind einerseits nicht als gängige Bausteine erhältlich, anderseits
stellt auch das Abstimmen dieser Spulen hohe Ansprüche an Erfahrung, wie
auch an etliche spezielle Meßgeräte.

Dadurch ist der Selbstbau eines Radioempfängers auch für einen erfahrenen
und mit Meßgeräten gut ausgestatteten Radiotechniker ziemlich unattraktiv.
Sicherlich auch deshalb, weil es gerade auf diesem Gebiet ein enorm großes
Angebot an guten bis sehr guten Fertigprodukten gibt, von denen etliche auch

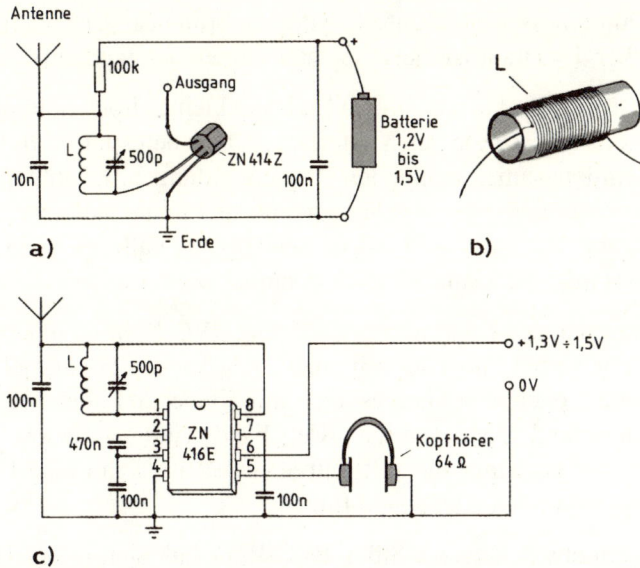

Abb. 7.6: Wer sich eigenhändig ein „eigenes" Mini-Radio bauen möchte, dem stehen diverse sympathische ICs zur Verfügung, die speziell zu diesem Zweck entwickelt wurden: a) Das IC ZN 414 Z ist sehr einfach und preiswert, aber benötigt einen zusätzlichen Verstärker – (z.B. nach Abb. 7.7). Wer bereits ohnehin einen Experimentier-Verstärker besitzt – oder bauen will – dem dürfte dieses IC genügen; b) die Spule L muß eigenhändig erstellt werden; c) an das IC ZN 416E kann direkt ein Kopfhörer (ca. 64 Ohm) angeschlossen werden; (beide ICs, wie auch der benötigte Kupferlackdraht für die Spule sind u.a. bei Conrad Electronic erhältlich).

sehr preiswert sind. Ein erfahrener Elektroniker begnügt sich dann bestenfalls damit, daß er durch Um- oder Ausbau von einigen bestehenden Empfängerteilen eine funktionelle Ausbesserung oder Änderung austüftelt – soweit ihn ein derartiges Anliegen reizt.

Wer dagegen aus reinem Spaß an der Sache „auf die Schnelle" einen kleinen Eigenbau-Empfänger bauen möchte, der wird von der Leistungsfähigkeit der kleinen ICs Type ZN414Z und ZN 416 entzückt sein.

Der Schaltplan der beiden „Mini-Empfänger" geht aus der *Abb. 7.6* hervor und kann sicherlich als „nachbauleicht" bezeichnet werden. Den einzigen arbeitsintensiveren Baustein bildet hier die Spule des Eingangs-Schwingkreises. Die muß eigenhändig erstellt werden. Sie kann am einfachsten an ein etwa 80 mm langes Stück PVC-Kunststoffrohr (Waschbecken-Abflußrohr mit einem Durchmesser von max. 40 mm) mit einem Kupferlackdraht aufgewickelt werden. Der Durchmesser des Kupferlackdrahtes sollte ca. 0,15 bis 0,3 mm betragen (je dicker der Draht ist, desto leichter läßt er sich wickeln).

In das Kunststoffrohr kann an einem Ende ein kleines Loch hineingebohrt werden, in dem das eine Ende des Kupferlackdrahtes befestigt wird. Danach kann man mit dem langsamen manuellen Wickeln anfangen. Es sollten ca. 125 eng aneinander anschließende Windungen auf die Spule aufgewickelt werden. Diese Aufgabe läßt sich sehr leicht bewältigen. Falls es nicht auf Anhieb gelingt, kann man das Ganze einfach nochmal wiederholen.

Um das Rutschen des Kupferdrahtes auf dem PVC-Rohr zu unterbinden, kann man das Rohr vorher entweder mit einem sehr groben Schmirgelpapier etwas rauher machen, oder man kann es auch mit Klebeband oder sogar mit einem Teppich-Klebeband (doppelseitiges Klebeband) vorher umwickeln. Nachdem die Spule (oder auch nur ihr Teil) aufgewickelt ist, kann eine Fixierung mit einem etwas federnden Klebeband folgen.

Nebenbei: ein etwas längeres Stück PVC-Rohr läßt sich in der Hand leichter halten, als ein sehr kurzes; abschneiden kann man den Rest immer (am einfachsten mit einer Laubsäge oder Metallsäge).

Nun wäre noch darauf hinzuweisen, daß die Leistungsfähigkeit dieses Miniradios schwer von der Länge der benutzten Antenne abhängt. Einen wesentlich besseren Empfang erhält man, wenn die Spule nicht auf ein PVC-Rohr, sondern auf einen ca. 60 bis 80 mm langen Ferritkern aus einem ausrangierten Radio aufgewickelt wird (darf auch rechteckig sein). Hier würden dann nur etwa 50 bis 60 Windungen (mit demselben Lackdraht) genügen.

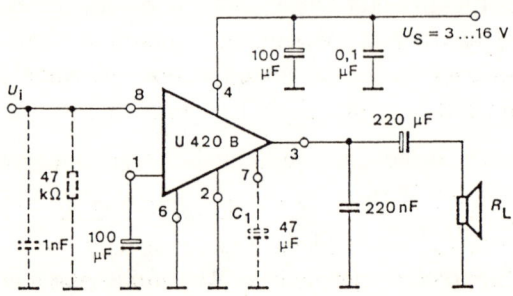

Abb. 7.7: Dieser kleine integrierte Verstärker Type U 420 B ist nur einer von sehr vielen der handelsüblichen Miniverstärker, die sehr wenige zusätzliche Komponente benötigen und mit einer niedrigen Speisespannung zufrieden sind. Der U 420 B ist in einem DIP 8 – Gehäuse integriert, arbeitet in einem Speisespannungs-Bereich zwischen 3 und 16 V und liefert bei einer Speisespannung von 9 V und einem 8 Ohm-Lautsprecher eine Leistung von 1 W. Bemerkung: das Angebot an diesen kleinen Verstärker-ICs ist derartig groß, daß man im Handel oder Versandhandel nicht immer genau die gewünschte Type erhält. Macht nichts aus, aber man sollte beim Kauf eines alternativen ICs gleichzeitig ein Datenblatt mit einem Schaltbeispiel verlangen.

7.4 Miniverstärker für Sound-ICs und Radioempfänger

Abb. 7.7 bis *7.9* zeigen nachbauleichte Schaltbeispiele kleiner integrierter Verstärker. Interessant ist u.a. der Unterschied zwischen dem noch etwas „älteren" Verstärker-IC Type U 420 B und dem neueren IC TDA 7053, das „so gut wie" keine externe Komponente mehr benötigt. Die scheinbar kleinen Leistungen erweisen sich zudem in der Praxis als sehr eindrucksvoll – im Rahmen der vorgesehenen Anwendungen.

Abb. 7.8 zeigt in der Form einer „Zeichnerischen Darstellung" den nachbauleichten Schaltplan der Miniverstärkers mit dem TDA 7053. Abb. 7.9 zeigt interessehalber einen Datenblatt-Auszug, wie er vom Hersteller (manchmal) erhältlich ist.

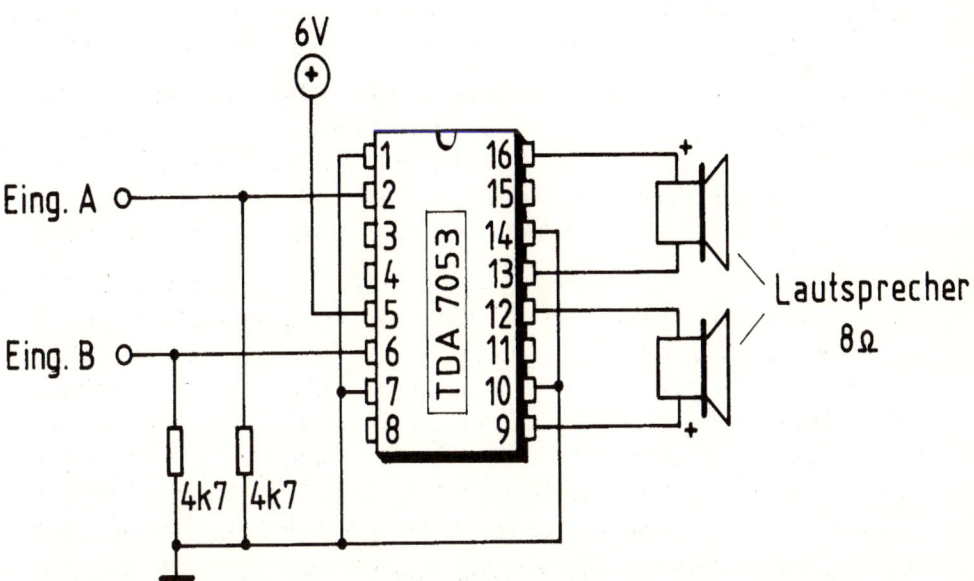

Abb. 7.8: Der integrierte 1 Watt-Stereoverstärker Type TDA 7053 benötigt ebenfalls fast keine externen Bauteile. Er ist für eine Speisespannung zwischen 3 und 18 V ausgelegt, liefert bei einer 6 V-Speisespannung an einem 8 Ohm Lautsprecher eine Ausgangsleistung von 1,2 W.

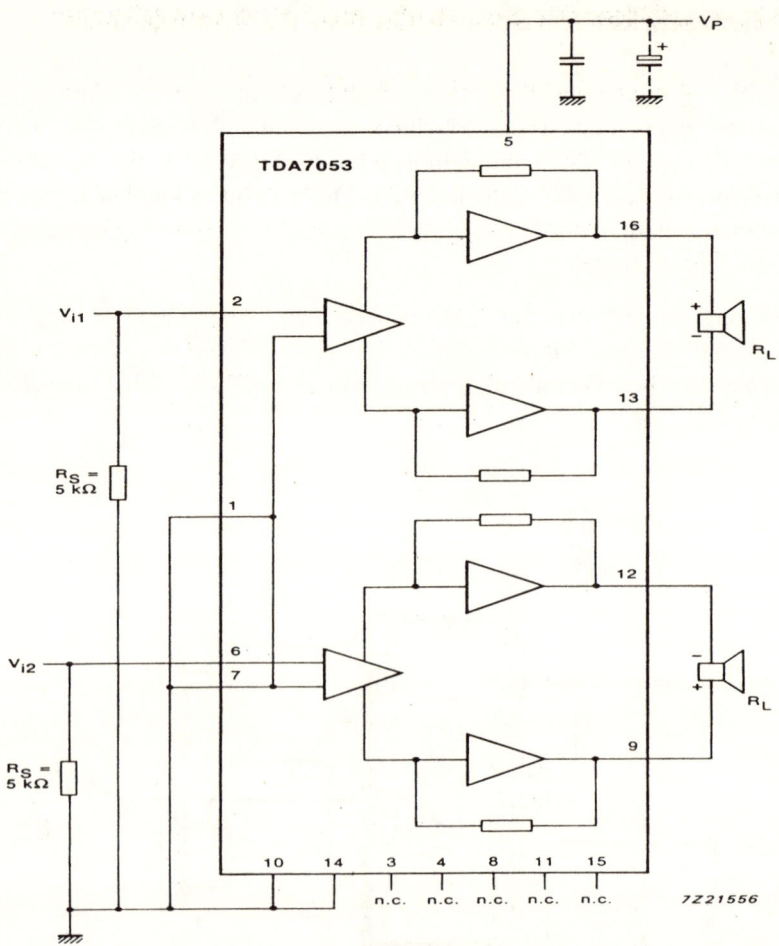

Abb. 7.9: In diesem Schaltplan ist gleichzeitig das Blockschaltbild des eigentlichen ICs eingezeichnet, daß als ein 4 Watt-Endverstärker mit integriertem Vorverstärker ausgelegt ist. Die Ausgangsleistung beträgt an einem 4 Ohm-Lautsprecher 4,2 W bei einer 12 V-Speisespannung, 2,3 W bei einer 9 V-Speisespannung und 1 W bei einer 6 V-Speisespannung (der Speisespannungsbereich darf sich zwischen 3,6 und 20 V bewegen); der Klirrfaktor beträgt (bei 1 W-Leistung) 0,2 %. Der Ruhestrom liegt bei 14 mA. Wenn ein Netzteil gebaut wird, sollte der Sekundär des Transformators ca. 2 x 15 V/ 0,8 A liefern können Die zwei Kondensatoren am Füßchen Nr. 5 (einge-zeichnet rechts oben) haben Kapazitäten von 1 x 100 nF und 1 x 100 uF – soweit die Speisespannung Vp nicht aus einem stabilisierten Netzteil bezogen wird, in dem beide dieser Kondensatoren bereits am Ausgang des Spannungsreglers angebracht sind. Die Abkürzung „n.c." an einigen der unteren IC-Füßchen bedeutet „not connec-ted" (nicht angeschlossen). Füßchen mit dieser Bezeichnung kann man entweder ein-fach ignorieren oder mit der Masse verbinden (Conrad Electronic)

8 Elektronisch schalten, steuern und regeln

Immer mehr werden wir im privaten Bereich, wie auch auf dem Arbeitsplatz mit Geräten, Anlagen, Maschinen und anderen Gütern konfrontiert, die sich automatisch selber schalten, steuern und regeln. Sie kümmern sich selbst um sich und fallen niemandem zur Last (zumindest, solange sie funktionieren).

Auch die Handschalter werden zunehmend von verschiedensten elektronischen Schaltern verdrängt, die uns das Ein- und Abschalten von Apparaten, Geräten und anderen Dingen erleichtern – oder komplizieren. Manchmal nur selektiert komplizieren.

Als Beispiel für eine zu komplizierte Funktion dürften hier die inzwischen voll etablierten Geldautomaten der Banken dienen. Wie einfach wäre das Leben, wenn man solche Geldautomaten nur mit einer kleinen türklingelähnlichen Taste konzipiert hätte, bei deren Betätigung jeweils ein Hunderter herausflattert. Strikt genommen könnten da eigentlich gleich zwei Tasten wie zwei Türklingeln nebeneinander sitzen: Die eine für Hunderter, die andere für Tausender. Das erspart unnötige Handarbeit.

Stattdessen muß in so einen Automaten eine spezielle Magnetkarte (oder Chipkarte) eingeschoben, eine Geheimnummer angegeben werden, danach prüft der Apparat lange nach, ob es der Mensch vor ihm überhaupt wert ist, daß man sich mit ihm auf einen Dialog einläßt. Nicht selten beendet so ein Automat die Kommunikation mit einer negativen Message und rückt nichts heraus, nicht einmal mehr die Eintrittskarte.

Zum Glück gibt es aber auch sympathische „Automaten", zu denen beispielsweise die Kühlschränke gehören. Mit den Bankautomaten haben sie zwar das Handicap gemeinsam, daß man aus ihnen nichts herausholen kann, wenn man in sie nichts hineingegeben hat; aber sonst erledigen sie ihre Arbeit sehr kulant und ohne zu viel Hin und Her. Das ist ohne Zweifel ein riesiger Fortschritt im Vergleich zu den alten primitiven Kühlschränken, die man noch mit echten Eisblöcken nachfüllen mußte.

Einen ähnlichen Fortschritt gibt es ungebremst auch bei vielen anderen Geräten und Einrichtungen, mit denen sich unsere Wohnungen und Häuser füllen. Wenn sich diese Sachen nicht zumindest größtenteils selber automatisch steuern oder regeln könnten, würden wir den ganzen Tag wie verrückt herumrennen und herumschalten müssen.

Wir lernen es daher immer mehr zu schätzen, wenn sich auch die einfacheren „Schalt- und Umschaltbefehle" von der Couch aus erteilen lassen. Das hat nichts mit Faulheit zu tun, hier geht es um den Selbsterhaltungstrieb.

Eine gewisse Rolle spielt bei dieser „seelischen Einstellung zum ferngesteuerten Schalten" auch der Fernseher. Genau genommen ist es die an sich sadistische Masche der Sender, daß sie die Programme, die wir uns gerade ansehen, zum für uns ungünstigsten Zeitpunkt unterbrechen, um uns Werbungen unterzujubeln. Hier wird die Fernbedienung zu einem echten Segen.

Das Schalten, Steuern und Regeln bleibt uns auch dann nicht erspart, wenn wir hinter dem Lenkrad in unserem Auto sitzen. Dabei müssen wir oft zusätzlich – besonders während der Fahrt in den Urlaub – auch noch daran denken, ob wir wohl zuhause alles das ein- und abgeschaltet haben, was ein- oder abzuschalten war.

Ein Elektroniker kann sich das Leben ziemlich vereinfachen, wenn es ihm gelingt, die Problematik des Schaltens unter Kontrolle zu bekommen, oder zumindest eine Linie in das Ganze zu bringen. Dies ist besonders dann von Vorteil, wenn sich auf diesem Gebiet neue Aufgabenbereiche ergeben, die mit Schaltern und Reglern zusammenhängen, wenn man sich das Leben bequemer machen will oder wenn es einfach Spaß macht.

Der Elektronik-Handel bietet gegenwärtig eine Riesenauswahl an Schalt- Regel- und Steuerbausteinen, die sich leicht handhaben lassen. Man muß nur wissen, was es alles gibt, wozu das alles gut ist und wie es sich am einfachsten anschließen bzw. installieren läßt. Wir fangen mit den elektromagnetischen Relais an, denn ihre Funktion läßt sich leicht in den Griff bekommen, sie sind robust und sehr strapazierfähig.

8.1 Elektromagnetische Relais

Für einen, der elektronisch etwas „Massiveres" bewegen will, sind Relais sehr sympathische Bausteine. Sie lassen sich leicht anschließen, handhaben, und ihre Funktion läßt sich auch mit bloßem Auge erfassen.

Ein Relais ist im Grunde ein elektromagnetisch gesteu-
erter Schalter, der einen normalen mechanischen
Schalter ersetzt. Relais werden vor allem dann benutzt,
wenn ein Verbraucher automatisch oder fernbedient
mit Schaltbefehlen von mehreren Hilfsschaltern
(Tastern) geschaltet werden soll, bzw. wenn ein viel zu
kleiner und schwacher Schalter eine größere Leistung
schalten soll.

Abb. 8.2 zeigt die Grundausführung eines herkömmlichen Relais, das offiziell als „monostabil-neutral"
bezeichnet wird. Die Bezeichnung „monostabil" weist
darauf hin, daß es bei Stromunterbrechung immer nur
in ein und dieselbe Position zurückkehrt (zurückfe-

Abb. 8.1: Ausführungs-
beispiel eines kleinen
elektromagnetischen
Relais (Conrad
Electronic)

dert). Die Bezeichnung „neutral" weist wiederum darauf hin, daß es einem solchen Relais egal ist, an welche Seite seiner Spule die Plus- und an welche die
Minusspannung angeschlossen wird.

Abb. 8.2: Ein einfaches
monostabiles (monostabil-neu-
trales) Relais:
a) das Konstruktionsprinzip
eines Relais mit einem Schließkontakt, auch „Schließer"
genannt; wenn die SK-
Anschlüsse der Spule S an
eine Gleichspannung ange-

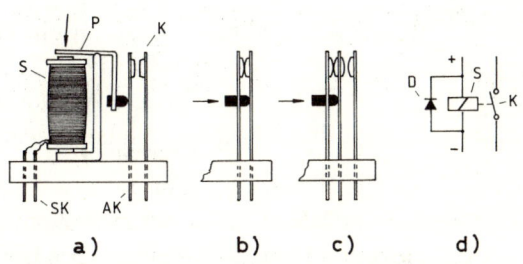

schlossen werden, wird ihr Weicheisen-Kern zu einem Elektromagneten, dessen
Polansatz P (Anker) in der mit dem Pfeil angedeuteten Richtung (nach unten) herangezogen wird. Wie der Zeichnung zu entnehmen ist, wird dadurch der linke Kontakt K
gegen den rechten Kontakt federnd angedrückt und an den AK-Ausgang dieses
„Arbeitskontaktes" kann dann ein beliebiger Verbraucher angeschlossen werden, der
mit dem Relais geschaltet werden soll. b) der Relaiskontakt kann auch als ein „Öffner" K ausgeführt werden, der sich – wie die Abbildung zeigt – bei Stromzufuhr öffnet
(der schwarze nichtleitende Stift gleitet durch einen Schlitz in den linken Kontakt und
drückt den rechten Kontakt weg); c) Anordnung eines Wechselkontaktes (im Ruhe-
stand ist der mittlere Kontakt gegen den linken Kontakt federnd angedrückt, bei
Stromzufuhr an die Relaisspule wird er gegen den rechten Kontakt magnetisch angedrückt); d) Schaltsymbol eines Relais mit einem Schließkontakt K und einer Schutzdiode D(z.B. 1N4001); wenn der Relaisspule S eine entsprechende Gleichspannung wie
eingezeichnet zugeführt wird, schaltet (drückt) der Relais-Elektromagnet den Kontakt
K ein. Sobald der Relaisspule der Strom wieder unterbrochen wird, federt Kontakt K
wieder zurück in die offene Position.

Abhängig von der Type hat so ein Relais entweder nur einen oder auch mehrere Kontakte K. Diese Kontakte werden elektromagnetisch betätigt. Auslöser ist hier die Spule des Elektromagneten S. Sobald ihr eine entsprechende Spannung zugeführt wird, zieht sie magnetisch den federnden Polansatz P an und dieser drückt den linken Kontakt K gegen den rechten Kontakt an. Das Ganze ist leicht verständlich und den meisten Lesern auch bereits bekannt. Falls nicht, dann dürfte noch erwähnt werden, daß derartige Relais üblicherweise in einem Gehäuse sitzen, daß oft durchsichtig und abnehmbar ist. Unten am Relais sind die Füßchen des Spulenanschlusses SK und der Arbeitskontakte AK.

Im einfachsten Fall kann der Relaisspule der benötigte elektrische Strom über einen Schalter zugeführt werden. Wenn man jedoch ein solches Relais elektronisch steuern will, kommt an Stelle des Schalters eine elektronische Schaltung zum Einsatz, wie wir es bereits im Schaltbeispiel 3.9 (auf S. 86) gezeigt haben.

Wir werden uns auf den nun folgenden Seiten mit den Anwendungsmöglichkeiten von diversen Relais etwas näher anfreunden, denn es handelt sich um Bausteine, mit denen sich sehr viel anfangen läßt.

Für die meisten Anwendungen wird nur ein kleineres Relais mit einem einzigen Schaltkontakt (Schließer) nach Abb. 8.2a benötigt. Wie aus Abb. 8.2b und c ersichtlich ist, gibt es auch andere Ausführungen der Kontaktenanordnung: als sogenannte Öffner (weil sie sich beim „Anziehen" öffnen) oder als Wechsler (Wechselkontakt).

Oft haben solche Relais gleich mehrere Kontakte: z. B. drei Wechselkontakte, die in den technischen Unterlagen als „3 x UM" oder „3 Wechsler" bezeichnet werden usw.

Wichtig: alle Gleichstromrelais, die im Schaltkreis von Transistoren oder ICs arbeiten, benötigen parallel mit der Relaisspule eine Schutzdiode D, wie in Abb. 8.2d eingezeichnet ist. Es muß hier auf die richtige Polarität der Schutzdiode geachtet werden, sonst bildet sie in der Schaltung einen Kurzschluß! Diese Diode ist in einigen Relais (besonders in diversen Reed-Relais) bereits herstellerseits integriert und muß nicht zusätzlich angebracht werden.

Als Schutzdiode eignet sich jede Silizium-Universaldiode, die einen Strom verkraften kann, der etwa 5mal höher liegt, als der Nennstrom der Relaisspule. Bei den niedrigen Preisen kann hier gleich eine 1 A Diode Type 1 N 4001 (bis zu einer Spannung von 12 V) oder die Type 1 N 4002 verwendet werden, wenn z.B. mit einer Versorgungsspannung von 24 V gearbeitet wird. Bei kleineren Relais (mit einem Nennstrom unterhalb von 20 mA) genügt eine 100 mA-Diode, wie z. B. die Type 1 N 4148.

Die sogenannten monostabil-neutralen Relais (nach Abb. 8.2a) haben den Nachteil, daß Ihre Arbeitskontakte nur dann geschlossen bleiben, wenn durch die Relaisspule ein entsprechender Strom fließt. Demzufolge benötigt das Relais während seiner „Arbeitszeit" eine ständige Energiezufuhr. Bei kleinen Subminiatur- oder Mikrominiatur-12-Volt-Relais liegt der Arbeitsstrom zwar nur bei ca. 0,01 bis 0,02 A (also bei 10 bis 20 mA). Aber schon wenn dieser Verbrauch mit 100 Arbeitsstunden multipliziert wird, sieht die Sache gar nicht mehr so harmlos aus, wie man es gerne hätte. Abgesehen davon wäre es z.B. bei einer solarelektrischen Stromversorgung eine zu großzügige Energieverschwendung.

Zum Glück gibt es aber auch noch die sogenannten BISTABILEN RELAIS. Wie schon der Name verspricht, ist ein solches Relais in beiden Positionen stabil. Ein ganz kurzer Stromimpuls genügt hier zum Umschalten. Die Kontakte verharren nach dem Stromimpuls in der „auferzwungenen" Stellung, bis sie der nächste kurze Stromimpuls wieder zum Umschalten zwingt.

Bistabile Relais sind sehr unterschiedlich konzipiert, haben aber eines gemeinsam: einen Stromverbrauch nur während des kurzen Schaltimpulses. Somit kann auch die ganze elektronische Schaltung um das Relais herum nach dem eigentlichen Schaltbefehl sofort in einen „Stand-by" Zustand zurückfallen und bis zu dem nächsten Schaltbefehl nur auf Sparflamme laufen.

Der bekannteste Repräsentant dieser bistabilen Relais ist das sogenannte Stromstoßrelais, daß auch bei den Elektroinstallationen im Haus als Lichtschalter (Stromstoßschalter) verwendet wird. Jeder zugeführte Stromstoß wechselt die Schaltposition, wie der mechanische Netzschalter am Fernseher (Kugelschreiber-Druckknopf-Prinzip). Die Relaisspulen sind für verschiedene Spannungen erhältlich (standardmäßig 6 V, 12 V und 24 V).

Die meisten Stromstoßrelais haben den Nachteil, daß der Stromimpuls zwar kurz, aber ziemlich kräftig sein muß (was herstellerbezogen variiert).

In der Hinsicht ist das sogenannte gepolte Relais (auch Remanenz-Relais oder Haftrelais genannt) unter Umständen vorteilhafter. Es handelt sich um ein vormagnetisiertes Einspulenrelais, das dem Relais nach Abb. 8.2a optisch sehr ähnlich ist, aber polaritätsabhängig *(nach Abb. 8.3)* arbeitet (ein- oder ausschaltet).

Auch hier genügt nur ein kurzer Stromstoß und weiterhin sorgen Permanentmagnete dafür, daß der Kontakt in der gewünschten Position magnetisch „kle-

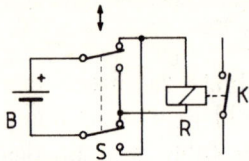

Abb. 8.3: Schaltbeispiel eines gepolten Relais: von der Polarität der zugeführten Spannung hängt hier ab, ob das Relais einschaltet oder ausschaltet. Vom Prinzip her eine klare Sache, aber in einer normalen elektronischen Schaltung ist das Umdrehen der Polarität doch etwas aufwendiger, als bei dem eingezeichneten mechanischen Schalter S; wenn die Kontakte dieses Schalters in eingezeichneter Position sind, wird das Relais OBEN mit dem PLUS-POL und UNTEN mit dem MINUS-POL der Batterie verbunden. Durch Umschalten des Schalters S „dreht" sich die Polarität der dem Relais zugeführten Spannung um. Bemerkung: dieses Schaltbeispiel dient nur der Erklärung des Funktionsprinzipes. Bei tatsächlicher Anwendung eines solchen Relais ist auf die technischen Eigenheiten des einen oder des anderen Bausteines zu achten (manche dieser Relais sind nur „monostabil gepolt", andere „bistabil gepolt" und ohne nähere technische Informationen kann die Anwendung scheitern).

ben" bleibt – bis ein Stromstoß in der Gegenrichtung kommt. Das jeweilige Umdrehen der Polarität für die Relaisspule setzt allerdings eine zusätzliche „spezielle" elektronische Schaltung voraus, wodurch dieses Relais an Attraktivität viel einbüßt. Zudem gibt es unter diversen technischen Angeboten sowohl „bistabil gepolte", als auch „monostabil gepolte" Relais und nicht immer geht aus den technischen Katalog-Informationen hervor, was das Relais braucht oder kann.

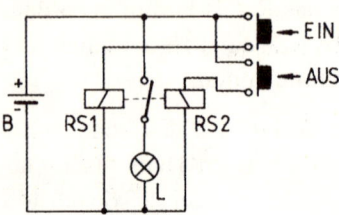

Abb. 8.4: Zwei-Spulen-Relais: wenn die Relaisspule RS1 einen kurzen positiven Stromimpuls bekommt, schließt der Relaiskontakt und bleibt ohne Stromverbrauch so lange eingeschaltet, bis die Relaisspule RS2 einen Stromimpuls bekommt, wodurch sie den Kontakt „an sich heranzieht und dadurch ausschaltet. Lämpchen L stellt informativ einen Verbraucher dar. Die Taster „EIN" und „AUS" sind hier einfachheitshalber als mechanische Taster eingezeichnet, können jedoch durch eine elektronische Steuerung ersetzt werden. In dem Fall benötigt jede der Relaisspulen noch eine zusätzliche Schutzdiode (wie in Abb. 8.2d); Batterie B symbolisiert hier nur eine Stromquelle – die natürlich auch in der Form eines Netzteiles ausgelegt werden kann.

Wesentlich attraktiver ist daher bei ähnlicher Funktionsweise ein „Zweispulen-Relais" nach *Abb. 8.4*. Es stellt an den Schaltungsaufwand geringere Ansprüche, und benötigt zudem in der Regel wesentlich schwächere Stromstöße als ein Stromstoßrelais. Das vereinfacht vor allem die Dimensionierung der Steuerelektronik – soweit hier der Stromstoß nicht über einen rein mechanisch bedienten Kontakt dem Relais zugeführt wird (wie z.B. bei einem Stolperschalter oder Türmattenkontakt einer Alarmanlage usw.).

Was die technischen Parameter eines Relais anbelangt, interessieren uns – abgesehen von seinen Abmessungen und seiner Ausführung vor allem folgende Daten:

a) Nennspannung der Relaisspule (z. B. 12 V=)
b) Widerstand der Relaisspule (z. B. 320 Ohm)
c) Zahl der Kontakte (z. B. 1 x EIN oder 1 x UM)
d) Maximale Kontaktbelastung der Schaltkontakte – als max. Schaltspannung (z. B. 300 V=) und max. Schaltstrom (z. B. 5 A)

Nennspannung:: Die meisten Relais-Typen sind wahlweise für mehrere Nennspannungen (z.B. 6 V, 12 V, 24 V oder auch 48 V) erhältlich. Manchmal steht bei der Nennspannungs-Angabe in den technischen Daten, daß z.B. das „6 Volt-Relais" in einem Spannungsbereich von 4 bis 15,5 V arbeiten darf. Man könnte also dieses Relais ohne weiteres auch in einem 12 V-Schaltkreis betreiben.

Je kleiner die Nennspannung eines Relais ist, desto kleiner ist auch der Widerstand seiner Spule. Drei völlig identische Relais (von der Anzahl und Leistung ihrer Kontakte, von den Abmessungen und sogar auch vom Preis her) können in folgenden Ausführungen angeboten werden:

a) Nennspannung 6 V (3,8 – 15,5 V) / Spulenwiderstand 140 Ohm
b) Nennspannung 12 V (8,8 – 34,6 V) / Spulenwiderstand 630 Ohm
c) Nennspannung 24 V (15,2 – 60,7 V) / Spulenwiderstand 2120 Ohm

Wir wissen, daß von dem Widerstand der Spule die Stromabnahme des Relais abhängt. Daher ist auf den Spulenwiderstand bei der Wahl eines passenden Relais besonders dann sehr zu achten, wenn es von einem IC oder von einem Transistor gesteuert werden soll, oder wenn es für eine energiesparende Schaltung vorgesehen ist (z.B. batteriebetrieben).

Die vom Hersteller angegebene maximale Dauerstrom-Belastung der Arbeitskontakte darf nicht überschritten werden. Die wirkliche Belastung der Kontakte (der Strom des angeschlossenen Verbrauchers) sollte nicht zu kritisch an der Maximumgrenze liegen. Besonders dann nicht, wenn es sich um mehr, als nur um ein kurzfristiges Experiment handelt.

Es dürfte vollständigkeitshalber noch darauf hingewiesen werden, daß die Nennspannung der Relaisspule nichts mit der Spannung zu tun hat, die mit den Relaiskontakten geschaltet wird. Eine Relaisspule mit einer 6 V-Nennspannung kann daher beispielsweise ohne weiteres auch eine Spannung von 300 Volt schalten, wenn es die Arbeitskontakte des Relais laut Herstellerangaben verkraften.

Aus dem Widerstand der Relaisspule können wir nach dem Ohmschen Gesetz den Spulenstrom ausrechnen. Eine 12-Volt Spule mit einem Widerstand von 600 Ohm hat einen Strom von $12 : 600 = 0,02$ A

Viele Relaisspulen haben einen etwas niedrigeren Widerstand – z. B. nur etwa 170 Ohm und damit einen höheren Strombedarf:

12 Volt : 170 Ohm = 0,07 A

Soweit wir Zwei-Spulen-Relais verwenden, müßte uns vom Verbrauch her der sehr kurze Stromimpuls keine größere Überlegung wert sein. Wir müssen jedoch auch hier die Leistung des aktiven Komponenten (des ICs oder des Transistors) berücksichtigen, an dem die Relaisspule in der Schaltung „hängen" wird. Es könnte sich dabei unter Umständen um ein IC oder um einen Transistor handeln, dessen max. Strom die eine oder andere Relaisspule nicht mehr verkraftet.

Mit der praktischen Anwendung solcher Relais befassen sich einige der folgenden Kapitel. Diese Vorinformation hat einen ziemlich universalen Charakter und kann auch bei weiterem selbständigen Experimentieren sehr nützlich sein.

8.2 Reed-Relais (Zungenrelais)

Im Kap. 5.4 machten wir bereits Bekanntschaft mit „Reed-Schaltern" (Zungenschaltern. Das Innensystem eines Zungenschalters bietet sich natürlich auch für die Anwendung in einem Reed-Relais (Zungenrelais) nach *Abb. 8.5* und *8.6* an.

Die zungenähnlichen Kontakte werden bei diesem Relais nicht mechanisch, sondern magnetisch bewegt. Zungenrelais sind oft in einem IC-ähnlichen Dual-in-line-Gehäuse (= mit zwei gerade verlaufenden Füßchenreihen) nach

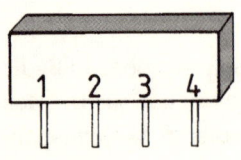
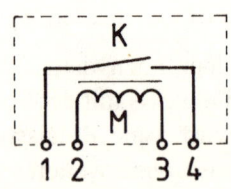

Abb. 8.5: Beispiel eines handelsüblichen Reed Relais: links die Ausführung des Gehäuses, rechts die schematische Darstellung des „Innenlebens"; K ist der magnetische Zungen-kontakt, M der Elektroma-gnet, (dessen Spule den Kontakt K anzieht und schließt, wenn ihr Gleichstrom zugeführt wird).

Abb. 8.6: Beispiel der „Innenarchitektur" eines Reed-Relais mit einem Wechselkontakt K und mit einer im Gehäuse integrierten Schutzdiode, die direkt an die Relais-Magnetspule angeschlossen ist (hier muß auf die richtige Anschlußpolarität der Füßchen A und B sehr geachtet werden, denn andernfalls würde die Schutzdiode einen Kurzschluß in der Schaltung machen!)

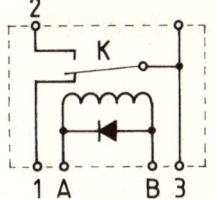

Abb. 8.7 untergebracht und lassen sich somit in eine normale IC-Fassung einfach einstecken.

Obwohl das Innenleben der Zungenrelais von der Konstruktion her mit den konventionellen Relais nicht allzuviel Ähnlichkeit hat, in der elektrischen Funktionsweise sind sie mit den normalen monostabilen Relais identisch.

Der einzige markante Unterschied besteht darin, daß hier die Arbeitskontakte nicht mechanisch, sondern nur magnetisch bewegt werden. Die eingegossenen Magnetspulen haben meistens einen ziemlich hohen Ohmschen Widerstand (z. B. um die 1100 Ohm bei 12 Volt) und somit einen geringen Stromverbrauch – in diesem Fall nur ca. 11 mA (12 Volt : 1100 Ohm = 0,011 Ampere) = 11 mA)

Alle Zungenrelais haben kleine Abmessungen und ihre Kontakte sind bei weitem nicht so belastbar, wie die der herkömmlichen robusteren Relais. Dennoch gibt es Miniatur-Reed-Relais, die sogar durch einen Dauerstrom von bis zu 5 A belastbar sind . Dagegen verkraften diverse Subminiatur-Zungenrelais nur einen Strom zwischen ca. 0,25 A und 0,5 A.

Abb. 8.7: Zungenrelais sind auch in Dual-in-line-Gehäusen mit Spulenspannungen von 5 bis 24 V erhältlich; die Kontaktbelastbarkeit beträgt meistens nur ca. 0,5 A bzw. 10 Watt.

Hinweis: Sollten Sie kleinere Zungenrelais für das Schalten von Glühlämpchen anwenden wollen, vergessen Sie bitte folgendes nicht: der Glühfaden hat im kalten Zustand einen sehr niedrigen Widerstand (er ist bis zu 11 mal niedriger als er in Hinsicht auf die Leistung theoretisch sein müßte). Das verursacht beim Einschalten einen Stromstoß, der wesentlich höher ist, als der offizielle Lämpchen-Nennstrom. Die Kontakte eines jeden Relais sind zwar normalerweise etwas großzügiger ausgelegt, als aus den technischen Daten hervorgeht, aber ein großzügigeres Dimensionieren ist hier angebracht. Dies beinhaltet folgendes: Wenn es sich um ein Relais handelt, dessen Kontakte ziemlich kontinuierlich beansprucht werden, sollte der max. Schaltstrom mindestens fünfmal so hoch sein, wie der Nennstrom des angeschlossenen Glühlämpchens (bei einer LED zählt dagegen nur der Nennstrom).

8.3 Praktische Schaltbeispiele mit elektromagnetischen Relais

Beim Nachbau von Relais-Schaltbeispielen spielt es normalerweise keine Rolle, ob ein herkömmliches elektromagnetisches Relais oder ein Zungenrelais angewendet wird. Es geht nur um das Einhalten der technischen Parameter. Der Rest bleibt eine reine Ermessensfrage, bei der allerdings auch der Aspekt der Abmessungen für die Relaiswahl mitbestimmend ist (Zungenrelais haben meistens günstigere Abmessungen, als die herkömmlichen elektromagnetischen Relais).

Einer wichtigen Eigenheit der mechanischen Relaiskontakte haben wir bisher noch keine Aufmerksamkeit gewidmet: Der Funkenbildung.

Wenn ein Kontakt elektrischen Strom schaltet, entstehen dabei Funken. Je höher der geschaltete Strom und die geschaltete Spannung ist, desto mehr funkt es. Zudem funkt es mehr, wenn induktive Lasten (Transformatoren, Elektromotoren, Drosseln) geschaltet werden, und weniger, wenn nur reine Ohmsche Lasten (Widerstände, Heizspiralen, Glühlampen, LEDs, einfache elektronische Schaltungen usw.) geschaltet werden.

Wer einmal mit seinem Schraubenzieher oder der Pinzette einen ordentlichen Kurzschluß zustande gebracht hat, konnte danach an diesem Werkzeug „ablesen" wie tief hier der Strom das Metall zu schmelzen vermochte.

So ein Kurzschluß ist dabei auch nichts anderes als ein Schaltvorgang. Es wird zwar bei dieser Art von Schalten ein „sehr kräftiger" Strom geschaltet, aber Schalten ist Schalten. Es funkt allerdings nur sehr gering, bzw. nicht optisch wahrnehmbar, wenn nur eine sehr niedrige Leistung geschaltet wird. Größere Funken beschädigen dagegen die Kontaktflächen der Schaltkontakte und haben somit den maßgeblichsten Einfluß auf die Lebenserwartung eines jeden Relais – allerdings abhängig von dem angewendeten Material an den eigentlichen Kontaktflächen. Dazu interessehalber folgendes:

Silber ist wegen seiner Empfindlichkeit gegen Schwefel ungünstig für das Schalten von Spannungen, die unterhalb von ca. 6 Volt liegen. Auch dann, wenn es vergoldet ist. Die Goldauflage ist oft nur unterhalb von 4 Mikromillimetern dick und dient eher dazu, daß die Kontakte noch vor dem Verkauf nicht schwarz werden. Sobald der Kontakt einige Wochen oder Monate lang geschaltet hat, schleift sich am Kontaktpunkt die goldene Schutzschicht ab, danach schaltet nur noch „Silber auf Silber". Wenn die geschaltete Spannung zu niedrig ist, hält sie den Kontakt nicht sauber, was Fehlfunktionen (oder bei Audio-Signalen auch die bekannten krächzenden Beigeräusche) nach sich zieht.

Eine „technisch sinnvolle" (also dickere) Vergoldung der Silberkontakte macht sie geeignet zum Schalten von kleinen bis sehr kleinen Spannungen und Leistungen. Der Übergangswiderstand des Kontaktes ist sehr niedrig, aber die Kontakte sind nicht allzusehr strapazierfähig. Somit eignen sie sich bevorzugt nur zum „kalten Schalten" (ohne Belastung).

Wolfram eignet sich besonders gut für Kontakte, die höhere Leistungen schalten. Durch seine Härte bleibt die Funkenbildung begrenzt und die Kontaktflächen werden auch nicht so schnell von den Funken „zerfressen", wie es bei diversen weicheren Materialien (z.B. bei Silber/Nickel) wesentlich eher feststellbar ist.

Quecksilber-benetzte Kontakte – die u.a. bei einigen modernen Reedrelais angewendet werden – schalten prellfrei und zeichnen sich durch einen sehr kleinen Übergangswiderstand aus.

Diese Zwischeninformation dient zwar zu einer besseren Vorstellung über die Materie, aber ergibt in der Praxis nur dann einen Sinn, wenn der Anbieter genauer definiert, aus welchem Material seine Kontakte sind.

Zum Glück läßt sich das Funken eines Relaiskontaktes dadurch vermindern, daß man nach *Abb. 8.8* parallel zu ihm entweder nur einen Kondensator C oder – wie daneben mit einer gestrichelten Verbindung eingezeichnet ist – einen Kondensator C mit einem Widerstand R in Serie anschließt. Alternativ kann direkt der angeschlossene induktive Verbraucher auf dieselbe Weise mit einem Kondensator oder einem „RC-Duo" – wie ebenfalls eingezeichnet überbrückt werden.

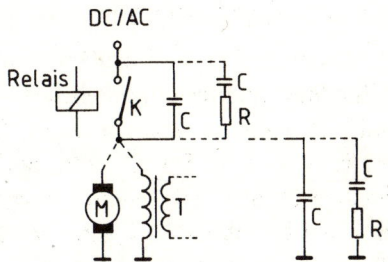

Abb. 8.8: Begrenzung der Funkenbildung an Relaiskontakten; sie ist bei induktiven Lasten – wie z.B. bei dem eingezeichneten Motor M oder Transformator T größer, als bei Ohmschen Lasten (siehe weiter Text).

Um uns das Leben nicht allzuschwer zu machen: In der Praxis werden im Rahmen unserer Bauanleitungen nur relativ kleinere induktive Lasten mit einem Relais geschaltet und da genügt es, wenn der Relaiskontakt oder nur der induktive Verbraucher mit einem Kondensator überbrückt wird, dessen Kapazität etwa zwischen 100 nF (bei kleinen Lasten) und 470 nF (bei größeren induktiven Lasten) liegt. Der Serienwiderstand kann evtl. entfallen, andernfalls ca. 100 Ohm betragen.

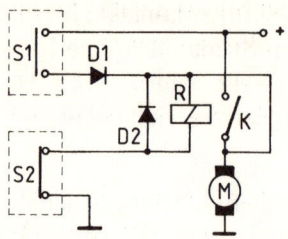

Abb. 8.9: Relais-Schaltbeispiel, bei dem der Relais
Schaltkontakt gleichzeitig als Haltekontakt der Relaisspule dient. Diese Lösung ist nur dann möglich, wenn
der Relaiskontakt K dieselbe Spannung schaltet, die
auch als Speisespannung für das Relais geeignet ist.
Wenn der Schaltkontakt S1 dem Relais R über Diode
D1 einen kurzen Spannungsimpuls gibt, schließt Kontakt K und der eingezeichnete Motor M läuft an. Gleichzeitig bekommt jedoch über denselben Kontakt auch
die Relaisspule Strom und bleibt solange „eingeschal-
tet", bis Kontakt S2 den Stromkreis (die Verbindung des Relais mit der Masse) kurz-
fristig unterbricht – der Kontakt K schaltet ab (fällt ab) und das Relais muß nun warten, bis es einen neuen Impuls von S1 erhält. Diode D1 kann wegfallen, wenn S1 ein
mechanischer Taster ist, darf aber nicht fehlen, wenn S1 ein elektronischer Schalter
(IC oder Transistor) ist. Andernfalls bekäme die elektronische Schaltung die „PLUS-
Spannung" über K an ihren Ausgang und das könnte ihre Funktion schwer beeinträchtigen bzw. das IC vernichten. Bei einer rein elektronischen Steuerung kann S2
nur als ein mechanischer „Abschalt-Taster" bei Störung dienen.

Unser Tip: Wer sich ohne zu viel Theorie trotzdem die Mühe nehmen möchte,
das Funken eines Relaiskontaktes auf ein erreichbares Minimum zu unter-
drücken, der kann es mit Hilfe einer rein optischen Kontrolle machen. Wenn hier
der Slogan „Sehen ist Glauben" zur Geltung kommen soll, müssen derartige
Experimente im Finstern geschehen – wobei die Funkenbildung jedoch nur beim

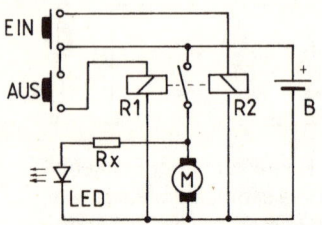

Abb. 8.10: Bei bistabilen Relais mit zwei Spulen
erhält bedarfsbezogen entweder die eine oder die
andere Spule einen Spannungsimpuls derselben
Polarität; der Relaiskontakt wird somit entweder in
Richtung von R1 oder von R2 magnetisch herangezogen. Eine leicht durchschaubare Schaltung. Falls
erwünscht, kann hier kontrollehalber eine LED anzeigen, ob der Motor M (oder ein alternativer Verbraucher) gerade läuft oder abgeschaltet ist (Rx wird als
Vorwiderstand der LED an die angewendete Versorgungsspannung angepaßt – wir wissen ja bereits wie so etwas gemacht wird). Auch hier können natürlich anstelle der
mechanischen Taster diverse elektronische Schalter (z.B. das IC 4066) bzw. andere
elektronische Steuerungen angewendet werden. Die eingezeichnete Batterie hat auch
hier nur einen symbolischen Charakter und kann durch ein Netzteil ersetzt werden. Der
Relaiskontakt hat hier – im Gegensatz zu dem vorhergehenden Schaltbeispiel – keine
andere Aufgabe, als den Verbraucher zu schalten, und braucht daher nicht an dieselbe
Versorgungsspannung angeschlossen zu werden, die für die Relais benötigt wird. Dieser Kontakt kann ohne weiteres z.B. auch eine 230 V-Wechselspannung schalten
(soweit es die technischen Parameter des angewendeten Relais gestatten). Für eine
evtl. optische Betriebszustands-Kontrolle wäre in dem Fall statt der LED ein Neon-
Glimmlämpchen (mit einem Vorwiderstand von ca. 270 k) empfehlenswert.

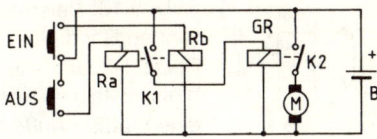

Abb. 8.11: Manchmal braucht und findet man für die eigentliche Steuerelektronik oder für sehr feine elektromechanische Mikro-Taster ein Relais mit einem optimal niedrigen Strombedarf (mit hohem Spulenwiderstand), aber der Relaiskontakt K1 ist nur für eine zu schwache Schaltleistung ausgelegt. Ein zusätzliches leistungsstarkes Relais GR bietet hier die einfachste Lösung. Hier darf die Relaisspule eine höhere Stromabnahme haben, denn sie wird nicht über ein IC der Steuerelektronik, sondern nur über den Relaiskontakt K1 rein „elektromechanisch" geschaltet. Es versteht sich von selbst, daß man dann bei der Wahl des Relais GR darauf achtet, daß sein Schaltkontakt K2 der benötigten Schaltleistung gerecht ist. Im Schaltplan wurden wegen leichterer Verständlichkeit nur Taster (EIN/AUS) eingezeichnet. Wenn die Relaisspulen Ra und Rb elektronisch geschaltet werden, muß auch hier parallel zu jedem der Relais die übliche Schutzdiode angebracht werden.

Schalten von größeren elektrischen Leistungen (z.B. eines Transformators oder Gleichstrommotors) gut sichtbar ist.

Relais werden oft entweder nur rein elektromechanisch mit einfachen Tastern oder mit elektronisch gesteuerten Schaltkontakten nach *Abb. 8.9* geschaltet, die dem Relais jeweils nur einen kurzen Schaltimpuls geben. Bei elektronisch gesteuerten Kontakten muß dies zwar nicht unbedingt der Fall sein, aber es kann anwendungsbezogen erwünscht sein.

Diese Bedingung setzt voraus, daß sich das Relais nach Erhalten eines kurzen Einschaltimpulses selber so lange eingeschaltet hält, bis es durch den nächsten „Schaltbefehl" abschaltet. Im Schaltbeispiel ist zwar als „Verbraucher" ein Gleichstrommotor eingezeichnet, aber es versteht sich von selbst, daß der Relaiskontakt K auch beliebige andere Geräte (worunter Einbruchsschutz-Geräte, Alarmanlagen, Beleuchtung usw.) schalten kann.

Wie bereits anderweitig angesprochen wurde, arbeiten Zweispulen-Relais energiesparender als die monostabil-neutralen Relais. *Abb. 8.10* zeigt eine Standardschaltung mit diesem Baustein.

Manchmal wird eine elektronische Schaltung mit einem Zweispulen-Relais entwickelt, alles funktioniert hervorragend, aber die Arbeitskontakte des

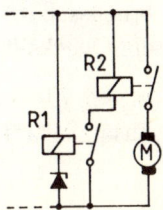

Abb. 8.12: Eine Tandemschaltung mit zwei monostabil-neutralen Relais, von denen R1 für eine niedrigere Versorgungsspannung als R2 ausgelegt ist. Eine Zenerdiode in Serie mit der Relaisspule R1 löst das Problem am einfachsten.

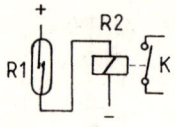

Abb. 8.13: Beispiel einer einfachen „Tandemanordnung" mit einem kleinen Reed-Relais R1 und einem größeren elektromagnetischen Relais R2; anstelle des Relais R1 kann natürlich auch nur ein beliebiger einfacher Reed-Schalter verwendet werden, der z.B. über R2 eine kräftige Außenbeleuchtung als Einbruchsschutz oder Alarmanlage schaltet.

Zweispulen Relais sind für ein gewisses Schaltvorhaben zu schwach dimensioniert. Hier kann eine einfache „Tandemschaltung" nach *Abb. 8.11* eine schnelle Abhilfe bieten: das zusätzliche leistungsstarke Relais GR erledigt das eigentliche Schalten des Verbrauchers.

Eine derartige Tandemschaltung kann natürlich auch ein normales monostabiles Relais erhalten. Manchmal kommt es vor, daß Relais mit unterschiedlichen Betriebsspannungen angewendet werden sollten. Kein Problem! In dem Fall kann nach *Abb. 8.12* das Relais mit niedrigerer Betriebsspannung (R1) eine Zenerdiode in Serie mit der Spule bekommen und somit an die Spannung des anderen Relais (R2) angepaßt werden (wie man so etwas in der Praxis macht, wurde in diesem Buch bereits an mehreren Beispielen gezeigt). *Abb. 8.13* zeigt noch eine andere Möglichkeit einer oft angewendeten Tandemschaltung: Ein Reed-Relais bzw. auch nur ein einfacher Reed-Schalter schaltet ein kräftigeres Relais (R2) einer Einbruchsschutz-Außenbeleuchtung. Nicht vergessen: Ein Relais bildet ebenfalls eine induktive Last und in diesem Fall dürfte der eingezeichnete Kontakt R1 mit einem kleinen 150 nF-Kondensator überbrückt werden, der die Funkenbildung unterdrückt. Ob in diesem Fall auch der Kontakt K des Relais R2 ebenfalls mit einem Kondensator überbrückt werden sollte, hängt davon ab, ob der von ihm geschaltete Verbraucher eine induktive Last bildet. Dies wäre der Fall, wenn z.B. ein Elektromotor oder ein Transformator (ein Netzteil) geschaltet werden soll. Andernfalls (wenn es sich also um keine induktive Last, sondern z.B. nur um Leuchtkörper handelt) kann bei derartigen kleineren Schaltungen auf einen zusätzlichen Kondensator verzichtet werden.

Wir haben nun bei vielen der aufgeführten Relais-Grundschaltungen nur mechanische Taster eingezeichnet, weil sich dadurch die Funktion so einer Schaltung leichter durchschauen läßt. Zudem gibt es ja auch „automatisch arbeitende" Schalter, die oft nur rein mechanisch schalten – wie es z.B. ein Einbruchsschutz-Trittmattenschalter, ein Drucksensor, ein Thermoschalter oder ein Quecksilber-Neigungsschalter macht.

In der Elektronik wird aber sehr oft auch nur rein elektronisch geschaltet. Zusätzliche Taster oder Schalter sind zwar dennoch zumindest für Kontroll-

Abb. 8.14: Eine sehr nützliche Experimentierschaltung für das Timer-IC-555: abhängig von der Spannungsschwelle, die den Anschlüssen Nr. 2 und 6 vom Potentiometer P zugeführt wird, springt die Spannung am Füßchen Nr. 3 (und damit am Punkt A) von LOW auf HIGH oder umgekehrt. Konkret funktioniert es folgendermaßen: wenn die Spannung an den Anschlüssen 2 und 6 von Null in Richtung Plus-Spannung langsam erhöht wird und 2/3 der Speisespannung des ICs erreicht, springt Ausgang Nr. 3 von HIGH auf LOW. Fahren wir mit

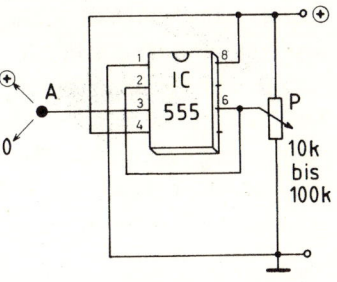

dem Potentiometerschleifer wieder zurück nach unten, springt der IC-Ausgang Nr. 3 von LOW auf HIGH erst in dem Moment, wenn die Spannung an Anschlüssen 2 und 6 auf ein Drittel der Speisespannung gesunken ist. Es gibt hier also zwei „richtungsbezogene" Schaltschwellen, zwischen denen es einen Abstand von einem Drittel der Speisespannung gibt. Dies wird als eine breite Hysterese bezeichnet und soll verhindern, daß z.B. bei einem Dämmerungsschalter das IC um einen Brechpunkt herum zu lange hin und her schaltet, wenn sich die Lichtverhältnisse zu langsam bzw. zu wenig eindeutig ändern.

und Testzwecke erwünscht, aber die Schaltbefehle gibt in vielen Fällen nur ein IC oder ein elektronischer Sensor.

Wie so etwas vor sich geht, können wir am besten an dem uns bereits bekannnten IC NE 555 erklären. Vieles, was wir über dieses IC und seine Einsatzmöglichkeiten bisher in Erfahrung bringen konnten, hängt mit einer seiner speziellen Eigenschaften zusammen: Sein Füßchen Nr. 3 fungiert als ein Umschalter, der wahlweise entweder eine Plus-Spannung oder eine Null-Spannung liefert. Strikt genommen liegen diese „Spannungssprünge" nicht elektrisch ganz genau zwischen der „vollen" Speisespannung und der Null-Spannung, sondern in beiden Fällen nur „so gut wie".

Die Formulierung „so gut wie" ist in der Technik nicht besonders beliebt und daher behilft man sich interantional mit der an sich noch weniger aussagekräftigen Alternative von den Bezeichnungen „HIGH" und „LOW". Dies ist dann so zu verstehen: Wenn ein Ausgang als „HIGH" bezeichnet wird, handelt es sich um keinen verhaschten Ausgang, sondern nur um einen Ausgang, an dem die für ihn höchst erreichbare POSITIVE Spannung liegt. Der LOW-Zustand weist wiederum auf ein Spannungsminimum, das allerdings abhängig von einem IC oder von einer Schaltung sehr unterschiedlich sein kann. Es hängt also davon ab, zwischen welchen zwei Grenzsspannungen ein IC „hin und her" schalten kann.

Wenn also bei dem NE 555 das Ausgangsfüßchen Nr. 3 auf „HIGH" umschaltet, darf man davon ausgehen, daß da die Spannung „fast" so hoch ist, wie die

Speisespannung des ICs. Dasselbe gilt für die „LOW" Spannungsschwelle: sie liegt ein klein wenig höher, als bei Null. Die kleinen Spannungsunterschiede sind darauf zurückzuführen, daß der IC-Ausgang Nr. 3 im IC-Inneren nicht über einen rein mechanischen Kontakt, sondern über Halbleiter gegen die Masse oder gegen das „PLUS" der Speisespannung geschaltet wird. Und wie uns bereits bekannt ist, entsteht dabei in dem Halbleiter selbst immer ein gewisser Spannugsverlust (der etwa bei 0,5 bis 0,8 V liegt).

Was nun im Zusammenhang mit dem IC 555 erklärt wurde, gilt auch für sehr viele andere ICs. Manchmal ist gut zu wissen, daß es so etwas gibt. Man mißt andernfalls die Ausgangsspannung des ICs und zerbricht sich womöglich den Kopf darüber, ob in der Schaltung nicht etwas falsch gemacht wurde, oder ob es sich bei dem IC nicht um einen Ausschuß handelt.

Wenn wir das IC 555 nach *Abb. 8.14* an eine Versorgungsspannung von 4,5 bis 16 Volt anschließen, können wir praktisch austesten, was diese Eigenschaft an sich konkret hat. Vor dem Einschalten der Versorgungspannung drehen wir den Schleifer (den mittleren Kontakt) des Potentiometers P ungefähr in die Mitte. Danach schalten wir die Versorgungsspannung ein.

Wenn wir nun mit dem Potentiometer langsam um ca. 1/4 von der Mitte nach oben oder nach unten drehen, entdecken wir an ihm zwei „Schaltschwellen", bei denen an seinem „Ausgang" (Füßchen Nr. 3 und somit auch Punkt A) die Spannung zwischen „HIGH" und „LOW" springt.

Mit anderen Worten: Wenn die den Füßchen Nr. 2 und Nr 6 (die ja miteinander verbunden sind) zugeführte Spannung etwas positiver als die Schaltgrenze ist, springt die Spannung am Punkt A auf „LOW". Fahren wir mit dem Potentiometer-Schleifer etwas mehr nach unten, springt im bestimmten Augenblick die Spannung am Punkt A auf „HIGH". Eine ganz einfache Sache!

Ob wir nun zur Kontrolle die Spannung am Punkt A mit einem Multimeter messen, oder ob wir da – ähnlich wie es bereits in der Abb. 3.8 (auf Seite 86) eingezeichnet ist – eine oder zwei LEDs einlöten, ist egal. Hauptsache, wir begreifen diese Eigenheit des ICs, denn damit läßt sich sehr viel anfangen. Wozu nun das Ganze in der Praxis gut sein kann, läßt sich am Schaltbeispiel in *Abb. 8.15a* erklären. Erst sehen wir uns hier daß Füßchen Nr. 3 an: An ihm ist eine Glühlampe L (gegen die Masse) angeschlossen. Rechts oben im Schaltplan ist ein Fotowiderstand (LDR) eingezeichnet. Solange dieser Fotowiderstand vom Tageslicht einigermaßen beleuchtet ist, hat er einen niedrigen Ohmschen Wert; bei intensiver Beleuchtung sind es in der Regel nur einige hunderte Ohm. Wenn es dämmert, steigt sein Widerstand auf einige tausende Ohm, nachts beträgt sein Widerstand etwa 1 Megaohm oder auch mehr.

Da haben wir nun einen Dämmerungsschalter, dessen Schaltschwelle sich mit dem 47 k-Einstellpotentiometer individuell einstellen läßt. Es geht ja im Prinzip um dieselbe Schaltung, wie vorhin bei der Abb. 8.14. Der Unterschied besteht hier nur darin, daß der Fotowiderstand (LDR) den „oberen Zweig" (die obere Hälfte) des Potentiometers P aus der vorhergehenden Schaltung ersetzt; die untere Hälfte des Potentiometers wird hier durch den Widerstand 1 k in Serie mit dem Potentiometer 47 k ersetzt.

Damit ensteht ein „lichtempfindlicher" Spannungsteiler, der dafür zuständig ist, daß bei Dämmerung das Lämpchens L einschaltet.

Technisch gesehen heißt es folgendes: Solange die Spannung an den IC-Füßchen Nr. 2 und 6 ziemlich hoch ist, hat der IC-Ausgang Nr. 3 „so gut wie" keine Spannung (er ist „LOW"). Das Lämpchen L wird daher nicht leuchten.

Sinkt die Spannung an den IC-Füßchen Nr. 2 und 6 auf ca. 1/3 der Versorgungsspannung, schaltet der IC-Ausgang Nr. 3 auf „HIGH" um – und das Lämpchen L leuchtet.

Ein derartig leistungsschwaches Lämpchen kann sich jedoch nur als ein Stolperlicht nützlich machen – was ja manchmal auch genügt.

Dieser Dämmerungsschalter kann jedoch anstelle des Lämpchens L auch andere Verbraucher, worunter auch elektronische Geräte oder Reilais nach

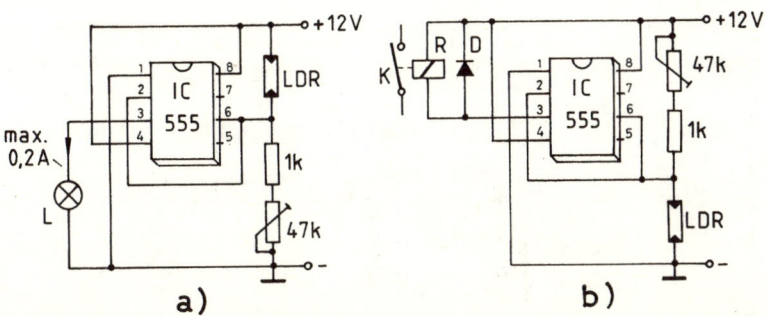

Abb. 8.15: a) Schaltbeispiel eines Dämmerungsschalters mit einem Glühlämpchen L, das direkt vom IC aus mit Strom versorgt wird. Das IC darf jedoch nur einen maximalen Strom von 0,2 A liefern und dementsprechend muß das Lämpchen L dimensioniert werden; b) wenn größere Lampen – oder auch diverse andere Verbraucher von diesem Dämmerungsschalter aus betreut werden sollen, muß dazu ein zusätzliches Relais R (mit einer dazugehörenden Schutzdiode D eingesetzt werden (siehe auch Text).

Abb. 8.15b schalten. Hier haben wir interessehalber die Schaltung „umgedreht" eingezeichnet. Damit will darauf hingewiesen werden, daß es funktionsbezogen nichts ausmacht, ob der „Verbraucher" zwischen dem Füßchen Nr. 3 und Masse oder zwischen diesem Füßchen und der Versorgungsspannung angeschlossen wird. Es ändert sich dadurch nur die Art der Aussteuerung der Füßchen Nr. 6 und Nr. 2.

Im Schaltplan nach Abb. 8.15a ist der Fotowiderstand an die Versorgungsspannung angeschlossen. Wenn er vom Tageslicht beleuchtet wird, ist sein Widerstand niedrig, Füßchen Nr. 6 bekommt eine „höhere" positive Spannung und Ausgangsfüßchen 3 hat daher eine Nullspannung. Schließt man in dieser Schaltung das Relais zwischen Füßchen 3 und Masse anstelle des Lämpchens L an, funktioniert der Dämmerungsschalter problemlos.

Wozu dann noch die andere Alternative nach Abb. 8.15b? Sie hat den Vorteil, daß hier der „Arbeits-Ausgang" (das Füßchen Nr. 3) des ICs 555 während des eingeschalteten Zustandes des Relais (also nachts) auf „LOW" (gegen die Masse) durchgeschaltet ist. Der Relaisstrom fließt in diesem Fall nicht durch das ganze IC, sondern sozusagen nur durch sein „Untergeschoß". Bei dieser Schaltungsalternative wärmt sich das IC geringfügiger auf, als bei der Lösung nach Abb. 8.15a.

Der Hauptgrund für die Aufführung beider Alternativen besteht hier jedoch darin, daß man der Funktion der Kette „Fotowiderstand – 1 k-Widerstand – Potentiometer 47 k" etwas mehr Aufmerksamkeit widmet. Hat man einmal

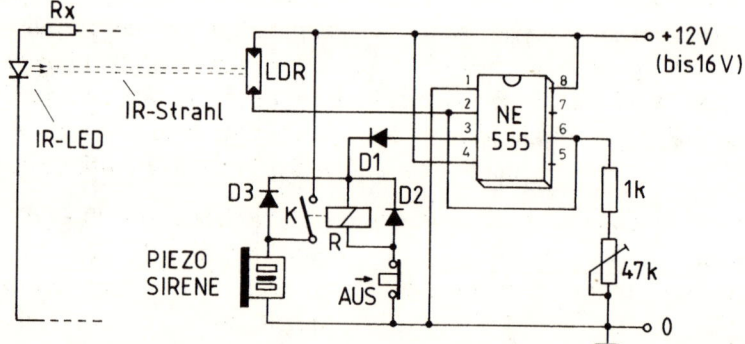

Abb. 8.16: Ein einfacher Alarmgeber als „Lichtschranke" mit einem IR-Strahl. Bei Unterbrechung des Strahles heult eine Sirene los, die z.B. als kompakter Baustein mit integriertem Oszillator erhältlich ist; Bei der Wahl des Fotowiderstandes LDR braucht auf keine spezielle Type bzw. Eigenschaften geachtet werden; für diese Zwecke eignet sich jeder gängige Fotowiderstand (siehe auch Text).

begriffen, wie es sich an den Füßchen 6 und 2 mit der Spannungsteilung in etwa verhält, wird man auch andere Sensoren als den Fotowiderstand anwenden können, ohne in eine zu große Verlegenheit zu kommen.

So könnte z.B. – ohne eine Schaltungsänderung vornehmen zu müssen – im Schaltplan nach Abb. 8.15b anstelle des Fotowiderstandes ein Temperatursensor, Feuchtigkeitssensor oder auch nur ein Alarmkontakt eingefügt werden.

Damit hört es mit der Varianten-Vielfalt bei diesem Schaltbeispiel noch lange nicht auf: So muß es beispielsweise nicht die Sonne oder das Tageslicht sein, daß den Ohmschen Wert des Fotowiderstandes verändert. Andere Lichtquellen, worunter ein infraroter Strahl, den z.B. eine kleine infrarote LED sendet, kann ja nachts als Diebstahlschutz nach *Abb. 8.16* physikalisch dasselbe bewirken, wie ein jedes andere Licht.

An der Schaltung um das IC NE 555 hat sich hier im Vergleich mit der Abb. 8.15a im Prinzip nicht viel geändert (nur der Teil um das Relais R). Wir haben zwar aus rein „gestalterischen" Gründen den Fotowiderstand (LDR) nicht rechts, sondern links von dem IC eingezeichnet, aber er bleibt an denselben Punkten angeschlossen (nehmen Sie sich bitte die Zeit und vergleichen den Schaltplan in Abb. 8.15a mit dem in Abb. 8.16). Zugegeben: Der Ausgang am Füßchen Nr. 3 des NE 555 sieht in der Abb. 8.16 möglicherweise ein bißchen verwirrend aus. Das kommt dadurch, daß hier – ähnlich wie bereits in Abb. 8.9 – das Relais R als „selbsthaltend" verschaltet wurde. Vertiefen Sie sich bitte eventuell nochmals in die Abb. 8.9, falls Ihnen das Prinzip der „Selbsthaltung" noch nicht ganz klar ist.

Ganz so schlimm ist es ja mit der „Selbsthaltung" gar nicht; nur die drei Dioden (D1 bis D3) sind vielleicht etwas zu viel „des Guten". Die Sache hat aber ihre Logik:

a) Der IR-Strahl von der IR-LED muß den Fotowiderstand derartig gut ausleuchten, daß sich mit dem 47 k-Potentiometer eine Schaltschwelle finden läßt, bei der am Füßchen Nr. 3 die Spannung auf LOW springt.

Das geschieht nur unter der Bedingung, daß der vom IR-Strahl beleuchtete LDR eine niedrigeren Ohmschen Wert als ca. 47 k hat. Das läßt sich mit Hilfe des Multimeters direkt am Fotowiderstand nachmessen. Bei einem einigermaßen guten IR-Strahl müßte der LDR einen Widerstand zwischen ca. 1k und (höchstens) 20 k haben. Andernfalls deutet es daraufhin, daß das IR-Licht zu schwach ist (durch eine zu große Entfernung der IR-LED vom LDR). Abhilfe: eine optische Linse vor die IR-LED oder mehrere LED (z.B. dicht aneinander angeordnete zwei bis vier LED).

Wichtig: eine solche Schaltung sollte vorerst nur am Tisch ausprobiert und eingestellt werden. Danach kann der Abstand der IR-LED vom LDR langsam vergrößert werden; damit wird sich automatisch zeigen, wo anwendungsbezogen die Grenzen der Reichweite liegen. Abgesehen davon werden wir später noch die wesentlich sensibleren Fototransistoren behandeln, mit denen sich auf diesem Gebiet mehr anfangen läßt (dadurch wird die Schaltung jedoch etwas aufwendiger und deshalb hat dieses Schaltbeispiel „vorläufig" Vorrang erhalten).

Nebenbei: bevor das Experimentieren mit dem Lichtstrahl nicht Früchte bringt, braucht an Füßchen Nr. 3 des ICs noch kein Relais angeschlossen werden. Eine 20 mA LED, mit einem Vorwiderstand (von ca. 820 Ohm), die zwischen das IC-Ausgangsfüßchen Nr. 3 und die Speisespannung vorübergehend angeschlossen wird, erleichtert die Funktionskontrolle: Wenn der IR-Strahl leuchtet, muß die LED „aus" sein, wird dieser Strahl unterbrochen, muß die LED aufleuchten. Statt der LED kann natürlich an das Füßchen Nr. 3 ein Multimeter fest angeschlossen werden. Solange der IR-Strahl leuchtet, hat das Füßchen Nr. 3 (fast) keine Spannung; diese muß nur beim Unterbrechen des IR-Strahles erscheinen – allerdings nur während der Dauer des Unterbrechens. Wenn dies alles gut funktioniert, können wir den zweiten Punkt in Angeriff nehmen:

b) Wir wissen nun, daß beim Unterbrechen des IR-Strahles das IC Füßchen Nr. 3 auf HIGH (+ Spannung) umschaltet. Diese Spannung geht über Diode D1 an die Spule des Relais R und dieses schließt – wie es sich gehört – seinen Arbeitskontakt K. Die Funktion der Schutzdiode D2, die parallel zum Relais eingezeichnet ist, wurde bereits erklärt. In dem Moment, wenn der Kontakt K schließt, erhält über ihn und über die Diode D3 das Relais (am oberen Anschluß) einen Haltestrom. Ab nun spielt es keine Rolle mehr, wenn der Lichtstrahl nicht mehr unterbrochen ist und wenn das IC-Füßchen Nr. 3 wieder keine Spannung mehr hat (auf LOW „zurückgesprungen" ist). Jetzt ergibt die Diode D1 einen Sinn. Wäre sie hier nicht, käme die volle PLUS-Spannung von dem oberen Relaisanschluß auf das Füßchen Nr. 3, und das hätte einen Kurzschluß zufolge.

Die eingezeichnete PIEZO-SIRENE hat einen eigenen integrierten Ozsillator mit Endverstärker und heult einfach los, sobald sie über den Relaiskontakt K Spannung bekommt. Es kann hier eine beliebige Sirene bzw. auch ein anderer elektronischer „Lärmmacher" – wie z.B. Hundebellen, Kanonenschüsse usw. – angeschlossen werden. Hauptsache die Speisespannung stimmt. Eine solche Sirene wird oft einen höheren Stromverbrauch haben, als das IC 555 verkraften könnte. Es ist daher unerwünscht, daß bei einem Schaltimpuls das Füßchen Nr. 3 gleichzeitig mit der Relaispule auch noch die Sirene schalten müßte, bevor diese Aufgabe der Relaiskontakt K übernommen hat. Er braucht dazu zwar höchstens 10 Millisekunden, aber das ist in der modernen Elektronik eine unheimlich lange Zeitspanne. Daher sorgt hier Diode D3 dafür, daß die Piezo-Sirene ihren Strom nicht vom IC-Füßchen Nr. 3 beziehen kann, sondern nur über den Kontakt K und daher von der eigentlichen Speisespannung des Gerätes.

Für jemanden, dessen „Lebenswege" sich bisher mit derartigen Schaltungen noch niemals gekreuzt haben (um es poetisch auszudrücken) wird das gerade beschriebene Schaltbeispiel in etwa ähnlich leicht verdaulich, wie zehn hart gekochte Eier. Hier hilft erprobt am besten nur Eines: alles praktisch auszuprobieren. Sogar auch dann, wenn Sie ohnehin gegen Einbruch und Diebstahl gut versichert sind und wenn Sie evtl. noch daran glauben, daß es Versicherungen gibt, die Ihnen den wirklich entstandenen Schaden auch voll ersetzen.

Nun wäre noch bei dem Schaltplan nach Abb. 8.16 darauf hinzuweisen, daß ein einziger IR-Strahl für Außenanlagen ungeeignet ist. Es findet sich erwiesenermaßen immer ein völlig harmloses Lebewesen – in den meisten Fällen eine Fledermaus oder eine Nachteule – das ohne böse Absichten so einen Alarm auslöst. Da diese Wesen nichts von nächtlichen Gruppenreisen halten, kann der Sache dadurch ein Riegel vorgeschoben werden, daß man nach Abb. 8.17

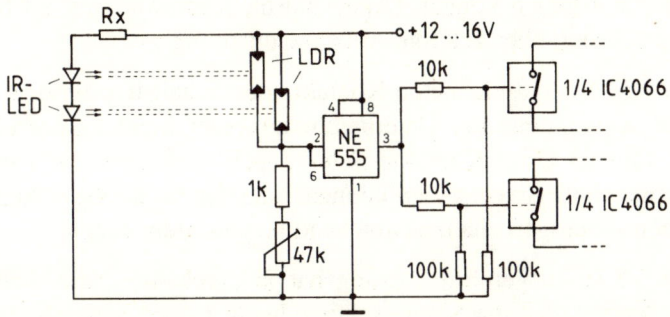

Abb. 8.17: Eine Lichtschranke mit zwei horinzontal verlaufenden Strahlen, die so angeordnet sind, daß sie beide gleichzeitig weder von einem Vogel, noch von einem größeren Tier unterbrochen werden können. Das IC NE 555 weist dieselbe Grundschaltung aus, wie im vorhergehenden Beispiel. Der Unterschied liegt hier nur in der anderen Anwendungsart des positiven Signals, das bei Unterbrechung beider Strahlen am IC-Ausgang Nr. 3 geliefert wird. In diesem Fall wurden die uns inzwischen bekannten „Schalt-ICs" Type 4066 als „Porten" zu weiteren Alarmschaltungen genutzt (weiter siehe Text).

zwei IR-Strahlen verwendet. Der Abstand zwischen zwei solchen Strahlen sollte rein hypothetisch zumindest so groß sein, daß auch der dickste oder größte Vogel nicht gleichzeitig beide Strahlen unterbrechen kann.

Bei professionellen Anlagen positioniert man den unteren Strahl etwa in die Kniehöhe und den oberen Strahl etwa in die Bauchhöhe eines Menschens.

Wir haben aus edukativen Beweggründen in Abb. 8. 17 das IC 555 diesmal nur schematisch dargestellt (wie es in den gängigen Schaltplänen oft gemacht wird). Der Vorteil dieser Art des Zeichnens besteht darin, daß man völlig willkürlich die Nummer der IC-Füßchen immer einfach dort einzeichnen kann, wo es übersichtshalber am besten paßt. Unsere Zeichnung wurde dadurch etwas deutlicher. Daß hier zwei Fotowiderstände (LDR) parallel angeschlossen sind, hat dann bei so einer Schaltung den Vorteil daß bei nur einem unterbrochenen Strahl der Ohmsche Wert des zweiten beleuchteten Fotowiderstandes immer noch niedrig genug ist, um das IC „geschlossen" halten zu können (der 47 k-Potentiometer muß dementsprechend optimal eingestellt werden).

In diesem Schaltbeispiel haben wir bei dem NE 555 zur Abwechslung das „Ausgangsfüßchen" Nr. 3 als Steuerung von den uns inzwischen bekannten Schalt-IC 4066 eingezeichnet. Auf diese Weise könnte das NE 555 eine sehr lange Kette von diesen elektronischen Schaltkontakten bewältigen. So eine Lösung ist in der Praxis dazu gut, daß mit Hilfe von unterschiedlichen Alarmgebern und Alarmmeldern diverse Vorgänge zeitlich und örtlich unabhängig voneinander stattfinden können (Außenalarm, Alarmwarnung im Schlafzimmer, Alarmmeldung über Telefon, Außenbeleuchtung usw.).

Die in *Abb. 8.17* eingezeichneten Kontakte des Schalt-ICs 4066 würden normalerweise nur während der Unterbrechung beider Lichtstrahlen eingeschaltet. Daher müssen diese Kontakte Schaltungen ansteuern, die von sich aus beliebig lange einen Alarm geben können, oder die für die Bewältigung anderer Aufgaben sozusagen einen ausreichend langen Atem haben.

Die in Abb. 8.16 aufgeführte Lösung hat ja durch die „Selbsthaltung" des Relais den Vorteil, daß die Sirene solange heult, bis sie manuell abgeschaltet wird (durch den Taster „AUS"). Sie eignet sich damit jedoch nur für Anlagen oder Objekte, die durchlaufend „betreut" werden (andernfalls würde ja so eine Anlage womöglich auch wochenlang vor sich hin heulen).

In dieser Hinsicht ist es besser, wenn der einmal ausgelöste Alarm (und alles was sonst noch gleichzeitig eingeschaltet wird) nach einer vorgegebenen (eingestellten) Dauer automatisch abschaltet.

Abb. 8.18: Ein einfacher Zeitschalter für das Schalten von
größeren Leistungen. Wenn die
Stromabnahme am Ausgang Nr.
3 des NE 555 den Maximum-
strom von 200 mA nicht überschreitet (beim ICM 7555 dürfen
es jedoch maximal 100 mA
sein!), kann das Relais R wegfallen. Es gibt z.B. genügend
Alarmgeber oder Kleinsirenen,
deren Stromverbrauch nicht einmal 50 mA beträgt; für die

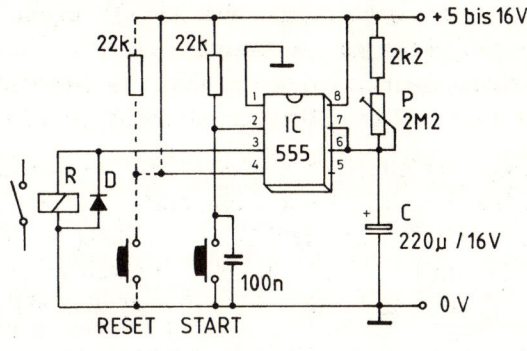

Stromversorgung einer etwas kräftigeren Beleuchtung oder eines Elektromotors reichen allerdings die bescheidenen 200 mA nicht aus (abgesehen davon wärmt sich
dieses IC bereits bei einer Stromabnahme um die 150 mA ziemlich auf).

Nach einem passenden IC brauchen wir nicht lange zu suchen: Das IC 555
wurde ja als Timer (Zeitschalter) entwickelt und somit müßte ihm eine derartige Aufgabe besonders gut liegen. Dies ist auch der Fall. Wenn man es nach
Abb. 8.18 verschaltet, hat man einen herrlichen Zeitschalter.

Bei der Beschreibung dieser Schaltung fangen wir mit dem Füßchen Nr. 1 an:
Hier wurde diesesmal die Masse separat ausgeführt. Das hat aber nur einen
rein zeichnerischen Grund; der Strich führt in diesem Fall nicht quer durch die
anderen Striche nach unten. Es handelt sich jedoch um dieselbe Masse, die
auch unten eingezeichnet ist (diese Lösung haben wir z.B. auch schon in Abb.
8.9 angewendet, aber wer es nicht so ganz wahrgenommen hat, sollte sich
durch diesen stehlampenähnlichen Füßchenanschluß nicht irritieren lassen).

In dieser neuen Schaltung ist eigentlich auf den ersten Blick nicht so viel Neues
los. Es gibt hier auch keine unbekannten Bausteine. Die Funktionsbeschrei-
bung ist einfach: Wenn die START-Taste betätigt wird, schaltet Relais R ein,
bleibt eine Zeitlang eingeschaltet und schaltet danach wieder automatisch ab.
Wie lange es eingeschaltet bleibt, kann mit dem Potentiometer P (2M2) eingestellt werden. Wenn der eingezeichnete Wert des Kondensators C beibehalten bleibt, liegt die maximale Einschaltdauer bei ca. 22 Minuten.

Alle zusätzlichen 10 μF verlängern hier die Einschaltdauer um ca. 1 Minute.
Wenn der Kondensator C eine Kapazität von 470 μF hätte, würde sich die Einschaltdauer mehr als verdoppeln usw. Natürlich benötigen wir für eine Alarmanlage keine stundenlange Einschaltdauer. Dieser Timer kann jedoch auch für
sehr viele andere Zwecke angewendet werden.

Das Füßchen Nr. 4 kann entweder direkt mit dem PLUS der Speisespannung verbunden sein, oder über einen 22 k-Schutzwiderstand und einen „RESET" Schalter noch ausgebaut werden. Der RESET-Schalter (= SETZE-ZURÜCK-SCHALTER) fungiert hier nur als AUS-Schalter. Man verwendet jedoch bei den ICs mit Vorliebe die Bezeichnung „RESET". Manchmal handelt es sich ja um ziemlich viele aufeinander folgende „vorprogrammierte" Vorgänge, die man zurücksetzen will – bzw. die funktionsbedingt von einem anderen Schaltungsteil automatisch zurückgesetzt werden sollen. Das IC wird also zurück auf die Startlinie geholt und wartet dort auf einen neuen Startbefehl. Daher also der Begriff „RESET" (und daher findet sich auch in diversen Schaltplänen die Bezeichnung „RESET" bei einem der IC-Füßchen).

Nun bliebe noch darauf hinzuweisen, daß man bei diesem IC statt der mechanischen START-Taste einen der Schaltkontakte des ICs 4066 aus Abb. 8.17 anschließen kann. Genau genommen könnte dann die Einbruchsschutz-Schaltung aus Abb. 8.17 über beliebig viele der eingezeichneten elektronischen Schaltkontakte auch beliebig viele Timer aus der Abb. 8.18 mit einem Impuls „antippen" und eine Reihe von Alarmgebern könnte losgehen. Es versteht sich von selbst, daß man in der Praxis nicht allzuviele Relais bzw. allzuviele Timer nebeneinander arbeiten lassen muß. Erstens sind ja viele Relais mit mehreren Schaltkontakten ausgelegt und können daher verschiedene Spannungen und Alarmgeber gleichzeitig schalten, zweitens können an den IC-Ausgang Nr. 3 auch mehrere Relais parallel angeschlossen werden – soweit die

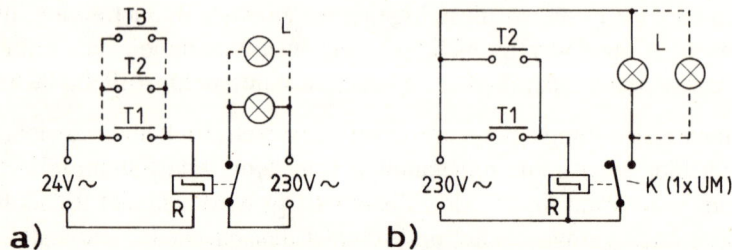

Abb. 8.19: Schaltbeispiele eines Stromstoßschalters: a) Ein Stromstoßschalter mit einer 24 V-Wechselstrom-Spule; Relais R schaltet hier einen elektrisch getrennten 230-V-Wechselspannungs-Schaltkreis. Dieselbe Schaltung gilt auch für einen Gleichstrom-Fernschalter bzw. für ein Gleichstrom-Stromstoßrelais (in dem Fall können anstelle der Tasten T1 bis T3 auch elektronische Kontakte oder Impulsgeber angewendet werden). b) einige Stromstoßrelais sind mit einem Wechselkontakt ausgelegt (gut zu wissen, daß es so etwas gibt). Unser Schaltbeispiel (hier mit einer 230-V-Relaisspule) zeigt, daß auch hier beliebig viele Tasten – und natürlich auch mehrere Lampen L – oder andere Verbraucher – angeschlossen werden können; ähnlich wie bei allen anderen Relais, ist auch hier auf die max. Belastung der Schaltkontakte (L) zu achten.

gesamte Stromabnahme unterhalb von ca. 120 mA (theoretisch sogar von max. 200 mA) bleibt.

Wenn mehrere Timer gleichzeitig verwendet werden, kann man auch unterschiedlich lange Einschaltzeiten einstellen. So wäre bei einem Alarm z.B. die Einschaltzeit für die Außenbeleuchtung sicherlich länger als das Heulen einer kräftigen Sirene usw.

Abgesehen davon, lassen sich auch Schaltungen so aufbauen, daß sie in zeitlich verzögerten Stufen nach und nach unterschiedliche Alarmgeber einschalten.

Das Schalten in der Elektronik beschränkt sich natürlich nicht nur auf alarmauslösende Aufgaben. Sehr oft müssen auch Elektromotoren geschaltet werden. Wer an diesem Thema interessiert ist, findet mehr darüber im Kap. 12.

8.4 Stromstoßrelais / Stromstoßschalter

Ein Stromstoßrelais benötigt – wie sein Name verspricht – nur einen Stromstoß, um auf die Art eines „Kugelschreiber-Prinzipes" von einem Schaltzustand in den anderen umzuschalten (EIN – AUS – EIN – AUS usw.).

Stromstoßrelais werden oft auch als sogenannte Stromstoßschalter oder Fernschalter in modernen elektrotechnischen Lichtinstallationen eingesetzt, bei denen nur mit Tastern geschaltet werden soll. Die Spulen der „gröberen" Stromstoßschalter sind handelsüblich meistens für eine Wechselspannung von 24 V oder alternativ von 230 V ausgelegt. Sie benötigen ziemlich leistungsstarke Schaltimpulse – was für die feineren „Elektronik-Stromstoßrelais" nicht zutrifft.

Alle Stromstoßrelais und Stromstoßschalter haben den Vorteil, daß sie – wie aus Abb. 8.19 deutlich hervorgeht – mit einer sehr einfachen Verschaltung zufrieden sind. Beliebig viele Paralleltaster – oder auch rein elektronische Impulsgeber – können von beliebig vielen Stellen aus, diese elektromagnetischen Schaltbausteine ein- und ausschalten (oder umschalten). Der Anwender hat hier jedoch bei der Betätigung der Taste keine direkte Kontrolle darüber ob er den Verbraucher bzw. den Schaltkreis ein- oder abgeschaltet hat. Soweit dabei nicht anwendungsbezogen eine optisch oder akustisch wahrnehmbare Rückmeldung „automatisch" dadurch folgt, daß z.B. ersichtlich ein Licht aufleuchtet, sollte z.B. eine zusätzliche LED (bei Gleichstrom-Schaltkreisen) oder

ein Neonlämpchen (bei Wechselstrom-Schaltkreisen) den jeweiligen Betriebszustand eines solchen Schalters melden.

8.5 Elektronische Lastrelais

Elektronische Lastrelais bilden eigentlich die mit Abstand „technisch elegantesten" und von der Lebensdauer her auch anwendungsbezogen die vorteil-
haftesten Schaltbausteine der Elektronik (bzw. der „Leistungselektronik").

a)

Abb. 8.20: Ausführungsbeispiele elektronischer
Lastrelais: a) Ein flaches Lastrelais; sein Lastkreis
ist für eine 280 V-Wechselspannung / 3A ausgelegt; der Steuerkreis benötigt eine Steuer-Gleich-
spannung von 3 bis 32 V, der Steuerstrom beträgt
max. 20 mA; b) Ein Lastrelais, das als „Nullspannungsschalter" mit integriertem RC-Glied konzipiert ist. Es darf am Lastkreis eine Wechselspannung von max. 240 V und einen Strom von max. 2
A schalten und eignet sich zum Schalten von
Motoren, Lampen, Heizungen, elektromagnetischen Ventilen usw. Seine Steuerspannung liegt
zwischen 3 und 24 V (Conrad Elektronik)

b)

Die Funktion dieser Bausteine ist jedoch nicht so leicht durchschaubar, wie bei
den herkömmlichen elektromagnetischen Relais bzw. Reed-Relais, die ja –
vom Konstruktionsprinzip her – auch zu der Gattung der elektromagnetischen
Relais gehören.

Aus diesem Grund greifen viele Elektroniker lieber zu einem herkömmlichen
elektromagnetischen Relais. Da kann man sich ja leicht vorstellen, wie die
Sache funktioniert. Unter Umständen kann man sogar an dem Klappern des
Ankers hören, wann es schaltet. Bei einem Reed-Relais hört und sieht man
zwar auch nichts, aber hier hilft die Vorstellung, daß es ähnlich arbeitet, wie
das herkömmliche elektromagnetische Relais.

Soweit man jedoch ein elektronisches Relais nur als einen „Baustein mit 4
Anschlüssen" betrachtet, ist seine Anwendung keinesfalls komplizierter, als die

eines elektromagnetischen Relais. Man muß hier nur wissen, worum es sich bei diesem „modernen" Baustein ungefähr handelt und worauf bei der Wahl zu achten ist.

Als erstes ist wichtig zu wissen, daß es einem elektronischen Relais nicht egal ist, ob sein „Schalter" Gleichstrom oder Wechselstrom schalten soll. Das ist hier eigentlich der gravierendste Unterschied zu elektromagnetischen Relais mit mechanischen Kontakten.

In Abb. 8.21a und **b** können wir uns nun näher ansehen, wie es mit dem Innenleben der zwei Grundausführungen der elektromagnetischen „Lastrelais" aussieht. Das erste Relais (Abb. 8.21a) ist für das Schalten von Gleichstrom ausgelegt, das darunterstehende Relais schaltet Wechselstrom.

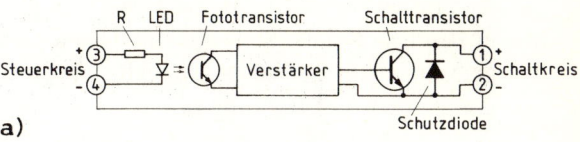
a)

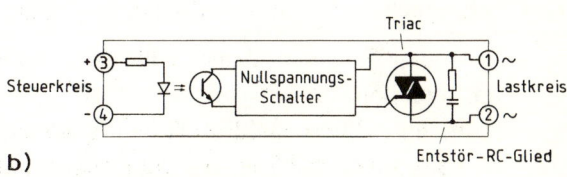
b)

Es wäre darauf hinzuweisen, daß bei den meisten handelsüblichen Relais die zwei Füßchen des Steuerkreises die Nummern 3 und 4 haben und daß die Nummern 1 und 2 für den eigentlichen „Schaltkontakt" (Lastkreis) – also für den „Verbraucher" angewendet werden. Man darf

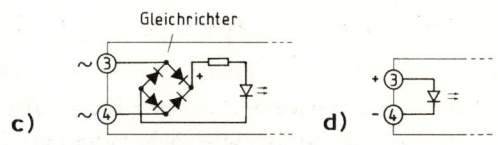
c)   d)

Abb. 8.21: Grundschaltungen der gängigsten elektronischen Lastrelais (siehe weiter Text).

sich zwar nicht blind darauf verlassen, daß es bei allen Fabrikaten auch stimmen wird, aber wir haben in unseren Schaltbeispielen aus diesem Grund die Reihenfolge der Numerierung „von rechts nach links" in Kauf genommen, weil es der Aufklärung dienlich ist.

Eines ist bei beiden Relais nach Abb. 8.21a und b völlig identisch: der sogenannte „Optokoppler", der an den Anschlüssen 3 und 4 anfängt. Genau genommen „hängt" an diesen Anschlüssen nur der „Sender" des Optokopplers, der aus einer normalen LED und einem Vorwiderstand R besteht.

Den „Empfänger" des Optokopplers bildet ein Fototransistor. Näheres über Fototransistoren werden Sie noch später im Kap. 13.1 zurückfinden. Vorläufig dürfte der Hinweis darauf genügen, daß ein Fototransistor ähnlich lichtempfindlich wie ein Fotowiderstand ist (nur etwas sensibler, aber das kann uns momentan gleich sein). Wichtig ist nur zu wissen, daß der Fototransistor das Aufleuchten der Sender-LED wahrnimmt (muß er wohl, denn er steht ja daneben) und an seinen Verstärker weitergibt.

Wozu nun dieser komische Umstand mit der LED und dem Fototransistor? So komisch ist es eigentlich gar nicht, denn auf diese Weise wird der Steuerkreis von dem Schalt- bzw. Lastkreis „galvanisch" getrennt. Das ist besonders dann wichtig, wenn 230 V-Wechselspannung geschaltet wird (bei einem elektromagnetischen Relais ist ja die Spule auch von den Schaltkontakten elektrisch getrennt). Aus den im vorhergehenden Kapitel aufgeführten Schaltbeispielen konnten wir in Erfahrung bringen, wie ein Fotowiderstand auf Licht (bzw. auf einen Lichtstrahl) reagiert und welchen Nutzen man daraus ziehen kann. Die Funktion des Optokopplers in einem elektronischen Lastrelais brauchen wir daher nicht nochmals detaillierter zu erklären.

Es genügt zu wissen: Wenn an die Steuerkreis-Anschlüsse Nr. 3 und 4 eine ausreichend hohe Gleichspannung angelegt wird, leuchtet die LED auf, der Fototransistor reagiert darauf mit einer Spannungsveränderung, die er weitergibt.

Bei einem Gleichstrom-Lastrelais wird der „Lichtbefehl" der LED erst von einem Verstärker etwas verstärkt, weil der an sich „leistungsschwache" Fototransistor es aus eigener Kraft nicht fertigbringen würde, den leistungskräftigen Schalttransistor zum Schalten zu bewegen. Solange die LED nicht leuchtet, hat die Basis des Leistungstransistors keine Spannung und der Schalttransistor verhält sich als ein OFFENER Schaltkontakt. Wenn die LED leuchtet, liefert der Verstärker der Basis des Schalttransistors eine positive Spannung, wodurch er wie ein Schaltkontakt schließt (diese Funktionsweise eines Transistors wurde bereits erklärt).

Die eingezeichnete Schutzdiode bildet in der Abb. 8.21a den letzten Schaltungsbauteil. Sie hat nur eine ähnliche Hilfsfunktion, wie z.B. die Schutzdiode, die parallel zu der Spule eines elektromagnetischen Relais angebracht werden muß.

Das war's also. Eines ist klar: so ein elektronisches Lastrelais funktioniert nach außen eigentlich ziemlich identisch mit einem normalen elektromagnetischen Relais bzw. mit einem Reed-Relais.

Wir wissen, daß bei einigen Reed-Relais (wegen der integrierten Schutzdiode der Spule) der „Steuerkreis" auch polaritätsgerecht angeschlossen werden muß. Da wäre also der Anschluß des Steuerkreises bei einem elektronischen Lastrelais völlig identisch mit dem Anschluß eines solchen Reed-Relais.

Da bleibt nur noch ein einziger Unterschied übrig: der Schaltkreis muß bei einem elektronischen Gleichstrom-Lastrelais polaritätsgerecht angeschlossen werden. Schließt man die Polarität verkehrt an, verhält er sich als ein „geschlossener Kontakt" – weil ja die Schutzdiode in dem Fall leitet und der falsch angeschlossene Verbraucher steht somit an.

Nun können wir uns die nächste Schaltung (Abb. 8.21b) ansehen: sie stellt die Prinzipschaltung eines elektronischen Weschselstrom-Lastrelais dar. Der Steuerkreis ist hier völlig identisch mit dem des Gleichstrom-Lastrelais. Auch der Fototransistor ist derselbe bzw. kann derselbe sein. Nur das darauffolgende „Kästchen" trägt hier die Bezeichnung „Nullspannungs-Schalter". Was man sich unter diesem Begriff konkret vorstellen sollte, heben wir uns vorläufig noch auf. Nicht jedes Wechselstrom-Lastrelais hat einen integrierten Nullspannungs-Schalter. Manche haben auch nur einen Verstärker, wie ein Gleichstrom-Lastrelais – und auch seine Aufgabe ist die gleiche. Nur mit dem Unterschied, daß er nicht einen „normal aussehenden" Transistor, sondern einen „Triac" steuert. Mit Triacs befaßt sich tiefgehender Kap. 13.3. Daher müssen wir an dieser Stelle auf seine Talente nicht näher eingehen. Es genügt ja zu wissen, daß er in diesem Relais eine ähnliche Funktion hat, wie der Schalttransistor bei dem vorhergehenden Gleichstrom-Relais.

Das Entstör-RC-Glied am Lastkreis dürfte man inzwischen als einen „alten Bekannten" einstufen, dessen Funktion uns prinzipiell deutlich ist. Hier soll es Störungen auffangen, die beim Steuern und Schalten intern im Relais entstehen.

Da beim Wechselstrom der Begriff „Polarität" nicht existiert, ist es egal, wie der „Verbraucher" an die Anschlußklemmen Nr. 1 und 2 angeschlossen wird. Man kann sie hier demzufolge ähnlich wie einen mechanischen Schaltkontakt betrachten.

In der Elektronik wimmelt es nur so von Erfindern und Tüftlern, denen laufend etwas Neues einfällt. Davon ist auch die Vielfalt der elektronischen Lastrelais betroffen. So gibt es z.B. Lastrelais, in denen (nach Abb. 8.21c) an dem Steuerkreis-Eingang (der bei diesem Relais auch als „Sensorkreis" bezeichnet wird) ein Gleichrichter untergebracht ist. Derartige Relais können daher mit Wechselstrom gesteuert werden.

Der in Abb. 8.21a und b eingezeichnete Vorwiderstand R im Steuerkreis der LED ist nicht in allen elektronischen Lastrelais automatisch vorhanden.

Oft besteht die „Senderseite" des Steuerkreises nur aus einer völlig einsamen LED, wie in Abb. 8.21d eingezeichnet ist. Das kann besonders dann von Vorteil sein, wenn so ein Relais mit einer sehr niedrigen Spannung gesteuert werden soll, die eigentlich keinen Vorwiderstand bzw. nur einen sehr niedrigen Vorwiderstand braucht. Hier muß der Anwender selber den optimalen Wert des Vorwiderstandes bestimmen. Er braucht sich dabei nur an dem in technischen Daten angegebenen Steuerstrom der Led orientieren.

Diese können beispielsweise folgendermaßen aussehen:

Bezeichnung: SOLID STATE RELAIS
A) Typ: S 201 SO 1
    LED-Strom: 15 mA
    Schaltstrom: 1,5 A
    Schaltspannung: 250 V AC

B) Typ: S 202 SE 2
    LED-Strom: 8 mA
    Schaltstrom: 8 A
    Schaltspannung: 250 V AC
    * Mit integriertem Nullspannungsschalter

C) Typ: S 202 S 12 .
    LED-Strom: 8 mA
    Schaltstrom: 8 A
    Schaltspannung: 250 V AC
    * Mit integriertem Nullspannungsschalter und RC-Glied

Bei diesen Relais beträgt laut technischen Daten der LED-Strom bei der ersten Type 15 mA, bei den anderen zwei Typen 8 mA.

Wenn wir den optimalen Wert des unvermeidbaren LED-Vorwiderstandes bestimmen wollen, geht in diesem Fall Rechnen vor Probieren. Wir erleichtern uns die Erklärung mit Hilfe von zwei Beispielen:

Beispiel A:

Die LED soll an eine 12 V-Steuerspannung angeschlossen werden und ihr Strom muß laut technischen Daten 15 mA betragen. 15 mA sind 0,015 A. Nachdem uns inzwischen bekannten Ohmschen Gesetz errechnet sich annähernd der Vorwiderstand wie folgt:

12 Volt : 0,015 Ampere = 800 Ohm

Wieso nun nur „annähernd"? Das hat einen ganz einfachen Grund: die LED selber benötigt ja auch eine Spannung, die an ihr sozusagen verloren geht. Wir wissen jedoch nicht genau, wie groß diese Spannung ist (soweit es nicht in den technischen Daten des Relais steht). Rein theoretisch dürfte sich diese Spannung zwischen etwa 1,6 und 3,2 V bewegen. Der Vorwiderstand müßte demzufolge nicht für die ganzen 12 Volt der Steuerspannung berechnet werden, sondern nur für „12 Volt minus 1,6 Volt" oder für „12 Volt minus 3,2 Volt" – oder für „etwas dazwischen".

Mit so einer Ausgangsposition läßt sich nicht allzuviel anfangen, soweit nicht genauer bekannt ist, welche Spannung die LED wirklich benötigt, um den angegebenen Strom von 15 mA beziehen zu können.

Zwei Tatsachen sind aber klar:

a) einen größeren Vorwiderstand als die 800 Ohm wird die LED mit Sicherheit nicht brauchen.

b) wir können in diesem Fall nur durch Messen des LED-Stromes feststellen, welchen Vorwiderstand sie gerne haben möchte.

Schwer wird uns ja das Messen nicht mehr fallen. Da wir errrechnet haben, daß der Vorwiderstand maximal ca. 800 Ohm haben dürfte, können wir nach *Abb. 8.22* an den „Steuereingang" des Relais über einen 1 k-Einstellpotentiometer und einen auf ca. 100 mA eingestellten Multimeter (A) die vorgesehene 12 V-Steuerspannung – wie eingezeichnet – anschließen.

WICHTIG: Der Schleifer des Einstellpotentiometers muß unbedingt am Anfang des Messens gegen die richtige Potentiometer-Seite (auf maximalen Widerstand) herausgedreht werden – natürlich noch bevor die 12 V-Spannung angelegt wird; andernfalls könnte die LED gekillt werden. Mit Sicherheit dann, wenn der Potentiometer zu niedrig eingestellt wäre und die LED bekäme somit eine zu hohe Spannung bzw. die volle 12 V-Spannung (wer sich da nicht ganz sicher ist, der sollte z.B: in Serie mit dem Einstellpotentiometer noch einen zusätzlichen Widerstand von ca. 680 Ohm anschließen).

Weshalb gerade 680 Ohm? Falls die LED nur eine Spannung von 1,6 V benötigt, um einen Strom von den vorgegebenen 15 mA zu erreichen, müßte an dem Vorwiderstand eine Restspannung von 10,4 V „verbraten" werden. Fast im wahrsten Sinne des Wortes (allerdings wird die Verlustspannung nur ziemlich „sanft" in Wärme umgewandelt, denn wie wir wissen, auf eine andere Weise kann sie der Widerstand nicht loswerden).

Aus der „Restspannung" von 10,4 V ergibt sich bei einem Strom von den angegebenen 0,015 A ein Widerstand von 693 Ohm (10,4 V : 0,015 A = 693 Ohm). In der Standardreihe liegt am nähesten der 680-Ohm-Widerstand.

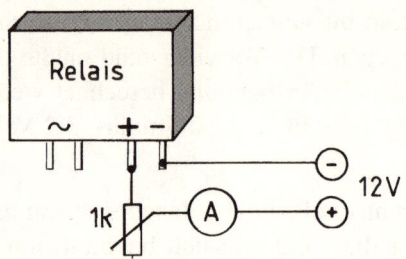

Abb. 8.22: Wenn festgestellt werden soll, wie groß der benötigte Vorwiderstand für die LED des Relais-Steuerkreises sein muß, läßt es sich am schnellsten probeweise mit Hilfe eines Einstellpotentiometers (1k) und eines Amperemeters A bewerkstelligen (als Amperemeter wird in den meisten Fällen der Multimeter eingesetzt).

In diesem Fall wäre ein zusätzlicher 1 k-Einstellpotentiometer nicht mehr notwendig, weil der LED möglicherweise schon der 680-Ohm-Widerstand noch zu groß sein könnte. Das heißt, daß sie z.B. nur einen Strom von maximal 12 mA abnimmt. In dem Fall muß evtl. der nächst niedrigere 560-Ohm-Widerstand anstelle des vorhergehenden eingelötet werden (oder ein 470 Ohm Widerstand mit einem ca. 500 Ohm Einstellpotentiometer in Serie).

Danach kann man langsam und vorsichtig den Ohmschen Wert des Potentiometers solange (durch Drehen) verringern, bis der Multimeter den angegebenen Steuerstrom anzeigt. Nun kann der am Einstellpotentiometer – oder an dem „Duo" Potentiometer & Serienwiderstand – eingestellte Ohmsche Wert nachgemessen und notiert werden. Derselbe Vorwiderstand müßte (in etwa) an den Ausgang der Steuerschaltung kommen.

Auf die „Schnelle" kann natürlich so ein „Check" auch nur mit einigen Einzelwiderständen (Kohlewiderständen) stattfinden. Erst lötet man (oder hält man) anstelle des Potentiometers z.B. kurz einen 2k2 oder 1 k Widerstand in Serie; wenn der Multimeter nur einen Strom von ca. 1 mA anzeigt, kann der folgende Widerstand z.B. bei 470 Ohm liegen, der nächste bei 220 Ohm usw. Irgendwann „landet" man – abhängig von der Höhe der Steuerspannung – bei einem optimalen Vorwiderstand.

Sollte dieser nur noch einige Ohm betragen, weist es darauf hin, daß die LED im Relais bereits einen Vorwiderstand hat und daß ein zusätzlicher Vorwiderstand nicht mehr notwendig ist – was sich ja auch wieder leicht nachmessen läßt (wenn nun die volle Steuerspannung angeschlossen wird, dürfte die Stromabnahme des Relais den vorgegebenen Steuerstrom nicht überschreiten). Andernfalls muß doch ein kleiner zusätzlicher Vorwiderstand an den Steuereingang des Relais kommen.

Beispiel B:

Die LED soll an eine 10 V-Steuerspannung angeschlossen werden und ihr Strom muß laut technischen Daten 8 mA betragen. 8 mA sind 0,008 A. Wir wissen bereits aus dem vorhergehenden Beispiel, daß an der LED eine Spannung von mindestens 1,6 V verloren geht. Da können wir für die Berechnung des Vorwiderstandes einfachheitshalber gleich nur mit der Restspannung von ca. 8,4 Volt rechnen:

$$8,4 \text{ Volt} : 0,008 \text{ Ampere} = 1050 \text{ Ohm}$$

Das trifft sich gut, denn hier könnten wir z.B. zu dem Einstellpotentiometer nach Abb. 8.22 noch einen Serienwiderstand von ca. 100 Ohm anschließen.

Diese zwei Beispiele sind ziemlich repräsentativ für die an sich wichtigsten Schritte, die bei der Anwendung eines einigermaßen „normalen" elektronischen Lastrelais fällig sind.

Bei elektromagnetischen Relais muß man (oder sollte man) ja den „Steuerstrom" aus der verwendeten Spannung und den Spulenwiderstand meistens auch selber ausrechnen (als Spannung in Volt geteilt durch den Spulenwiderstand in Ohm). Um ein wenig Rechenübungen kommt man also weder in dem einen noch in dem anderen Fall herum.

Nicht immer wird in den – manchmal nur kurzen – technischen Daten erwähnt, ob die im Relaisgehäuse untergebrachte LED bereits einen Vorwiderstand hat oder nicht. Man kann jedoch an der Höhe der angegebenen Steuerspannung sehen, ob im Relais bereits ein Vorwiderstand in Serie mit der LED integriert ist oder nicht.

Nehmen wir uns nun noch ein Beispiel von den technischen Daten eines elektronischen „Gleichstrom-Lastrelais" vor, bei dem die Steuerdaten nicht nur als „LED Strom", sondern als „Steuerspannung" und „Steuerstrom" angegeben werden:

Steuerspannung: 5 bis 25 V
Steuerstrom: 10 mA
Schaltspannung: 5 bis 35 V
Schaltstrom: max. 4 A
Abmessungen 35 x 15 x 8 mm

Die angegebene Steuerspannung von 5 bis 25 V weist hier eindeutig darauf hin, daß die LED wohl einen Vorwiderstand hat. Andernfalls wäre in den technischen Daten erstens nicht eine Steuerspannung angegeben, sondern ein LED-

Strom, und zweitens würde eine normale (einzige) LED einem derartig breiten Spannungsbereich kaum standhalten können.

Die Begriffe „Schaltspannung" und „Schaltstrom" weisen hier – genau so, wie bei den elektromagnetischen Relais bzw. Reed-Relais – auf die maximale Belastbarkeit des „Schalters" hin. Mit zwei Unterschieden:

a) bei elektronischen Relais ist darauf zu achten, ob sie für das Schalten von Gleichspannung oder von Wechselspannung konzipiert sind.

b) Die Schaltspannung hat hier nicht nur eine Obergrenze, sondern auch eine untere Grenze, die geschaltet werden darf bzw. kann. Dies ist auf das „Innenleben" des Relais zurückzuführen und muß mitberücksichtigt werden (es gibt ja auch elektronische Lastrelais, bei denen die Schaltspannungs-Untergrenze z.B. erst bei 8 Volt anfängt; so ein Relais kann daher nicht zum Schalten von Spannungen verwendet werden, die unterhalb von dieser Spannungsebene liegen).

Relais, die für das Schalten von Wechselspannung bestimmt sind (worunter auch für die 230 V-Netzspannung), werden – wie bereits in Zusammenhang mit dem Schaltbeispiel in Abb. 8.21b angesprochen wurde – überwiegend als „Nullspannungs-Schalter" ausgelegt. Es ist wichtig darauf zu achten, daß diese Angabe auch in den technischen Daten aufgeführt ist – evtl. als ein Hinweis darauf, daß das Relais über einen integrierten Nullspannungsschalter verfügt.

Der Trick eines derartigen Schaltens liegt darin, daß der elektronische Schalter gerade in dem Moment schaltet, in dem die Wechselspannung keine Spannung (also Null-Spannung) hat.

Was darunter zu verstehen ist zeigt Abb. 8.23. Wir haben bereits im 4. Kapitel erklärt, daß eine Wechselspannung 100 mal pro Sekunde wellenförmig zwischen einem Spannungsmaximum und einer Nullspannung wechselt (womit sowohl die positiven als auch die negativen Halbwellen als Spannungsmaxima zu verstehen sind).

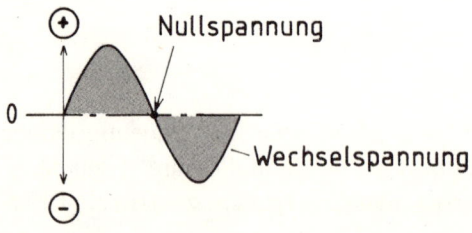

Abb. 8.23: Prinzip der Nullspannungs-Schaltung: der ganze „Trick" besteht nur darin, daß ein elektronisches Relais haargenau in dem Moment schalten muß, in dem die Wechselspannung die horizontale Achse durchquert (und dabei eine Nullspannung hat).

Wenn man es fertigbringt, einen beliebigen Verbraucher gerade zu dem Zeitpunkt zu schalten, wenn die Wechselspannung bei Null gelandet ist, schaltet man de facto einen völlig unbelasteten Schaltkreis ein. Ein Mensch würde so etwas nicht schaffen (dazu reagiert er zu träge), aber für einen entsprechend ausgetüftelten elektronischen Schalter ist es fast ein Kinderspiel.

Wird ein unbelasteter Schaltkreis geschaltet, entstehen beim Schalten keine so abrupten Leistungsstöße, wie bei voller Belastung. Man kann sich so einen Vorteil etwas greifbarer bei z.B. einem elektromechanischen Relais vorstellen: wenn es da gelingen würde, daß bei der Schaltung von Wechselspannung auch nur exakt bei dem „Null-Durchgang" geschaltet werden könnte, würden die Relaiskontakte nicht Funken bilden. Für derartige „Späßchen" ist jedoch die Elektromechanik zu träge. Oder zumindest „noch zu träge"...

Strikt genommen kann das Schalten bei einer ausgesprochenen Nullspannung auch auf dem elektronischen Wege nicht so ganz präzise stattfinden. Die echte Nullspannung dauert ja derartig kurz, daß sich eigentlich von einer „Dauer" im physikalischen Sinn gar nicht sprechen läßt. Sie ist zwar vorhanden, sie ist sogar graphisch darstellbar und mit unseren Sinnen auch gut vorstellbar. Es handelt sich jedoch um einen blitzschnellen dynamischen Vorgang der eigentlich im physikalischen Sinne „gar nicht dauert". Es wird also genau genommen elektronisch nur „in der Nähe" der Nullspannung geschaltet, denn man kann nicht mit einer Revolverkugel einem Floh das Auge herausschießen. Somit entsteht auch bei einem derartig präzisen Schaltvorgang immer noch ein gewisser Spannungsstoß, der bei größeren (oder induktiven) Lasten Störungen zufolge haben kann, die ins elektrische Netz übertragen werden können. Aus diesem Grund ist in so manchem Lastrelais parallel zum Lastkreisanschluß als Entstörung noch ein RC-Glied untergebracht, wie auch in Abb. 8.21b eingezeichnet wurde.

Falls auch diese Vorsorgemaßnahme nicht ausreicht, kann immer noch ein zusätzlicher spezieller handelsüblicher Entstörfilter in die Zuleitung zum Relais angeschlossen werden.

Wie bei vielen anderen Bausteinen der Elektronik, gibt es auch bei den elektronischen Leistungsrelais kleine, große, dicke und dünne Relais, die sich meistens ziemlich universell für alle nur denkbaren Schaltaufgaben einsetzen lassen – soweit diese im Bereich der technischen Daten des einen oder des anderen Bausteines liegen.

Neben den elektronischen Gleichstrom- oder Wechselstrom-Lastrelais (die nach Abb. 8.21a bis c ausgelegt sind) gibt es auch noch diverse andere spezielle Lastrelais, die z.B. als „Eingabe/Ausgabe-Module für Computer und elektronische Steuerungen" erhältlich sind. Über so ein Eingabemodul können dann von einem beliebigen Verbaucher Daten in den PC eingegeben werden (es ist nur wichtig zu wissen, daß es überhaupt so etwas gibt; daß verhindert auch evtl. versehentliche Fehlanschaffungen).

Zwei kleine Schönheitsfehler haben alle elektronischen Lastrelais gemeinsam:

a) Im Gegensatz zu den mechanischen Kontakten eines elektromagnetischen Relais haben diese elektronischen Schalter einen gewissen Innenwiderstand. Das hat zur Folge, daß hier – ähnlich wie z.B. in einer Diode oder in einem Spannungsregler – eine gewisse Spannung verloren geht. Nicht immer, aber oft ist unter den technischen Daten eines elektronischen Relais ein Hinweis auf diesen Parameter zu finden: Entweder als „Spannungsdifferenz Eingang/Ausgang" (von z.B. 1,5 Volt) oder als „Innenwiderstand" (von z.B. 0,1 Ohm). Bei den meisten Anwendungen (vor allem beim Schalten von 230 V-Wechselspannung) ist jedoch dieser „Schönheitsfehler" völlig unbedeutend.

b) Sie verfügen normalerweise nur über einen einzigen Schaltkontakt (Ausnahme bilden z.B. elektronische Dreiphasen-Relais). Es gibt hier also keine „Reservekontakte", die als Haltekontakte angewendet werden können. Der „Steuerkreis" muß daher fähig sein, dem Relais während der Einschaltdauer kontinuierlich den benötigten Strom liefern zu können. Im einfachsten Fall läßt sich so etwas mit einem mechanischen Schalter (S) lösen, wie in *Abb. 8.24* rechts oben eingezeichnet ist. Wenn anstelle dieses Schalters nur ein Taster oder eine elektronische Schaltung angewendet wird, die nur kurze Schaltimpulse liefert, muß ein zusätzlicher Haltekontakt die Stromzufuhr für den Steuerkreis des Lastrelais sichern. In unserem Schaltbeispiel nach Abb. 8.24 wird zu diesem Zweck das uns bekannte IC 4066 verwendet, dessen Arbeitsweise bereits erklärt wurde.

Mindestens zwei von den 4 zur Verfügung stehenden elektronischen Schaltern (die im IC integriert sind) werden hier benötigt. Sobald Taster „EIN" betätigt wird, erhalten über den Widerstand R1 alle eingezeichneten elektronischen Schalter an ihren Steuereingängen einen positiven Spannungsimpuls und ihre Schaltkontakte schließen. Der Schalter H schaltet sich dabei über Widerstand R2 eine „eigene" Steuerspannung zu, und bleibt somit solange geschlossen, bis Taster „AUS" seinen Steuereingang gegen die Masse kurzschließt.

Da über den Haltekontakt H auch der Schalter S1 eingeschaltet gehalten wird, erhält die LED des Lastrelais über den 100-Ohm-Widerstand und den

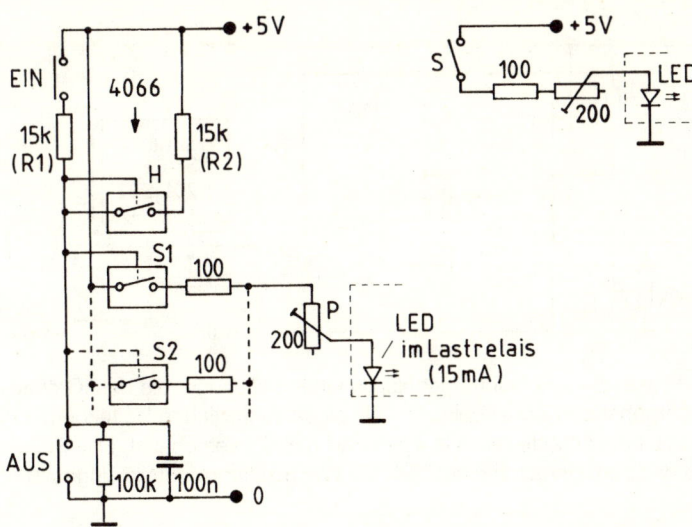

Abb. 8.24: Wie aus dem Funktionsprinzip – das rechts oben eingezeichnet ist – hervorgeht, erhält die im elektronischen Relais integrierte LED ihre Steuerspannung (+5 V) über den Schalter S, den 100 Ohm-Widerstand und den Einstellpotentiometer P. Im Schaltbeispiel links ist S1 des IC 4066 für die Stromversorgung der Lastrelais-LED zuständig. Wenn Taster „EIN" betätigt wird, erhalten alle Porten des ICs 4066 über den Widerstand R1 einen positiven Spannungsimpuls und schließen. Haltekontakt H schaltet sich dabei über R2 eine „eigene" Spannungsversorgung zu und bleibt so auch dann geschlossen, wenn Taster „EIN" losgelassen wird. Über den Haltekontakt H wird automatisch auch der Schalter S1 (und – soweit vorhanden – auch S2) solange geschlossen gehalten, bis Taste „AUS" die positive Steuerspannung (die über R2 bezogen wird) gegen die Masse kurzschließt. Bedarfsbezogen kann parallel zu S1 auch noch ein zweiter elektronischer Schalter S2 (wie gestrichelt eingezeichnet) angeschlossen werden (siehe auch Text).

Potentiometer P die benötigte Steuerspannung. Dies so lange, bis der bereits angesprochene Taster „AUS" betätigt wird.

In diesem Schaltbeispiel ist auch noch ein weiterer elektronischer Schalter S2 eingezeichnet (parallel zum S1). Das hat folgenden Grund: Wie bereits bekannt, kann das IC 4066 pro Schalter nur einen Strom von max. 20 mA verkraften. Der Strom der 15 mA-LED (im Lastrelais) bildet für ihn bereits eine ziemliche Belastung, die man ihm nicht unbedingt zumuten sollte, wenn andere Schalter im IC ohnehin noch zur Verfügung stehen. Schalter S2 wird in diesem Fall die Hälfte der 15 mA übernehmen (weil der elektrische „Durchgangswiderstand" der einzelnen Schalter nur sehr geringfügige Abweichungen aufweist). Die eingezeichneten 100-Ohm-Vorwiderstände tragen zu einer Aus-

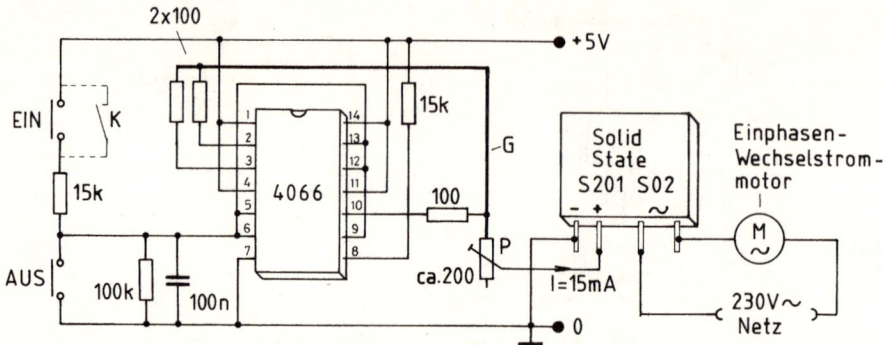

Abb. 8.25: Praktisches Ausführungsbeispiel einer Schaltung, die das IC 4066 – ähnlich wie im vorhergehenden Schaltbeispiel – als einen zusätzlichen Haltekontakt nutzt; Die restlichen 3 Schaltkontakte des ICs 4066 sind parallel verschaltet. Das Solid-State-Relais wird hier zum Schalten eines 230 VB-Wechselstrommotors eingesetzt.

gewogenheit der Lastverteilung bei. Das IC 4066 wärmt sich somit wesentlich weniger auf, als wenn nur eine Port (also nur der S1 alleine) den Strom längere Zeit an die LED liefern muß.

Berechtigt wäre hier nun die Frage, was mit dem vierten unbenutzten Port des ICs 4066 geschehen soll. Es spricht nichts dagegen, daß es noch parallel zum S2 (wie gestrichelt angedeutet) zugeschaltet wird. Das entlastet das IC noch mehr. Diese Lösung wird im Schaltbeispiel nach Abb. 8.25 angewendet. Hier wurde das IC 4066 „in natura" zeichnerisch dargestellt. Für den Nachbau ist diese Art des Zeichnens günstiger, aber es läßt sich hier schwieriger nachvollziehen, wohin die eine oder andere Verbindung genau führt (was allerdings wiederum der Abb. 8.24 zu entnehmen ist, da es sich um identische Schaltpläne handelt).

8.6 Einige nützliche Schaltbeispiele mit Relais.

Ähnlich wie bei den elektromagnetischen Relais, können auch hier alle nur denkbaren elektronischen Schaltungen mit einem elektronischen Lastrelais kombiniert werden, wenn man größere Leistungen bzw. Netzspannungs-Verbraucher schalten oder steuern möchte.

Abb. 8.26 zeigt als Beispiel eine nachbausichere Schaltung einer Alarmanlage mit dem Timer-IC 555, der während einer einstellbaren Zeitdauer die Steuerspannung für das elektronische „Solid-State-Relais" liefert. Anstelle der eingezeichneten Alarmkontakte können beliebige elektronische Kontakte oder Schaltimpulse angewendet werden. Bedarfsbezogen kann auch anstelle der Alarmbeleuchtung ein völlig anderer Verbraucher geschaltet werden.

Wer mit der Elektronik steuert und regelt, der steht gelegentlich vor dem Problem, daß eine Aufgabenlösung einen „Drehstrommotor" voraussetzt. Ein Drehstrommotor benötigt alle drei Phasen der Stromversorgung (400 Volt) und die Stromzufuhr läßt sich hier verständlicherweise nicht mehr mit einem einzigen Schaltkontakt bewältigen (siehe auch Kap. 9.1). Das ist an sich kein Problem, denn es gibt ja auch genügend Relais, die zu diesem Zweck mit einem „Kontakten-Trio" ausgelegt sind. Auch bei derartigen Vorhaben hat man die Wahl zwischen einem elektromagnetischen oder einem elektronischen Relais .

Wie bei allen Schaltaufgaben dieser Art, muß auch hier bei der Wahl eines Relais auf die zulässige Schaltleistung und Schaltspannung geachtet werden. Bei der Berechnung der Schaltleistung muß berücksichtigt werden, daß der

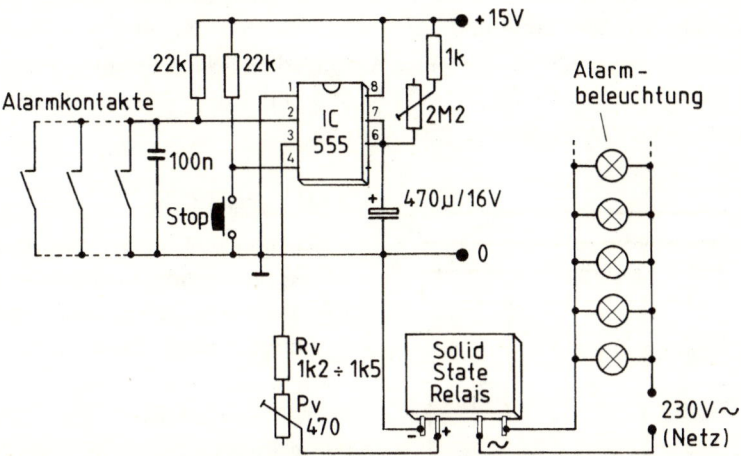

Abb. 8.26: Oft ist es erwünscht, daß ein Einschalt-Impuls das elektronische Relais nur für eine vorgegebene (kürzere) Zeitdauer einschaltet. Am meisten kommt diese Betriebsart bei Alarmanlagen vor. In diesem Schaltbeispiel erhält das IC 555 von beliebigen Alarmkontakten einen Schaltimpuls, der eine positive Spannung am IC-Ausgang Nr. 3 auslöst. Diese Spannung wird als „Versorgungsspannung" des Steuerkreises eines Solid-State-Relais angewendet. Das IC 555 arbeitet als Timer, dessen Einschaltdauer (von bis zu 50 Minuten) mit dem Einstellpotentiometer „2M2" eingestellt wird. Zu den Lampen der Alarmbeleuchtung kann z.B. parallel auch eine 230 V-Sirene angeschlossen werden – insofern nicht ein völlig anderer Verbraucher auf diese Weise betrieben wird (wie z.B. ein Pumpenmotor).

Stromstoß beim Einschalten einer Glühlampe bis zu 11 mal größer ist, als der leistungsbezogene offizielle Nennstrom. Eine 100 W-Glühbirne verhält sich demnach beim Einschalten wie ein 1000 W- bis 1100 W-Verbraucher. Auch Elektromotoren oder andere induktive Lasten – wie z.B. Transformatoren elektronischer Geräte – nehmen beim Anlauf bzw. beim Einschalten einen Spitzenstrom auf, der ca. 7 bis 10 mal höher liegt, als der offizielle Nennstrom. Die Dauer solcher Spitzenaufnahmen ist sehr kurz, aber der Schaltkontakt wird mit diesen Strom- und Leistungswerten dennoch konfrontiert. Man braucht zwar aus diesem Grund die Schaltkontakte nicht unbedingt auf das elffache der Nennleistung bzw. des Nennstromes zu dimensionieren (obwohl es ideal wäre), aber das fünf- bis sechsfache der Verbraucher-Nennwerte sollte angestrebt werden. Andernfalls gehen elektronische Schalter gleich kaputt und mechanische Schaltkontakte werden eine zu kurze Lebensdauer aufweisen. Hier spielen natürlich eine sehr wichtige Rolle auch die Maßstäbe des einen oder anderen Herstellers. Normalerweise geben ja die Hersteller in ihren technischen Daten nicht ausgesprochen Grenzwerte an, bei deren Überschreitung der Baustein vernichtet wird. Zudem wird bei vielen Schaltkontakten sowohl eine maximale Schaltleistung und kurzfristige Höchstbelastung, wie auch eine Dauerbelastung (als „Arbeitsbelastung") angegeben. Nach diesen Daten sollte man sich bei der Dimensionierung richten (was allerdings bei einem Relais für 3 Mark nicht unbedingt notwendig sein muß).

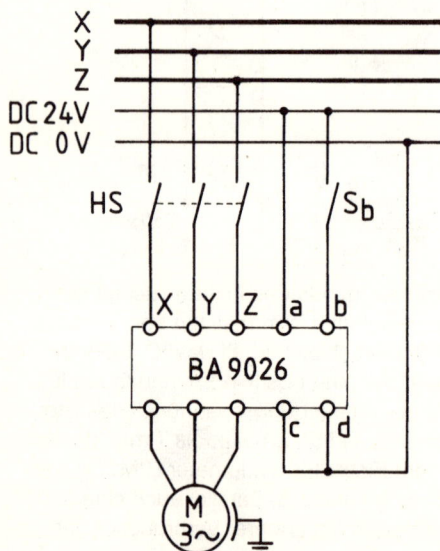

Abb. 8.27: Unter den modernen elektronischen Relais gibt es auch solche, die einen Sanftanlauf eines Elektromotors bewerkstelligen bzw. (typenbezogen) zusätzlich auch noch einen Sanftauslauf ermöglichen – wie es auch bei dem hier aufgeführten „Sanftanlaufgerät BA 9026" der Fall ist. Sb ist hier der eigentliche Bedienungsschalter des Elektromotors; Hauptschalter HS muß auch während der Anlauf- und Auslaufphasen eingeschaltet und mit Sicherungen geschützt sein (Hersteller Fa. Dold, Anbieter RS Components)

9 Fernbedienungen und drahtlose Verbindungen im Wohnbereich

Was wir zu Beginn des vorhergehenden Kapitels über das Schalten, Steuern und Regeln gebracht haben, gilt auch für diese etwas „gehobenere" Stufe von derartigen Aufgabenbewältigungen.

Ferngesteuerte Geräte, Systeme und Funktionen setzen sich immer mehr durch, werden immer preiswerter, immer zuverlässiger und gehören zu den Dingen, die uns das Leben erleichtern können oder die einfach Spaß machen. Oft handelt es sich dabei um sympathisch kleine und sympathisch preiswerte Bausteine, die sich modular wie die Bausteine eines Spielzeug-Baukastens zusammensetzen lassen.

Es dauert jedoch manchmal lange, ehe allgemein bekannt wird, was es alles auf diesem Gebiet gibt, und wo das Nützliche solcher Vorrichtungen zu suchen ist. Anfangs war ja sogar der Nutzen einer Fernbedienung für den Fernseher sehr in Frage gestellt. Inzwischen wäre ein Fernseher ohne Fernbedienung unverkäuflich (tragbare Kleingeräte ausgenommen).

Wir werden Sie in diesem Kapitel darüber informieren, was es auf diesem Gebiet u.a. für private Anwender alles gibt und was sich damit anfangen läßt.

9.1 Praktische Einsatzmöglichkeiten von Fernbedienungen

In sehr vielen Familien liegen bereits mehrere Fernbedienungen herum, die einfach mit den Fernsehern, Videorekordern, HiFi-Anlagen und Satelliten-Receivern in's Haus kamen. Wer von dem ständigen Suchen nach dem passenden Kästchen die Nase voll hat, legt sich irgendwann eine universelle Fernbedienung zu. Sie hat vor allem den Vorteil, daß sie meistens ziemlich groß ist und daher beim Suchen (was sich damit selbstverständlich nicht erübrigt) leichter auffindbar ist.

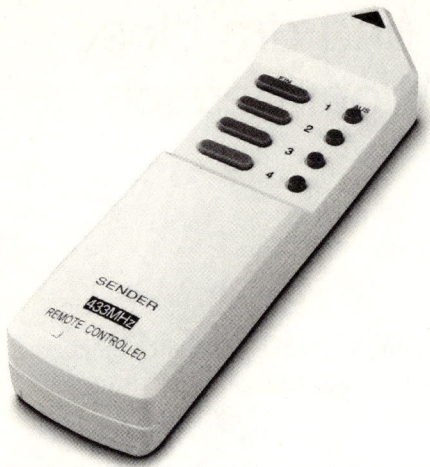

Abb. 9.1: Das drahtlose Funk-Fernbedienungsset WAVESWITCH 101 (Anbieter Conrad Electronic) ermöglicht das Schalten von diversen elektrischen Geräten, die für 230 V-Wechselspannung ausgelegt sind – wie z.B. Lampen, Ventilatoren, Unterhaltungselektronik usw. Die Reichweite beträgt hier 30 m, der „Steckdosen-Empfänger" kann Verbraucher bis zu 3.500 Watt/ 16 A schalten. Dieses sehr preiswerte „Einsteigerset" kann mit weiteren Empfängern und Sendern nachgerüstet werden.

Unter normalen Umständen könnte man meinen, daß in der Hinsicht die Strapazierfähigkeit des Menschen ausgeschöpft sein könnte. Dazu gibt es aber keinen Grund. Im Gegenteil: Je mehr die Elektronik in unsere Wohnbereiche eindringt, um so dringender wird der Bedarf danach, daß sich die Bedienung aller Geräte so einfach wie nur möglich gestaltet.

Seit einiger Zeit sind Presseberichte „IN", in denen behauptet wird, daß der Standby-Stromverbrauch eine direkt obszöne Energieverschwendung darstellt. Es gibt sogar auch solche „Berichterstatter" die einfach behaupten, daß der Energieverbrauch eines Durchschnittshaushaltes nur durch die eingeschalteten Standbys (der fernbedienten Geräte) bis um die 150 Mark pro Jahr mehr ausmacht. Einige der Berichte machen einfachheitshalber aus der Formulierung „bis um die" nur ein „um die". Das verunsichert einen „Branchen-Outsider" enorm.

Mit den 150 Mark pro Jahr für Stromkosten der Standby-Geräte dürfte es bestenfalls bei einem etwas großzügiger angelegten Harem stimmen. Anderseits sehen es viele Hersteller von elektronischen Geräten mit dem Standby-Verbrauch nicht allzu eng. Genau genommen kümmern sie sich äußerst wenig darum, was das Ganze an Energie frißt. Billig muß es sich herstellen lassen! Zumindest dann, wenn es sich um ein netzgespeistes Gerät handelt, denn da hat ja der normale Verbraucher keine direkte Kontrolle über den wirklichen Stromverbrauch (bei Batteriegeräten ist es natürlich anders; da muß man als Hersteller schon etwas mehr darauf achten, daß der Stromverbrauch möglichst niedrig ist; ansonsten ist die Ware nicht konkurrenzfähig).

Nun zu der Realität: Auch sehr viele Markenartikel gehobener Preisklassen haben immer noch einen unnötig hohen Stromverbrauch im Standby-Betrieb. In Zusammenhang mit diesem Kapitel wurde der „tatsächliche" Standby-Verbrauch u.a. an vielen deutschen Markenartikeln (worunter auch an großen und teuren Fernsehgeräten, HiFi-Geräten, Videorekordern usw.) gemessen. Diese Messungen haben einen durchschnittlichen Stromverbrauch um die 0,0069 A pro Gerät ergeben.

Mit Nachdruck ist darauf hinzuweisen, daß man bei solchen Messungen keinesfalls die Ergebnisse als eine universell geltende Pauschale betrachten darf, die bei jedem Gerät zutrifft. Es hat jedoch etwas mit der Gewissenhaftigkeit und mit dem Verantwortungsbewußtsein eines Verfassers zu tun, wenn er auch auf diesem Gebiet recherchiert, bevor er seinem Leser eine Information präsentiert.

Bei diesen stichprobenartigen Recherchen fielen keine Geräte zu auffallend „aus der Reihe". Daraus ergibt sich, daß pro Standby ein Durchschnittsverbrauch von ca. 1,6 Watt anfällt. Multipliziert mit 24 Stunden sind es 38,4 Wh (Wattstunden pro Tag. Multipliziert mit 100 Tagen ergibt der Verbrauch „stolze" 3,84 kWh. Umgerechnet auf 365 Tage (die ja angeblich ein „normales" Jahr haben sollte) ergeben sich daraus 14 kWh an Stromverbrauch pro Jahr.

Wenn man nun von 26,5 Pfennig pro kWh ausgeht – was nicht einheitlich, aber dennoch annähernd auf die ganze BRD zutrifft (bezogen auf 15% Mehrwertsteuer), würde ein Standby für maximal etwa DM 3,71 an elektrischer Energie pro Jahr verbrauchen. Allerdings verringert um die Zeitspanne, während der das Gerät „normal" betrieben wurde (was bei einem Fernseher um die hundert Stunden oder mehr pro Monat ausmachen dürfte).

Man kann also nicht seriös behaupten, daß es sich hier um einen ausgesprochen alarmierend hohen Energieverbrauch handelt. Anderseits kann heutzutage mit Hilfe moderner Elektronik (z.B. mit einem gut ausgetüftelten MOSFET-IC) der Energieverbrauch eines Standbys enorm reduziert werden.

Es gibt ja schon seit Jahren die allgemein bekannten ferngesteuerten Funkuhren-Empfänger, die mit einer Batterieleistung von ca. 1 Wattstunde pro Jahr problemlos über die Runden kommen. Bei dieser bescheidenen Leistungsaufnahme versorgen sie mit Steuerimpulsen laufend die eigentliche Uhr, empfangen und vergleichen jede Stunde die Normzeit, führen Korrekturen aus und bewegen evtl. sogar auch noch große Uhrenzeiger. Dazu benötigen sie z.B. nur eine einzige 1,5 V/1,15 Ah-Mignon-Batterie, die mit ihrer Leistung von bescheidenen ca. 1,7 Watt manchmal bis zu 2 Jahre lang mitgeht.

Dabei muß so eine Funkuhr bei diesem geringfügigen Stromverbrauch ein sehr schwaches Signal hunderte Kilometer (offiziell bis zu 1.500 km) weit empfangen und ausreichend verstärken können. Eine Haushalts-Fernbedienung hat es in der Hinsicht wesentlich leichter als so eine Funkuhr und dürfte daher bei dem heutigen Stand der Technik nicht einmal die 1 Wattstunde pro Jahr verbrauchen – statt der vorhin aufgeführten 14 kWh (14.000 Wattstunden).

Falls Sie den Stromverbrauch von einem auf Standby geschalteten Gerätes messen wollen, achten Sie bitte auf folgendes: Mit dem mA-Bereich eines Multimeters läßt sich so etwas bei den meisten Geräten nicht machen, weil beim „Erstellen der Netzverbindung" ein zu großer Stromstoß entsteht. Der Multimeter müßte da auf einen zu hohen Strombereich (von z.B. 2 A) eingeschaltet werden und bei dieser Einstellung läßt sich nicht der Standby-Strom ablesen. Andernfalls – wenn Sie den Multimeter z.B. nur auf einen 0,25 A Bereich umschalten – verkraftet der Multimeter nicht den Stromstoß und der eingestellte Meßbereich ist vernichtet (zumindest bei einfacheren Multimetern).

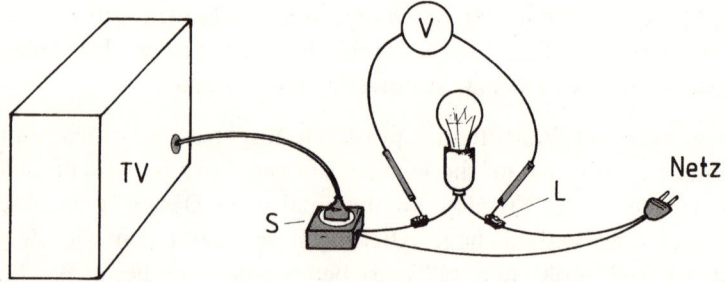

Abb. 9.2: Das Ermitteln des Stromverbrauchs der Standby-Schaltung eines Gerätes der Unterhaltungselektronik. Eine z.B. 100 Watt-Glühlampe kann hier als „Vorwiderstand" der Standby-Schaltung dienen, an dem die Verlustspannung mit einem Voltmeter ermittelt wird.

Viel leichter läßt sich eine solche Messung nach *Abb. 9.2* durchführen: hier wird nicht Strom, sondern Spannungsabfall auf einer 100 W-Glühbirne gemessen. Sie fungiert bei dieser Messung als ein Widerstand (wem z.B. ein 1 Ohm/1 Watt oder ein 2 Ohm/2 Watt-Widerstand zur Verfügung steht, kann man selbstverständlich statt der Glühbirne lieber den Widerstand einsetzen). Erfahrungsgemäß hat man jedoch eher eine solche Glühbirne, als einen derartig niedrigen Widerstand vorrätig.

Nachdem die abgebildete „Meßvorrichtung" eingeschaltet ist, springt das getestete Gerät in den Standby-Betrieb und nun kann an der Glühbirne der Spannungsabfall gemessen werden. Er wird bei den meisten Geräten in einem Bereich von ca. 0,2 und 0,5 V (Wechselspannung!) liegen und sollte möglichst genau ermittelt und notiert werden. Danach wird alles abgeschaltet und der Ohmsche Widerstand der Glühbirne wird noch festgestellt (= mit Hilfe eines Multimeters). Den Rest dieser „Ermittlung" erklären wir lieber gleich an einem konkreten Beispiel:

An der Glühbirne wurde beim Standby-Betrieb eine Spannung (ein Spannungsabfall) von 0,42 Volt gemessen. Nach dem Abschalten des Stromes (nachdem der Stecker aus der Steckdose herausgezogen wurde) hat man den Ohmschen Widerstand der Glühbirne gemessen. Dieser betrug 60,3 Ohm.

Daraus läßt sich nun leicht errechnen, welcher Strom durch die Glühbirne geflossen ist:

0,42 Volt : 60,3 Ohm = 0,00696 Ampere (aufgerundet 0,007 A)

Derselbe Strom mußte natürlich auch durch die Standby-Schaltung geflossen sein. Bei einer Netzspannung von 230 V ergibt sich daraus:

230 Volt x 0,007 A = 1,61 Watt

Das sind pro Stunde 1,61 Wh (Wattstunden), pro Tag (1,61 x 24) 38,64 Wh, in 100 Tagen 3,864 Wh (=3,864 kWh) und in 365 Tagen (pro Jahr) ergibt sich daraus ein Energieverbrauch von maximal 14,1 kWh. Von diesem Ergebnis müßte man nun die Einschalt-Zeitspannen abziehen, die bei dem einen oder anderen Gerät pro Jahr ungefähr anfallen.

Ein Elektroniker sollte über derartige „Hintergünde" im Bilde sein. Auch deshalb, weil er ja möglicherweise auch selber verschiedene Experimentierschaltungen erstellen oder Fertigbausteine kaufen wird, die einen Standby-Verbrauch haben werden. Er kann dann kompetenter vergleichen und Entscheidungen treffen. Und er kann noch folgendes tun: verlangen, daß die Hersteller und Anbieter von Geräten mit Standby-Betrieb den Standby-Verbrauch auch bei den technischen Daten angeben.

Vorläufig herrscht noch die Unsitte, daß dieser Verbrauch bei netzbetriebenen Geräten unter den technischen Daten meistens gar nicht auffindbar ist.

Dennoch wirken sich die meisten „Standby-Stromfresser" nicht als Schädlinge, sondern ganz eindeutig als „Nützlinge" auf den Energieverbrauch aus. Mit einer Fernbedienung schaltet man wesentlich schneller und bequemer einen Verbraucher aus, als wenn wir deshalb ständig nur herumlaufen müssen, um ja nicht eine Lampe unnötig leuchten zu lassen.

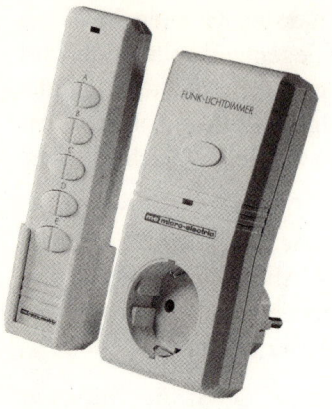

Abb. 9.3: Abb. Das Lichtdimmer-Grundset HOME CONTROL (Anbieter Conrad Electronic) besteht aus einer 5-Kanal-Funk-Fernbedienung und einem dimmbaren Steckdosen-Empfänger. Technische Daten: 230 V / 50 Hz, Kontaktbelastbarkeit für 12 V-Halogenlampen bis 100 W, 230 V-Glühlampen und Halogenlampen bis 300 W. 32 facher Systemkode individuell einstellbar. Dieses Grundset kann mit mehreren dimmbaren Steckdosen-Empfängern, wie auch mit dimmbaren Decken- und Wandlampenempfängern nach Abb. 9.4 nachgerüstet werden.

Zudem trägt es zur Lebensqualität enorm bei, wenn man verschiedene Geräte (oder ihre Funktionsarten) mit einer Fernbedienung schalten und umschalten kann. Beim Fernseher zumindestens klappt es hervorragend, aber die anderen „Randgeräte" setzen üblicherweise noch voraus, daß man sie „nahbedienend" betreuen muß. Hier kann sich eine Fernbedienung als eine „feine Sache" bewähren. Wo und wozu? Das muß nun jeder selber für sich ausmachen.Nehmen wir uns nun so ein funkgesteuertes Schalten vor. Ein 433 MHz-Funksender in der Form einer kleinen Hand-Fernbedienung (Abb. 9.1 und 9.3) kann eine größere Anzahl von elektrischen Verbrauchern schalten bzw. dimmen. Die „Empfänger" sind meistens entweder als Steckdosen-Aufsätze *(Abb. 9.3)* oder als Deckenlampen-Empfänger *(Abb. 9.4)* konzipiert.

Die Auswahl an verschiedensten Bausteinen ist groß und die Preise sind inzwischen sehr günstig geworden. Das Sympathische an diesen Bausteinen ist, daß keine aufwendigen Montagearbeiten anfallen. Die Steckdosen-Empfänger braucht man – ähnlich wie eine Steckdosen-Schaltuhr – in die Steckdose nur einzustecken und die ganze „Installation" ist damit fertig. Bei den Decken- und Wandleuchten-Empfängern muß zwar der Empfänger anstelle des bestehenden

Abb. 9.4: Dimmbarer HOME CONTROL-Funkempfänger für Decken und Wände, der für Baldachin-Lampenmontage konzipiert ist; seine Schaltleistung ist dieselbe, wie bei dem Steckdosen-Empfänger aus Abb. 9.3 (Conrad Electronic)

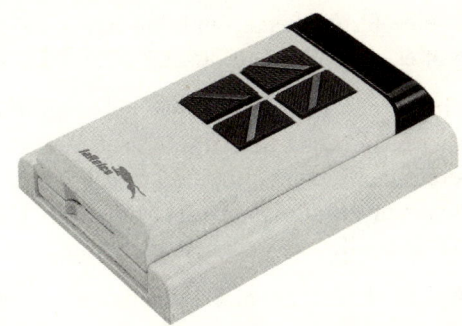

Abb. 9.5: Dieses Infrarot-Fernbedie-
nungssystem „Aladino Plus" bietet -
ähnlich wie diverse funkgesteuerte
Systeme – neben der Ein- und Aus-
schaltfunktion auch das ferngesteuerte Dimmen von Lampen (Conrad
Electronic)

Baldachins oben an die Decke (bzw. an die Wand) angebracht werden, aber der Arbeitsaufwand hält sich hier in Grenzen.

Funkgesteuerte Schalter gibt es mit verschiedenen Reichweiten. Bei den meisten handelsüblichen Geräten liegen sie etwa zwischen 30 und 150 m (typenabhängig).

Alternativ gibt es auch IR-Dimmer und Schalter, die entweder mit eigener kodierter Fernbedienung – wie der „Aladino Plus" aus *Abb. 9.5* – arbeiten, oder einfach nur auf den Lichtimpuls einer beliebigen bestehenden IR-Fernbedienung reagieren – wie z.B. der „Light Boy Dimmer FB" aus *Abb. 9.6*.

Neben diesen „All-Round" Sendern und Empfängern gibt es auch Spezialbausteine, die nur für vorgesehene Aufgaben ausgelegt sind. Zu den bekanntesten gehören hier ferngesteuerte Garagentor-Antriebe, Jalousiesteuerungen, Rolladen-Antriebe und verschiedenste Fensteröffner. Ein Elektroniker kann natürlich bei etwas Phantasie und handwerklicher Begabung fast jeden der handelsüblichen Funk- oder IR-Empfänger einfach überall dort anbringen oder einbauen, wo

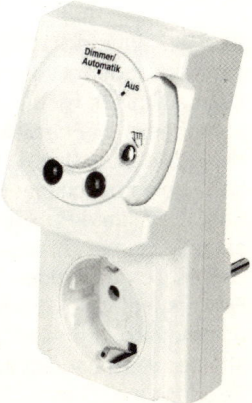

Abb. 9.6: Der „Light Boy Dimmer FB" bietet dieselben
Funktionen, wie der vorhergehende „Aladino Plus", aber
benötigt keinen eigenen Sender. Jede bereits vorhandene
IR-Fernbedienung, kann hier als Sender eingesetzt werden. Druck auf eine beliebige Taste schaltet das Licht ein
oder aus und wenn die Taste länger gedrückt wird, setzt
der Dimmvorgang ein (Conrad Electronic)

er eine fernbediente Funktion haben möchte. Derartige Sender und Empfänger gibt es ebenfalls als Bausätze (im Elektronik Fach- und Versandhandel).

Einige der gängigen Anwendungsmöglichkeiten wurden bereits aufgeführt, aber der Einsatz derartiger Fernbedienungen findet individuell noch viele weitere Spielflächen. Ein Elektroniker wird sich da noch von Fall zu Fall mit diversen zusätzlichen elektronischen Hilfsschaltungen behelfen müssen, um ein spezielleres Vorhaben auch maßgerecht zu gestalten.

Auf die Frage, ob nun eine funkgesteuerte oder eine IR-Fernbedienung besser ist, könnte man in etwa folgendermaßen antworten: funkgesteuerte Fernbedienungen haben ein größere Reichweite als die IR-Fernbedienungen und funk-tionieren zudem auch durch die Wände. Es kommt aber nur auf die Art der Anwendung an, ob das eine oder das andere System Vorrang bekommt. Wenn z.B. fernbedient zwei Stereo-Lautsprecherboxen wahlweise entweder an die HiFi-Anlage

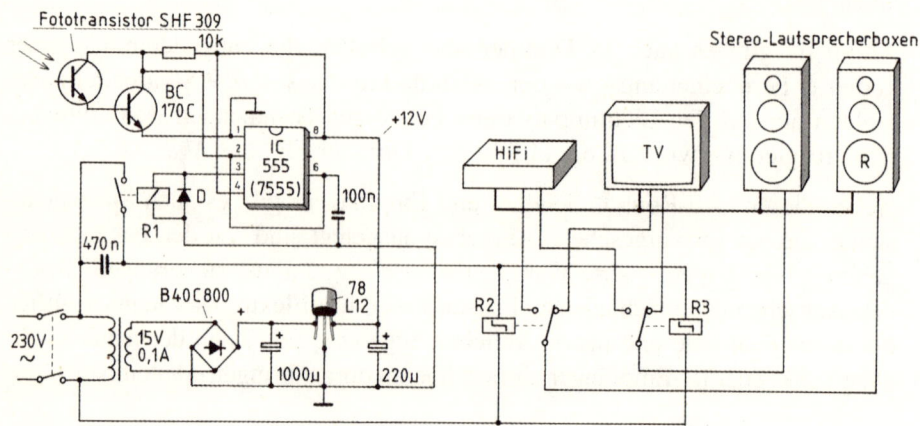

Abb. 9.7: Eine einfache Selbstbau-Infrarot-Fernbedienung, die auf einen kurzen Lichtimpuls mit dem Umschalten der Stromstoßschalter R2 und R3 reagiert. Als Sender kann – ähnlich, wie bei dem vorhergehenden „Light Boy Dimmer FB" – eine bereits vorhandene IR-Fernbedienung benutzt werden; Diode D = 1 N 4148. Der Widerstand der Relaisspule des R1 sollte überhalb von ca. 250 Ω liegen. Die Umschaltkontakte der Stromstoßschalter R2 und R3 schalten nur einen Pol der Lautsprecher-Zuleitungen; der andere Pol (der Massenanschluß der Verstärkerausgänge) kann als gemeinsame Masse durchverbunden werden. Man sollte sich jedoch vorher vergewissern, daß es sich bei beiden Verstärkerausgängen tatsächlich auch um die Masse handelt. Bemerkung: viele Stromstoßschalter verfügen nur über einen Schalt-, aber nicht automatisch über einen Umschaltkontakt. Bei den hier angewendeten Stromstoßschaltern handelt es sich um die Marke RAPA die Conrad Electronic unter der Bezeichnung „Einbau-Stromstoßschalter 6-10 A/250 V" führt.

oder an den Fernseher zugeschaltet werden sollen – was ja in demselben Raum stattfindet – genügt eine IR-Fernbedienung. Wenn dagegen „durch die Wand" geschaltet werden soll, ist eine funkgesteuerte Fernbedienung erforderlich.

Wir haben bereits im vorhergehenden Kapitel 8.3 (Abb. 8.16 und 8.17) zwei Selbstbau-Lichtschranken mit dem IC 555 (bzw. NE 555) beschrieben. Mit Hilfe einer ähnlichen Schaltung kann man sich im Eigenbau einen IR-fernbedienten elektronischen Schalter nach *Abb. 9.7* erstellen. Da wir hier „leserfreundlich" gleich auch das benötigte Netzteil eingezeichnet haben, sieht die Schaltung nach einem größeren Aufwand aus, als tatsächlich dahintersteckt. Es taucht hier zwar ein Fototransistor auf (über den wir etwas mehr im Kap. 13 erfahren können), aber ansonsten besteht die ganze Schaltung aus sehr wenigen Komponenten.

In diesem Fall dient die Schaltung zum Umschalten von zwei Lautsprecherboxen von der HiFi-Anlage an den Fernseher (in dem ja meistens nur sehr unzureichende Lautsprecher eingebaut sind). Dieses System kann natürlich auch für andere beliebige Schaltaufgaben benutzt werden, bei denen evtl. R3 wegfallen kann, wenn nur ein Gerät geschaltet werden soll.

Die hier aufgeführte Schaltung macht sich zwei spezielle (aber preiswerte) Stromstoßschalter (Fernschalter) zunutze, die über Umschaltkontakte verfügen. Das vereinfacht die Aufgabenlösung sehr.

Diese Schaltung arbeitet folgendermaßen: solange der links oben eingezeichnete Fototransistor (SHF 309 – oder eine ziemlich beliebige andere Type) nicht beleuchtet ist, erhalten die Eingänge des ICs NE 555 (oder ICM 7555) über den Widerstand 10 k eine positive Spannung. IC-Füßchen Nr. 3 steht auf „LOW" (hat keine Spannung). Wenn der Fototransistor beleuchtet wird, verbindet er (mit Hilfe seines Kumpels BC 170 C) die IC-Füßchen 2 und 6 mit der Masse und dadurch springt die Spannung am Füßchen 3 von „LOW" auf „HIGH" (von 0 V auf 12 V). Relais R1 bekommt Spannung, sein Arbeitskontakt schließt und damit bekommen Stromstoßschalter R2 und R3 einen „Stromstoß", der das Umschalten ihrer Kontakte – und somit der Boxen – bewirkt.

Zu der eigentlichen Schaltung des ICs NE 555: anstelle des Transistors BC 170 C können auch diverse andere NPN-Typen verwendet werden (BC 107 B, BC 108 C, BC 547C u.a). Kondensator 470 n, der parallel zum Schaltkontakt des Relais R1 angeschlossen ist, dient der Funkendämmung am Kontakt; Wenn der Abstand zwischen „Sender" und Empfänger klein ist, kann der Transistor BC 170 C entfallen. Der Emmi- ter des Fototransistors wird dann direkt an die Masse angeschlossen.

Der Fototransistor muß in einem kleinen Gehäuse so eingebaut werden, daß ihn das normale Tageslicht nicht aktiviert. Dies wird am einfachsten dadurch erzielt, daß er mit seiner fotoempfindlichen Seite in ein Röhrchen eingesetzt wird, das wie ein Gewehrlauf in die Richtung zielt, aus der die IR-Schaltbefehle gesendet werden. Eine technisch elegantere Lösung würde ein zusätzlicher IR-Filter bilden, der Tageslicht bzw. normales Kunstlicht nicht durchläßt. Manche spezielle Fototransistoren und Fotodioden sind bereits mit IR-Filtern vorgesehen, sie sind jedoch nur gelegentlich erhältlich und daher für den Selbstbau nur bedingt geeignet.

Wem es zu schwer fallen sollte, das optimale Verhältnis zwischen einem beleuchteten und nicht beleuchteten Fotowiderstand rein mechanisch (bzw. optisch) einzustellen, der kann in Serie mit dem 10 k-Kollektorwiderstand des Transistoren-Duos noch einen 47 k-Einstellpotentiometer einlöten und mit diesem dann das optimale Einschalt/Ausschalt-Verhältnis des Relais R1 einstellen.

Das links unten im Schaltplan eingezeichnete Netzteil dürfte für denjenigen, der dieses Buch systematisch vom Anfang an durchgelesen hat, nichts Neues mehr sein. Diese Zeichnung soll dem Leser nur unnötige Planungsüberlegungen (oder Herumsuchen in anderen Kapiteln) ersparen.

Es versteht sich von selbst, daß ein derartiges Umschalten der Stereo-Boxen nur dann einen Sinn hat, wenn der Fernseher einigermaßen gut positioniert zwischen ihnen steht. Es ist andernfalls sehr irritierend, wenn der Klang aus einer anderen Richtung kommt, als das Bild.

Der Hauptbeweggrund für die Anwendung der zwei Stromstoßschalter R2 und R3 ist die Nachbauleichtigkeit und die Durchsichtigkeit der Funktionen. Natürlich auch in Hinsicht darauf, daß sich diese etwas eigenartige Lösung auch für viele andere Anwendungen eignen kann. Als R1 kann hier ein sehr preiswertes Kleinrelais (bzw. Reed-Relais) verwendet werden. Sein Kontakt muß jedoch einen Stromstoß von ca. 2 A verkraften können.

Aus der Schaltung ist ersichtlich, daß die Spulen der Stromstoßschalter R2 und R3 für eine 230 V-Wechselspannung ausgelegt sind. Es gibt zwar auch 12 V-Gleichstrom-Stromstoßschalter, aber die würden ein wesentlich größeres (leistungsfähigeres) Netzteil benötigen.

Letzendlich wäre darauf hinzuweisen, daß der Sender für diese Schaltung ebenfalls im Selbstbau erstellt werden kann, wenn man nicht die bestehende TV-Fernbedienung einsetzen will oder kann (z.B. für völlig andere Schaltaufgaben).

Hier käme dann entweder eine Lösung in Frage, die bereits im Zusammenhang mit den Schaltbeispielen nach Abb. 8.16 und 8.17 im Kap. 8.3 aufgeführt und beschrieben wurde, oder man kann auch eine beliebige andere Lichtquelle anwenden. Gut eignet sich zu diesem Zweck u.a. auch ein kleiner preiswerterer Anzeige-Laser-Pointer. Sein dünner Strahl setzt jedoch voraus, daß zielscheibengenau der Fototransistor bzw. ein anderer optischer Empfänger getroffen werden muß, um einen Schaltimpuls auszulösen. Das kann unter Umständen von Vorteil sein: mehrere nebeneinander angeordnete Empfänger lassen sich mit demselben Sender schalten, ohne daß eine Kodierung des Sendesignals benötigt wird.

Abb. 9.8: Schaltbeispiel, in dem ein zusätzliches Relais die Schaltleistung eines kleinen preiswerten Steckdosen-Funkempfängers erhöhen kann. Praxisbezogen wäre eine derartige Lösung in den meisten Fällen nur dann sinnvoll, wenn mehrere Relais parallel an eine solche Steckdose angeschlossen werden (für das direkte Schalten von einem einzigen 1 Phasen-Elektromotor gibt es genügend leistungsfähige Steckdosen-Empfänger). Dieses Schaltbeispiel will vor allem darauf aufmerksam machen, daß es genügend 230 V-Relais gibt, die sich zusätzlich als „sekundäre Schalter" an so einen Funkempfänger anschließen lassen.

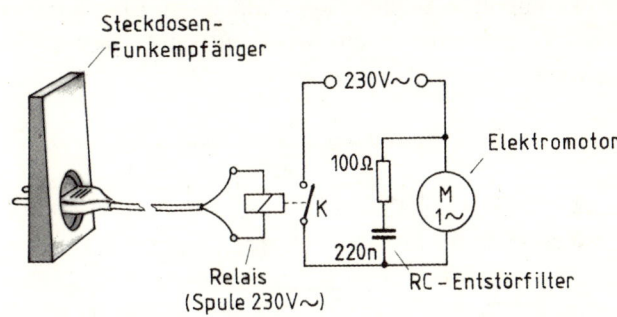

Wer ein derartiges Fernschalten mit Fertigbausteinen realisieren möchte, der kann sich der bestehenden Steckdosen-Funkempfänger bedienen. Wenn man mehrere oder leistungsfähigere Schaltkontakte benötigt, als der eine oder andere Steckdosen-Empfänger hat, kann einfach ein zusätzliches Relais nach *Abb. 9.8* an die Steckdose angeschlossen werden. In diesem Schaltbeispiel wird ein gängiges elektromagnetisches Relais mit einer 230 V-Wechselspannungs-Spule verwendet, um einen 1 Phasen-Elektromotor zu schalten. Dieses Schaltbeispiel will nur darauf hinweisen, daß so etwas möglich ist.

In der Praxis wäre eine derartige Lösung nur dann sinnvoll, wenn gleichzeitig mehrere Elektromotoren oder andere Verbraucher (z.B. mehrere Fensterrolläden oder Bewässerungspumpen und Lüfter in einem Gewächshaus) ferngeschaltet werden sollen. Andernfalls würde der Steckdosen-Funkempfänger „Waveswitch 101" (nach Abb. 9.1) einen Elektromotor von bis zu etwa 1 kW direkt schalten können.

Manche Schaltaufgaben setzen jedoch andere Schaltkontakte voraus, als ein Steckdosen-Funkempfänger als Fertigbaustein bieten kann. Dennoch läßt sich einfachheitshalber so ein preiswerter Steckdosen-Funkempfänger auch für Aufgabenbewältigungen verwenden, für die er zwar nicht vorgesehen ist, die er jedoch relativ einfach und preiswert meistert. Eine der Anwendungsmöglichkeiten zeigt das nachbauleichte Schaltbeispiel in *Abb. 9.9.* Auch hier liegt der Trick darin, daß an die Funkempfänger zusätzliche Relais angeschlossen werden, deren Spule für 230-V-Wechselspannung ausgelegt ist. Da es sich um Relais in der Preisklasse um die 10,– DM handelt, läßt sich eine derartige Funkempfänger-Schaltanlage (mit zwei Empfängern, 3 Sendern und zwei zusätzl. Relais) mit einem Kostenaufwand von weniger als DM 200,– bewerkstelligen.

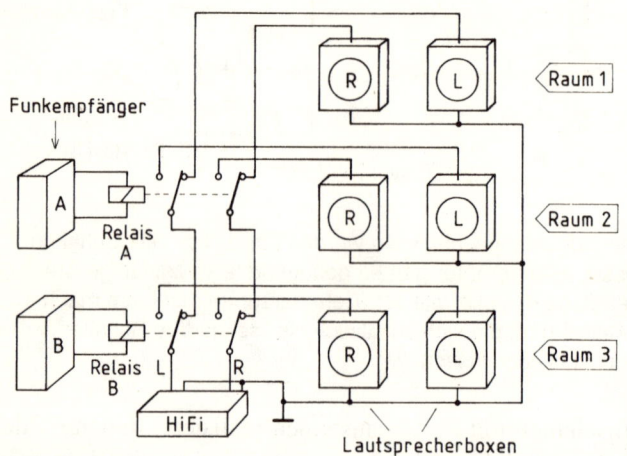

Abb. 9.9: Was in Abb. 9.8 nur als Prinzipschaltung zu betrachten war, zeigt diese Schaltung eine sinnvolle Anwendungsmöglichkeit: Zwei separate Funkempfänger schalten hier über zwei zusätzliche 230 V-Wechselspannungs-Relais (A und B) wahlweise Stereo-Lautsprecherboxen verschiedener Räume an eine HiFi-Zentrale zu. Als Raum 1 kann z.B. das Wohnzimmer betrachtet werden. Hier bleiben die Lautsprecherboxen eingeschaltet, wenn beide Funkempfänger „inaktiv" sind. Wenn Funkempfänger A einen Schaltbefehl erhält, schalten sich an die HiFi-Anlage die Boxen des Raumes 2 ein (das kann z.B. die Küche sein). Funkempfänger B schaltet die Boxen des Raumes 3 ein (das kann z.B. das Schlafzimmer, das Bad, die Kellerbar oder der Dachboden-Hobbyraum sein). Ähnlich wie in Abb. 9.7 ist auch hier der eine Pol der Boxen-Zuleitung als „Masse" mit einzelnen Boxen fest durchverbunden. Einen praktischen Sinn erhält eine solche Anlage erst dann, wenn in jedem der einzelnen Räume auch ein „griffbereiter" Sender liegt. Als preisgünstige Funkschalter und Empfänger können hier die WAVE- SWITCH 101-Komponente (Abb. 9.1) verwendet werden. Als Relais eignen sich z.B. die „RT-Leistungs-Printrelais 8 A, 2 x UM / 230 V-Wechselspannung" oder „FINDER-Steckrelais 10 A, 3 x UM / 230 V-Wechselsp." (erhältlich bei Conrad Electronic) bzw. „SCHRACK-Printrelais 8 A, 2 x UM/230 V-Wechselsp." (erhältlich bei RS-Components).

Wir leben in einer Leistungsgesellschaft und daher ist es verständlich, daß wir auch von der Elektronik immer mehr Leistung erwarten. An Attraktivität gewinnen zunehmend auf dem Gebiet des Selbstbauens und der Einzelentwicklungen besonders verschiedene leistungsfähige Antriebe, die man nicht in einem Laden um die Ecke preiswert erstehen kann. Gerade hier lassen sich ja die tollsten Dinge austüfteln, die nach den gegenwärtigen handelsüblichen Maßstäben unbezahlbar sind, weil sie nicht serienmäßig hergestellt werden.

Abb. 9.10: Ausführungsbeispiel eines elektromagnetischen Relais, das auch mit einer 230 V-Wechselspannungs-Spule lieferbar ist (Conrad Electronic).

Wenn die Elektronik in etwas Bewegung bringen soll, kommt man um Elektromotoren nicht umhin. Die meisten Elektroniker sind jedoch in dieser Hinsicht etwas unbeholfen (deshalb wird diesem Thema noch separat das Kapitel 12 gewidmet). Wir nehmen uns jetzt zwischendurch ein praktisches Schaltbeispiel vor, um die Möglichkeiten der Fernbedienung auch auf diesem sehr interessanten (und beliebten) Anwendungsgebiet zu berücksichtigen.

Abb. 9.11 zeigt ein Schaltbeispiel mit der Funkbedienung eines 1-Phasen-Wechselstrom-Kondensatormotors, der in beiden Laufrichtungen betrieben wird. Auf diese Weise können z.B. Rolläden oder Jalousien aus- und eingefahren werden, man kann das Gartentor fernbedient öffnen und schließen, oder mit Hilfe einer kleinen elektrischen Hebebühne den Fernseher auf die optimale Höhe verstellen (elektrische Hebebühnen sind handelsüblich und können z.B.

Abb. 9.11: Wenn ein 1 Phasen-Wechselstrom-Kondensatormotor in zwei verschiedenen Laufrichtungen betrieben wird, sind für das Funkschalten zwei Funkempfänger und zwei zusätzliche

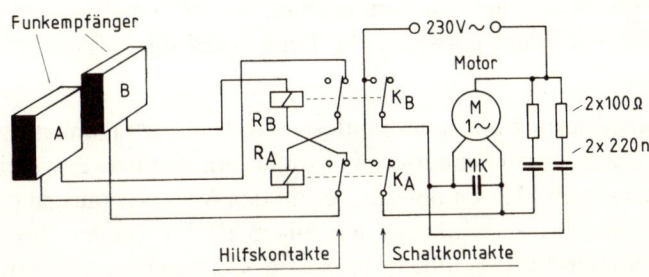

Relais (RA und RB) notwendig. Die Stromzuleitung zu den Spulen der Relais RA und RB läuft jeweils über die Hilfskontakte des anderen Relais, um zu verhindern, daß versehentlich sowohl der Kontakt KA, als auch KB gleichzeitig eingeschaltet werden können (das würde den Motor vernichten). MK ist der bipolare Kondensator des Motors (als Motor-Zubehör); die zwei Entstörfilter (2 x 100 Ohm und 2 x 220 nF) sind zusätzlich anzubringen, um das Funken der Relaiskontakte zu verhindern.

von der Fa. Häfele über Schreinereibetriebe bezogen werden). Als Funkempfänger eignen sich auch hier u.a. die Steckdosen-Typen „Waveswitch 101" – soweit die Reichweite von ca. 30 m für das Vorhaben genügt.

Wichtig: nicht jeder Kondensator-Wechselstrommotor ist für zwei Drehrichtungen ausgelegt. Bei der Anschaffung muß daher auf diese Eigenheit geachtet werden. Vollständigkeitshalber dürfte noch darauf hingewiesen werden, daß es bei den Fernbedienungen als „den Dritten im Bunde" auch noch den Ultraschall gibt. Er war eigentlich der Vorgänger von den heutigen IR-Fernbedienungen bei Fernsehern und anderen Geräten der Unterhaltungselektronik, hat sich jedoch „wegrationalisiert". Der Grund dafür liegt vor allem bei den etwas höheren Herstellungskosten – im Vergleich zu einer IR-Fernbedienung.

Für einen erfahrenen Tüftler bleibt sowohl der Ultraschall, als evtl. ein hörbarer Ton für diverse experimentelle Fernbedienungen immer noch interessant. Unter dem Begriff „hörbarer Ton" fallen beispielsweise auch die vielen altbekannten „Klatschschalter"; die vor allem als Gags angewendet werden (und u.a. als Bausätze preiswert erhältlich sind).

9.2 Drahtlose Übertragung von Ton, Bild und Daten

Drahtlose Verbindungen elektronischer Geräte werden auch im privaten Bereich immer beliebter. Neben der drahtlosen Übertragung von Bild und Ton gewinnt auch die Übertragung von Daten an Bedeutung.

Ähnlich wie bei den Fernbedienungen im vorhergehenden Kapitel wird auch hier vor allem entweder die Funk- oder die Infrarot-Übertragung angewendet.

Einer der populärsten drahtlosen IR-Tonübertragungen wird bei den im Kap. 6.7 erwähnten schnurlosen Kopfhörern genutzt. Ein derartiges „Set" besteht aus einem kleinen Sender, der an den Verstärkerausgang (einer HiFi-Anlage) angeschlossen wird, und aus einem IR-Empfänger, der direkt im Kopfhörer integriert ist. Dasselbe Prinzip wird auch bei Lautsprecherboxen eingesetzt, die somit keine Kabelverbindung mit dem Verstärker benötigen.

Die Bedingung, daß zwischen dem Sender und dem Empfänger eine Sichtverbindung vorhanden sein muß, schränkt die Attraktivität der IR-Übertragung etwas ein (in der Hinsicht ist die Übertragung von Bild und Ton per Funk von Vorteil, denn hier bilden Wände bzw. Möbel kein Hindernis).

Ein ausbaufähiges Nutzungsterrain für IR-Verbindungen bietet u.a. die PC-Randapparatur: Die Tastatur, die Maus oder der Drucker können mit Hilfe von dieser Technik mit dem PC schnurlos verbunden werden – vorausgesetzt es gibt zwischen dem Sender und dem Empfänger keine Hindernisse.

In sehr vielen Anwendungsbereichen setzt sich gegenwärtig zunehmend die Funkverbindung durch. Sie bildet eine gute und preiswerte Alternative zu der herkömmlichen Verkabelung. Die Möglichkeiten sind hier sehr vielfältig und die eigentliche Installation beschränkt sich oft nur auf das Aufstellen und Einschalten des Gerätes (vorausgesetzt, man weiß, wie es zu handhaben ist).

Das Angebot an Fertigbausteinen ist hier bereits groß. Das erleichtert auch einem Einsteiger das Leben, denn der Selbstbau wäre hier zu aufwendig. Die Kenntnisse der Elektronik können bei diesen Systemen daher hauptsächlich dazu genutzt werden, daß die benötigten Bausteine „modular" (also ähnlich, wie die Fertigbausteine einer Modelleisenbahn) zusammengesetzt werden. Jemand, der sich einigermaßen in der Elektronik auskennt, kann sich gelegentlich im Selbstbau noch verschiedene zusätzliche Schaltungen erstellen, die den Anwendungskomfort steigern.

Nehmen wir als Beispiel so eine Funk-Türglocke nach *Abb. 9.12*. Eine wirklich feine Sache, wenn man so ein Gerät an seiner Gartentür anbringen kann, ohne Leitungen in die Erde eingraben zu müssen. Einem Elektroniker wird es nicht schwerfallen, zu dem Taster eines Türglocken-Funksenders zusätzlich einen gängigen Drucktaster parallel anzuschließen der für die „Außenwelt" bestimmt ist. Der Sender selber kann diebstahlgeschützt an einer weniger auffallenden Stelle versteckt werden. Auch der Empfänger einer derartigen Funk-

Abb. 9.12: Funk-Türglocken haben nicht nur den Vorteil, daß die Verkabelung entfällt; der Empfänger braucht nicht mehr fest an einer Wand installiert zu werden und man kann ihn z.B. auch in den Garten mitnehmen. Der hier abgebildete Empfänger (Zweiton-Gong) hat kleine Abmessungen (70 x 125 x 22 mm) und ist sogar mit einem Gürtelclip versehen. Der nur 40 x 90 x 22 mm kleine wetterfeste Sender kann direkt an die Eingangs- oder Gartentür angebracht werden. Die Reichweite beträgt 100 m; eine persönlich einstellbare Kodierung verhindert Überschneidungen mit evtl. ähnlichen Geräten in der Nachbarschaft (Anbieter Conrad Electronic).

Türglocke bietet dem Tüftler noch einige Ausbaumöglichkeiten. An den bestehenden kleinen Lautsprecher kann z.B. nach *Abb. 9.13* ein zusätzlicher Verstärker angeschlossen werden, dessen Lautsprecher in anderen Räumen des Hauses bzw. als Außenlautsprecher im Garten installiert ist.

Zu den am häufigsten angewendeten Funk-Tonübertragungen im privaten Bereich gehören verschiedene Funk-Babysitter, bei denen der Sender im Kinderzimmer und der Empfänger in demjenigen Raum aufgestellt wird, in dem sich die Eltern gerade aufhalten. Modernere Geräte arbeiten klanggesteuert und schalten sich erst dann ein, wenn Geräusche wahrgenommen werden.

Für Bildübertragungen per Funk gibt es diverse Video-Kameras mit eingebauten Funksendern (auch als wetterfeste Außengeräte). Der Funksender überträgt das Bild auf den im Monitor eingebauten Empfänger. Derartige Geräte können wahlweise als Bestandteil einer Gartentür-Gegensprechanlage, als Video-Babysitter oder als Einbruchsschutz eingesetzt werden. Ein Elektroniker kann hier mit Hilfe verschiedener zusätzlicher Kleingeräte (wie z.B. Umschalter auf diverse Monitore) eine solche Anlage sehr benutzerfreundlich ausbauen.

Datenübertragungen im privaten Bereich finden in letzter Zeit auch ihre Anwendung bei verschiedenen kleinen Garten-Wetterstationen. So kann z.B. ein Außentemperatur-Fühler seine Meßdaten zu einer Wohnzimmer-Wetterstation senden, an der dann die Temperatur angezeigt wird. Damit entfällt die Zuleitung, die früher durch die Wand oder durch den Fensterrahmen verlegt werden mußte. Es entfallen auch die Fehlmessungen, die bei einem Außen-Thermometer am Fenster durch die aus dem Haus ausströmende Wärme verursacht wurden.

Der eigentliche Themenbereich ist sehr groß und ausbaufähig. Da es sich jedoch bei den meisten hier angesprochenen Anwendungen nur um das Installieren von Fertiggeräten handelt, besteht kein besonderer Bedarf an spezielleren Aufklärungen. Schon das Wissen, daß es solche Fertigbausteine gibt, hat ja einen wichtigen Stellenwert. Konkrete produktbezogene Informationen sind bei diesen Geräten von den Anbietern (worunter Elektronik-Versandhäusern) erhältlich (auf die Weise bekommt der Interessent jeweils die aktuellste Produktübersicht).

10 Einbruchsschutz, Diebstahlschutz und Alarmanlagen

Auf keinem anderen Gebiet hat der Selbstbau – und die individuelle Lösung – so viele Vorteile, wie gerade beim Einbruchs- und Diebstahlschutz. Hier lassen sich bei etwas Phantasie mit sehr einfachen Mitteln (und mit einem oft sehr geringen Kostenaufwand) die wirkungsvollsten Lösungen anwenden. Der größte Vorteil solcher Individuallösungen: Nur der Errichter weiß, wie sie funktionieren.

Viele der einfacheren Schutzeinrichtungen lassen sich ja gar nicht serienmäßig verwirklichen, weil das Wichtigste bei so einer Anlage ist, daß der Dieb von ihrer Funktion keine Ahnung hat. Damit ist beispielsweise folgendes gemeint: bei einem Pkw oder Caravan genügt als wirkungsvoller Diebstahlschutz oft ein einziger alarmauslösender Mikroschalter, der an einer richtigen Stelle angebracht ist.

Etwas so Einfaches läßt sich jedoch nicht serienmäßig machen, denn dann ist so ein Schalter kein „Geheimschalter" mehr, sondern ein „Standardzubehör". Zu den Ersten, die über so eine „Spezialität" im Bilde sind, gehören dann selbstverständlich die Autodiebe. Auch ziemlich aufwendige Einbruchs- oder Diebstahlschutzanlagen verlieren viel an ihrer Wirkungsweise dadurch, daß es sich um Serienprodukte handelt, deren Funktionsweise kaum jemand anderer so gut kennt, wie ein Profi-Einbrecher. Wie toll es sich auch anhört, daß so ein spezielles elektronisches Kodeschloß nicht von einem Außenstehenden zu knacken ist, in der Praxis bleiben dem Einbrecher noch zu viele andere Wege offen. Zu denen gehört z.B. die Unterbrechung der Stromversorgung(en), Vernichtung des alarmauslösenden Schaltungsteiles usw.

Natürlich gibt es auch diverse relativ einbruchssichere professionelle, serienmäßig gefertigte Schutzanlagen, die sich nicht so leicht knacken lassen, wie es manchmal im Film gezeigt wird. Solche Anlagen kosten dann aber mit Installation oft wesentlich mehr als ein Luxuswagen. Zudem bleiben auch hier als ein offenes Sicherheitsrisiko alle diejenigen Personen, die an der Planung und an der Installation beteiligt waren.

Das Sympathische an diesem Zweig der Elektronik ist, daß man mit ziemlich wenig Erfahrung und ziemlich wenig Mitteln die attraktivsten Absicherungen seiner Habe selber in die Hände nehmen kann. Wir zeigen anhand von einigen einfacheren praktischen Beispielen wie sich das eine oder andere Vorhaben bewältigen läßt. Um der individuellen Phantasie und Kreativität des Lesers eine breitere Spielfläche zu öffnen, gehen wir erst kurz durch, was uns an Bausteinen und an Systemen die Technik gegenwärtig zu bieten hat.

10.1 Bausteine und Systeme

Die meisten allgemeinen Grundbausteine der Elektronik, wie auch viele der Schaltbeispiele aus Kap. 8 und 9, finden auch hier viele Anwendungsmöglichkeiten.

Was die Systeme anbelangt, die sich speziell für den Einbruchs- und Diebstahlschutz eignen, hängt nur von den individuellen Ansprüchen ab, wie aufwendig oder wie einfach so ein „Projekt" gelöst wird.

Wir haben bereits bei der Kapitelüberschrift drei Begriffe hervorgehoben: Einbruchsschutz, Diebstahlschutz und Alarmanlagen. Diese Splitzung bezieht sich auf die ziemlich unterschiedlichen Anforderungen, die mit dem Schutz einer „Habe" zusammenhängen.

Diebstahlschutz fängt mit dem Schutz von kleinen Gütern an, die gerne geklaut, aber nur ungern vermißt werden. Zu den kleinsten dieser Güter gehören Geldbörsen, Brieftaschen, Kleidungsstücke, die man in öffentlichen Räumen ablegt, Reisegepäck usw. Darauf folgen z.B. im Einzelhandel alle Güter, die als Ware mit Vorliebe ohne Bezahlung mitgenommen werden. Als nächstes sind Fahrräder, Motorräder und Autos an der Reihe.

Zu den kleinsten „Immobilien", die gegen Einbruch geschützt werden müssen, gehören Autogaragen, Schrebergarten-Häuser, und kleine Freizeit-Hütten aller Art. Danach kommen Wohnungen, Häuser und evtl. andere Immobilien, worunter gewerbliche Objekte, wie z.B. ein Kiosk, ein Laden, Lagerhaus uw.

Alarmanlagen bilden zwar in den meisten Fällen einen festen Bestandteil von Einbruchs- oder Diebstahlschutz-Systemen, aber müssen nicht unbedingt ausgesprochen nur dem Schutz vor Diebstahl dienen. Nicht jeder, der irgendwo über einen Zaun steigt, ist automatisch ein Dieb. Es kann sich um spielende Kinder handeln, die über den Zaun steigen, um ihren Ball oder ihr Modellflugzeug zurückzuholen.

Die Vielfalt der Güter, die man heutzutage gegen Diebstahl oder Einbruch schützen sollte, ist sehr groß. Neben der beunruhigend zunehmenden Kinder- und Ausländer-Kriminalität setzt sich auch ein neues Phänomen durch: Es wird alles geklaut, es wird wahllos überall eingebrochen und geklaut. Risikofreundlich, hemmungslos, und vandalistisch. So mancher Wohnungseinbruch sieht direkt nach einem Racheakt aus. Der Schaden durch völlig überflüssige Vernichtungen ist oft viel höher, als der Wert der gestohlenen Güter. Dieser Aspekt verdient bei der Wahl des Einbruchs- oder Diebstahlschutzes eine größere Beachtung. Aus diesem Grund räumt man heutzutage der Absicherung von außen einen ziemlichen Vorrang ein. Was man sich darunter vorstellen dürfte, und welche konkrete Möglichkeiten hier die Elektronik bietet, erklären wir nun anwendungsgerecht.

10.2 Autodiebstahl-Schutz

Egal, ob nun der Dieb „nur" etwas aus einem Auto klauen will, oder ob er beabsichtigt, gleich das ganze Auto mitzunehmen, er probiert erst immer, ob das Fahrzeug überhaupt abgeschlossen ist. Bevorzugt am Türgriff des Fahrers, gelegentlich auch noch am Türgriff der gegenüberliegenden vorderen Beifahrertür.

Wenn hier ein kleiner Hilfsschalter (Mikroschalter, Neigungsschalter) in den Innenraum der Tür so eingebaut wird, daß er eine Alarmsirene auslöst, sobald jemand am Türgriff „spielt", ekelt das den Dieb blitzschnell weg. Die Türgriffe sind von außen, wie auch von innen sehr unterschiedlich konstruiert, haben jedoch in der Regel eines gemeinsam: ein „Körperteil" des Türgriffes bewegt sich auch innen. Und dort ist immer genügend Platz für einen zusätzlichen kleinen Schalter. Dieser kann nach *Abb. 10.1* entweder als Mikroschalter so mon-

Abb. 10.1: Anordnungsbeispiel eines unter dem Autotür-Griff angebrachten Mikroschalters (der geheime „Hauptschalter" sollte in diesem Fall an einer „geheimen" Stelle im Kofferraum untergebracht werden – soweit man nicht z.B. einem funkgesteuerten Schalter Vorrang gibt).

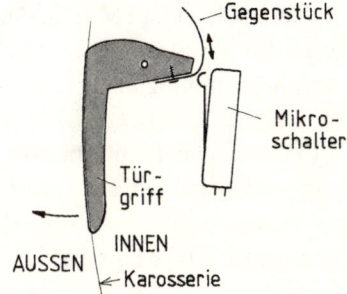

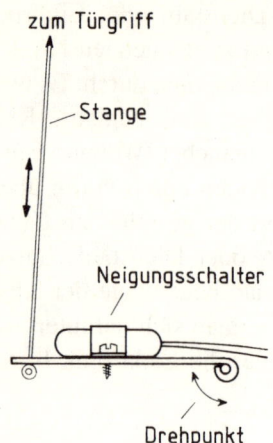

zum Türgriff

Stange

Neigungsschalter

Drehpunkt

Abb. 10.2: Anordnungsbeispiel eines Neigungsschalters, der vom Türgriff über eine Stange (bzw. über ein dünnes Stahlseil) betätigt wird.

tiert werden, daß sein Kontakt mechanisch angedrückt wird oder man kann einen Neigungsschalter (Quecksilberschalter) so einbauen, daß er entweder direkt, oder über einen Hebelzug bzw. Seilzug nach *Abb. 10.2* „gekippt" wird

Der Schritt Nummer zwei besteht nun in der Lösung der Zuleitung. Falls hier schon eine Zuleitung existiert – die für den elektrischen Fensteröffner, für ein Elektroschloß oder für den Türlautsprecher herstellerseits angelegt wurde – ist es nicht schwierig noch eine oder zwei Adern auf dieselbe Weise „hineinzuziehen" (diese zusätzliche Leitung kann mit sehr dünnen Litzen angelegt werden).

Viele Autotüren haben jedoch keine elektrische „Verbindung" zu der Karrosserie. Sie muß daher zusätzlich erstellt werden. Dies kann auf mehrere Arten geschehen. Als eine echte „Autoelektrik-gerechte" Lösung bietet sich derselbe Vorgang, den man in Kauf nehmen muß, wenn z.B. zusätzlich elektrische Fensteröffner eingebaut werden. Wie? Eine sinnvolle Beschreibung müßte modellgerecht sein. Daher beschränken wir uns auf folgenden Rat: konsultieren Sie mit ihrem Autohändler was Sie z.B. machen müßten, um elektrische Fensterheber einzubauen.

Bei manchen Automarken ist bereits ein vorgefertigter Durchgang für die benötigten Zuleitungen vorhanden. Bei anderen müßten die Durchgangsöffnungen eingebohrt und mit Kabeldurchführungstüllen (aus weichem PVC) versehen werden. Wer es als eine zu brutale Operation einstuft, dem bleiben immer noch andere Möglichkeiten offen. So können beispeilsweise zwei kleine feine Berührungskontakte die Verbindung elektrisch bewältigen (was jedoch ziemlich kompliziert ist, denn derartige Kontakte sollen ja beim Putzen nicht zu störend herausragen). Viel einfacher und technisch zuverlässiger ist eine fotoelektrische Lichtschranke nach *Abb. 10.3,* die eine kontaktlose Übertragung des Schaltbefehls ermöglicht. Allerdings mit dem Nachteil, daß der Sender in der Autotür eine zusätzliche kleine Batterie benötigt (die jedoch mindestens etwa 1 Jahr lang hält).

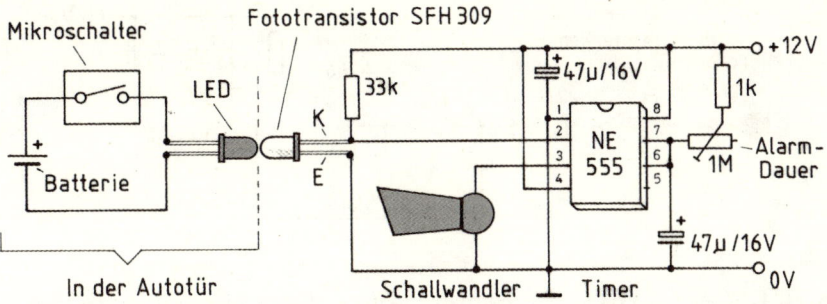

Abb. 10.3: Eine „optische Verbindung" zu der Autotür kann kontaktlos mit Hilfe einer einfachen Eigenbau-Lichtschranke erstellt werden. Das Schaltbeispiel um den Timer NE 555 ist uns inzwischen derartig vertraut, daß eine zusätzliche Aufklärung fast nicht mehr notwendig wäre. Die Schaltung in der Autotür besteht aus einem Mikroschalter, aus einer kleinen 1,5 V-Mignon-Batterie und aus einer Low-Current-LED. Wenn es mit dem Einbau der LED und des Fototransistors nicht optimal gelingt, daß beide Komponente bei geschlossener Autotür einander fast berühren, wird möglicherweise nötig sein, die Batteriespannung auf 3 V zu erhöhen; die LED wird dann markenabhängig einen kleinen Vorwiderstand von ca. 470 Ohm benötigen. Sie muß jedenfalls beim Einschalten des Mikrokontaktes den Fototransistor derartig stark ausleuchten, daß er das IC-Füßchen Nr. 2 gegen die Masse durchschaltet (notfalls kann hier noch ein zusätzlicher Transistor nach Abb. 9.7 die Empfindlichkeit des Fototransistors erhöhen. Der Schallwandler (bzw. ein anderer Alarmgeber) sollte eine Stromabnahme von weniger als ca. 120 mA haben – andernfalls muß Füßchen 3 ein Relais bekommen (wie es bereits in diesem Buch in mehreren Schaltbeispielen eingezeichnet ist). Diode D ist eine normale Universaldiode Type 1 N 4148 oder ähnlich. An diesen Timer können bedarfsbezogen auch noch weitere Timer nach Abb. 10.6 angeschlossen werden, die nach und nach verschiedene Alarmgeber schalten.

Allgemein bekannt sind als Diebstahlschutz auch verschiedene Alarmanlagen, die bereits bei der Berührung des abgesicherten Autos losheulen. Diese Methode sieht zwar in so manchem amerikanischen Film ganz eindrucksvoll aus, aber hat in der Praxis zu viele Schwachstellen. Erstens sind in Europa – im Gegensatz zu den USA – die Parkplätze sehr knauserig dimensioniert. Einer, der in sein Auto einsteigen will, kommt da leicht in Berührung mit dem danebenstehenden Fahrzeug – und die Sirene geht los. Zweitens gibt es auch an geräumigen Parkplätzen zu viele Situationen, bei denen ein Kind, ein Hund oder ein Fußgänger in Berührung mit einem abgestellten Fahrzeug kommt. Für den Autobesitzer ist es dann sehr ungemütlich, wenn er ständig hin und herrennen muß, um die Sirene abzustellen.

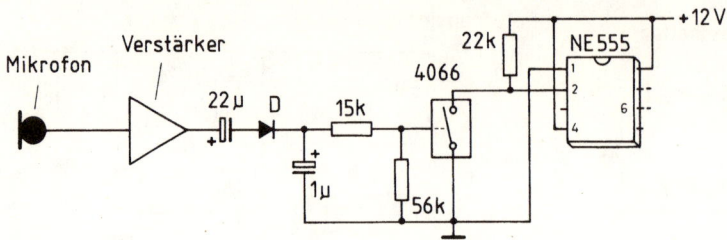

Abb. 10.4: Blockschaltbild einer Alarmanlage (bzw. Warnanlage), die auf Geräusche reagiert, die u.a. durch Berührung des abgesicherten Fahrzeuges entstehen. Bei dieser Art der Diebstahlsicherung kann erfahrungsgemäß nicht verhindert werden, daß auch ein anderer Lärm aus der Umgebung (z.B. von einem vorbeifahrenden Motorrad) den Alarm auslöst. Daher sollte der angewendete Alarmgeber (oder der warnende wiedergegebene Satz) eine etwas bescheidenere Lautstärke, wie auch eine relativ kurze Dauer haben. Dies genügt, um einen potentiellen Dieb die Lust auf weitere Aktivitäten zu nehmen und es stört bei Fehlalarm nicht die Umgebung.

Als eine gute Zwischenlösung für dieses System haben sich leise Piepser oder warnende Sprach-ICs bewährt, die sich nach einer kurzen Warnung („Laß deine Pfoten von mir weg!") selber abschalten. Als Alarmauslöser können hier z.B. einige der handelsüblichen „Glasbruchmelder" oder verschiedene preiswerte Mikrofonkapseln dienen, die nach *Abb. 10.4* den wahrgenommenen Klang (der durch die Berührung entsteht) aufnehmen, gleichrichten und an den Steuerkontakt des uns bekannten Schalt-ICs 4066 führen. Der Kontakt dieses elektronischen Schalters schließt, sobald er einen „Klangimpuls" von dem Verstärker erhält. Damit bekommt das IC NE 555 (oder ICM 7555), das als TIMER arbeitet, einen Einschaltimpuls. Da wir uns mit diesem IC bereits gut auskennen, wissen wir, daß an seinen Ausgang (Füßchen Nr. 3) entweder ein kleinerer Schallwandler (direkt) oder ein Relais angeschlossen werden können.

Welche alarmgebende oder warnende Bausteine mit einem Relais geschaltet werden, hängt nur von der Phantasie ab. Ein elektronisches Hundebellen dürfte hier zu den empfehlenswertesten „Endgeräten" solcher Anlage gehören. Zu diesem Zweck kann entweder ein spezieller „Hundegebell-Lautsprecher" eingesetzt werden (der nur eine zusätzliche 12-V-Speisespannung von der Autobatterie benötigt) oder man kann ein „Hundegebell-Sound-IC" mit einem zusätzlichen Verstärker und Lautsprecher versehen. Bei diesem Schaltbeispiel handelt es sich jedoch um eine Anlage, die entweder eine gewisse Portion an Erfahrung oder eine große Portion an Geduld voraussetzt. Daher wurde auch der Verstärker nur symbolisch eingezeichnet.

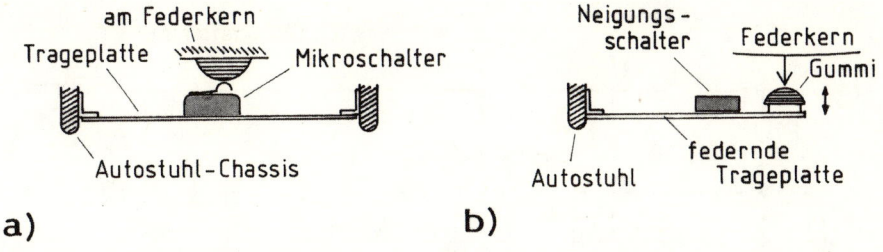

a)   b)

Abb. 10.5: Anordnungsbeispiele von alarmauslösenden Schaltern unter dem Fahrer- und Beifahrersitz: a) Ein Mikroschalter wird an das Autostuhl-Chassis so montiert, daß er durch das Gewicht des „Stuhlbenutzers" eingeschaltet wird; ein größerer Radiergummi oder ein anderes weiches Stück Gummi- bzw. PVC wird an den Sitz-Federkern so angebracht, daß es „maßgerecht" den Schalthebel des Mikroschalters drückt, sobald der Sitz belastet wird; b) ein Neigungsschalter kann an eine federnde Trageplatte (aus z.B. dünnem Makrolon, Pertinax oder Alu-Blech) so angebracht werden, daß er bei Belastung des Autositzes schaltet. In beiden Fällen können diese Schalter direkt Schallwandler, oder nachts auch Innenreflektoren bedienen. Der eigentliche geheime „Hauptschalter" sollte an einer Stelle angebracht werden, die man leicht erreicht, ohne daß man sich erst in das Auto setzen muß.

Als erprobt sehr wirkungsvoll hat sich auch ein Alarmkontakt unter dem Fahrer- bzw. auch Beifahrersitz ergeben. Er kann nach *Abb. 10.5* so angebracht werden, daß er durch das Körpergewicht eines Unbefugten einen beliebig konzipierten Alarm einschaltet – am besten mit dem Timer NE 555, wie in Abb. 10.3, 10.6 oder 10.7 aufgeführt ist. So eine Schaltung ist sehr einfach und beim Selbstbau ist es ein Kinderspiel, einen zusätzlichen „Geheimschalter" so anzubringen, daß ihn ein Fremder nicht findet.

Wenn das Alarmsystem so konzipiert ist, daß das Ausschalten des Geheimschalters etwas „Zwischenzeit" in Anspruch nimmt, oder oft vergessen werden kann, empfiehlt sich eine Anlage mit zwei oder mehreren zeitverschobenen Alarmstufen nach *Abb. 10.6* oder *10.7*.

Diese einfachen Vorschläge schöpfen natürlich bei weitem nicht alle interessanten Möglichkeiten des Diebstahlschutzes aus. Ein Elektroniker wird sich problemlos auch an anderen Vorschlägen orientieren können, die im Zusammenhang mit diesem Thema noch angesprochen werden.

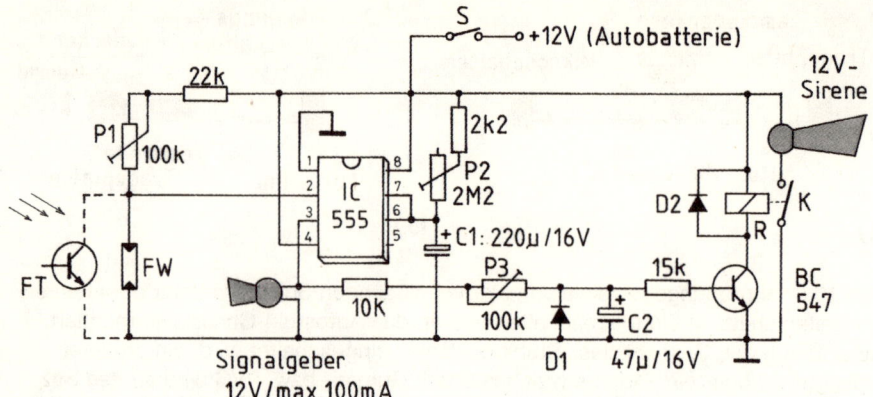

Abb. 10.6: Gerade bei einer Autoalarm-Anlage kommt es sehr oft vor, daß vergessen wird, den „Geheimschalter" rechtzeitig abzuschalten und daß dann unerwünscht – und ohne jegliche Vorwarnung – die Alarmanlage voll loslegt. Das muß nicht sein. Die Abhilfe ist einfach: bei dem eigentlichen lärmgebenden Schaltimpuls – der von einem Fototransistor, Fotowiderstand oder auch nur von einem Mikroschalter kommt – schaltet das Timer-IC erst einen leisen Signalgeber oder Piepser ein, der den Besitzer aufmerksam darauf macht, daß die Alarmanlage abgeschaltet werden muß. Gleichzeitig wird über den Einstellpotentiometer P3 der Kondensator C2 langsam aufgeladen. Nach der mit P3 eingestellten Zeit schaltet der Transistor BC 547 Relais R ein und der Relaiskontakt K schaltet somit die rechts oben eingezeichnete Sirene ein. Mit P1 kann die Schaltschwelle zwischen dem Fototransistor FT und dem Fotowiderstand FW eingestellt werden (er entfällt, wenn anstelle von diesen zwei Komponenten nur ein Mikroschalter angeschlossen wird); P2 dient zum Einstellen der Zeitdauer des Alarms; Schalter S ist der „geheime" Schalter der Alarmanlage. Dioden D1 und D2: Universaldioden Type 1 N 4148.

10.3 Einbruchsschutz an der Garage

Ein Unbefugter, der sich den Zugang in eine fremde Garage verschaffen will, versucht in der Regel selbstverständlich zuerst ob die Garage überhaupt abgesperrt ist. Er dreht also an dem Türgriff.

Jeder Garagen-Türgriff hat an der Innenseite einige Hebel und Führungen, die sich auch im gesperrten Zustand noch in einem Spielraum von ca. 2 mm bewegen, wenn probiert wird, ob das Garagentor abgeschlossen ist. Hier kann ein kleiner Mikroschalter nach *Abb. 10.8* so angebracht werden, daß er seitlich (schiebend) eingeschaltet wird, sobald sich z.B. eine Führungsstange der Türverschlüsse geringfügig bewegt.

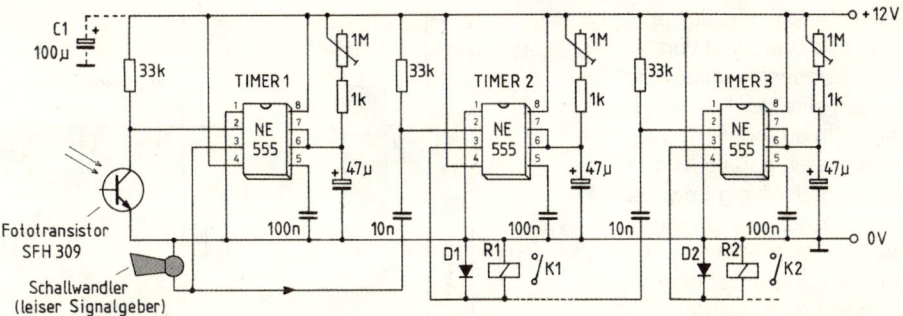

Abb. 10.7: Dieses Schaltbeispiel sieht zwar auf den ersten Blick etwas zu aufwendig aus, aber in Wirklichkeit handelt es sich hier nur um die Wiederholung ein und derselben Schaltung, die jeweils nur etwas modifiziert ist. Ähnlich, wie bei dem vorhergehenden Schaltbeispiel, handelt es sich auch hier um zeitverschobene Timer als Alarmauslöser. Diesesmal sind hier gleich drei Timer eingezeichnet. Die Schaltung funktioniert auf die Weise, daß der eigentliche „alarmauslösende" Schaltimpuls erst nur den TIMER 1 einschaltet. In diesem Fall ist als Schaltimpuls-Geber ein Fototransistor eingezeichnet, aber an seiner Stelle kann z.B. auch nur der Autositz-Mikroschalter (oder Neigungsschalter) angeschlossen werden. Dieser Timer dient eigentlich nicht als Alarmgeber, sondern macht nur den Autobesitzer darauf aufmerksam, daß er die Alarmanlage abschalten soll. Als Schallwandler kann hier – ähnlich wie im vorhergehenden Schaltbeispiel – nur ein leiser Piepser verwendet werden. Mit dem 1 M-Einstellpotentiometer (rechts oben an jedem Timer) kann die Einschaltdauer (jeder Stufe) eingestellt werden. Sobald der TIMER 1 abschaltet, erhält von seinem Füßchen Nr. 3 der TIMER 2 über den Kondensator 10 nF an seinem Füßchen Nr. 2 einen negativen Schaltimpuls und schaltet sofort ein. In diesem Fall erhält Relais R2 Strom und sein Kontakt K1 schließt. An diesen Kontakt kann z.B. ein Hundegebell, eine gesprochene Warnung (vom Sprach-IC) oder eine Sirene angeschlossen werden. Damit könnte zwar der Spaß aufhören, aber es spricht nichts dagegen, daß auch noch der TIMER 3 angewendet wird (sicherlich dann, wenn TIMER 2 nur eine gesprochene Warnung auslöst). Es können nach Belieben noch weitere Timer folgen, die auf dieselbe Weise an die „Timerkette" angeschlossen werden. D1 und D2: normale Universaldiode Type 1 N 4148. Kondensator C1 ist nur dann notwendig, wenn die Schaltung an eine Batterie (und nicht an ein stabilisiertes Nezteil) angeschlossen wird.

Falls die Garage noch eine zweite Tür hat, kann auch hier an der Innenseite des Türgriffes ein Mikroschalter oder eine Lichtschranke (nach Abb. 10. 9) Alarm auslösen, wenn der Türgriff „probeweise" betätigt wird .

Daß derartige Alarmauslöser einen zusätzlichen Hauptschalter benötigen, versteht sich von selbst. Wo er angebracht werden sollte, oder wie er betätigt wird, hängt von den Gegebenheiten und von dem technischen Know-How des „Projektgestalters" ab. Bei einem elektrischen Garagentorantrieb kann unter

Abb. 10.8: a) ein kleiner
Mikroschalter wird von
der Garagentor-Innenseite
gegen eine der Führungs-
stangen so montiert, daß
er schaltet, sobald sich
diese geringfügig bewegt;
eine zusätzliche Scheibe
aus Kunststoff kann evtl.
an die Führungsstange
angeschraubt werden,
wenn es die Anordnung
der mechanischen Bau-
teile befürwortet; b) wenn

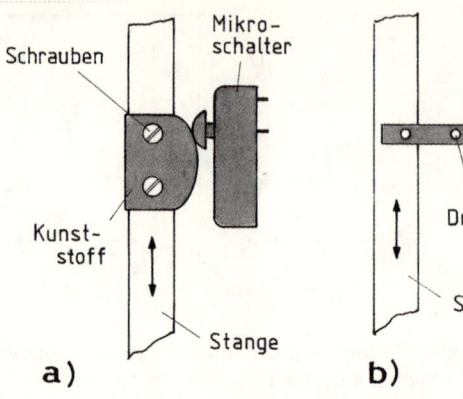

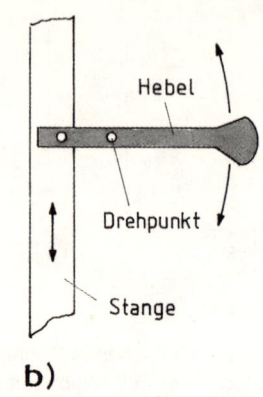

der Bewegungsspielraum der Führungsstangen oder anderer Konstruktionsteile für
die Betätigung des Mikroschalters zu klein ist (was nur ausnahmsweise vorkommt),
kann ein zusätzlich angebrachter Hebel das Schalten erleichtern (sein längerer Arm
bewegt sich dann ausreichend, um einen Mikroschalter betätigen zu können). Bemerkung: Die Kontakte der meisten Mikroschalter sind ziemlich leistungsfähig und können verschiedenste Alarmgeber und Leuchten direkt schalten (andernfalls muß ein
zusätzliches Schaltrelais angewendet werden – siehe Kap. 8).

Umständen der Geheimschalter z.B. als 230-V-Wechselstromrelais direkt parallel zu dem Elektromotor geschaltet werden. In dem Moment, wenn der
Motor vom Funkempfänger Strom bekommt, kann so ein Relais die Alarmanlage auf die Dauer des Motorlaufs abschalten und evtl. mit einem zusätzlichen
Timer (mit dem IC NE 555) eine Zeitlang abgeschaltet halten. Damit entfällt
ein evtl. weiteres manuelles Abschalten der Alarmanlage, die andernfalls los-
legen würde, sobald der Torantrieb-Motor nicht mehr läuft.

10.4 Elektronischer Eigenbau-Einbruchsschutz

Für jemand, der sich mit der Elektronik eingermaßen auskennt, gehört der Einbruchsschutz an der Wohnungstür zu den interessantesten Herausforderungen.

Die meisten Einbrecher sind auf diesem Gebiet ziemlich clever und lassen sich
nicht so leicht von rein mechanischen „Hindernissen" abschrecken. Der allgemeine Respekt vor den Geheimnissen der Elektronik schüchtert sie jedoch
schnell ein, wenn sie mit „Phänomenen" konfrontiert werden, die nicht in das
gängige Schema passen. Zu diesen Phänomenen gehören Licht, Blitzlicht und
Lärm bzw. auch ein gesprochenes Wort.

Als erstes stellt sich hier die Frage nach der Art der Wahrnehmung eines Einbrechers. Im einfachsten Fall können hier – ähnlich wie bei der Garagentür an das Innere des Türgriffes ein Mikroschalter oder eine Lichtschranke nach *Abb. 10.9* angebracht werden, die beim Drücken des Türgriffes Alarm auslösen.

Eine andere einfache Möglichkeit bietet ein IR-Bewegungsmelder, der z.B. während der Abwesenheit hinter einen Türspion – oder bevorzugt hinter einem zusätzlichen, niedriger eingebohrten winzigen „Lichtkanal" – (ca. 70 cm hoch) angebracht wird. Er muß probeweise so eingestellt werden, daß er nur auf eine Person reagiert, die direkt an der Tür steht.

Soweit es die Tiefe der Tür in der Türzarge erlaubt – oder soweit es andere Möglichkeiten gibt – kann ein einziger IR-Lichtstrahl vor dem Türgriff ebenfalls als ein sehr wirkungsvoller Einbruchsschutz eingesetzt werden. Für diesen Zweck eignet sich das Schaltungsprinzip aus Abb. 8.16; anstelle des Foto-

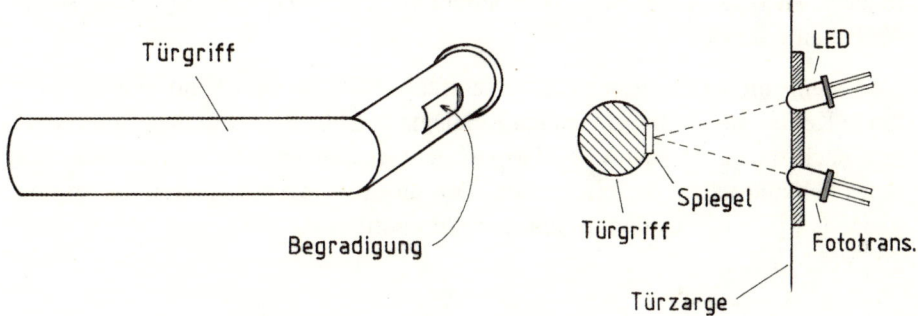

Abb. 10.9: Ein winziges Spieglein an dem hinteren Teil des Türgriffes ermöglicht eine sehr „pflegeleichte" Übertragung der Türgriff-Bewegung an eine Reflex-Lichtschranke, die in der Türzarge eingebaut ist. Wer eine solche Reflex-Lichtschranke als Fertigbaustein kaufen möchte, muß darauf achten, daß diese auch eine ausreichende Entfernung der Reflektionsfläche akzeptiert (was nur relativ selten gelingt, denn die meisten Lichtschranken sind für einen kleineren Abstand zu der Reflektionsfläche ausgelegt). Auch hier bleibt also in den meisten Fällen das Doe-it-yourself-Verfahren als einzige Lösung. Kompliziert ist es – wie aus der Zeichnung hervorgeht – nicht, und man kann hier schließlich beliebig lange experimentieren, bis es klappt. Wie links eingezeichnet ist, kann in den Türgriff eine begradigte Fläche für das Spieglein eingefeilt werden; mit einem Tropfen Uhu oder Silikonleim läßt sich das Spieglein in dem Türgriff befestigen (gut eignet sich zu diesem Zweck ein kleiner runder Zahnarztspiegel, dem der Haltgriff abgesägt wird). Die Schaltung der Reflex-Lichtschranke ist identisch mit anderen Lichtschranken-Schaltungen, die in diesem Buch aufgeführt sind. Bemerkung: natürlich hält auch der hier eingezeichnete Fototransistor nicht viel von fremdem Licht (man muß ihn bedarfsbezogen etwas tiefer einbauen).

widerstandes kann „raumsparender" ein Fototransistor bzw. eine Fotodiode angewendet werden (siehe auch Kap. 13).

Es gibt noch sehr viele Systeme mit Annäherungsschaltern, die z.B. als kapazitive oder induktive Schalter eine Person wahrnehmen. Sie arbeiten meistens als Schaltungsteile von Oszillatoren, deren Frequenz sich durch die Annäherung einer Person ändert. Solche Schaltungen sind jedoch im allgemeinen etwas zu aufwendig.

Alarmauslösende Einbruchsschutzanlagen sollten sich in Mehrfamilienhäusern nicht unbedingt als heulende Sirenen bemerkbar machen. Bohrgeräusche, Dampflocklärm, Pferdewiehern oder auffallend laute Musik, was über einen Lautsprecher so wiedergegeben wird, daß es nur im Treppenhaus störend hörbar ist, wird bei einem versehentlichen Alarm keine Panik im Haus auslösen (man kann ja schließlich die Nachbarn vorher darüber informieren).

Ein Einbrecher stuft jedoch so einen Lärm an dem Gelegenheits-Arbeitsplatz unter das Motto „unbekannt ist unbeliebt" ein, und sucht die Erfüllung seiner Vorhaben woanders.

Und wenn nicht? Da gibt es einen einfachen Trick: man kann eine beliebig lange Kette von alarmauslösenden Relais nach Abb. 10.7 erstellen. Somit können nach und nach mehrere Alarmgeber zugeschaltet werden, und im Falle eines Fehlalarms hat der „Betreiber" Zeit die Anlage abzuschalten, bevor die ganze Umgebung aus dem Schlaf gerissen wird.

10.5 Elektronischer Eigenbau-Einbruchsschutz in Haus und Garten.

Ein guter Einbruchsschutz soll ein Einfamilienhaus bereits von außen so schützen, daß ein Unbefugter gar nicht in die Nähe der Fenster und Türen vordringen kann.

Es sind viele Fälle bekannt, bei denen ein Innenalarm oder verschiedene alarmauslösende Fenster- und Türenkontakte den Einbrecher zwar verscheucht haben – aber erst nachdem ein gewisser Schaden angerichtet wurde. Erfahrungsgemäß ist jedoch in solchen Fällen am schlimmsten der emotionelle Schaden, den so eine Einbrecher hinterläßt. Der Hausbesitzer verliert nach so einem Einbruch das genetisch verankerte Gefühl der Sicherheit „des eigenen

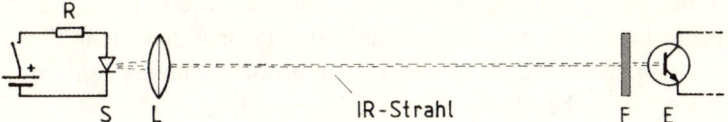

Abb. 10.10: Funktionsprinzip einer gängigen Lichtschranke: Der Lichtstrahl der Sendediode S wird mit einer Linse L gebündelt und in die Richtung des Empfängers E „gesendet"; dort sorgt ein Tageslichtfilter F dafür, daß der Fototransistor E nur auf infrarotes Licht, aber nicht auf Tageslicht reagiert.

Nestes" und sein Wohlbefinden erleidet oft einen Schaden, der nur durch einen Wohnortwechsel zu beheben ist.

Deutschland (und auch Österreich bzw. die Schweiz) gehören zum Glück zu den Ländern, in denen man seine Gärten einzäunt (was z.B. anderswo auf der Welt – worunter bereits bei unseren Benelux-Nachbarn nicht üblich ist). Diese Angewohnheit – oder Tradition – hat den Vorteil, daß ein zufälliges Betreten eines fremden Gartens nur noch einigen Lebewesen ermöglicht wird, die einfach über den Zaun klettern oder springen können, bzw. in den Garten von oben landen – wie Katzen, Vögel, Eichhörnchen und andere Kleintiere. Ein guter Einbruchsschutz darf auf diese kleinen Gartenbesucher nicht reagieren. Natürlich auch nicht auf den eigenen Hund.

Wir haben bereits im Kap. 8 (Abb. 8.17) eine IR-Zweistrahlen-Lichtschranke beschrieben, die den Vorteil hat, daß sie nur auf Menschen reagiert. Solche Lichtschranken können im Prinzip um das ganze Haus einen Strahlenzaun bilden. Von Pfahl zu Pfahl, von Nebengebäuden oder sogar von kleinen Sendern und Empfängern, die an Baumstämmen angebracht werden können. Wer in seinem Haus nicht ausgesprochene „Schätze" hat (wie z.B. teure Bilder oder Kunstgegenstände), bei dem werden sich die Einbrecher kaum die Mühe nehmen, solche Lichtschranken aufwendig zu überwinden.

Die Funktion einer Eigenbau-Lichtschranke läßt sich problemlos erst auf dem Tisch ausprobieren und einstellen. Bei Vergrößerung des Abstandes zwischen dem Sende- und dem Empfangsteil wird irgendwann eine Grenze erreicht, bei der die Schaltung nicht mehr gut funktioniert. Die Reichweite einer solchen Schaltung läßt sich durch die Erhöhung der Lichtintensität des Senders, wie auch durch die Empfindlichkeit des Empfängers steigern.

Professionelle Lichtschranken dieser Art arbeiten in der Regel mit einer zusätzlichen Optik, die nach Abb. 10.10 zumindest aus einer Linse L besteht, die den IR-Strahl einer IR-Sendediode S bündelt. Das macht in der Praxis sehr viel aus, denn bei einem derartig gebündelten Lichtstrahl erhält der Empfänger E (ein Fototransistor oder eine Fotodiode) etwa tausendmal mehr IR-Licht, als wenn der Lichtkegel der Senderdiode(n) ein größeres rundes Feld um die fotoelektrisch empfindliche Fläche des Empfängers bildet.

Auch die guten alten Alarm-Trittmatten sollte man bei einer modernen Einbruchsschutzanlage einplanen. Sie können an beliebigen Durchgangsstellen im Garten oder vor dem Hauseingang angebracht werden. Wenn so eine Trittmatte von einem Menschen betreten wird, schaltet ihr Kontakt und kann – je nach der zusätzlichen Schaltung – einen Alarm auslösen, Beleuchtung einschalten usw.

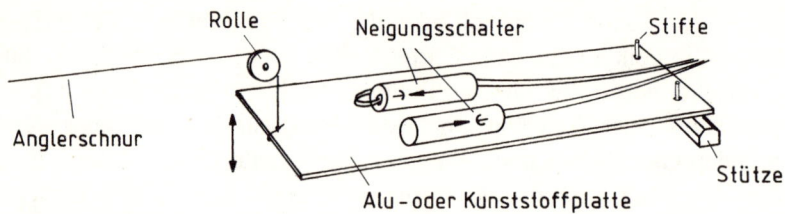

Abb. 10.11: Ausführungsbeispiel einer „Fadenzug-Absicherung"; anstelle der Neigungsschalter kann jeweils auch unterhalb und oberhalb einer angemessen schweren Platte ein Mikroschalter so angebracht werden, daß beim Durchtrennen der Anglerschnur der untere Schalter, beim Ziehen an der Schnur der obere Schalter schaltet. Die ganze Konstruktion des eigentlichen Schaltsystems sollte in einem wasserdichten Gehäuse untergebracht werden (soweit sie außen aufgestellt wird).

Als eine andere einfache Alternative zu den Trittmatten bietet sich das System einer „Fadenzug-Absicherung" an. Auf einem Gartengrundstück läßt sich so ein Einbruchsschutz vor allem dort anbringen, wo man bei einer normalen Gartenbenutzung nicht hinkommt, bzw. nur sehr selten kommt. So ein Fadenzug kann z.B. in der Brusthöhe eines erwachsenen Menschen gespannt werden. Eine dünne Anglerschnur hält hier nach *Abb. 10.11* in waagrechter Position eine Platte auf der zwei Neigungsschalter (Quecksilberschalter) so befestigt sind, daß jeder von ihnen in einer anderen Neigungsrichtung schaltet: Der eine schaltet, wenn an der Schnur gezogen wird, der andere schaltet, wenn die Schnur reißt.

Eine „Fadenzug-Absicherung" eignet sich hervorragend auch für die Gitterroste an Kellerfensterschachten. Die üblichen Absicherungen mit Hilfe von Stahlketten oder Stahlstäben lassen sich mit einem Bolzenschneider oder Baustahlgewebe-Schneider im Nu durchzwicken. Eine Selbstbau-Fadenzug-Absicherung kann ein Einbrecher nicht knacken.

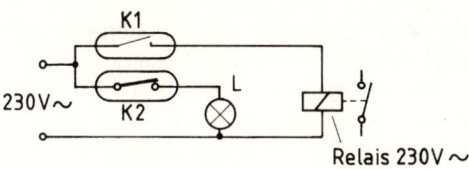

Abb. 10.12: Soweit es die technischen Parameter der Schaltkontakte erlauben, können Reed-Schalter und Mikroschalter entweder direkt oder über ein Relais die Lampen der Alarmbeleuchtung oder Sirenen schalten; falls die 230 V-Wechselspannung angewendet wird, können Relais eingesetzt werden, deren Spule direkt für diese Spannung ausgelegt ist (diese relativ hohe Spannung sollte jedoch bevorzugt nur im Innenbereich benutzt werden; für den Außenbereich sollten aus Sicherheitsgründen Spannungen von 12 bis 24 V Vorrang bekommen).

Bei Einbruchsschutz-Selbstbauanlagen kann man durch den Vorteil der individuellen Lösung auch mit Hilfe von einigen simplen alarmauslösenden Schaltern sehr preiswerte und dennoch wirkungsvolle Schutzeinrichtungen erstellen. So können z.B. nach *Abb. 10.12* Reed-Schalter entweder direkt oder über ein Relais beliebige optische oder akustische Alarmgeber schalten, die für die gängige 230 V-Netzspannung ausgelegt sind. Aus Sicherheitsgründen ist es jedoch vorteilhafter, wenn die eigentlichen alarmauslösenden Kontakte – bzw. auch diverse Alarmgeber mit einer 12 oder 24 V-Spannung arbeiten. Nur eventuelle 230 V-Leuchtkörper oder Reflektoren können – wie aus dem Schaltbeispiel in *Abb. 10.13* hervorgeht – mit Hilfe eines zusätzlichen separaten Relais geschaltet werden.

An Stellen, in deren Nähe kein Netzanschluß zur Verfügung steht, können kleine selbständige Alarmanlagen im „Inselbetrieb" mit einer Batterie arbeiten, wie z.B. im Schaltbeispiel nach Abb. 10.14 dargestellt ist.

Es ist nicht immer nur der technische Aufwand, der eine Alarmanlage wirkungsvoll macht. Viel wichtiger sind hier die erfinderischen Komponente, die dazu beitragen, daß der Alarm auch zweckorientiert ausgelöst werden kann.

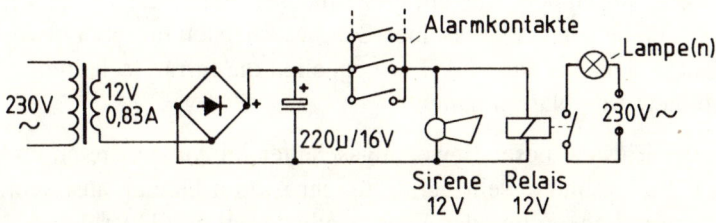

Abb. 10.13: Wenn in einer Alarmanlage zwei unterschiedliche Spannungen angewendet werden – wie z.B. eine 12 V Gleichspannung, wie auch die 230 V-Netzspannung – kann eine 12 V-Sirene von den Alarmkontakten direkt, aber die 230 V-Beleuchtung über einen Relaiskontakt geschaltet werden.

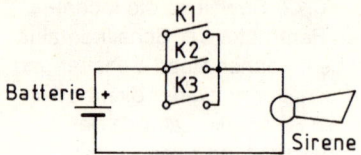

Abb. 10.14: Kleinere selbständig funktionierende „Alarminseln" können im Batteriebetrieb
(bzw. Solarbatterie-Betrieb) arbeiten; verschiedene Alarmkontakte – worunter z.B. Trittmatten-
oder Reed-Kontakte (K1 bis K3) können eine
Sirene entweder direkt (wie eingezeichnet) oder
über einen Timer (mit NE 555) schalten.

Wenn möglich, auf eine Weise, die ein Einbrecher nicht kennt, bzw. nicht
erwartet. Erfahrungsgemäß ist es jedoch sehr wirkungsvoll, wenn der ausgelöste Alarm nicht nur aus einem einzigen Alarmgeber, sonder aus mehreren
Alarmgebern besteht, die sich nach und nach automatisch zuschalten wie z.B.
in Abb. 10.7 aufgeführt wurde.

10.6 Bewegungs- und Annäherungsschalter

In einigen Außenlampen (oder auch in diversen Solar-Gartenleuchten) sind
„Passiv-Infrarot-(PIR) Bewegungsschalter" (die auch als Bewegungsmelder
oder Annäherungsschalter bezeichnet werden), bereits integriert. Es gibt aber
auch selbständige Bewegungsschalter (auch in Niedervolt-Ausführungen im
Spannungsbereich zwischen ca. 8 bis 24 V), die sich gut für diverse „Sonder-
aufgaben" des Einbruchsschutzes eignen. An ihre Schaltkontakte lassen sich
beliebige Verbraucher anschließen.

Alle PIR-Bewegungsschalter arbeiten mit dem Prinzip der Wahrnehmung einer
schnelleren Veränderung der Wärme, die vor allem bei dem Vorbeibewegen
eines Lebewesens entsteht. Die Größe des Lebewesens spielt dabei allerdings
nur in bezug auf den Abstand eine Rolle. Daher reagieren diese Infrarotschal-
ter bereitwillig auf Hunde, Katzen, Fledermäuse, Vögel und gelegentlich auch
auf vom Winde bewegte Blätter eines Baumes, die sich tagsüber etwas aufge-
heizt haben und nachts dann als Wärmequellen die Infrarotschaltung (und die
Hausbewohner) zum Narren halten.

Damit ist der Einsatz dieser Bewegungsschalter im Außenbereich etwas pro-
blematisch. Nur wenn ein sehr geringfügiger Aktionsbereich ausreicht, lassen
sich die Empfindlichkeit und der Aktionsradius (evtl. mit Überkleben des Sen-
sorfensters) derartig drosseln, daß dieser Sensor nur auf massive Wärmequellen reagiert, die in seiner unmittelbaren Nähe vorbeiziehen.

Bevor derartige Sensoren als Schutz vor ungebetenen Gästen im Garten aufgestellt werden, sollte man darauf achten, daß evtl. versehentlich eingeschaltete „Alarmleuchten" möglichst nicht vom Schlafzimmer aus wahrgenommen werden können. Es kann sonst erfahrungsgemäß zu viele Fehlmeldungen geben, die nachts unnötige Aufregungen verursachen. Auch wenn so ein IR-Sensor hoch genug angebracht ist, um z.B. auf streunende Katzen nicht zu reagieren, bleiben immer noch als „potentielle Täter" Fledermäuse, Eulen und anderes Nachtgetier übrig. Anderseits kann bei einem „echten" Dieb das Aufleuchten der Lampe(n) die Lust auf die Fortsetzung seines Vorhabens stark dämpfen.

Ansonsten eignen sich solche Lampen auch als eine funktionelle Beleuchtung der Garagenzufahrt, der Haustür usw. Das Sensorfeld solcher Lampen muß in vielen Fällen etwas verkleinert werden (durch Überkleben). Wenn es sich um selbständige PIR-Bewegungsmelder ohne Lampen handelt, kann ein zusätzlicher Einbau in ein Gehäuse mit einem kleineren Schlitz von Vorteil sein, wenn nur ein kleiner Aktionsradius genügt (was z.B. in Falle eines schmalen Durchgangs in Frage käme). Wichtig: wenn sich ein Lebewesen direkt auf einen PIR-Bewegungsschalter von vorne zu bewegt, kann – durch die zu langsam aufkommende Temperaturveränderung – die Schaltfunktion völlig versagen. Bei der Installation dieses Sensors ist also darauf zu achten, daß sich das „Objekt" immer quer, bzw. zumindest schräg zu der „optischen Achse" bewegt.

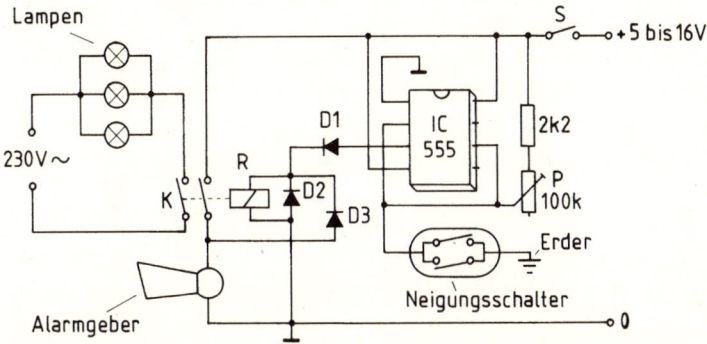

Abb. 10.15: Dieses Schaltbeispiel zeigt eine interessante „Eindraht-Anschlußmöglichkeit der alarmauslösenden Kontakte eines Neigungsschalters (bzw. auch einer anderen beliebigen Gruppe von Alarmschaltern). Anstelle eines zweiten Leiters kann hier direkt neben den Schaltern ein Erder benutzt werden. Mit Potentiometer P wird die optimale Empfindlichkeit des ICs 555 eingestellt. Der äußere Relaiskontakt K schaltet in diesem Fall einen Wechselstrom-Schaltkreis.

11 Verbindungsmaterialien, Leiter und Kupferlackdraht

Zu den gängigen Verbindungsmaterialien gehören in der Elektronik Drähte, Litzen und Kabel. Unter den Begriff „Drähte" fallen isolierte Kupferdrähte aller Art, wie auch „kahle" verzinnte (oder sogar versilberte) Kupferdrähte. Isolierter Kupferdraht wird handelsüblich oft als „Kupferschaltdraht" bezeichnet und ist als „Elektronikbedarf" problemlos erhältlich. Dasselbe gilt für Litzen (Schaltlitzen). Das sind isolierte flexible Leitungen, die wie Drähte aussehen, aber aus mehreren dünnen Drähten bestehen. Sie werden auch als Zwillingslitzen, als Lautsprecherkabel oder Meßleitungen angeboten.

Für Verbindungen zwischen elektronischen Komponenten an einer Platine oder Lötleiste eignet sich am besten entweder eine preiswerte dünne Litze (z.B. die Type „LIY 0,14 mm2" oder ein ca. 0,4 bis 0,5 mm dünner verzinnter und isolierter Kupferdraht (in mindestens drei verschiedenen Farben).

Für die Verbindung der „Masse" ist besonders bei Experimentierschaltungen auf Lötleisten ein „kahler" verzinnter Kupferdraht vorteilhaft (man kann auf ihn an beliebigen Stellen Komponente anlöten). Ein Durchmesser von ca. 0,8 mm reicht für kleinere Schaltungen aus. Wer nur gelegentlich ein „kahles" Stück Kupferdraht benötigt, der wird sich damit behelfen, daß er einfach die Isolation von einem isolierten Kupferdraht abzieht. Andernfalls ist kahler verzinnter Kupferdraht im Elektronikhandel und Versandhandel erhältlich.

Für verschiedene Außenanschlüsse – worunter auch für die Zuleitung der Versorgungsspannung eignet sich am besten eine isolierte „Schalt- und Steuerlitze" mit einem Kupfer-Querschnitt von ca. 0,75 mm2 (diese kann bedarfsbezogen auch mit Bananensteckern versehen werden).

11. 1 Abgeschirmte Kabel

Abgeschirmte Kabel bestehen in einfachster Ausführung aus einer isolierten Ader, die nach *Abb. 11.1* mit einem Geflecht aus verzinnten Kupferdraht abgeschirmt ist. Die Abschirmung bildet bei diesem Kabel den „zweiten" Leiter – allerdings den, der immer mit der Masse verbunden ist und somit z.B. ein schwaches Mikrofon-Signal gegen Brumm schützt (der sich ansonsten in der

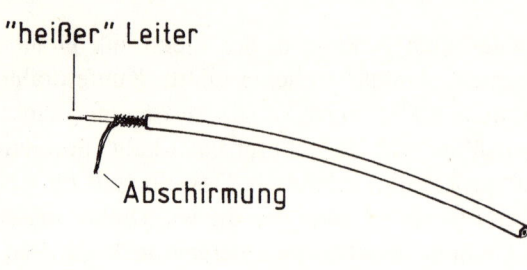

Abb. 11.1: Ein einfaches abgeschirmtes Kabel bildet eine „Zweidraht Leitung", wovon die Abschirmung als zweiter Leiter fungiert; diese muß jedoch immer mit der Masse verbunden werden. Dabei gilt folgende Faustregel: Wenn die Abschirmung nicht ausgesprochen als Verbindung von zwei „Masseninseln" dient (die keine andere Verbindung haben), sondern nur tatsächlich als schützende Abschirmung des „heißen" Leiters benötigt wird, darf sie nur an einem ihrer Enden mit der Masse verbunden werden.

„heißen Innenader" u.a. aus den Elektroinstallationsleitungen des Raumes induzieren würde). Alternativ sind solche Kabel auch als abgeschirmte Stereoleitungen, als Musiker-Kabel, in einer etwas „dickeren" Ausführung als Mikrofonleitungen bzw. als Koaxial-Kabel für Fernsehantennen und CB-Funk erhältlich.

Bei der Arbeit mit abgeschirmten Kabeln ist darauf zu achten, daß die Abschirmung nicht an mehreren Stellen (an beiden ihrer Enden) mit der Masse verbunden ist, soweit sie nicht direkt die Funktion eines Leiters hat. Ansonsten bilden sich dadurch „Schleifen" in denen sich Brumm induziert.

Die Abschirmungen der im Gerät angewendeten abgeschirmten Kabel sollten daher grundsätzlich nur einseitig mit der Masse verbunden werden. Sie sollen im Gerät selbst nicht als Leiter benutzt werden, die die Masse diverser Schaltungsteile durchverbinden (wie man dies zu verstehen hat, zeigt *Abb. 11.2*). Eine Ausnahme bilden hier nur die primären Signalquellen – wie Mikrofon, E-Gitarre mit kleinem eingebauten Batterie-Vorverstärker usw. Da wird die

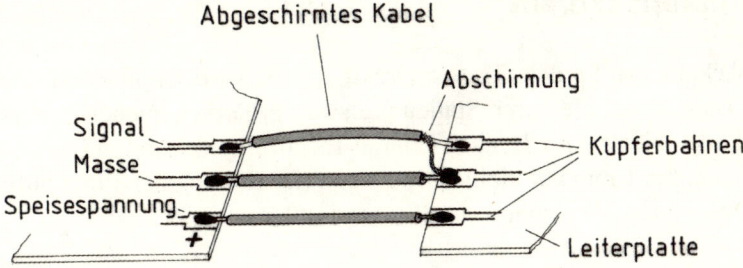

Abb. 11.2: Die Abschirmung eines abgeschirmten Kabels sollte grundsätzlich immer nur an einem ihrer Enden an die Masse angeschlossen werden; man darf sie nicht als einen Leiter benutzen, der die Masse diverser Schaltungsteile durchverbindet; sie darf nicht zu starke Ströme (z.B. der Versorgungsspannung) mit übertragen – dafür muß ein separater Leiter verwendet werden.

Abschirmung wohl als eine leitende Ader der zweiadrigen Verbindung benutzt. Das darf auch deshalb, weil in diesen Schaltungsteilen die übertragenen Leistungen noch sehr winzig sind und keinen zusätzlichen Brumm verursachen.

Bei empfindlichen Signalen spielt es oft eine sehr große Rolle, wo man genau die Abschirmung mit der Masse verbindet. Dies sollte bevorzugt probeweise ermittelt werden (manche Stellen brummen mehr, andere weniger bzw. gar nicht).

11.2 Flachbandleitungen

Flachbandleitungen sind besonders dann von Vorteil wenn z.B. zwischen zwei Platinen mehradrige Verbindungen benötigt werden. Es gibt sie mit verschiedenen „Polzahlen“. Manche sind – bis auf einen einzigen Leiter am Rand – nur einfarbig, andere sind bunt. Bunte Flachbandleitungen haben für das Experimentieren den Vorteil, daß man bedarfsbezogen nur einige der Adern von dem Band abtrennen kann und dennoch unterschiedliche Farbverbindungen behält, die eine bessere Orientierung bieten.

Bemerkung: die meisten Flachbandleitungen sind als Litzen ausgeführt, aber es gibt auch solche, die nur aus „harten“ Drähten bestehen. Darauf sollte besonders beim Kauf von preisgünstigen Restposten geachtet werden.

11.3 Kupferlackdraht

Zum Wickeln von Spulen, Trafos, Drosseln usw. wird Kupferlackdraht benötigt. Er ist auch auf kleineren Spulen preiswert erhältlich. Neben einigen Elektronik-Läden bietet ihn z.B. auch Conrad-Electronic-Versand in Durchmessern von 0,5 mm bis 1 mm auf kleinen Spulen an (im Katalog detailliert aufgeführt; siehe Lieferanten-Verzeichnis am Buchende).

11.4 Optische Leiter

Mit dem Begriff „optische Leiter" verbinden sich vor allem die inzwischen bekannten Glasfaser-Kabel, die man sich als kostspielige Leitungen vorstellt. Wohl nur etwas für kapitalkräftige Telekommunikations-Gesellschaften, die damit teure experimentelle Verbindungen unter der Erde anlegen?

Keinesfalls! Optische Leiter sind inzwischen sogar auch für Tüftler und Elektroniker erhältlich; bezahlbar und zudem sogar praktisch anwendbar.

Wo, warum, wozu?
Bei der Lichtleitertechnik werden elektrische Signale – wie z.B. Radioprogramme oder CD-Inhalte – in digitale Lichtsignale (Lichtimpulse) umgewandelt, die über Glas- oder Kunststoffasern sehr weit transportiert werden können. Am Ende der Übertragungsstrecke werden diese Lichtsignale wieder zurück in elektrische Signale umgewandelt, danach beliebig verstärkt und wiedergegeben.

Optische Leiter (auch Lichtwellenleiter oder Lichtleitfaser genannt), können überall dort sinnvoll angewendet werden, wo ein störungsempfindliches (also schwaches) Audiosignal (vom Mikrofon, CD-Player, Radio usw.) übertragen werden soll.

Da es sich hier um eine rein optische Übertragung handelt, wird das Signal nicht durch Brumm oder durch Störungen von außen beeinflußt. Deshalb kann so ein optischer Leiter auch zusammen mit anderen Kabeln verlegt werden, die einen störenden Brumm, störende Schaltimpulse oder störende hohe Frequenzen in ihre Umgebung ausstrahlen.

Die Technologie der Audio-Signalübertragung per Lichtleiter verdient eine kurze Erklärung. *Abb. 11.3* zeigt ein Blockschaltbild des Übertragungs-Prinzipes. Als „speziellere" Bausteine fallen hier vor allem der A/D-Wandler (= ANA-LOG/DIGITAL-Wandler) und danach der D/A-Wandler (= DIGITAL/ANA-LOG-Wandler) auf.

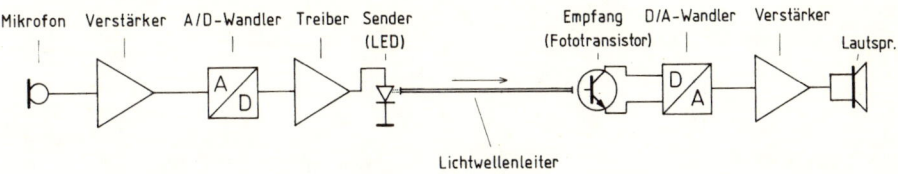

Abb. 11.3: Blockschaltbild einer Audiosignal-Übertragung mit Hilfe eines Lichtwellenleiters: Das Audiosignal der „Programmquelle" wird mit Hilfe eines Analog-Digitalwandlers „digitalisiert", danach in einer Treiberstufe verstärkt, aufbereitet und über eine Leuchtdiode in die Lichtleitung auf den Weg geschickt; Ein Fototransistor wandelt am Ende der Leitung die empfangenen digitalen Lichtsignale in elektrische Digitalspannung um, diese wird mit Hilfe eines Digital/Analog-Wandlers wieder in die „normalen" Analogsignale umgewandelt, verstärkt und über Lautsprecher ausgestrahlt.

Mit den Begriffen „Analog" und „Digital" haben wir uns bereits im Kap. 7 auseinandergesetzt. Hier wird das vom Mikrofon zugeführte Signal erst als Analogsignal verstärkt, danach digitalisiert und über eine LED in die Lichtwellenleitung auf den Weg geschickt. Ein Fototransistor (oder eine Fotodiode) empfangen am anderen Ende der Leitung das digitalisierte Signal, ein D/A-Wandler wandelt es wieder in ein Analogsignal um. Am Ende der Kette ist in diesem Fall ein Verstärker mit Lautsprecher, der das empfangene Signal als Klang wiedergibt. Andernfalls können die empfangenen Digitalsignale z.B. auch nur digital gespeichert oder – soweit es sich nur um Daten (Meßwerte) handelt – weiter verarbeitet werden.

Abgesehen von dem eigentlichen Lichtleiter hat diese Art der Signalübertragung viel Ähnlichkeit mit der bereits erklärten IR-Signalübertragung, die sich in der Unterhaltungselektronik und PC-Technik etabliert hat (bei drahtlosen Kopfhörern, drahtlosen Lautsprecherboxen oder drahtloser PC-Tastatur, Maus usw., die nur über ein Infrarot-Signal mit dem „Muttergerät" verbunden sind).

12 Elektromotoren in der Elektronik

Sobald man von der Elektronik verlangt, daß sie etwas bewegt, dreht, schiebt oder eine ähnliche mechanische Leistung verrichtet, läßt es sich am einfachsten mit Hilfe eines Elektromotors realisieren.

In den meisten Fällen – die mit dem „Rahmen" dieses Buches übereinkommen – wird es sich dabei um kleinere Elektromotoren handeln, die entweder als Gleichstrom- oder als Wechselstrommotoren ausgelegt sind.

Im allgemeinen gibt es jedoch keine „technisch bedingten" Leistungsgrenzen für Elektromotoren, die man in der Elektronik einsetzen dürfte. Die Aufgabe der Elektronik besteht nur darin, daß so ein Motor „ordnungsgemäß" geschaltet wird.

Im einfachsten Fall kann ein rein mechanischer Schalter – wie z.B. ein Mikroschalter, Quecksilberschalter, Thermoschalter, Reed-Schalter usw. – dem einen oder anderen Vorhaben gerecht sein. Bei komplizierter gesteuerten oder geregelten Systemen wird in der Mehrheit eine aufwendigere elektronische Steuerung mit einem oder mehreren Relais angewendet.

Meistens spielt es keine Rolle, ob elektromagnetische oder rein elektronische Relais benutzt werden.

Hier kommt es nur noch darauf an, daß das Relais – und vor allem seine Kontakte – die erforderliche Schaltspannung und den Schaltstrom verkraften (was ja den technischen Daten zu entnehmen ist). Die eigentliche Steuerelektronik muß bei elektromagnetischen Relais nur den Strom- und Spannungsbedarf der eigentlichen Relaisspule berücksichtigen. Bei elektronischen Relais muß ebenfalls darauf geachtet werden, welche Spannung und welcher Strom für eine zuverlässige Funktion benötigt werden.

Wenn eine Tandemschaltung nach *Abb. 12.1* erforderlich ist, können ohne weiteres elektromagnetische und rein elektronische Relais miteinander kombiniert werden.

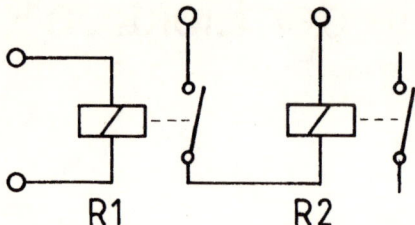

Abb. 12.1: Eine „Tandemschaltung", bei der ein kleineres Relais über seinen Arbeitskontakt ein großes Relais betreibt; auf diese Weise kann eine leistungsschwache elektronische Schaltung (oder ein leistungsschwacher Sensor) ein Relais schalten, dessen Spule nur einen sehr geringen Strom benötigt (einen hohen Widerstand hat), aber dessen Arbeitskontakt leistungsstark genug ist, um die Spule eines kräftigeren Relais schalten zu können.

R1   R2

Wie wir wissen, gibt es Elektromotoren entweder als selbständige Bausteine oder als eingebaute Bauteile – in Pumpen, Ventilatoren, Lüftern usw. Einem elektronisch gesteuerten Relais ist es natürlich egal, ob es einen Pumpenmotor der Elektropumpe am Gartenweiher oder einen Elektromotor einer höhenverstellbaren Eigenbau-Hebebühne eines Wohnzimmer-Fernsehers schaltet.

Mit dem heutigen Angebot an elektronischen Fertigprodukten liegt sicherlich eine attraktive Spielfläche gerade bei verschiedenen individuell erstellten Vorrichtungen, die mit einem Elektromotor angetrieben werden. Schon deshalb, weil man auf diese Weise etwas Besonderes und Einmaliges austüfteln und erstellen kann, was nicht in der Form eines Fertigproduktes erhältlich ist. Da macht das Ergebnis erst recht viel Freude!

12.1 Gleichstrommotoren in der Elektronik

Einem Elektroniker sind Gleichstrommotoren üblicherweise sympathischer, als Wechselstrommotoren. Das trifft sich gut, weil kleinere Gleichstrommotoren in großer Auswahl (im Elektronik-Handel bzw. Versandhandel) erhältlich sind. Zudem lassen sich für diverse „Haus und Garten-Antriebe" auch kompakte Akkuschrauber benutzen – worunter auch solche, bei denen der ursprüngliche Akku nicht mehr brauchbar ist (ein neuer Ersatzakku kostet ja fast so viel, wie ein neuer kompletter Akkuschrauber).

Die meisten Gleichstrommotoren arbeiten üblicherweise in einem breiten Spannungsbereich. Manche Hersteller geben den vollen Spannungsbereich – z.B. als 5 bis 16 V – an, andere führen nur eine einzige Nennspannung auf, bei der die Leistung den besten Wirkungsgrad ergibt. Hier handelt es sich manchmal um konstruktiv bedingte Daten, manchmal nur um Empfehlungen.

Für die praktische Anwendung dürften anstatt komplizierter Diagramme folgende Hinweise ausreichen:

a) ein Gleichstrommotor, dessen „Arbeitsspannung" laut Datenblatt breite Grenzen haben darf, hat bei niedrigerer Spannung eine wesentlich niedrigere Drehzahl, wie auch eine geringere Leistung.

b) der maximale Wirkungsgrad liegt bei den meisten Gleichstrommotoren unterhalb der obersten Leistungsgrenze in einem vom Hersteller definierten Gebiet (durch Angabe der optimalen Spannung oder des optimalen Stromverbrauchs);

c) wenn die dem Motor zugeführte Spannung oberhalb der erlaubten Spannungsgrenze liegt, wird seine Lebensdauer strapaziert oder er verbrennt.

Anhand der folgenden Tabelle sehen Sie nun, was alles die technischen Daten kleiner Gleichstrommotoren beinhalten können:

Technische Daten einiger Gleichstrommotoren Marke Mabuchi.

Daten für den maximalen Wirkungsgrad:							
Type:	Arbeits- spannung **in Volt**	Drehzahl **Upm**	Strom **A**	Dreh- mom. **Ncm**	Abgabe- leist. **W**	Wirkungs- grad **%**	Gewicht **g**
RE 280	1,5-4,5	5500	0,36	0,17	0,56	51	28
RS 380	3-9	14150	3,34	1,17	17,3	72	75
RS 540	3-10	10400	7,19	2,71	29,5	68	158
RS 775	4,5-15	16160	12,3	6,61	111,7	76	321

Auffallend ist, daß viele kleinere Gleichstrommotoren eine ziemlich hohe Drehzahl aufweisen, die allerdings typenbedingt (konstruktionsbedingt) variiert. Weiter geht hier aus dem Gewicht einzelner Motoren hervor, daß es sich um Motoren für kleinere Leistungen handelt (der schwerste von ihnen ist ja nicht schwerer als ein Glas Wasser).

Damit Sie sich eine konkretere Vorstellung über die Leistung machen können: Die Typen RS 540 (made in VR-China) werden u. a. in sehr vielen Akku-Schraubern – auch in den sogenannten deutschen oder Schweizer „Markenartikeln" – eingesetzt.

Der Hinweis auf dem Akku-Schrauber dürfte anwendungsbezogen sehr hilfreich sein. Hier kann man sich die Leistung eines solchen Motors etwas genauer vorstellen oder sogar am Akku-Schrauber ausprobieren, was so ein Motor bewältigen kann. Nebenbei informiert uns dieses praktische Beispiel auch darüber, wie es in etwa mit der optimalen Akku-Größe für einen solchen Motor aussehen dürfte. Man kann sich z. B. daran orientieren, daß so ein 4,8 V-Akku-Schrauber, in dem ein 1,2 Ah-NiCd Akku sitzt, laut Hersteller ca. 300 Schrauben eindreht, bevor der Akku leer ist. Auch das sagt etwas darüber aus, wie es mit dem Verhältnis der Leistung zu einer evtl. Akku-Kapazität praktisch aussieht. Umgerechnet (und auch ausprobiert) kann der Motor des Akkuschraubers mit diesem kleinen Akku ca. 12 Minuten lang eine relativ anstrengende Arbeit leisten: ein Kinderfahrzeug fortbewegen, eine Markise ausfahren, eine Pumpe antreiben usw. Möchte man die Betriebsdauer verlängern, kann die evtl. Akku-Kapazität proportional vergrößert werden, ohne daß man vorher aufwendige Berechnungen in Kauf nehmen muß.

Abb. 12.2: Gleichstrommotoren gibt es bereits für Betriebsspannungen von weniger als 1 Volt. Für den Anwender ist sehr wichtig, daß sich u.a. der Wellendurchmesser eines solchen vorgesehenen Motors für zusätzliche Antriebssystem-Bausteine (Schneckenrad und Zahnrad) eignet, soweit nicht mit einem solchen Motor ein passendes kompaktes Getriebe erhältlich ist.

Wenn so ein Gleichstrommotor über einen Gleichrichter betrieben werden soll, kann seinen technischen Daten entnommen werden, mit welcher Stromabnahme zu rechnen ist. Andernfalls kann sich als besonders vorteilhaft ein 12-V-Akkuschrauber erweisen: Er läßt sich für eine vorausgehende Ermittlung der Stromabnahme provisorisch an eine Autobatterie anschließen, etwas belasten und dabei kann seine Stromabnahme gemessen werden (in dem Fall ist jedoch darauf zu achten, daß der Strombereich des benutzten Amperemeters bzw. Multimeters mindestens 10 A aufweist).

Das benötigte Netzgerät kann danach z.B. nach *Abb. 12.3* aufgebaut werden.

Abb. 12.3 (Z) Netzteil für einen 10 V/ 5 A Gleichstrommotor, das sich z.B. für einen 9 V-Akkuschrauber eignet.

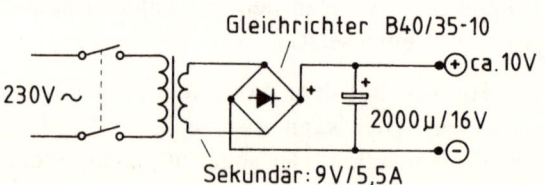

Neben den Gleichstrommotoren aus Akkuwerkzeugen gibt es auch im Auto-handel diverse kleinere Gleichstrommotoren, die für den Antrieb von Schei-benwischern, Fenstern, Stühlen und Autodächern bestimmt – und als Einzel-bausteine erhältlich sind.

Auch diverse kleine Gleichstrommotoren aus der Unterhaltungs- oder Büro-elektronik bieten sich hier zur Wiederverwertung an. Ein großer Nachteil die-ser Motoren besteht allerdings darin, daß es keine Verbindungsmechanismen zwischen ihrer – meist sehr kurios gestalteten Welle – und das für den Antrieb vorgesehene Gerät gibt. Oft besteht hier die „Verbindung zur Außenwelt" nur aus einem zahnradförmigen Ritzel, mit dem sich weiterhin wenig anfangen läßt. Für etwas seriösere Experimente eignen sich demzufolge Gleichstrom-motoren mit einer anwendungsfreundlicheren Welle oder mit einem zusätzli-chen Getriebe. Ohne Getriebe lassen sich kleinere Gleichstrommotoren kaum anwenden. Sie sind fast alle für etwa 4000 bis 20000 Umdrehungen pro Minute ausgelegt, und für eine derartig hohe Drehzahl gibt es in der Antriebstechnik kaum Einsatzmöglichkeiten (Ausnahmen bilden nur Ventilatoren oder Pum-pen).

Wichtig: viele Anwender sind erfahrungsgemäß sehr verunsichert, wenn sie im technischen Datenblatt dieser Motoren plötzlich lesen, daß der Hersteller nur eine Drehrichtung angibt. Dabei heißt es ja im allgemeinen, daß die entge-gengesetzte Drehrichtung eines Gleichstrommotors einfach durch Änderung der Anschluß-Polarität zu erreichen ist (was stimmt).

Die Wahrheit ist, daß selbst wenn der Hersteller für einen Motor nur eine Dreh-richtung angibt, der Motor dennoch auch in der anderen Richtung betrieben werden darf. Allerdings werden dann (bei manchen Modellen) die angegebe-nen Leistungsdaten und die Lebensdauer nicht ganz erreicht. Fast alle Gleich-strommotoren der Akku-Handwerkzeuge – worunter auch die in beide Rich-tungen drehenden Akkuschrauber – sind eigentlich ebenfalls nur für eine Haupt-Drehrichtung konzipiert. Wenn also ein Motor dieser Bauart für einen Antrieb mit zwei Drehrichtungen eingesetzt wird, sollte seine angegebene Drehrichtung möglichst als Haupt-Drehrichtung genutzt werden.

12.2 Schrittmotoren

Eine besondere Gruppe unter den Gleichstrommotoren bilden die sogenannten Schrittmotoren. Das sind Motoren, die so konstruiert sind, daß sie nicht kontinuierlich, sondern in kleinen Schritten – ähnlich wie ein Sekundenzeiger einer großen elektrischen Uhr – drehen bzw. „springen". Viele der Schrittmotoren benötigen für eine „Runde" ganze 100 Schritte. Für jeden der Schritte muß ihnen ein Impuls zugeführt werden. Es geht aber nicht so einfach, wie z. B. bei einem Stromstoßrelais, sondern die Impulse müssen hier etwas „gezielt" elektronisch dosiert werden.

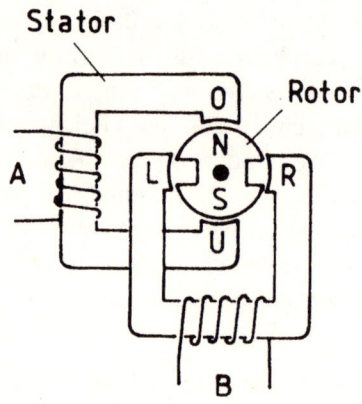

Abb. 12.4; Das Funktionsprinzip eines Schrittmotors: den Rotor können wir uns hier als einen Permanentmagneten vorstellen, dessen Nordpol N – wie eingezeichnet – nach oben zeigt. Wird der Statorwicklung B eine Gleichspannung zugeführt, verändert sich der ihr zubehörende Statorteil „L-R" in einen Elektromagneten. Seine Enden (L und R) werden zu Polen dieses Elektromagneten. Wenn es erwünscht ist, daß sich der Rotor im Sinne der Uhrzeigerbewegung um 90° nach rechts dreht (einen „Schritt" macht), muß die Spannungspolarität der Wicklung B so gewählt werden, daß der Pol R zum magnetischen „Südpol" und Pol L zum magnetischen „Nordpol" wird. Da sich ungleiche Pole anziehen, wird der Rotor gezwungenermaßen um 90° nach rechts drehen. Wenn nun dasselbe mit der Wicklung A wiederholt wird, wird der linke Statorteil zu einem Elektromagneten. Wählt man die Spannungspolarität der Wicklung A so, daß der Pol O zum magnetischen „Südpol" und Pol U zum magnetischen „Nordpol" wird, macht der Rotor eine weitere Umdrehung (einen weiteren Schritt) um 90° nach rechts (im Sinne der Uhrzeigerbewegung). Auf diese Weise kann durch ständiges Hin- und Herschalten der Rotor beliebig lange gedreht werden. Sogar in beiden Richtungen – dazu muß jeweils nur die Polarität der Arbeitsspannung entsprechend geändert werden. Bei diesem Funktionsprinzip sind insgesamt nur 4 Schritte notwendig, um eine volle Umdrehung des Rotors und seiner Welle zu erreichen. In der Praxis sind für eine volle Umdrehung oft 100 Schritte notwendig.

Schrittmotoren werden vor allem dort eingesetzt, wo eine präzise gesteuerte Bewegung benötigt wird. Wenn so ein Motor z. B. etwas haargenau verschieben oder hochheben soll, braucht man nur auszurechnen, wieviele Impulse er dazu benötigt, und ihm diese genau dosiert zuführen. Wenn er anschließend nochmals dieselbe Impulszahl in der Gegenrichtung bekommt, kehrt er genau an seinen Ausgangspunkt zurück. Das Funktionsprinzip eines Schrittmotors zeigt *Abb. 12.4.*

Im Vergleich zu einem normalen Elektromotor, dreht ein Schrittmotor nicht von sich aus. Er benötigt eine elektronische Ansteuerung, die sozusagen das Umschalten der Spannungspolarität an die Pole in der Reihenfolge bewältigt, wie es im Text zur Abbildung beschrieben wird.

Einfachheitshalber wird bei der Erklärung der Schrittmotorfunktion immer nur über eine der Spulen gesprochen. In Wirklichkeit stehen beide Statorspulen laufend unter Strom. Sogar in Ruhestellung. Damit hat der Motor eine ständige Haltekraft und rutscht unter Belastungsdruck nicht durch. Diese besondere Eigenschaft macht den Schrittmotor noch interessanter.

Abhängig von den technischen Anforderungen bzw. von der Größe des Schrittmotors gibt es eine große Auswahl an Möglichkeiten, die sich mit Hilfe von Fertigsteuerungen, Bausätzen und Schrittmotor-Steuerungs-ICs (die im Fachhandel erhältlich sind) realisieren lassen.

Die praktische Anwendung eines Schrittmotors ist dadurch kompliziert, daß es in der elektronischen Steuerung zu viele Funktionsteile gibt, die fähig sein müssen, situationsbezogene Befehle zu empfangen und diese als Steuerimpulse genauestens dosiert weiterzugeben. Eine feine Sache für einen, der bereits über ausreichende Erfahrungen verfügt, aber eine ziemlich anspruchsvolle Herausforderung für einen, der auf diesem Gebiet erst schrittweise seine Erfahrungen machen muß.

Schrittmotoren gehören jedoch zu den Paradepferden der Steuertechnik und auch derjenige, der mit ihnen selber nichts vor hat, kann sich anhand dieser Kurzinformation ein Bild über diesen Baustein machen.

12.3 Wechselstrommotoren

Für einfachere Anwendungen in der Elektronik eignen sich am besten „Kondensator-Wechselstrommotoren". In den meisten Fällen wird es sich dabei um 230-V-Wechselstrommotoren kleiner Leistungen handeln, die bereits werkseits typenbezogen entweder nur für eine Drehrichtung oder für umschaltbare Drehrichtungen ausgelegt sind.

Abb. 12.5 zeigt die Grundschaltung eines Kondensatormotors, dessen Drehrichtung wahlweise umschaltbar ist.

Das Umschalten der Drehrichtung ist bei Konstruktionen erwünscht, die z.B. etwas aus- und einfahren, heben, oder aus anderen Gründen in beiden Richtungen drehen sollen.

Auf Wunsch sind auch einige der Kondensatormotoren mit einem Getriebe oder sogar mit einer zusätzlichen Magnetbremse erhältlich. Diese öffnet sich, wenn der Motor eingeschaltet wird, bleibt offen, solange er läuft und schnappt wie eine Mausefalle zu, wenn er ab-

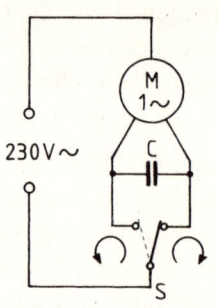

Abb. 12.5: Einphasen-Kondensator-Wechselstrommotor, der in beiden Drehrichtungen betrieben werden kann; Schalter S ist für die Wahl der Drehrichtung zuständig.

geschaltet wird. Sie wird – ähnlich wie der Anker eines monostabilen Relais – während der ganzen Betriebszeit elektromagnetisch offengehalten und verbraucht ziemlich viel Strom (sie muß ja gegen eine ansehnliche Gegenkraft der Bremsenfedern drücken).

Eine spezielle Konstruktionsart der Wechselstrommotoren bilden die sogenannten „Linearmotoren". Damit sind Motoren gemeint, deren Rotorwellen quasi als „Rohre" mit Innengewinde ausgeführt sind. In diesem Gewinde sitzt dann – wie aus *Abb. 12.6* ersichtlich ist – eine beliebig lange Gewindespindel (Schraube), die in eingezeichneter Richtung (axial) aus dem Motor „herausfährt" bzw. wieder hineinfährt, wenn die Drehrichtung gewechselt wird.

Abb. 12.6: Linearmotor: die Gewindespindel des Motors fährt in der eingezeichneten Richtung aus oder ein – je nachdem, welche Drehrichtung eingeschaltet wird. Soweit solche Motoren in einem

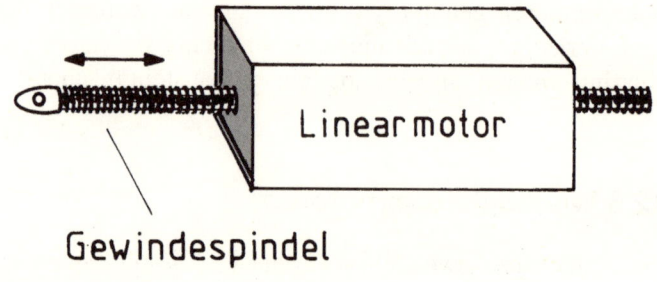

System eingebaut sind, wird die lineare (axiale) Bewegung der Gewindespindel mit Hilfe von zwei Endschaltern begrenzt.

Solche Motoren werden bevorzugt als Fensteröffner angewendet, können jedoch auch beliebige andere Konstruktionen linear bewegen (sie werden z.B. auch zur Höhenverstellung von PC-Bildschirmen eingesetzt). Diese Motoren benötigen unter normalen Umständen keine zusätzliche Bremse, denn ihre Gewindespindel ist in der „Axialrichtung" selbsthemmend.

Der Vorteil von Wechselstrommotoren liegt im Vergleich zu Gleichstrommotoren darin, daß hier kein zusätzliches Netzteil benötigt wird. Das vereinfacht die Sache besonders bei Antrieben für höhere Leistungen. Dagegen muß hier entsprechend mehr auf die Sicherheit geachtet werden – was jedoch auch für die Primärseite eines jeden Netzteiles gilt.

Einem Elektroniker, der einen preiswerten und leistungsfähigen elektronisch gesteuerten Antrieb erstellen möchte, stehen heutzutage auch viele preisgünstige Drehstrommotoren zur Verfügung. Da in unseren Haushalten üblicherweise der Drehstrom ebenfalls vorhanden ist, steht der Anwendung eines solchen Elektromotors nichts im Wege – bis auf eventuelle Wissenslücken.

Die lassen sich jedoch mit einigen kurzen Informationen leicht füllen: Drehstrommotoren gibt es in Leistungen ab ca. 100 Watt. Sie benötigen alle drei Phasen des 400 Volt-Netzes. Wir kennen dieses Netz offiziell als das 230 Volt-Wechselstrom-Hausnetz. Das stimmt aber nur bedingt. Schon der Elektroherd wird in der Regel an alle drei Phasen (X,Y und Z) der Netzzuleitung angeschlossen. Zwischen diesen Phasen ist bereits eine Wechselspannung von 400 Volt vorhanden. Nicht nur im Elektroherd, auch in der restlichen Hausinstallation sind diese drei Phasen in der Regel so verteilt, das sich die Stromabnahme ebenfalls ausgewogen in diese drei„Zuleitungsstränge" des Netzanschlusses verteilt. Somit kann z.B. zwischen der „Phase" eines Steckers und der Phase der Deckenlampe eine Wechselspannung von 400 V sein (weil der Elektriker für diese zwei Stromkreise zwei verschiedene Phasen verwendet hat).

Das soweit nur als Zwischeninformation, die darauf hinweisen will, daß man sich bei der Anwendung eines Drehstrommotors in Hinsicht auf die Netzspannung keinesfalls auf ein neues „Spielterrain" einläßt, sondern nur das weiterbenutzt, was ohnehin bereits im Haushalt angewendet wird.

Interessant an den Drehstrommotoren ist, daß sie wahlweise in zweipoliger, vierpoliger, sechspoliger und achtpoliger Ausführung standardmäßig erhältlich sind. Zweipolige Elektromotoren haben eine Drehzahl von ca. 2700 bis 3000 Umdrehungen pro Minute; bei einem vierpoligen Motor halbiert sich die Drehzahl, bei einem achtpoligen beträgt sie nur 675 bis 750 Umdrehungen pro Minute. Das ist eine sehr anwendungsfreundliche Drehzahl, mit der sich viele elektronisch gesteuerten Antriebe günstig realisieren lassen. Hier kann ein aufwendiges Getriebe oft völlig entfallen (insbesondere bei der Anwendung einer Trapezspindel oder eines einfachen Zahnriemenantriebes, der bereits eine Übersetzung bilden kann).

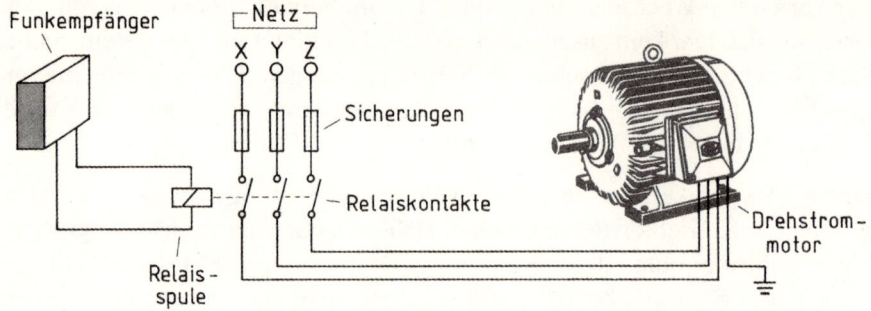

Abb. 12.7: Auch ein Drehstrommotor kann über einen Funkempfänger problemlos ferngeschaltet werden. Soweit es sich dabei um einen preiswerten „Steckdosen-Empfänger" handelt, der nur die 230 V-Wechselspannung durchschaltet, muß die Spule des an ihm angeschlossenen Relais für 230 V-Wechselspannung ausgelegt werden. Zudem muß dieses Relais über drei „Schließer-Kontakte" verfügen, die den vorgesehenen Schaltstrom verkraften. Einzelne (nicht eingezeichnete) RC-Filter können zusätzlich die Funkenbildung an den Schaltkontakten eindämmen.

Da wir in der Elektronik sind, interessiert uns so ein Elektromotor natürlich vor allem in Zusammenhang mit einer „branchenbezogenen" Anwendung. Die zeigt *Abb. 12.7:* Ein preiswerter Funkempfänger schaltet über ein ebenfalls preiswertes Relais einen Drehstrom-Elektromotor. Wenn beide Drehrichtungen benötigt werden, kein Problem – bei einem Drehstrommotor genügt, wenn man zu diesem Zweck zwei der drei Phasen des Anschlusses untereinander auswechselt. Bei einer elektronischen Steuerung sind dazu zwei separate Relais nach *Abb. 12.8* nötig. Da es sich aber auch um zwei unterschiedliche Schaltbefehle handelt, sind in dem Fall auch zwei Funkempfänger fällig. Zu beachten: dieses Schaltbeispiel zeigt nur das eigentliche Schaltprinzip der Drehrichtungssteuerung. Es wurden hier jedoch übersichtshalber keine elektrischen oder elektronischen Vorsorgemaßnahmen eingezeichnet, die verhindern müssen, daß versehentlich beide Relais gleichzeitig eingeschaltet werden können (dies hätte einen Kurzschluß zwischen den umgewechselten Phasen zufolge). Bei anderen ähnlichen Schaltbeispielen – worunter z.B. in der Abb. 12.9 wird gezeigt, wie man z.B. mit jeweils einem zusätzlichen Hilfskontakt (pro Relais) das Einschalten des anderen Relais blockiert. Dies müßte hier ebenfalls unbedingt vorgenommen werden.

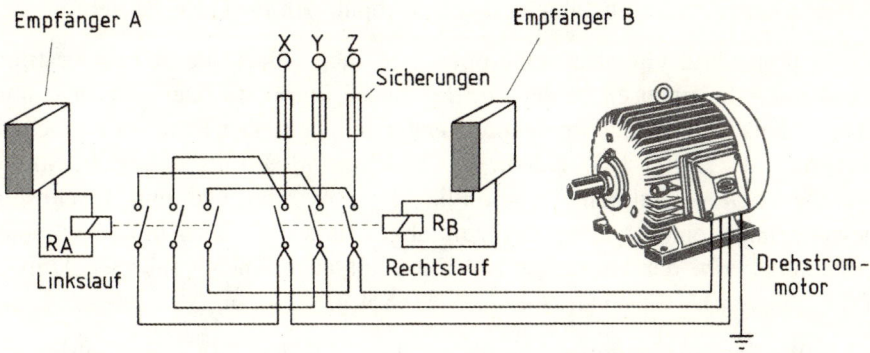

Empfänger A

X Y Z
Sicherungen

Empfänger B

RA
Linkslauf

RB
Rechtslauf

Drehstrom-
motor

Abb. 12.8: Auf eine ähnliche Weise, wie im vorhergehenden Beispiel kann ein Drehstrommotor auch in beiden Drehrichtungen per Funk betrieben werden. Aus diesem Schaltprinzip geht hervor, daß die Drehrichtung eines Drehstrommotors einfach dadurch geändert werden kann, daß zwei der Zuleitungs-Phasen umgewechselt werden. Zu beachten: dieses Schaltprinzip dient nur der Erklärung des Drehrichtung-Wechsels und bildet kein vollständiges Schaltbeispiel. Normalerweise müssen sich bei solchen Schaltungen beide Relais unbedingt gegen gleichzeitiges Einschalten blockieren, wie aus dem Schaltungsprinzip in folgender Abbildung hervorgeht.

12.4 Elektropumpen

Trinkwasser wird immer teurer und das ist einer der Gründe, weshalb sich Elektropumpen zunehmender Beliebtheit erfreuen. Es wird Regenwasser in Regentonnen oder Kellertanks aufgefangen und danach „nach oben" gepumpt, um es entweder im Hause als Brauchwasser oder außen im Garten als Gießwasser zu verwenden. Gelegentlich wird es auch noch zum Nachfüllen des Gartenweihers oder Planschbeckens genutzt.

Ein anderes Einsatzgebiet für Elektropumpen bilden u.a. auch kleine Weiher-Springbrunnen oder Miniwasserfälle. Da werden zunehmend vor allem solarangetriebene Spezialpumpen mit niedrigem Energieverbrauch (und hohem Wirkungsgrad) eingesetzt.

Pumpen sind wahlweise als Gleichstrom- oder Wechselstrompumpen erhältlich. Gleichstrompumpen kann man gegenwärtig in drei Produktgruppen einteilen:

a) in energiesparende Solarpumen (die meistens für eine Gleichspannung von ca. 3 bis 12 Volt und einen Strom von ca. 0,5 bis 2 A ausgelegt sind);

b) in „robuste" leistungsfähige Gleichstrompumpen für Dauerbetrieb;

c) in preiswerte Gleichstrompumpen, die nicht für Dauerbetrieb bestimmt sind und Arbeitspausen benötigen. Bei diesen Pumpen findet sich dann unter den technischen Daten ein entsprechender Hinweis. Der kann im einfachsten Fall nur z.B. „50 % ED" lauten. Das bedeutet 50 % Einschaltdauer. So eine Pumpe arbeitet eigentlich in einem Flip-Flop-Rhythmus und muß abwechselnd jeweils nach einer kurzen Laufzeit abgeschaltet werden, um abzukühlen. Manchmal gibt der Hersteller zur Einschaltdauer einen konkreten Hinweis (z.B. „50 % ED; Einschaltdauer max. 90 Sek.).

d) in Wechselstrompumpen, die überwiegend für den 230-V-Netzbetrieb ausgelegt sind.

Unter den technischen Daten befinden sich bei den Pumpen u.a. immer Angaben über Fördermenge in Liter pro Minute (oder pro Stunde), max. Förderhöhe bei Tauch- und Brunnenpumpen bzw. Wassersäulen-Höhe bei Springbrunnenpumpen.

An der Hand dieser Daten können die Leistungen und der Verbrauch diverser Produkte verglichen werden. Es ist nicht schwierig, auszurechnen, wieviel Wasser man wohin pumpen möchte und welche Pumpe sich aus den Angeboten dafür am besten eignet.

Spezielle Solarpumpen, die ja für einen Elektroniker besonders interessant sind, gibt es inzwischen in vielen Ausführungen. Für kleinere Fördermengen bzw. Förderhöhen sind diverse kleine Springbunnen- oder Miniwasserfall-Pumpen erhältlich, zu denen auch das übliche Zubehör (Sprinkler, Filter) gekauft werden kann. Die Bezeichnung „Solar" weist darauf hin, daß es sich um energiesparende Produkte handelt, die mit Gleichstrom betrieben werden (entweder direkt von den Solarzellen oder über einen Zwischenspeicher).

Für aufwendigere gewerbliche Nutzung führt der Handel leistungsfähige Bewässerungspumpen oder Brunnenpumpen. Sie sind sowohl als Gleichstrompumpen – bzw. speziell als „Solarpumpen", wie auch als Wechselstrompumpen erhältlich.

Kleine 230-V-Wechselstrompumpen kennen wir vor allem aus verschiedenen-verspielten Wohnzimmer-Luftbefeuchtern, die in der Form von Minifontainen, oder als Lavasteine mit herabfließendem Wasser angeboten werden. Derartige kleine Pumpen sind auch als Einzelbausteine preiswert erhältlich und eignen sich gut für einfacher elektronisch gesteuerte Mini-Bewässerungen.

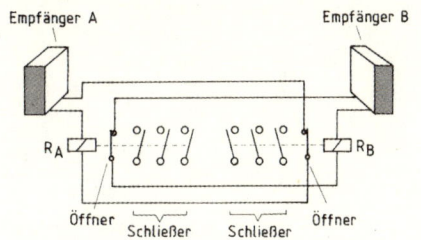

Abb. 12.9: Schaltbeispiel einer gegenseitigen Blockierung von zwei Relais, deren „Hauptkontakte" nicht gleichzeitig geschaltet werden dürfen. Zu diesem Zweck gibt es Relais, die neben drei Hauptkontakten (Schließern) jeweils noch einen Hilfskontakt als „Öffner" zu diesem Zweck haben. Wie ersichtlich ist, kann eines der Relais nur dann schalten, wenn das andere Relais ruht; andernfalls wäre sein Öffner offen und die Stromzufuhr zu der Spule des anderen Relais wäre damit unterbrochen.

Die geringe Förderleistung dieser sehr kleinen Pumpen und insbesondere ihre zu kleine Förderhöhe schmälert allerdings ihren Einsatzbereich. Es gibt jedoch eine große Auswahl an leistungsstarken Wechselstrom-Pumpen, die meistens als „Tauchpumpen" oder „Springbrunnenpumpen" erhältlich sind (in großer Auswahl oft im Elektronik-Versandhandel, andernfalls auch in Geschäften mit Gartenzubehör bzw. im Zoohandel).

12.5 Lüfter und Ventilatoren

Viele größere elektronische Geräte – worunter insbesondere Tisch-PCs -sind mit einem Lüfter ausgestattet, der dafür sorgt, daß sich die Elektronik nicht übermäßig aufheizt. Bei den meisten gängigen elektronischen Schaltungen ist jedoch der Einsatz eines Lüfters nicht erforderlich.

Als „Lüfter" werden üblicherweise alle „Einbauventilatoren", manchmal jedoch auch normale Tisch- oder Wandventilatoren bezeichnet. Ohne Rücksicht auf den Namen dieser Produkte handelt es sich um Elektrogeräte, die mit der zunehmenden Größe des Ozonloches an Bedeutung gewinnen könnten.

Was ein Elektroniker mit einem Ventilator oder Lüfter auch anfangen möchte, es steht ihm da eine große Auswahl an Gleichstrom- wie auch an Wechselstromgeräten zur Verfügung.

Gezielte Beachtung verdient auch hier der Betrieb mit Solarstrom, für den eigentlich alle Gleichstrom-Ventilatoren geeignet sind. Im Gegensatz zu den Pumpen gibt es hier keine besonderen Eigenheiten – wie z.B. eine beschränkte Einschaltdauer – auf die zusätzlich geachtet werden müßte. Ähnlich wie bei den Pumpen, lassen sich hier mit Hilfe von technischen Daten die Förderleistungen (Luftleistungen) in m³/h bei einzelnen Produkten vergleichen.

13 Spezielle Halbleiter und Komponente

In diversen Schaltbeispielen, Katalogen oder Fachartikeln werden oft ICs, Transistoren oder andere Halbleiter angesprochen, die durch ihre besondere Konstruktionsart zu einer der speziellen Gruppen der elektronischen Bausteine gehören.

Welche dieser Bausteine als „speziell" oder als „sehr speziell" einzustufen sind, hängt davon ab, wie häufig oder wie selten sie in den gängigen Schaltplänen angewendet werden.

Wir sehen uns in diesenm Kapitel die interessantesten (und wichtigsten) dieser speziellen Halbleiter und Komponente etwas näher an.

13.1 Fotodioden und Fototransistoren

Fototransistoren und Fotodioden bilden die Grundbausteine der modernen Fotoelektronik und finden ihren Einsatz auch bei Anwendungen, für die ursprünglich nur Fotowiderstände benutzt wurden.

Das bedeutet also, daß Fotodioden oder Fototransistoren überall dort angewendet werden können, wo man Licht im breiten Sinne des Wortes für die Übertragung bzw. Wahrnehmung einer Information oder eines Befehles benötigt.

Ein Dämmerungsschalter muß darüber informiert werden, wann es so weit ist, daß er die Beleuchtung einschalten soll, einem IR-Einbruchsschutz muß mitgeteilt werden, daß der Schutzstrahl unterbrochen wurde. Auch bei einer Musik- oder Datenübertragung mittels Infrarot-Licht handelt es sich um eine Übertragung von „Informationen".

Fotowiderstände arbeiten viel zu träge. Auf eine Veränderung der Ausleuchtung ihrer Fläche – bzw. ihres Flächenteiles – reagieren sie relativ zu langsam (mit Veränderung ihres Ohmschen Wertes). Sie eignen sich daher nur für Anwendungen, bei denen es nicht auf „blitzschnelle" Schaltzeiten ankommt. Für die Übertragung von kurzen Impulsen – unter die z.B. auch die Übertragung von Musik gehört – sind sie nicht geeignet.

Fotodioden und Fototransistoren arbeiten dagegen sehr flink und können daher für die Übertragung von Musik oder als Verbindungen zwischen PC-Schnittstellen vorteilhaft eingesetzt werden.

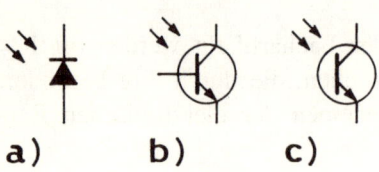

a)   b)   c)

Abb. 13.1: a) Schaltzeichen einer Fotodiode; b) Schaltzeichen eines Fototransistors mit herausgeführtem Basisanschluß; c) Schaltzeichen eines Fototransistors ohne herausgeführten Basisanschluß; die Bezeichnung der Anschlüsse ist hier dieselbe wie bei einem normalen Transistor (Kollektor, Emitter und Basis).

Die Schaltzeichen von Fotodioden und Fototransistoren zeigt *Abb. 13.1.* Das Schaltzeichen der Fotodiode (Abb. 13.1a) hat viel Ähnlichkeit mit dem Schaltzeichen einer normalen LED. Nur die Richtung der lichtandeutenden Pfeile ist hier umgekehrt.

Im Gegensatz zu einem Fotowiderstand muß eine Fotodiode – wie jede andere Diode auch – immer „polaritätsgerecht" angeschlossen werden. Zu erwähnen wäre, daß Fotodioden in „Sperrichtung" betrieben werden (ähnlich wie Zenerdioden).

Die meisten Fotodioden, wie auch die meisten Fototransistoren sehen ähnlich aus, wie normale LEDs. Natürlich muß hier in der „Abdeckung" ein lichtdurchlässiges Fensterchen sein.

Fototransistoren sind in zwei Grundausführungen erhältlich: Mit drei oder nur mit zwei „Füßchen", wie aus Abb. 13.1b und c hervorgeht. Sie werden also mit, wie auch ohne einen Basisanschluß geliefert. Bei Fototransistoren, die einen Basisanschluß haben, darf man trotzdem die Basis ignorieren, wenn man sie in einer Schaltung einsetzen möchte, bei der die Basis als „nicht angeschlossen" eingezeichnet ist.

Wozu diese zwei Alternativen? Ein Fototransistor mit „nicht angeschlossener" Basis hat zwar die höchste Empfindlichkeit, aber eine schlechtere Stabilität. Das macht sich besonders dann bemerkbar, wenn der Fototransistor unter Bedingungen arbeiten muß, bei denen die Temperatur gravierender schwankt.

In solchen Fällen ist es dann von Vorteil, wenn an seinem Basisanschluß ein stabiler Arbeitspunkt eingestellt wird. Dies beinhaltet also, daß man einen Fototransistor mit angeschlossener Basis nicht ohne weiteres durch einen Transistor ohne Basisanschluß ersetzen darf.

Interessehalber sollte noch darauf hingewiesen werden, daß sowohl Fototransistoren, wie auch Fotodioden wesentlich besser auf infrarotes Licht, als auf das „sichtbare Licht" (Tageslicht) reagieren. Deshalb werden sie mit Vorliebe in der Infrarottechnik eingesetzt.

Fototransistoren haben eine ca. 100 bis 700 mal höhere Empfindlichkeit als Fotodioden, können aber wiederum nicht so hohe Frequenzen übertragen wie die Fotodioden. Aus diesem Grund werden Fotodioden dort vorgezogen, wo hohe Frequenzen (über einen IR-Strahl) übertragen werden müssen.

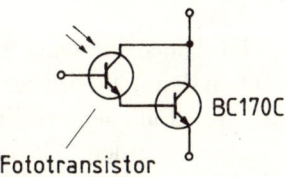

Abb. 13.2: Die Empfindlichkeit eines Fototransistors kann am einfachsten mit Hilfe eines zusätzlichen Transistors erhöht werden, der in einer „Tandemschaltung" wie ein Rucksack an den Fototransistor aufgehängt wird.

Einige Anwendungsmöglichkeiten der Fototransistoren haben wir bereits anhand von praktischen Schaltbeispielen in vorhergehenden Kapiteln kennengelernt. Beim Experimentieren mit Fototransistoren wird die Funktion der einen oder anderen Schaltung vor allem davon abhängen, ob die Intensität der Beleuchtung (des Lichtstrahles) stark genug ist, um z.B. einen Schaltvorgang zu bewirken. *Abb. 13.2* zeigt eine einfache „Tandemschaltung" (Darlington-Schaltung), bei der ein zusätzlicher Transistor die Empfindlichkeit des Fototransistors erhöht.

13.2 FET – MOSFET – CMOS: was soll man sich darunter vorstellen?

In so manchem Schaltbeispiel stößt man auf ein Transistor-Schaltzeichen, daß in *Abb. 13.3* aufgeführt ist. Hier handelt es sich um einen Feldeffekt-Transistor (abgekürzt FET).

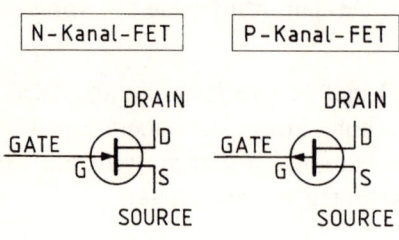

Abb. 13.3: Schaltzeichen der Feldeffekt-Transistoren

Viele Elektroniker betrachten einen Feldeffekt-Transistor mit einer ähnlichen Mischung von Mißtrauen und Unsicherheit, mit der ein Tierpfleger eines Hundeasyls einen neuen Zuwachs betrachtet, der den Körper eines Hundes und den Kopf einer Kobra hat.

Bei einem FET-Transistor fängt ja die Misere schon damit an, daß hier sogar seine drei Füßchen völlig anders bezeichnet werden, als es sich für einen ordentlichen Transistor gehört. Dabei ist so ein FET-Transistor ein feiner elektronischer Baustein. Die „normalen" Bipolartransistoren haben nämlich den Nachteil, daß sie zum Steuern ziemlich viel „Strom" und „Leistung" nötig haben.

Man würde annehmen, daß das normal ist. Bei den früher angewendeten Elektronenröhren war dem aber nicht so: Sie benötigten zum Steuern nur eine Spannung, aber fast keinen Strom und damit auch fast keine Leistung. Das war natürlich ein eminenter Vorteil, den man bei den bipolaren Transistoren vermißte und den erst wieder die FET-Transistoren haben. Das Steuern des Stromflusses geschieht hier über ein spezielles „GATE", das – im Gegensatz zu der Basis eines normalen bipolaren Transistors – von dem restlichen „Innenleben" des FET-Transistors vollkommen elektrisch isoliert ist (ähnlich wie bei den Elektronenröhren).

Somit kann mit Hilfe eines FETs fast leistungslos gesteuert und geregelt werden. Daraus ergibt sich auch, daß der FET einen viel höheren Eingangswiderstand als der bipolare Transistor hat. Diesen Vorteil könnte man sich einfachheitshalber so vorstellen, daß sich der FET (bzw. sein GATE) gegenüber dem zugeführten Signal nicht als ein „energiefressender Verbraucher" verhält.

Abb. 13.4: Einfaches
und nachbauleichtes
Schaltbeipiel eines
Kondensatormikrofon-
Vorverstärkers mit
einem FET-Transistor
am Eingang.

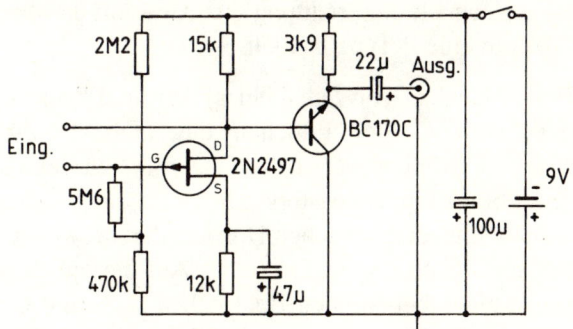

Diese Eigenschaft des FETs schätzt man besonders dann, wenn die eigentliche Energiequelle sehr schwach ist, wie es z.B. bei einem Kondensatormikrofon oder Radiosignal vorkommt. Hier ist dann von Vorteil, wenn zumindest die erste Vorverstärkerstufe mit einem FET (nach *Abb. 13.4*) bestückt wird, oder wenn man einen FET anstelle des „guten alten Kristalldetektors" in einen Mini-Radioempfänger nach *Abb. 13.5* einsetzt.

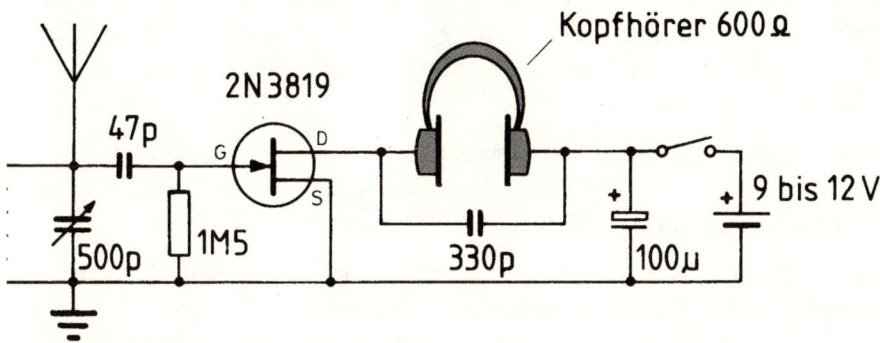

Abb. 13.5: Nachbauleichtes Schaltbeispiel eines Mini-Radioempfängers; Die Spule L wird hier auf dieselbe Weise erstellt, wie bei Schaltbeispielen nach Abb. 7.6. Im Vergleich zu so einem nostalgischen Kristall-Empfänger ist die Leistung dieses Empfängers zwar respektabel, aber ohne eine ordentliche Antenne und Erdung läuft hier nichts. Wenn ein leistungsstarker Mittelwellen-Sender in der Nähe ist, wird eine ca. 5 bis 10 m lange Antenne genügen (als Erde kann am besten der Fundamenterder – und alles, was mit ihm verbunden ist – dienen).

Ähnlich wie es NPN- und PNP-Transistoren gibt, gibt es auch N-Kanal- und P-Kanal FETs. Sie werden dann auch entweder mit einer positiven oder mit einer negativen Spannung betrieben, wie aus Abb. 13.3 ersichtlich ist. Die im FET eingezeichnete Pfeilrichtung gibt Auskunft darüber, ob es sich um eine N-Type oder um eine P-Type handelt.

Beim Nachbau von Schaltbeispielen muß hauptsächlich darauf geachtet werden, welches der Füßchen das „DRAIN-Füßchen" und welches das „SOURCE-Füßchen" ist. Im Gegensatz zu dem Kollektor und dem Emmiter eines bipolaren Transistors gibt es im eigentlichen Schaltzeichen eines FETs keinen rein zeichnerischen Hinweis darauf, welcher Fuß sozusagen sein „rechter" und welcher sein „linker" ist. Aus diesem Grund werden jedoch normalerweise die zubehörenden Buchstaben D, S und G an seine Anschlüsse hingeschrieben (wie es auch in Abb. 13.4 und 13.5 eingezeichnet ist).

Generell könnte man den Feldeffekttransistor als einen ebenbürtigen modernen Nachfolger der Elektronenröhre bezeichnen, der die Nachteile des bipolaren Transistors losgeworden ist. Da es bei den Elektronenröhren verschiedene Typen und Arten gegeben hat (bzw. noch gibt) – wie z.B. Trioden, Tetroden, Pentoden usw. – hat man sich natürlich auch bei den FET nicht nur mit einer einzigen Ausführung begnügt.

Von den vielen Ausführungen, die oft nur für ziemlich spezielle Anwendungen entwickelt wurden, verdient eine besondere Aufmerksamkeit der MOSFET. Das „MOS" steht hier für „metal-oxyd-semiconductor", das „FET" für Feldeffekt-Transistor.

Bei so einem komplizierten Namen darf man sich nicht wundern, daß so ein Ding gleich vier Füße statt den üblichen drei Füßen hat. Der vierte Fuß heißt „SUBSTRAT" (wird auf „SUB" abgekürzt) oder „BULK" (abgekürzt „B").

Abb. 13.6 zeigt das Schaltzeichen von einem sogenannten selbstleitenden N-Kanal-MOSFET. In den normalen Schaltbeispielen stößt man auf so einen fremden „vierbeinigen" Käfer nur ausnahmsweise. Daher genügt es völlig, wenn man weiß, daß es so etwas gibt. Wenn überhaupt – denn hier trifft wohl irgendwann das Sprichwort zu: „Wissen ist Macht, nichts wissen macht auch nichts".

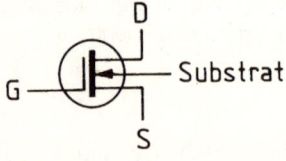

Abb. 13.6: Das Leben ist auch ohne Transistoren mit 4 Füßen schon kompliziert genug, aber manche Entwicklungsingenieure können es halt nicht lassen. Dann entstehen solche Ungeheuer, wie hier das abgebildete Schaltzeichen zeigt. Zum Glück beißen die Dinge nicht und wenn man so einem Schaltzeichen in einem Schaltbeispiel begegnet, muß nur darauf geachtet werden, daß die Füßchen des Halbleiters richtig angeschlossen werden (sie sind ja im Schaltplan in der Regel mit Buchstaben versehen).

Beruhigend dürfte hier der Hinweis darauf sein, daß man in den gängigen Schaltbeispielen auch einen normalen „Dreifüßchen-FET" nur relativ selten findet. Noch seltener wird man mit einem MOSFET als „Einzelbaustein" konfrontiert. Die MOSFET-Technik wird zwar bei sehr vielen ICs oder Hybride-Fertigbausteinen mit großer Vorliebe angewendet, aber da wird man beim Nachbau mit dem eigentlichen „Innenleben" nicht konfrontiert.

So enthält beispielsweise auch das Schalt-IC Type 4066 (das wir bereits in mehreren Schaltbeispielen verwendet haben) etwa 52 MOSFET-Transistoren (und 28 Dioden). Genau genommen handelt es sich hier um ein „CMOS-IC" (das „FET" läßt man BEI DIESEN ICs weg, sonst wird das Ganze unlesbar).

Wenn vor dem „MOS" ein „C" steht, bedeutet es in Hinsicht auf den technologischen Aspekt, daß es sich um MOS-FET's mit sogenanntem „Komplementäreingang" handelt. Bei so einem Eingang sind mindestens zwei MOS-FET's „komplementär" in Serie geschaltet. Das Wort „komplementär" bedeutet wiederum, daß es nicht zwei „polaritätsgleiche" MOS-FET's sind, sondern daß der eine MOS-FET als „N-Kanal" und der andere als „P-Kanal" ausgelegt ist. Die Bezeichnung „komplementär" verwendet man auch bei „normalen" (bipolaren) Transistoren, wenn in Serie ein NPN- und ein PNP-Transistor arbeiten (was sehr oft bei Verstärker-Endstufen vorkommt). Da man jedoch bei den FET's und MOS-FET's nicht über NPN- oder PNP-Typen, sondern über „N-Kanal" und „P-Kanal" spricht, assoziert sich das Ganze leicht mit völlig falschen Vorstellungsmodellen.

Aber was soll's. Wir wollen ja keine MOS-FET's herstellen, und brauchen uns daher mit den technologischen Hintergründen nicht den Kopf zu zerbrechen, denn für eine „normale" Anwendung sind sie nicht von Bedeutung. Es sei denn, man möchte mit so einem Baustein etwas besonderes entwickeln, und will sich an der Hand des „Innenlebens" ein Bild über seine Strapazierfähigkeit oder andere Eigenschaften machen. Hier hilft dann zusätzliche themenbezogene Fachliteratur problemlos weiter.

Wichtig: einer großen Beliebtheit erfreuen sich gegenwärtig die leistungsstarken FET-Typen, die als „Power-MOSFET-Komponente" erhältlich sind. Man kann sie – wie jeden anderen Transistor auch – u.a. als spannungsgesteuerte „Schalter" einsetzen. Im Gegensatz zu den bipolaren Transistoren hat man hier den Vorteil, daß nur eine sehr geringe Leistung ausreicht, um mit einem Power-MOSFET schalten zu können. Zudem haben einige dieser Halbleiter einen sehr niedrigen Innenwiderstand, wodurch an ihnen nur ein sehr geringer Spannungs- bzw. Leistungsverlust entsteht (sie arbeiten sehr energiesparend).

13.3 Thyristoren, Triacs ud Diacs

Thyristoren und Triacs sind Halbleiter, die als eine Art von „elektronischen" Schaltern entwickelt wurden (siehe auch Schaltzeichen in *Abb. 13.7*).

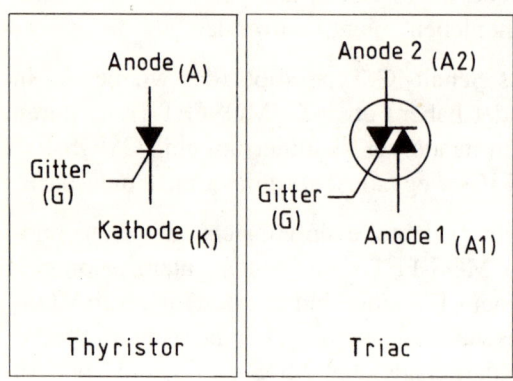

Abb. 13.7: Schaltzeichen von Thyristor und Triac

Sie sind im Umgang strapazierfähig, und soweit man selber nicht eine spezielle neue Schaltung entwickeln möchte (sondern nur eine bestehende nachbaut), muß man sich mit ihren technischen Eigenschaften nicht unbedingt zu detailliert befassen.

Es dürfte genügen, wenn man sich den Thyristor als eine „schaltende Diode" vorstellt, die nach *Abb. 13.8* nur dann Strom durchläßt, wenn ihr Gitter (über den Schalter S) eine positive Spannung erhält. In unserem Schaltbeispiel schaltet der Thyristor ein Relais. Im Vergleich zu anderen elektronischen Schaltern liegt hier der Nachteil bei einem relativ hohen Leistungsbedarf des Gitters. Für „feinere" elektronische Steuerschaltungen stellt diese „Freßsucht" des Thyristor-Gitters ein ziemliches Handicap dar. Aus diesem Grund bevorzugt man heutzutage anstelle des Thyristors lieber den im vorhergehenden Kapitel erwähnten „Power MOSFET" (oder ein elektronisches Gleichstrom-Relais, in dem ohnehin oft ein Power MOSFET als Schalter untergebracht ist).

Triacs erfreuen sich im Gegensatz zu Thyristoren einer ziemlichen Beliebtheit. Dies ist vor allem dem zuzuschreiben, daß man sie als leistungsfähige „Wechselstromschalter" bzw. „Wechselstromregler" ziemlich vielseitig verwenden kann.

Schon aus dem Schaltzeichen des Triacs geht hervor, daß es sich hier eigentlich um zwei Thyristoren handelt, die parallel, jedoch in unterschiedlicher Polarität, mit-

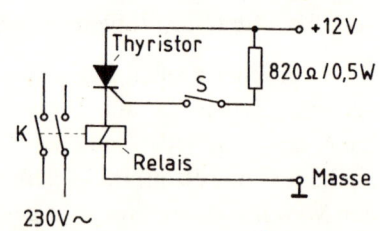

Abb. 13.8: Schaltbeispiel mit einem Thyristor (siehe Text).

einander verschaltet sind. Dieser Trick bietet den Vorteil, daß der Triac als steuerbarer Schalter den Strom in beiden Richtungen führen kann. Er kommt daher also auch mit Wechselstrom problemlos zurecht und das macht man sich zunutze.

So kann z.B. mit einem Triac ein preiswerter und nachbauleichter Dämmerungsschalter nach *Abb. 13.9* erstellt werden.

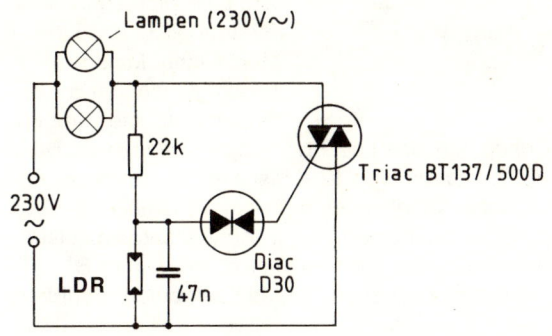

Abb. 13.9: Schaltbeispiel eines Dämmerungsschalters, in dem ein Triac als lichtgesteuerter Schalter angewendet wird. Wir haben für diese Schaltung einen preiswerten Triac gewählt, der für einen Schaltstrom von max. 8 A konzipiert ist. In die Schaltung kann jedoch auch ein wesentlich leistungsfähigerer Triac eingesetzt werden (z.B. die 16 A-Type TIC 246 M). Die Type des Fotowiderstandes (LDR) spielt keine besondere Rolle, aber in Hinsicht auf die einbaufreundliche Ausführung des Gehäuses eignet sich u.a. gut der A 1060; Der 47 nF-Kondensator sollte für 250 bis 400 V-Wechselspannung ausgelegt werden (weiter siehe Text).

Und dann gibt es hier auch noch einen Diac, über den bisher noch kein Wort verloren wurde. Es handelt sich dabei um eine spezielle Triggerdiode, die sich zur Steuerung von Triacs besonders gut eignet. Sie weist in beiden Richtungen eine sogenannte „Durchbruchsspannung" auf. Unterhalb dieser Spannung fließt durch den Diac nur ein sehr kleiner Strom, der nicht ausreicht, um den Triac zu öffnen. Erst wenn die Schwelle der Diac-Durchbruchsspannung überschritten wird, läßt der Diac die Steuerspannung an den Triac durch und dieser schaltet die angeschlossenen Verbraucher ein. Der Diac fungiert also als ein kleiner Hilfsschalter für den Triac. Wer sich in diversen vorhergehenden Kapiteln mit der Funktion des Dimmers mit NE 555 oder anderer elektronischer Schalter etwas vertraut gemacht hat, dem wird auch die Arbeitsweise des Diacs leicht begreiflich sein.

Es bleibt nur noch zu erwähnen, daß natürlich auch der Diac irgendwie gesteuert werden muß. Dafür ist in der Schaltung nach Abb. 13.9 der Spannungsteiler zuständig, der aus dem 22-k-Widerstand und dem Fotowiderstand besteht.

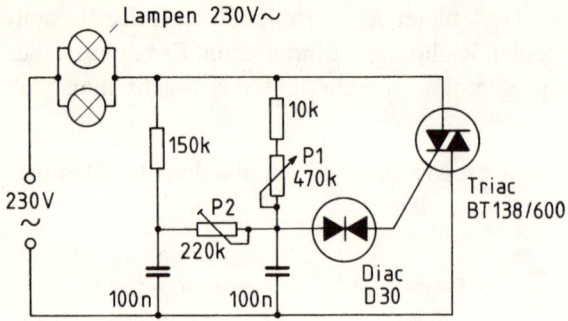

Lampen 230V~

230V~

150k
100n

P2
220k
100n

10k
P1
470k

Diac
D30

Triac
BT138/600

Abb. 13.10: Ein einfaches „mit fünf Mark sind Sie dabei-Schaltbeispiel" eines nachbauleichten Glühlampen-Dimmers: Potentiometer P1 ist für die eigentliche Regelung der Lichtintensität zuständig; Einstellpotentiometer P2 ermöglicht das Einstellen einer Mindest-Leuchtgrenze, um zu verhindern, daß die Lampen glimmen (und Strom verbrauchen), ohne daß eine Leuchtwirkung vorhanden ist. Der hier angewendete Triac ist für einen Schaltstrom von 12 A (bei einer Schaltspannung von max. 600 V) ausgelegt und kann daher Glühlampen mit einer Gesamtleistung von bis zu etwa 250 Watt schalten und regeln. Die beiden 100 nF-Kondensatoren sollten auch hier für eine Wechselspannung von 250 bis 400 V ausgelegt werden – z.B. WIMA-Typen MKP 10/400 V ~ (Schaltbeispiel aus dem Conrad Electronic-Datenblatt).

Das dürfte für uns nichts Neues sein: Bei Tageslicht hat der Fotowiderstand einen niedrigen Ohmschen Wert und an dem 47 nF-Kondensator, der parallel zu ihm angeschlossen ist, kann sich daher nur eine sehr kleine Spannung „aufbauen". Wenn es dunkel wird, steigt der Ohmsche Wert des Fotowiderstandes und damit steigt auch die Spannung an dem Kondensator. Sobald sie die erforderliche Höhe erreicht, „zündet" sie den Triac – und dieser schaltet den angeschlossenen Verbraucher (in unserem Fall die Lampen) ein.

Da ein Triac nicht nur schalten, sondern auch regeln kann, lassen sich mit ihm Dimmer (nach *Abb. 13.10*) oder auch andere Regelschaltungen – wie z.B. eine Spannungsregelung für einen Lötkolben (nach *Abb. 13.11*) bauen.

13.4 TTL-Bausteine und die Digitaltechnik

Die „normalen" ICs, mit denen wir uns bisher überwiegend befaßt haben, werden als „lineare ICs" bezeichnet. Wenn so ein IC beispielsweise als ein Vorverstärker oder Endverstärker arbeitet, verstärkt es linear das Eingangssignal im vorgegebenen Verhältnis – zum Beispiel 100 mal. Die Form des Signals wird dabei möglichst haargenau so wiedergegeben, wie sie dem Eingang zugeführt wird. Das klingt logisch, denn das Analog-Signal soll ja nicht verzerrt werden.

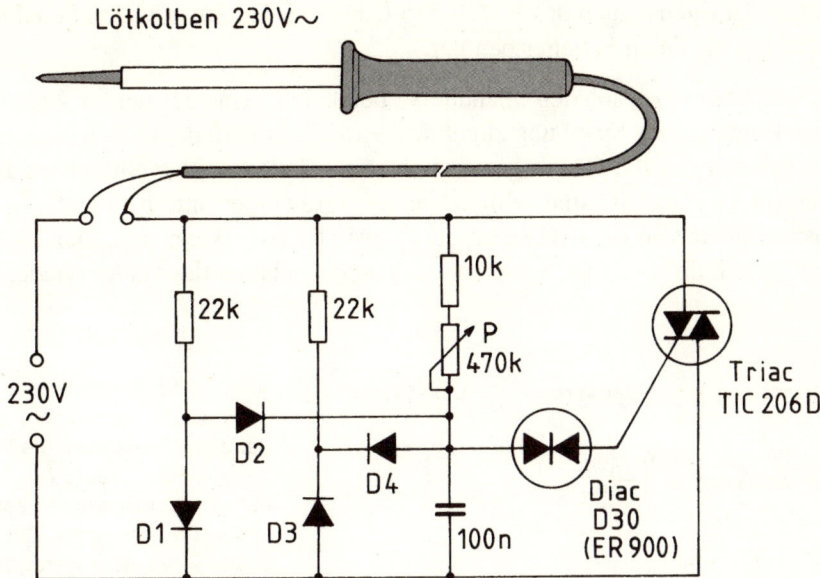

Abb. 13.11: Annähernd genausogut, wie diverse teure Lötkolben-Temperaturregler, funktioniert dieser einfache Eigenbau-Leistungsregler, auf den der vorher angesprochene Slogan „mit fünf Mark sind Sie dabei" ebenfalls zutrifft. Wenn man einmal am Knopf des Potentiometers P die richtige Position findet, bei der die Lötkolbenspitze die optimale Löttemperatur hat, kann diese Art der Temperaturregelung für normales experimentelles Löten gute Dienste leisten. Dioden D1 bis D4: 1 N 4004; der 100 nF-Kondensator muß hier ebenfalls für eine Wechselspannung von mindestens 250 V ausgelegt sein.

TTL ICs fungieren dagegen nur wie Schalter (zumindest „mehr oder weniger" – was typenabhängig ist). An ihrem Ausgang gibt es keine „Nachbildung" des zugeführten Signales, sondern nur zwei Zustände: entweder die volle Spannung oder keine Spannung. Genau genommen ist es meistens nur „fast" die volle Spannung und „fast" keine Spannung (wie bereits im Kap. 8/Abb. 8.14 erklärt wurde).

Professionell verwendet man auch hier anstelle der Begriffe „fast volle-" oder „fast keine Spannung" den Buchstaben „H" für „High" (hoch) und „L" für „Low" (niedrig); damit ist man aus dem Schneider.

Auf die Frage, wozu so etwas gut sein kann, müssen wir glücklicherweise keine zu komplizierte Antwort suchen. Das IC 4066, das wir bereits in mehreren Schaltbeispielen verwendet haben, kann auch nichts anderes. Es kann nur schalten. Übrigens: auch das IC NE 555 haben wir bereits in vielen Schaltbeispielen nur als einen Schalter benutzt.

Das Verhalten eines solchen „Schalters" beinhaltet keine Mysterien. Wenn an seinen Eingang eine Spannung zugeführt wird, die „oberhalb der Schaltgrenze" liegt, schaltet das IC. Genau genommen sein „Gatter" – also eine seiner Einheiten (in so einem IC sind ja meistens mehrere Gatter untergebracht, die als selbständige ICs in dem IC-Gehäuse integriert sind). Wenn die „Steuerspannung" unterhalb von einer Schaltschwelle sinkt, schaltet das Gatter wieder ab.

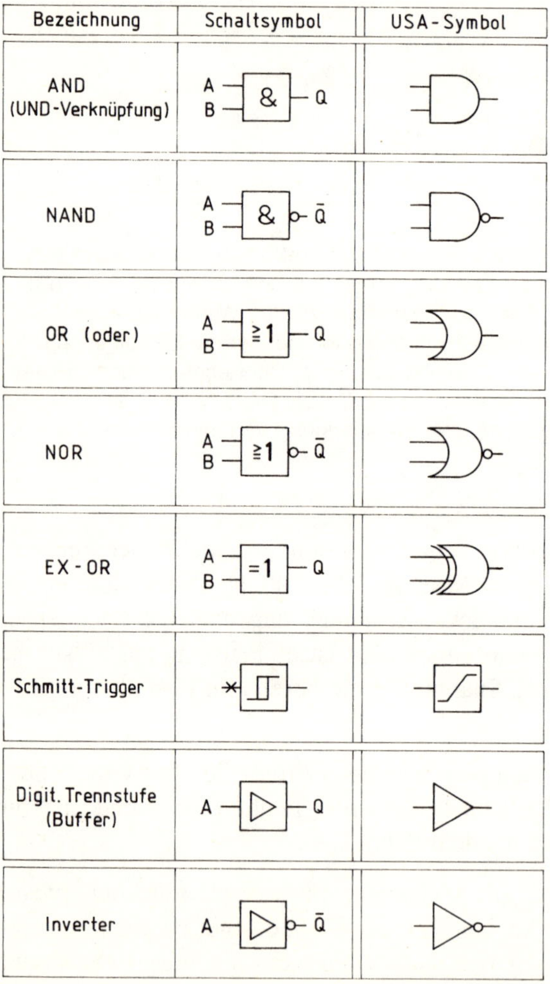

Bezeichnung	Schaltsymbol	USA-Symbol
AND (UND-Verknüpfung)	A B — & — Q	
NAND	A B — & o— Q̄	
OR (oder)	A B — ≧1 — Q	
NOR	A B — ≧1 o— Q̄	
EX-OR	A B — =1 — Q	
Schmitt-Trigger		
Digit. Trennstufe (Buffer)	A — ▷ — Q	
Inverter	A — ▷ o— Q̄	

Abb. 13.12: Einige Schaltsymbole (Schaltzeichen) der gängigsten TTL-ICs; die links aufgeführten „deutschen" Schaltsymbole wurden zwar erst vor relativ kurzer Zeit ausgetüftelt, aber werden sich kaum auf breiterer Ebene durchsetzen (dafür ist es inzwischen zu spät geworden). Zunehmend viele Schaltungen sind heutzutage ohnehin nur in englischer Version und damit auch nur mit USA-Schaltzeichen erhältlich; Auch die meisten deutschen Elektroniker verwenden entweder nur die USA-Schaltsymbole oder kombinieren es nach eigenem Ermessen (deutsche Schaltsymbole für „normale" Komponente und USA-Schaltsymbole für Bausteine der TTL-Technik). Da es sich auch in diesem Fall um Schaltsymbole von Bausteinen handelt, bei denen in einem Schaltplan ohnehin die Type angegeben ist, kann es auch beim Nachbauen zu keiner Verwechslung kommen.

Dieses „entweder/oder-Verhalten" wurde vor allem für elektronische Rechner (genau genommen für die Digitaltechnik) ausgetüftelt und in vielen Varianten ausgebaut. So sind sehr viele sehr einfache – und wie es sich gehört – auch viele sehr komplizierte ICs entstanden, die alle einen Namen haben, die alle für Irgendetwas gut sind und die zunehmend ihren Einzug auch in die einfachsten Schaltbeispiele nehmen.

Eine Eigenheit der „herkömmlichen" TTL-ICs verdient besondere Beachtung: sie benötigen alle eine ziemlich exakte Speisespannung von +5 Volt. Die maximale Abweichung darf nur 5% betragen, was theoretisch einen Spannungsbereich zwischen 4,75 V und 5,25 V ausmacht. Nicht vergessen: die meisten Multimeter messen aber auch mit einer Ungenauigkeit von ca. 3 bis 5%, wodurch der theoretische Spielraum in der Praxis in die Nähe der Null schrumpft (es sei denn, man vergleicht die Meßwerte seines Multimeters mit einem präzisen Laboratorium-Voltmeter, um festzustellen, wie groß der Meßfehler-Unterschied in diesem Spannungsbereich genau ist).

Neben den „herkömmlichen" (normalen) TTL-ICs gibt es jedoch auch noch die „moderneren" HIGH-SPEED-CMOS-HC und HIGH-SPEED-CMOS-HCT Logikbausteine, die für einen Betriebsspannungsbereich von 2 V bis 6 V ausgelegt sind. Sie weisen sehr kurze Schaltzeiten auf und sind durch ihren breiten Betriebsspannungsbereich „anwenderfreundlicher", als die normalen TTL-ICs.

Wir würden es in diesem Buch vom Umfang her nicht (mehr) schaffen, alle Anwendungsmöglichkeiten der TTL-ICs vollständig zu erklären. Einige einfachere Schaltbeispiele können jedoch die praktische Anwendung dieser ICs etwas greifbarer machen.

Soweit man bestehende Schaltbeispiele nur nachbauen will, genügt es zu wissen, daß ein Schaltzeichen nach *Abb. 13.12* mit den TTL-ICs zusammenhängt. Wenn man dann so ein IC beispielsweise im Katalog eines Elektronik-Versandhauses ausfindig machen will, weiß man, daß es in der Rubrik der „TTL-ICs" auffindbar ist.

Wer sich zum Suchen nach einem TTL-IC im Katalog verleiten läßt, wird spätestens dort entdecken, daß es neben den „normalen" TTL-ICs auch noch Low-Power-Schottky-TTL (LS-TTL) gibt. Hier handelt es sich um „energiesparende" ICs, die mit ca. 10% der Speiseleistung zufrieden sind, die die „normalen" TTL-ICs verbrauchen. Leider sind sie wiederum etwas langsamer als die „normalen" TTLs und somit bleiben beide Technologien „im Rennen". Vorläufig.

Das Schaltsymbol bleibt für beide Spezies gleich. Ansonsten kann jedes der TTL-ICs etwas anderes. Bei den Schaltsymbolen in Abb. 13.12 fallen einige darstellerische Unterschiede auf, die sich ähnlich leicht erklären lassen, wie die Arbeitsweise dieser Bausteine.

Wir nehmen uns einfachheitshalber das AND-Gatter vor und sehen uns seine zwei Schaltsymbole in Abb. 13.12 (oben) an: Das „deutsche" Schaltsymbol ist etwas aussagekräftiger, weil hier neben den zwei Eingängen A und B auch noch das „UND" (als „&") eingezeichnet ist. Der Buchstabe „Q" am Ausgang des Gatters hat im Grunde genommen einen ähnlichen Stellenwert, wie das Brandzeichen am Hintern einer Kuh in Texas. Allerdings mit einem Unterschied: Wenn über dem Q noch ein Strichle als Dächlein angebracht ist, bedeutet es, daß das Ausgangssignal gegenüber dem Eingangssignal invertiert ist. Zudem haben alle invertierenden Gatter einen Bommel am Ausgang des Schaltsymbols.

Der Begriff „invertiert" beinhaltet hier folgendes: wenn Eingang „LOW (L)" ist, ist Ausgang „HIGH (H)" – oder umgekehrt.

Jetzt schauen wir uns dieses Gatter in Abb. 13.13 an: Sein Ausgang springt nur dann auf „HIGH (H)" um, wenn beide seiner Eingänge eine HIGH (H)- Spannung (also eine positive Spannung) erhalten. Solange dagegen an einem bzw. an beiden Eingängen eine LOW (L) Spannung ist, bleibt der Ausgang ebenfalls LOW (L) – hat also keine Spannung.

Abb. 13.13: Die 4 Betriebszustände, die ein AND-Gatter haben kann
siehe auch Text.

Die Sache hat nicht unbedingt den Anschein, daß sie der Menschheit einen Nutzen bringen könnte. In diesem Fall kann aber ein Beispiel das Gegenteil nachweisen:

Angenommen in einem Museum wird ein Exponat mit zwei Infrarot-Strahlen gegen Diebstahl geschützt. Wir schließen die Empfänger dieser zwei Strahlen an den Eingang des AND-Gatters an, die damit an beiden Eingängen ein HIGH-Signal empfangen. Seinen Ausgang verbinden wir mit dem „Alarm-Eingang" des ICs 555 (Pin Nr. 2), an das eine Sirene angeschlossen ist.

Das IC 555 löst einen Alarm aus, sobald sein Füßchen Nr. 2 ein LOW-Signal erhält. Das trifft sich gut. Wenn hier ein Dieb einen der IR-Strahlen unterbricht, fällt der zuständige Eingang auf L (auf Nullspannung) herunter, damit kippt der Gatter-Ausgang ebenfalls auf L um, und der Alarm geht los.

Wenn wir nun bei so einer Schaltung an den Gatter-Ausgang eine Alarmanlage anschließen möchten, die nicht bei einem L-Pegel, sondern bei einem H-Pegel (bei einem PLUS-Spannungsimpuls) loslegt, wäre dieses Gatter ungeeignet. Nun käme das invertierende NAND-Gatter zum Einsatz. Sein Ausgang funktioniert genau umgekehrt als der des abgebildeten AND-Gatters: in den ersten drei Fällen (in der Abbildung von links betrachtet) wird der Ausgang „HIGH" und nur wenn beide Eingänge „H" sind, steht er auf „L" (ist ohne Spannung).

So einfach ist die Digitaltechnik, wenn man weiß worum es geht.

Ein Leser, der dieses Buch zügig durchgelesen hat, könnte nun dahinterkommen, daß wir in Zusammenhang mit dem IR-Diebstahlschutz nicht die ursprünglich entworfene „Gartenschaltung" als Beispiel genommen haben. Dort war es nämlich mit der Unterbrechung der Strahlen anders: Nur wenn beide Strahlen gleichzeitig unterbrochen wurden, ging der Alarm los.

Kein Problem! Hier käme in dem Fall das OR-Gatter zum Zuge. Es funktioniert ähnlich, wie das AND-Gatter in *Abb. 13.13,* wenn wir hier alle L- und H-Buchstaben miteinander austauschen. Wer es nicht glaubt, der kann sich

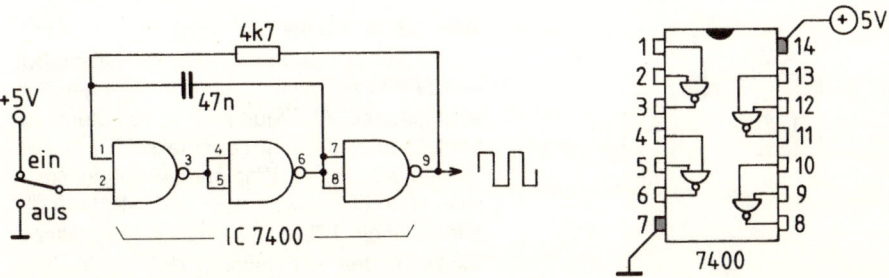

Abb. 13.14: Mit einem Digital-IC läßt sich sehr einfach ein Oszillator (als Taktgeber oder Tongenerator) bauen. Die Frequenz bestimmen hier die zwei RC-Komponente (größerer Kondensator oder größerer Widerstand haben eine niedrigere Frequenz zufolge – und umgekehrt). Bemerkung: dieses IC ist auch in Varianten wie 74 HC 00, 74HCT 00 oder SN 7400 N auffindbar und erhältlich.

interessehalber selbst eine alternative Schaltung erstellen. Das letzte Gatter rechts wird dann dreimal den Buchstaben „L" erhalten. Alarmauslösend wäre hier also der L-Pegel. Wenn wir den Alarm mit H-Pegel auslösen möchten, müßten wir hier ein NOR-Gatter einsetzen (das invertiert).

Als nächstes wäre nun das EX-OR-Gatter an der Reihe. Sein Verhalten läßt sich einfach erklären: Wenn beide seiner Eingänge entweder LOW oder HIGH sind, ist sein Ausgang LOW. Ist einer der Eingänge LOW und der andere HIGH, dann steht sein Ausgang auf HIGH. Dieses Gatter gehört schon zu den etwas exotischeren Vögeln, aber auch das findet in bestimmten Schaltungen seine Anwendung – besonders auf dem Gebiet der Rechner- und Steuertechnik.

Mit großer Vorliebe werden die TTL-ICs auch als Oszillatoren und Taktgeber angewendet, weil sie mit einem Minimum an zusätzlichen Komponenten Genügen nehmen. So zeigt Abb. 13.14 ein inzwischen „klassisches" Schaltbeispiel eines Oszillators mit drei NAND-Gattern (das vierte Gatter, das ebenfalls im IC „wohnt", haben wir in dieser Schaltung nicht benötigt). Der Kondensator und der Widerstand sind für die Frequenz dieses Oszillators maßgebend. Er liefert eine Rechteckspannung von einigen Hz bis zu einigen MHz und läßt sich, wie eingezeichnet, ein- und ausschalten. Wenn man beispielsweise sein Füßchen Nr. 2 mit dem letzten Ausgang des AND- Gatters in Abb. 13.13 verbindet, wird dieses Gatter bei einem H-Pegel am Ausgang den Oszillator eingeschaltet halten und bei einem L-Pegel am Ausgang abschalten.

Diese einfachen Beispiele zeigen, wie eigentlich alles in der Elektronik miteinander kombiniert werden kann und wie vielseitig sich jeder der vielen Bausteine verwenden läßt.

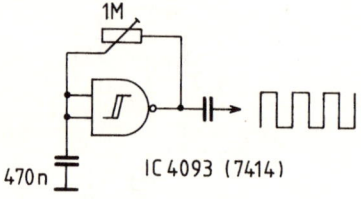

1M

470n   IC 4093 (7414)

Abb. 13.15: Ein sehr einfacher Oszillator mit einem Schmitt-Trigger-IC; Das Schaltsymbol wurde nun absichtlich etwas anders gewählt, als in unserer Abbildung 13.12 aufgeführt ist (weil es in dieser Form ebenfalls oft in Schaltplänen vorkommt). Was noch wichtiger ist: man kann hier sowohl ein CMOS-IC (4093), wie auch ein TTL-IC (7414) einsetzen. Allerdings mit dem Unterschied, daß das IC 4093 eine Speisespannung zwischen 5 und 15 V (typenbezogen zwischen 3 und 18 V) und das TTL-IC 7414 eine exakt 5 V-Speisespannung (bei der Type 74 HC 14 eine Speisespannung zwischen 2 und 6 V) benötigt. Der Wert des Ausgangskondensators liegt beim Tongenerator zwischen 47 nF und 100 nF, bei Anwendung als Taktgeber genügen in der Regel ca. 330 pF.

Der in Abb. 13.12 eingezeichnete Schmitt-Trigger verhält sich wie ein Schalter, der erst dann einschaltet, wenn die Spannung an seinem Eingang eine gewisse Schwelle überschreitet und wieder abschaltet, wenn diese unterhalb einer Spannungsschwelle sinkt. Wenn man an seinem Eingang z.B. eine sinusförmige Spannung anschließt, reagiert er auf das „Herauf und Herunter" der Sinuswellen nur mit Ein-und Ausschalten. Somit liefert er an seinem Ausgang anstelle der Sinusspannung nur Rechteckpulse – was oft erwünscht ist.

Interessant an einem Schmitt-Trigger ist, daß man aus einem einzigen Gatter einen Rechteckgenerator (als Tongenerator oder Taktgeber) nach *Abb. 13.15* bauen kann.

Eine kurze Erwähnung verdient hier noch die digitale Trennstufe, die auch als Buffer, Puffer oder „Treiber-IC"bezeichnet wird. Ihr Aufgabe ist einfach zu erklären: Viele der AND, NAND, OR und ähnlichen Digital-Glieder können nur einen sehr bescheidenen Strom liefern, mit dem man z.B. kein Relais oder keine anderen „stromfressenden" Schaltungen steuern kann. An so ein Gatter kann dann ein Puffer angeschlossen werden, der – ähnlich wie z.B. ein zusätzlicher Transistor – einen höheren Ausgangsstrom liefert und Relais oder andere Bauelemente direkt antreiben kann. Zudem schützt er das Gatter vor evtl. Störungen, die in den angeschlossenen Schaltungsteilen entstehen. Auf ein konkretes Anwendungsbeispiel kommen wir noch im Kap. 14.1 (Abb. 14.4 und 14.5 zurück).

Wichtig: nicht bei allen ICs, die mit den in Abb. 13.12 aufgeführten Schaltsymbolen in diversen Schaltplänen zurückzufinden sind, handelt es sich um TTL-ICs. Vergleichbare AND, NAND, OR und andere ICs gibt es auch in der CMOS-Ausführung. CMOS-ICs sind (im Gegensatz zu den TTL-ICs) für Speisespannungen von ca. 5 bis 15 Volt ausgelegt und man erkennt sie daran, daß ihre Typenbezeichnung mit der Nummer 4 anfängt (Beispiel: 4011, 4522, 4093 usw.). Bei den TTL-ICs fängt die Bezeichnung „mehr oder weniger" mit der Zahl 74 oder 84 an. Weniger, wenn es sich beispielsweise um eine Typenbezeichnung wie „FLH 191-7402" oder „SN 7402" (was herstellerbezogen variiert) und mehr, wenn die Bezeichnung entweder „74 HCT 14" oder schlicht „7414" lautet.

Fazit: wenn in der Typenbezeichnung eines ICs die Zahl 74 irgendwo versteckt ist, sollte die Speisespannung nicht die 5 Volt überschreiten – soweit diesbezüglich keine anderen Angaben auffindbar sind. Das klingt nach einem Hintergrund mit Fragezeichen. Das stimmt auch. Und zwar aus dem Grund, daß es – wie bereits erklärt wurde – auch noch moderne „High-Speed-CMOS-

ICs Type 74 HC." gibt, die zwar anstelle der „normalen" TTL-ICs angewendet werden können, aber in einem Speisespannungsbereich zwischen 2V und 6V betrieben werden dürfen.

Diese Information wirkt etwas kompliziert, aber in der Praxis ist die Sache relativ einfach: Wenn man selber die IC-Type wählen muß, weil im Schaltplan nur „kahle" Nummern angegeben sind, orientiert man sich einfach an der Speisespannung. Soweit da nicht eine Spanung von +5 V, sondern von 9, 12 oder 15 V eingezeichnet wurde, ist die Sache klar: Da muß ein CMOS-IC eingesetzt werden. Andernfalls (bei einer + 5V-Spannung) kann entweder ein „normales" TTL-IC, ein LS-TTL-, ein HC-MOS oder ein HCT-MOS-IC angewendet werden. Da es sich aber bei den letztgenannten ICs um Bausteine handelt, die nicht gerade für einfache „Wald-und Wiesen-Bauanleitungen" benötigt werden, ist zum Zeitpunkt der „Problembewältigung" der Anwender meistens ausreichend aufgeklärt.

Im folgenden Kapitel geht es auf diesem Gebiet ohnehin noch weiter ...

14 Der PC schaltet und steuert

Mit einem jeden kleinsten „Haus und Garten-PC" kann man schalten, steuern und regeln. Der Problemschwerpunkt liegt hier nicht so sehr bei dem „WIE", sondern eher bei dem „WAS-WO-WOZU".

Die meisten Empfehlungen, die sich bei diversen Anwendungsvorschlägen darauf beziehen, was man alles im privaten Bereich mit dem PC steuern, regeln oder schalten könnte, sind oft zu sehr an den Haaren herangezogen. Mindestens dann, wenn es sich nicht nur um den rein spielerischen Aspekt, sondern auch um eine konkrete Nutzungsmöglichkeit handeln sollte.

Man kann sich gut vorstellen, daß z.B. – besonders in Bayern – eine zusätzliche Taste am PC willkommen wäre, bei deren Betätigung ein Glas Bier abgerufen werden kann. Einem, der sich fleißig durch dieses Buch bis hierher „durchgebissen" hat, dürfte das Austüfteln eines solchen „Zubringers" kaum schwerfallen. Man muß nur auf die richtige Art die Möglichkeiten der modernen Technik mit dem uralten Bibelzitat kombinieren, das besagt: „Wo der Wille ist, ist auch ein Weg".

Zugegeben, in diesem Beispiel kollidiert der Arbeits- und Kostenaufwand mit dem limitierten Profit der erbrachten Leistung – es sei denn, man macht so etwas einfach nur spaßeshalber. Abgesehen davon will dieses Beispiel nur auf die an sich uneingeschränkten Möglichkeiten hinweisen, denen sich ein kreativer Elektroniker bedienen kann.

In der Praxis finden sich auf diesem Gebiet sinnvolle Anwendungen eher dann, wenn der PC einer größeren Anzahl von Benutzern dienen soll, die etwas mehr benötigen, als die Standard-Hardware bietet. Bei einfacheren Anwendungen geht es erstens oft darum, daß die Befehle nicht direkt über die normale Tastatur eingegeben werden sollen, zweitens darum, daß der PC über eine seiner Schnittstellen irgendetwas bewegt, steuert oder schaltet.

Bei vielen PC-Infoanlagen ist es beispielsweise erwünscht, daß der Benutzer seine Wünsche dem PC nicht über die normale Tastatur, sondern nur über einige wenige „Spezialtasten" in einer „Dialogform" mitteilt.

So kann z.B. ein Reisebüro auch außerhalb der Geschäftszeit hinter dem Schaufenster einen PC haben, der mit nur drei Tasten bedient wird, die als Sensoren hinter dem Schaufensterglas angebracht sind. Der Interessent kann sich mit Hilfe dieser Tasten beliebige Auskünfte am Bildschirm abrufen. Die erwähnten drei Tasten könnten dann z.B. als „zurück zum Anfang", „weiterblättern" und „zurückblättern" bezeichnet werden und in dem Sinne auch fungieren.

Der Anwender kann sich auf diese Weise z.B. alle Angebote von „Schnäppchen" durchblättern. Auf dieselbe Art kann sich auch ein Tourist im Schaufenster (oder in einer Vitrine) eines örtlichen Fremdenverkehrsamtes Übernachtungsmöglichkeiten, Sehenswürdigkeiten usw. auflisten.

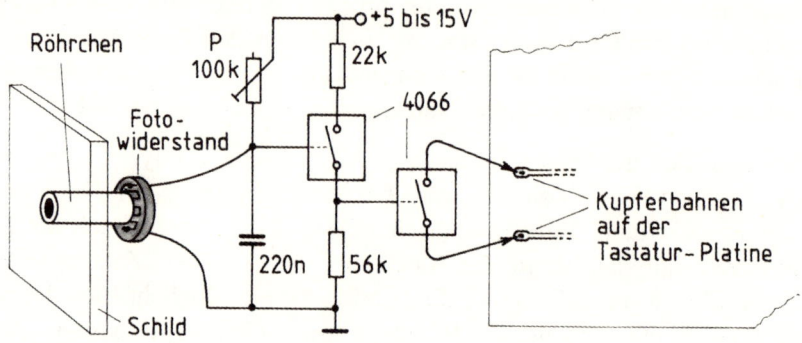

Abb. 14.1: Funktionsprinzip einer Sensortaste mit Fotowiderstand. Das Röhrchen vor dem Fotowiderstand reduziert den Lichteinfall.

Eine PC-Tastatur läßt sich allerdings durch das Glas nur mit Hilfe von zusätzlichen Sensoren bedienen. Als solche lassen sich im einfachsten Fall die uns bekannten Fotowiderstände nach *Abb. 14.1* anwenden. Einige der ausgewählten Tasten (Tastenkontakte) der PC-Tastatur werden dann jeweils mit einem Gatter des IC 4066 überbrückt. Das Funktionsprinzip läßt sich hier ziemlich leicht begreifen: Der Fotowiderstand ist normalerweise (zumindest tagsüber) beleuchtet, und sein Ohmscher Wert liegt bei einigen tausend Ohm. Damit ist der Steuereingang des ersten Gatters 4066 über den Fotowiderstand mit der Masse verbunden. Mit dem Einstellpotentiometer P läßt sich das Spannungsniveau am Steuereingang so einstellen, daß dieser nur dann schaltet, wenn ein Finger oder eine Hand den Fotowiderstand abdeckt.

In der Praxis hat sich gut bewährt, wenn die Lichtzufuhr zum Fotowiderstand durch ein kurzes Röhrchen etwas komprimiert wurde. Wie aus der Zeichnung hervorgeht, muß nicht unbedingt die ganze fotoempfindliche Fläche des Widerstandes genutzt werden (sie muß jedoch gut gegen Lichteinfall abgeschirmt sein – was übersichtshalber nicht eingezeichnet wurde).

Sobald der Fotowiderstand mit der Hand „verdunkelt" wird, erhöht sich sein Ohmscher Wert, der Steuereingang des Gatters 4066 wird „HIGH" und sein Schalter schließt. Dadurch bekommt das zweite Gatter 4066 ebenfalls eine positive Spannung an seinem Steuereingang und schließt auch. Wenn der „Schaltkontakt" des Gatters parallel zu einer Taste der PC-Tastatur angelötet wird, übernimmt er ihre Arbeit. Weiteres hängt nur von dem Software-Programm ab.

In der Praxis hat sich gezeigt, daß viele der „normalen Menschen" derartige Tasten übertrieben „gründlich" bedienen. Die Taste gibt dann dem PC nicht nur einen kurzen Impuls, sondern ein länger dauerndes Signal. Statt eines einzigen Zeichens empfängt dann der PC mehrere Zeichen, mit denen er nichts anfangen kann (z.B. statt des Buchstaben A gleich eine Reihe von AAAAAAAAAAAA).

Mann könnte zwar hypothetisch in der Software die Eingangsbefehle auf alle in Frage kommenden Zeichenzahlen programmieren (auf AA, AAA AAAA usw. – bis zu einer Menge, bei der man annehmen kann, daß dem Benutzer die Hand weh tun wird). Technisch einfacher ist aber die Lösung nach *Abb. 14.2*. Der Verbindungskondensator zwischen den beiden Gattern läßt nur einen einzigen kurzen Schaltimpuls durch. Ohne Rücksicht auf die Dauer der Tastenbetätigung.

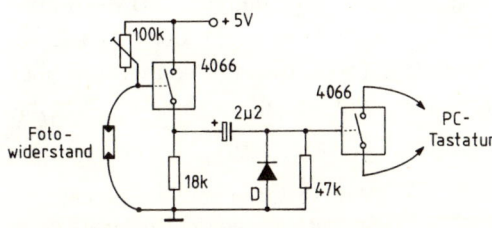

Abb. 14.2: So mancher „PC-unerfahrene" Anwender läßt seinen Finger zu lange an dem Sensor ruhen; dies hat bei einer Schaltung nach vorhergehendem Beispiel zufolge, daß der PC eine „Salve" von Zeichen erhält, mit denen er nichts anfangen kann. Die hier aufgeführte und jahrelang erprobte Schaltung gibt der PC-Tastatur nur einen einzigen Impuls (über den Elektrolyt-Kondensator) ohne Rücksicht auf die Dauer der Tastenbetätigung. Für manche Info-Anlagen werden 12 oder noch mehr Eingabetasten benötigt. Sie können alle auf dieselbe Weise wie abgebildet verschaltet werden (unabhängig voneinander). Es muß sich dabei nicht immer nur um Sensortasten handeln. Auch mechanische Tasten begrüßen zusätzliche Schalt-ICs (4066), wenn sie zu weit von der PC-Tastatur entfernt angebracht sind.

Diese Schaltung funktioniert (erprobt) auch dann sehr gut, wenn anstelle des ersten Gatters nur ein mechanischer Taster angewendet wird. So ein Tastenfeld kann z.B. in der Tischplatte einer Info-Anlage eingelassen (oder als Folientastatur angebracht) werden. Der PC-Monitor kann in der Wand eingebaut sein und der PC steht im Nebenraum (dies nur zur konkreten Aufklärung, wozu so etwas überhaupt gut sein kann).

14.1 Die parallele Schnittstelle als Datenausgabe

An der „Rückseite" eines jeden PCs gibt es etliche Konnektoren (Stecker), die als Schnittstellen bezeichnet werden: Wenn man etwas steuern oder schalten möchte, kann man sich aussuchen, welche der Schnittstellen sich für das eine oder das andere Vorhaben am besten eignet.

Es gibt prinzipiell zwei Arten von Schnittstellen: Serielle und parallele. Fast jeder PC verfügt sowohl über eine oder mehrere serielle, wie auch über eine oder mehrere parallele Schnittstellen (das geht aus seinen technischen Daten hervor).

Wenn man auf eine relativ unkomplizierte Weise mit dem PC etwas schalten oder steuern möchte, eignet sich dafür die parallele Schnittstelle besser als die serielle. Schon deshalb, weil man die Arbeitsweise einer parallelen Schnittstelle wesentlich leichter begreift und in den Griff bekommt, als die der seriellen Schnittstelle.

So eine parallele Schnittstelle besteht bei den sogenannten „IBM-kompatiblen" PCs aus einem 25-poligen Stecker (nach *Abb. 14.3*), der offiziell als „25-polige Centronics-Schnittstelle" bezeichnet wird (das müssen wir uns aber nicht merken). Was uns zu interessieren hat, sind vor allem seine 8 „Arbeitsausgänge".

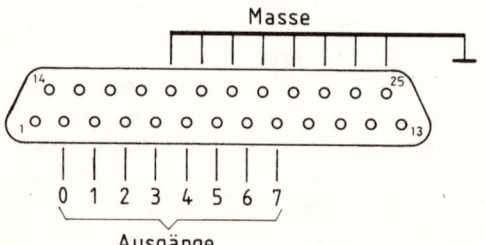

Abb. 14.3: Die parallele Drucker-Schnittstelle an der Rückseite des PCs hat 8 Ausgabe-Ausgänge; in der Digitaltechnik ist es üblich, daß in solchen Fällen nicht von 1 bis 8 sondern von 0 bis 7 numeriert wird. Der Stecker ist hier so eingezeichnet, wie man ihn an der Rückseite des PCs von außen sieht

Jeden dieser Ausgänge kann man sich vorerst als 5 V-Spannungsquellen vorstellen, die unabhängig voneinander vom PC entweder auf „HIGH" oder auf „LOW" geschaltet werden. Auf diese Weise sendet der PC seine Daten zu dem Drucker (zur Erinnerung: „HIGH" bedeutet, daß an dem Kontakt eine Plus-Spannung steht; „LOW" bedeutet, daß da annähernd eine Null-Spannung ist).

Wenn man nun über die Tastatur in den PC (auf den Bildschirm) ein Zeichen eintippt und den Befehl „Drucken" eingibt, erscheint an den 8 Ausgängen der Schnittstelle (Abb. 14.3) eine Kombination von HIGH- und LOW-Daten, die der „Kode" des eingegebenen Zeichens zubehören. Sie bleiben hier so lange stehen, bis ein neuer Befehl eingegeben wird (also auch wochenlang). Das trifft sich gut, denn man kann beim Experimentieren jeweils feststellen, welcher der Kontakte Spannung hat (auf „H" steht) und welcher nicht (der steht dann auf „L").

Abhängig von dem eingegebenen Zeichen variiert die Anordnung der H- und L-Werte anscheinend ziemlich „wild" durcheinander. Bei dem einen Zeichen erscheint eine Reihenfolge von L-H-H-L-L-H-H-L oder H-H-L-H-L-L-H-H oder H-L-L-L-L-L-L-L usw. Jedes Zeichen hat eine eigene Kode. Rein rechnerisch ergeben sich bei 8 Datenausgängen insgesamt 256 Kombinationen.

Wenn wir nun am Ausgang des PCs von allen diesen Möglichkeiten Gebrauch machen würden, könnten wir beispielsweise 256 Motoren oder Lämpchen schalten. Direkt. Mit zusätzlichen Tricks – bei denen man z.B. zwei nacheinanderfolgende Befehle elektronisch aneinander bindet, könnte man an die 65.536 Motoren schalten. Wenn man drei nacheinanderfolgende Befehle entsprechend dekodiert, ergibt es gleich stolze 16,7 Millionen Möglichkeiten. Wer hat aber schon so viele Motoren... Und dann die Arbeit mit den Verbindungen...

Mit diesem Beispiel wollten wir nur darauf hinweisen, daß es in Hinsicht auf die Möglichkeiten einen ernormen Spielraum gibt.

Wir sind aber vorerst zufrieden mit einer einfacheren Nutzung, und sehen uns erst an, wie sich das Ganze in der Praxis überhaupt bewältigen läßt: In erster Linie ist darauf hinzuweisen, daß die PC-Datenausgänge nur eine sehr geringe Stromabnahme verkraften (die markenabhängig etwas variiert), und daß sie zudem mit keiner Fremdspannung in Berührung kommen dürfen (das könnte den PC schwer beschädigen). Aus diesem Grund sollte eine separate Ausgabeplatine angewendet werden, die über ein Flachkabel mit passendem Stecker an den Druckerausgang des PCs angeschlossen wird.

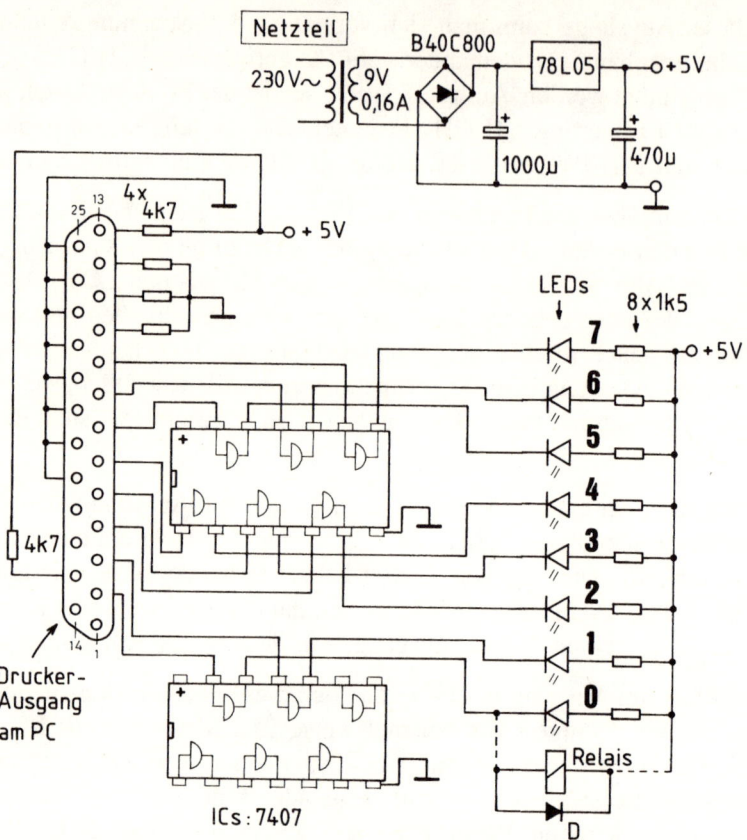

Abb. 14.4: Praktisches Schaltbeispiel einer Ausgabeplatine am parallelen Drucker-ausgang. Beide 7407-ICs benötigen eine 5 V-Speisespannung, die aus einem Netzteil (rechts oben) bezogen werden kann. Die am Stecker eingezeichneten Widerstände sind an der Ausgabeplatine unterzubringen. Bemerkung: Der im Netzteil eingezeich-nete Spannungsregler ist nur für einen Maximumstrom von 100 mA ausgelegt. Wenn anstelle von „Low- Current-LEDs" nur Standard LEDs angewendet (oder sogar auch noch mehrere Relais betrieben) werden sollen, müssen ein 1 A-Spannungsregler (Type 7805) und ein Netztransformator mit einer entsprechend leistungsfähigeren Sekundärwicklung anstelle der aufgeführten Bausteine eingesetzt werden.

Bei diesem Vorhaben kommt nun endlich das im Kapitel 13.4 angesprochene „Treiber-IC (7407)" an die Reihe. Wie aus der Abb. 14.4 ersichtlich ist, sind in einem IC Gehäuse gleich 6 Treiber integriert, die man als „leistungsverstär-kende" Bausteine jeweils zwischen den Datenausgang und die angeschlossene LED einsetzen kann.

Das „Innenleben" von einem der integrierten Treiber zeigt Abb. 14.5. Normalerweise braucht uns nicht zu interessieren, wie die Schaltung in so einem IC aussieht, aber in diesem Fall ist für die Anwendung wichtig, wie die letzte Ausgangsstufe ausgelegt ist. Die Treiberstufen dieses ICs haben hier sogenannte „offene Kollektorausgänge".

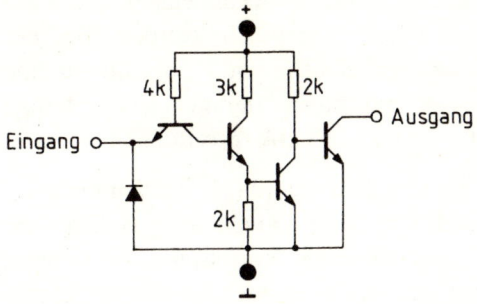

Abb. 14.5: Schaltschema eines Treiber-Gliedes des ICs 7407; in dem IC sind 6 solche Treiber integriert, die völlig unabhängig voneinander arbeiten können; sie sind jedoch im IC-Inneren alle an dieselbe Speisespannung und Masse (IC-Füßchen Nr. 14 und Nr. 7) angeschlossen.

Was man sich darunter vorstellen dürfte, geht eigentlich deutlich aus dem Schaltplan hervor: Der Kollektor des Ausgangstransistors bezieht seine Stromversorgung nicht innen im IC, sondern muß sie von außen erhalten. Natürlich nicht auf die Weise, daß man ihn einfach direkt (ohne einen Vorwiderstand oder eine andere Last) an eine positive Spannung anschließt. So etwas darf man ja mit einem normalen Transistor auch nicht machen. Deshalb haben wir in *Abb. 14.4* die Treiberausgänge über Low-Current-LEDs mit 1k5-Vorwiderständen (oder alternativ über die Spule eines Relais – wie rechts unten eingezeichnet ist) an die Speisespannung angeschlossen.

Lassen Sie sich bitte nicht durch die vielen Verbindungen in diesem Schaltplan Angst machen. Zwischen jedem Datenkontakt und der LED sitzt einfach immer ein Treiber. Er benötigt fast keine Leistung am Eingang (und bildet daher keine Belastung für die PC-Ausgänge), aber er kann einen Strom von bis zu 40 mA (pro Treiberstufe) liefern.

Eine normale „Standard-LED" benötigt für volle Lichtintensität einen Strom von ca. 20 mA. Da wäre also der Treiber keinesfalls überstrapaziert. Soweit jedoch die LEDs nur dazu dienen sollen, daß sie auf der Experimentier-Ausgabeplatine den jeweiligen Schaltzustand der Datenleitung anzeigen (was eine wichtige Hilfe ist), sind energiesparende Low-Current-LEDs vorzuziehen (die Speisespannungsversorgung wird dadurch einfacher).

Die eingezeichneten 1k5-Vorwiderstände müssen bei manchen Low-Current-LEDs-Typen (herstellerabhängig) durch etwas niedrigere oder auch etwas höhere Werte ersetzt werden. Dies ist erst an einer der zur Verfügung stehenden LEDs auszuprobieren (dabei orientiert man sich entweder an dem LED-Strom, der bei roten LEDs ca. 2 mA betragen soll, oder man verringert die Helligkeit auf ein Niveau, das für Kontrollzwecke ausreicht – wodurch die Stromabnahme der LED unterhalb von 2 mA liegen wird).

Was das rechts unten im Schaltplan eingezeichnete Relais anbelangt: Auf diese Art können an allen Steuerausgängen Relais angebracht werden. Bei der Dimensionierung des Netzteiles ist dies zu berücksichtigen. Relais, die für eine Versorgungsspannung von 5 V ausgelegt sind, haben ziemlich niederohmige Spulen, und der Stromverbrauch liegt oft bei ca. 30 mA (pro Relais).

Nun noch kurz zurück zu den ICs 7407: Von dem unteren IC werden nur zwei seiner Stufen benutzt. Vorerst. Wenn sich jedoch an einigen der Ausgänge ein höherer Strombedarf ergeben sollte (weil z.B. eine Relaisspule mit höherer Stromabnahme vorgesehen ist), können ohne weiteres zwei oder auch mehrere dieser Treiberstufen parallel miteinander verbunden werden. Die Stromabnahme darf dann die Summe der einzelnen 40 mA-Treiberströme voll nutzen (bei 2 Treibern dürfte dann die Stromabnahme bis zu 80 mA, bei drei Treibern bis zu 120 mA betragen).

Es wird anderseits Anwendungen geben, bei denen nur wenige Relais – z.B. nur 5 Relais (oder andere „Verbraucher") geschaltet und gesteuert werden sollen. Dann würde ein einziges Treiber-IC genügen, daß z.B. nur 5 von den 8 Ausgängen nutzt.

Wenn wir nun über die Ausgänge Nr. 0 bis 4 beispielsweise 5 Relais vom PC-Programm aus schalten möchten, setzt es voraus, daß „auf Befehl" jeweils einer dieser Ausgänge auf „H" steht. Die restlichen müssen „ausgeschaltet" sein (auf „L" stehen) – es sei denn, man möchte mit L-Pegeln schalten.

Wir haben uns da eine kleine Tabelle erstellt *(Abb. 14.6)*, in der die 5 Relais (mit den Nummern 1 bis 5) jeweils „pro Zeile" am Datenausgang die benötigte Anordnung von L- und H-Daten erhalten müßten, um auf Befehl einzeln zu schalten.

Nun müßten wir dahinterkommen, bei welchem Zeichen (oder bei welcher Zahl) beispielsweise an den 5 Druckerausgängen die Reihenfolge der Daten der Zeile 1 entspricht. Es darf hier nur der Datenausgang „0" auf „H" stehen – was einem eingeschalteten Schalter entspricht. An diesem Ausgang müßte also eine Spannung von 5 V erscheinen; die restlichen vier Datenausgänge müssen auf „L" stehen (stromlos sein) – ansonsten würden ja gleichzeitig auch einige der anderen Relais eingeschaltet.

Wer sich bereits auf diesem Gebiet einigermaßen auskennt, der wird rein „theoretisch" ermitteln können, bei welchen Zeichen oder Zahlen sich der Druckerausgang seinem Wunsch entsprechend verhält (das kann jedoch abhängig von der Druckerkarte und Druckertype etwas komplizierter sein). Einem, der noch nicht allzuviel Erfahrung mit den Geheimnissen der Datenkodierung hat, ist anzuraten, daß er in solchem

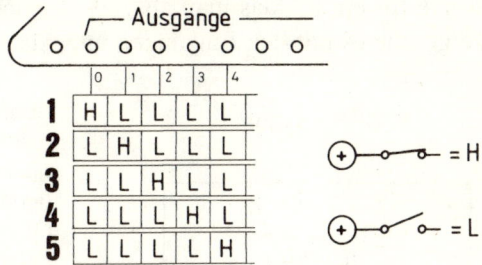

Abb. 14.6: Tabelle mit der benötigten Daten-Reihenfolge für die Steuerung von 5 Relais, Lämpchen oder anderer Verbraucher.

Fall einfach durch Probieren (bevorzugt nur mit zwei- oder dreistelligen Zahlen) „optisch" ermittelt, bei welchen Zahlen an den Ausgängen die gewünschte Reihenfolge der kodierten Daten erscheint. Es ist nicht schwierig und führt schneller zum Ziel, als andere komplizierte Methoden. Man muß jedoch zu diesem Zweck die entsprechende Anzahl LEDs – in diesem Fall 5 LEDs – nach Abb. 14.4 an den Druckerausgang anschließen (oder alle 8 LED anschließen, aber zu diesem Zweck nur die ersten fünf berücksichtigen; welche Daten an den restlichen drei LEDs anstehen, kann außer acht gelassen werden).

Gelegentlich wird es sicher Situationen geben, bei denen man sich weder mit fünf, noch mit acht gesteuerten Relais oder LEDs begnügt. Das macht nichts. Die vorhergehenden Beispiele wurden ja mit Absicht – der Aufklärung wegen – etwas einfacher gewählt. Wer auf diesem Gebiet bisher nicht allzuviel Erfahrungen sammeln konnte, sollte trotzdem erst die Schaltung nach Abb. 14.4. erstellen und durchtesten, bevor er sich auf kompliziertere Lösungen einläßt.

Zu den etwas schwierigeren Lösungen gehört beispielsweise die Anwendung eines Dekoders. Wir haben zwar vorher darauf hingewiesen, daß die 8 Datenausgänge bei einer Dekodierung bis zu 256 Relais oder LEDs schalten können, aber bisher ging aus den Schaltbeispielen nicht hervor, wie sich so etwas realisieren läßt. Es wäre zwar interessant, aber zu kompliziert, wenn wir nun anstreben würden gleich 256 Relais oder LEDs zu steuern. Daher nehmen wir Genügen mit einem Schaltbeispiel, daß es ermöglicht, maximal 20 „Verbraucher" zu schalten und zu steuern.

Als eine preiswerte und technisch elegante Lösung bietet sich hier der sogenannte „BCD-Dezimal-Dekoder und Treiber Typ 7445 an. Ein langer

Name für ein IC, das man als „aus 4 mach 10" bezeichnen könnte. *Abb. 14.7* zeigt, wie es mit den Eingängen und Ausgängen eines solchen ICs aussieht.

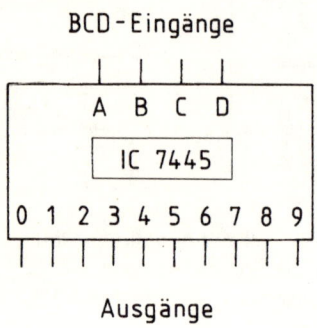

BCD-Eingänge

A B C D

IC 7445

0 1 2 3 4 5 6 7 8 9

Ausgänge

Abb. 14.7: „Aus 4 mach 10" müßte dieses IC heißen, denn mit Hilfe von nur 4 Eingangsdaten können an seinen Ausgangsfüßchen zehn verschiedene „Verbraucher" geschaltet werden

Obwohl dieses IC etwas irritierend als BCD-Dekoder bezeichnet wird, benötigt es nicht drei, sondern 4 (A,B.C und D) Eingangsdaten. 4 x 4 ergibt 16 und ein ordentliches IC würde aus den vier Eingangsdaten stolze 16

Steuersignale machen. Dieses IC wurde jedoch als „Dezimal-Dekoder" für Rechenaufgaben konzipiert, bei denen man nicht mehr als 10 Zahlen an seinem Ausgang benötigt. Für die meisten Anwendungen genügen auch diese zehn (bzw. auch zweimal zehn) Schalt-Ausgänge, und der Schaltplan wird hier dadurch etwas übersichtlicher.

BCD-Eingänge:				Dezimal-Ausgänge									
D	C	B	A	0	1	2	3	4	5	6	7	8	9
L	L	L	L	L	H	H	H	H	H	H	H	H	H
L	L	L	H	H	L	H	H	H	H	H	H	H	H
L	L	H	L	H	H	L	H	H	H	H	H	H	H
L	L	H	H	H	H	H	L	H	H	H	H	H	H
L	H	L	L	H	H	H	H	L	H	H	H	H	H
L	H	H	L	H	H	H	H	H	L	H	H	H	H
L	H	H	H	H	H	H	H	H	H	L	H	H	H
H	L	L	L	H	H	H	H	H	H	H	L	H	H
H	L	L	H	H	H	H	H	H	H	H	H	L	H
H	L	H	H	H	H	H	H	H	H	H	H	H	L

Abb. 14.8: „Aus 4 mach 10": Tabelle mit Dezimalausgängen des Dezimal-Dekoders und Treibers 7445: Um an den jeweiligen Ausgangsfüßchen des Treibers den „begehrten" LOW-Schaltimpuls zu erhalten, müssen seine 4 Dateneingänge die Daten als L- oder H-Pegel (Spannungen) in vorgegebener Anordnung erhalten

Das Sympathische an diesem Dekoder ist, daß – kodierungsbezogen – jeweils nur einer seiner Ausgänge auf „L" steht und der Rest ist „HIGH". *Abb. 14.8* zeigt, bei welchen „Eingangsdaten" die Ausgänge des ICs unseren Ansprüchen gerecht sind.

Apropos Ansprüche: In der kleinen Tabelle in Abb. 14.6 haben wir die Ausgänge „H" als Schaltausgänge gewählt. Es macht die Aufklärung etwas leichter, weil man sich im Unterbewußtsein immer vorstellt, daß ein Schaltsignal eigentlich eine „Spannung" haben muß. Dem ist aber in der Elektronik nicht so. Man kann selber bestimmen, wie etwas geschaltet werden soll. Statt zu viel Polemik helfen hier die zwei Schaltbeispiele in Abb. 14.9. Es liegt deutlich nur an der Verschaltungsart, ob man HIGH- oder LOW-Pegel als „Schaltbefehle" verwendet. Wir haben übrigens auch in der Schaltung nach Abb. 14.4 mit „LOW-Pegeln" geschaltet, weil es sich so ergeben hat.

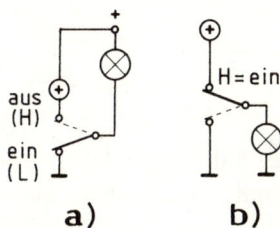

Abb. 14.9: Ob man mit einem H-Pegel (also mit einer positiven Spannung), oder mit mit einem L-Pegel (mit einer „Null-Spannung) schaltet, hängt nur von der Schaltungs-Anordnung ab: a) das Lämpchen kann nachvollziehbar nur dann leuchten, wenn der Schalter auf „L" steht; b) hier ist es wieder umgekehrt.

Nach dieser Zwischeninformation können wir nun zu der praktischen Schaltung in Abb. 14.10 übergehen. Endlich wieder einmal eine wirklich einfache Schaltung, mit der sich 10 Lämpchen oder Relais schalten lassen. Das IC fungiert nicht nur als ein Dekoder, sondern gleichzeitig auch als Treiber, der pro Ausgang einen Strom von bis zu 80 mA an die angeschlossenen Lämpchen oder Relais liefern kann. Die eingezeichneten Lämpchen haben hier nur einen symbolischen Charakter. In der Praxis wird man an ihrer Stelle oft entweder „superhelle" LEDs oder Relais einsetzen – je nachdem, ob man z.B. an einem Ortsplan mit den LEDs diverse Standorte anzeigen will, oder ob irgendwelche andere Verbraucher über Relais geschaltet, gesteuert oder geregelt werden sollen.

Zu beachten: auch bei diesem Schaltplan müssen die in ABB. 14.4. eingezeichneten 5 Widerstände (4k7 oder 3k3) auf dieselbe Weise (wie dort) am Drucker-Ausgang angeschlossen werden. Mit der tatsächlichen „Kompatibilität" der PCs klappt es leider nicht immer optimal. Das betrifft auch die Druckerkarten. Es muß daher manchmal mit etwas Vorsicht und viel Geduld

Abb. 14.10: Ein alternatives Schaltbeispiel zu Abb. 14.4 (von der muß auch die restliche Verschaltung des Druckerausgangs übernommen werden, die wir hier übersichtshalber weggelassen haben). Das Dekoder & Treiber-IC schaltet hier 10 Lämpchen; diese können natürlich durch Relais, LEDs oder andere Verbraucher ersetzt werden, die jedoch die maximal zugelassene Stromabnahme von 80 mA pro Treiber nicht überschreiten dürfen.

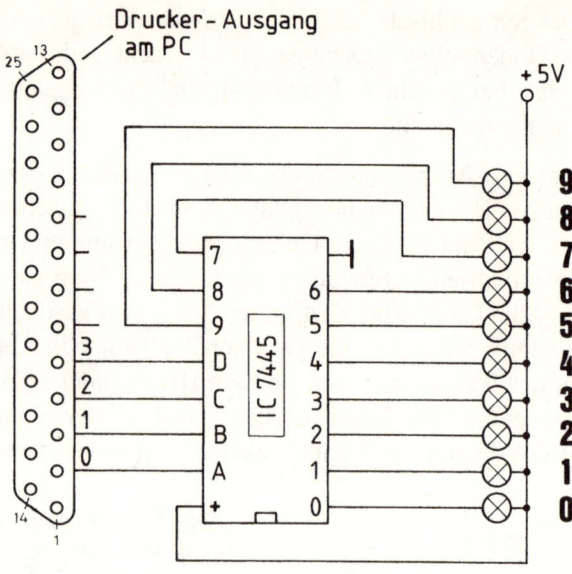

ausprobiert werden, ob der eine oder andere PC evtl. auf einige der eingezeichneten Widerstände keinen Wert legt. Sollte ihm an der Sache etwas nicht gefallen, weigert er sich, Daten an den Druckerausgang zu senden. Mit Hilfe der Ausgabeplatine nach Abb. 14.4 läßt sich leicht feststellen, ob die ganze Schaltung funktioniert oder nicht. Wenn einige der LEDs auf die Tasteneingaben und Druckerbefehle dadurch reagieren, daß sie bei einigen Daten aufleuchten und bei anderen nicht, weist es eindeutig darauf hin, daß die Schaltung funktioniert.

Nun zurück zu unserem IC 7445. Wie aus dem Schaltplan *(Abb. 14.10)* hervorgeht, wird diesmal nur von 4 der Datenausgänge Gebrauch gemacht. Einfachheitshalber. Auf dieselbe Weise kann jedoch ein zweites IC 7445 an die weiteren 4 Ausgänge (Nr. 4 bis 9) angeschlossen werden. Damit erhöht sich die Zahl der Schalt- oder Steuerausgänge auf 20. Wem dies noch nicht genügt, der kann weiter dekodieren. 10 x 10 ergibt bekanntlich 100. Zwei 7445-ICs können also problemlos 100 Schaltausgänge steuern. Mit einer Zeichnung wäre es hier aber schon zu schwierig. Erstens in Hinsicht auf den Platzbedarf und zweitens in Hinsicht auf die Zumutbarkeit für den Leser. Wer sich mit Hilfe aller unserer Schaltbeispiele derartig fachlich aufgebaut hat, daß er sich für anspruchsvollere Leistungen fit genug fühlt, dem stehen Unmengen an Fachliteratur zur Verfügung, die ihm weiterhelfen können.

Lieferantennachweis:

Conrad Electronic
Klaus-Konrad-Straße 1
92240 Hirschau
Telefon 01 80/5 31 21 11
Telefax 01 80/5 31 21 10
T-Online *20744#
http://www.conrad.de

Für Spiralhall-Units:
INTERES
Schaffeldstraße 4-8
91616 Neusitz/Rothenburg o.d. Tauber
Telefon 0 98 61/6 65-0
Telefax 0 98 61/83 92

Folgende neue Werke füllen einige Themengebiete dieses Buches mit praktischen Schaltbeispielen und Bauanleitungen auf:

Bo Hanus/Das große Anwenderbuch der Solartechnik (2. Auflage)
      ISBN 3-7723-7792-0; FRANZIS VERLAG

Bo Hanus/Wie nutze ich Solartechnik in Haus und Garten? (3. Auflage)
      ISBN 3-7723-7932-X; FRANZIS VERLAG

Bo Hanus/Solaranlagen richtig planen, installieren und nutzen
      ISBN 3-7723-4452-6; FRANZIS VERLAG

Bo Hanus/Das große Anwenderbuch der Windgeneratoren-Technik
      ISBN 3-7723-4712-6; FRANZIS VERLAG

Bo Hanus/Wie nutze ich Windenergie in Haus und Garten?
      ISBN 3-7723-7972-9; FRANZIS VERLAG

Bo Hanus/Das große Anwenderbuch der modernen Elektronik
      FRANZIS VERLAG

Sachverzeichnis

Notizen

Notizen

Notizen

Notizen

Notizen